化工设备机械基础

李红亚　主　编
严　彪　副主编

电子科技大学出版社
University of Electronic Science and Technology of China Press
·成都·

图书在版编目（CIP）数据

化工设备机械基础 / 李红亚主编. — 成都：电子科技大学出版社, 2023.12

ISBN 978-7-5647-9150-6

Ⅰ. ①化… Ⅱ. ①李… Ⅲ. ①化工设备－基本知识②化工机械－基本知识 Ⅳ. ①TQ05

中国版本图书馆CIP数据核字（2021）第167349号

化工设备机械基础
HUAGONG SHEBEI JIXIE JICHU

李红亚　主编

策划编辑　杜　倩　李述娜
责任编辑　李述娜
助理编辑　许　薇

出版发行　电子科技大学出版社
　　　　　成都市一环路东一段159号电子信息产业大厦九楼　邮编 610051
主　　页　www.uestcp.com.cn
服务电话　028-83203399
邮购电话　028-83201495

印　　刷　石家庄汇展印刷有限公司
成品尺寸　185mm × 260mm
印　　张　20
字　　数　486千字
版　　次　2023年12月第1版
印　　次　2023年12月第1次印刷
书　　号　ISBN 978-7-5647-9150-6
定　　价　98.00元

Preface

前　言

“化工设备机械基础”是为工科院校化学工程与工艺专业开设的一门综合性机械类课程。本课程的教学目的是使学生获得基础力学和金属材料知识，具备设计常、低压化工设备和对压力容器进行强度、稳定校核的能力，并了解压力容器监察管理法规，以便在今后工作中遵守实施。

根据高校化工类专业对学习化工设备的基本要求，本书按照“少而精”的原则编写而成。内容注重加强基础、联系实际和对设计能力的训练，力求符合专业培养目标的要求，适应当前教育改革的需要。

本书分为工程力学基础、化工设备材料和化工容器设计三篇，每篇的首语不仅总结了该篇包含的主要内容，还阐述了该篇融入的课程思政元素。第一篇为工程力学基础，内容包括物体的受力分析、轴向拉伸与压缩、剪切、扭转、横梁弯曲、复杂应力状态下的强度计算；第二篇为化工设备材料，内容包括材料基础知识、化工设备材料及选择、化工设备的腐蚀及防腐措施；第三篇为化工容器设计，内容包括容器设计的基本知识、内压薄壁容器的应力分析、内压薄壁容器的设计、内压容器封头的设计、外压容器的设计基础和容器零部件。与常规教材相比，删去了与其他教材重复的塔设备结构、换热器结构等典型化工设备的设计。这样处理教材内容，不仅可以大大压缩篇幅，解决当前高等工科院课时少与现有教材内容多的矛盾，而且有利于培养学生的工程设计能力。

本书内容简明扼要，深入浅出。每一章节在理论叙述之后，都有较多的例题和习题，以帮助学生理解基本概念与基本理论，培养学生分析问题和解决问题的能力。学生学完此课后，应安排一次典型化工设备的课程设计。该课程设计最好与化工原理课程设计结合起来，以便学生综合运用所学知识，起到学以致用的效果。

本书系陕西高等教育教学改革研究项目阶段性成果（项目编号：19BG031)。本书第一篇由严彪编写，第二篇和第三篇由李红亚编写。另外，本书在编写过程中，还得到张敬全、马亚军、王玉飞、闫龙、王雄等老师的指导与帮助，在此一并表示衷心的感谢。

由于编者水平有限，书中难免存在疏漏和不妥之处，恳请同行和广大读者不吝批评指正。

编　者

2023 年 6 月

Contents

目　录

第一篇　工程力学基础

第二篇 化工设备材料

第三篇 化工容器设计

第一篇　工程力学基础

工程力学是学习“化工设备机械基础”的先修内容，它的任务就是研究构件在满足强度、刚度和稳定性的前提下，以最经济的代价，选择最适宜的材料，确定合理的形状和尺寸，为设计构件提供必要的理论基础和计算方法。

本篇包含工程力学中两个基础部分的内容：静力学和材料力学。

（1）研究了构件的受力情况及平衡条件，进行了受力大小的计算；

（2）以等截面直杆为主要研究对象，分析了四种基本变形形式（拉伸与压缩、剪切、扭转、弯曲）下构件的强度、刚度问题，给出了构件设计的强度、刚度及稳定性条件。

在本篇中融入的课程思政元素有：自然界的一切事物总是以各种形式与周围的事物相互联系而又相互制约，没有绝对的自由；任何事物总是对立统一的，矛盾无处不在，无时不有；矛盾只能缓和或被新矛盾取代，因此要尝试解决矛盾而不是清除矛盾。在课程学习中，恰当的课程思政教学可培养学生与他人交往、合作、共处的社会适应能力。

第一章　物体的受力分析

1. 本章的能力要素

本章介绍静力学的基本概念、基本原理，常见约束反力的画法和物体的受力分析，以及平面力系的简化和平衡方程。具体要求包括：

（1）掌握静力学基本概念；

（2）掌握二力平衡原理、加减平衡力系原理以及作用力和反作用力定理；

（3）掌握几种典型约束的特点与约束反力的画法；

（3）掌握受力图的画法；

（4）掌握力矩的概念与应用；

（5）掌握平面力系的简化和平衡方程的求解。

2. 本章的知识结构图

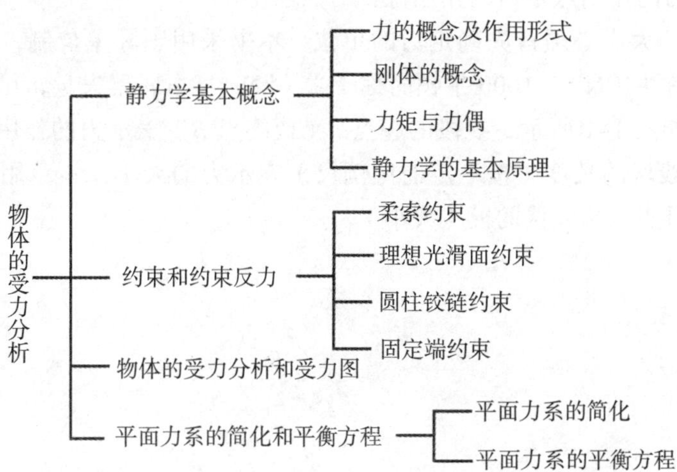

静力学主要研究物体在力系作用下平衡的普遍规律，即研究物体平衡时作用在物体上的力应该满足的条件。在本篇的静力学分析中，我们将物体视为刚体。刚体静力学主要研究三方面的问题：刚体的受力分析，力系的等效与简化，力系的平衡条件及应用。

刚体静力学理论在工程中有着广泛的应用，许多机器零件和结构件，如机器的机架、传动轴、起重机的起重臂、车间天车的横梁等，正常工作时处于平衡状态或可以近似地看作平衡状态。为了合理地设计这些零件或构件的形状、尺寸，合理地选用材料，往往需要先进行静力学分析计算，再对它们进行强度、刚度和稳定性计算。所以静力学的理论和计算方法是机器零件和结构件静力设计的基础。

第一节　静力学基本概念

一、力的概念及作用形式

运动员踢球，脚对足球的力使足球的运动状态和形状都发生变化。太阳对地球的引力使地球不断改变运动方向而绕着太阳运转。锻锤对工件的冲击力使工件改变形状等。人们在长期的生产实践中，通过观察分析，逐步形成和建立了力的科学概念：力是物体之间的相互机械作用，这种作用使物体的运动状态发生变化或使物体形状发生改变。物体运动状态的改变是力的外效应，物体形状的改变是力的内效应。

实践证明，力对物体的内外效应决定于三个要素：（1）力的大小；（2）力的方向；（3）力的作用点。力的作用点表示力对物体作用的位置。力的作用位置，实际中一般不是一个点，而是物体的某一部分面积或体积。例如人脚踩地，脚与地之间的相互压力分布在接触面上；物体的重力则分布在整个物体的体积上。这种具有分布作用的力称为分布力。但有时力的作用面积不大，例如钢索吊起机器设备，当忽略钢索的粗细时，可以认为二者连接处是一个点，这时钢索拉力可以简化为集中作用在这个点上的一个力。这样的力称为集中力。由此可见，力的作用点是力的作用位置的抽象化。

为了度量力的大小必须首先确定力的单位，本书采用国际单位制，力的大小以牛顿为单位，牛顿简称牛（N），1000 牛顿简称千牛（kN）。力属于矢量，可用一条具有方向的线段来表示。如图 1–1 所示，线段的起点 A（或终点 B）表示力的作用点，箭头的指向表示力的方向；线段的长度（按一定的比例尺）表示力的大小。本章用黑体字母表示矢量，而以普通字母表示这矢量的模（大小）。

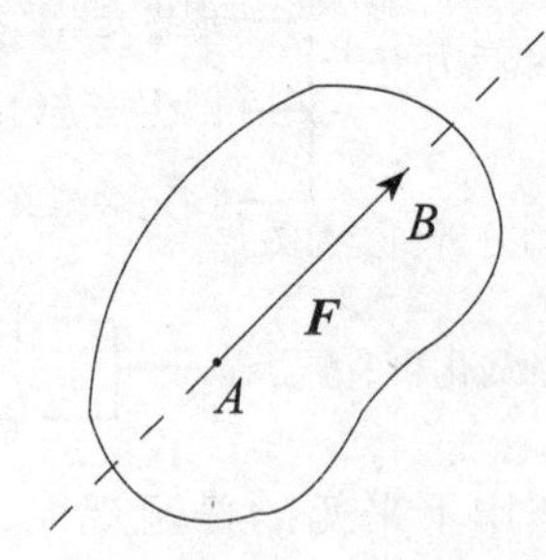

图 1–1　力的表示

力系是指作用在物体上的一组力。作用在物体上的一个力系如果可以用另一个力系来代替而效应相同，那么这两个力系互为等效力系。若一个力与一个力系等效，则这个力称为该力系的合力。

二、刚体的概念

在通常情况下，机械零件、工程中的结构件在工作时，受外力作用而产生的变形是很微小的，往往只有专门的仪器才能测量出来。在很多工程问题中，这种微小的变形对于研究物体的平衡问题影响极小，可以忽略不计。这样忽略了物体微小的变形后便可把物体看作刚体。所谓刚体就是在力的作用下不发生变形的物体，它是对物体加以抽象后得到的一种理想模型，在研究平衡问题时，将物体看成刚体会大大简化问题的研究。

同一个物体在不同的问题中，有时要被看作刚体，有时则必须被看作变形体。例如，在研究车辆转弯时，车辆可被看作刚体；当研究车辆振动时，车辆则要被看作变形体。静力学中，主要研究的是力系的简化和平衡，不研究物体的变形问题，因此，讨论对象均可被视为刚体。

三、力矩与力偶

（一）力矩

如图 1–2 所示，用扳手转动螺母时，螺母的轴线固定不动，轴线在图面上的投影为点 O。力 $\boldsymbol{F}$ 可以使扳手绕点 O（绕通过点 O 垂直于图面的轴）转动。由经验可知，力 $\boldsymbol{F}$ 越大，螺钉就拧得越紧；力 $\boldsymbol{F}$ 的作用线与螺钉中心 O 的距离越远，就越省力。显然，力 $\boldsymbol{F}$ 使扳手绕点 O 的转动效应，取决于力 $\boldsymbol{F}$ 的大小和力作用线到点 O 的垂直距离 d。这种转动效应可用力对点的矩来度量，简称力矩，其中点 O 称为力矩中心，简称矩心，O 到力作用线的垂直距离 d 称为力臂。力 $\boldsymbol{F}$ 对点 O 的矩用 $M_O(\boldsymbol{F})$ 表示，计算公式为

$$M_O(\boldsymbol{F})=\pm Fd \tag{1–1}$$

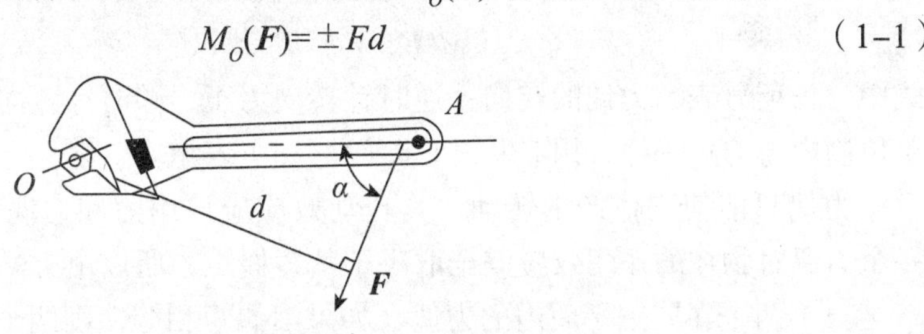

图 1–2　力矩

在平面问题中力对点的矩是一个代数量，它的绝对值等于力的大小与力臂的乘积，力矩的正负号通常规定为：力使物体绕矩心逆时针方向转动时为正，顺时针方向转动时为负。

力矩在下列两种情况下等于零：（1）力的大小等于零；（2）力的作用线通过矩心，即力臂等于零。

力矩的单位是牛 [顿] 米（N · m）或者千牛 [顿] 米（kN · m）。

（二）力偶与力偶矩

当物体受到大小相等、方向相反、平行而不共线的两个力作用时，物体将发生转动

或出现转动的趋势。例如，司机开汽车用双手转动方向盘，我们用手指旋转钥匙或自来水龙头、拧螺丝等，都是上述受力情况的实例。在力学上，把大小相等、方向相反并且不共线的两个平行力称为力偶，记作（$\boldsymbol{F}$，$\boldsymbol{F}'$）。力偶中两个力所在的平面叫力偶作用面，两个力作用线之间的垂直距离叫力偶臂，常以 d 表示，如图 1–3 所示。

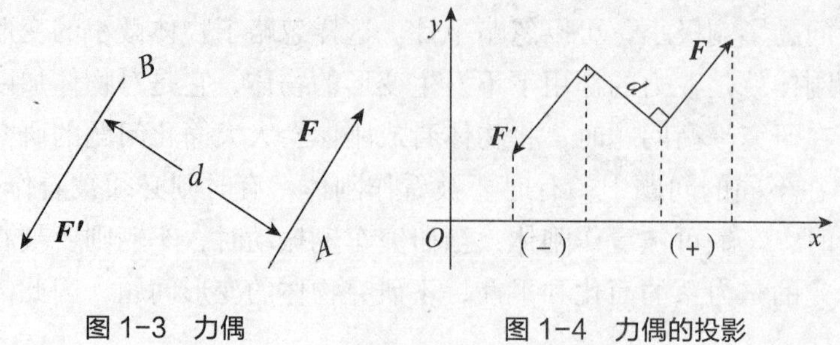

图 1–3　力偶　　　　图 1–4　力偶的投影

由于力偶中的两个力大小相等、方向相反、作用线平行，所以这两个力在任何坐标轴上的投影均为零，参见图 1–4。可见，力偶对物体不产生移动效应，即力偶的合力矢为零。这说明力偶不能等效为一个力，同时也不能用一个力来平衡。力偶只能与力偶等效，也只能用力偶来平衡，因而它成为一个基本的力学量。

力偶对物体的运动效应和一个力对物体的运动效应不同。一个力能使静止的物体产生移动，也能使它既产生移动又产生转动。但是一个力偶只能使静止的物体产生转动。为度量力偶对物体的转动效应我们引入力偶矩概念，即在平面问题中，力偶中一个力的大小和力偶臂的乘积称为力偶矩。因此在同一个平面内，力偶的力偶矩是一个代数量，用 $M(\boldsymbol{F}, \boldsymbol{F}')$ 表示，也可以简写成 M，即

$$M(\boldsymbol{F}, \boldsymbol{F}')=M=\pm Fd \tag{1–2}$$

式中，正负号表示力偶的转向：逆时针转向为正，顺时针转向为负。力偶矩的单位在国际单位制中与力矩一样，用 [牛顿] 米（N·m）表示。

力偶只能使刚体产生转动，其转动效应应该用力和力偶臂之积力偶矩来度量。由于一个力偶对物体的作用效应完全取决于其力偶矩，所以由力学证明得到下面结论：

（1）两个在同一平面内的力偶，如果力偶矩相等，则两个力偶彼此等效。

（2）力偶可在其作用面内任意移动和转动，而不会改变它对物体的作用。

（3）在保持力偶矩大小和转向不变的条件下，可以同时改变力和力偶臂的大小，而不会改变力偶对物体的作用。

按照上述结论，当物体受力偶作用时，可不必像图 1–5（a）那样画出力偶中力的大小及作用线位置，只需如图 1–5（b）那样把力偶直接用力偶矩 M 来表示，箭头表示力偶的转向。

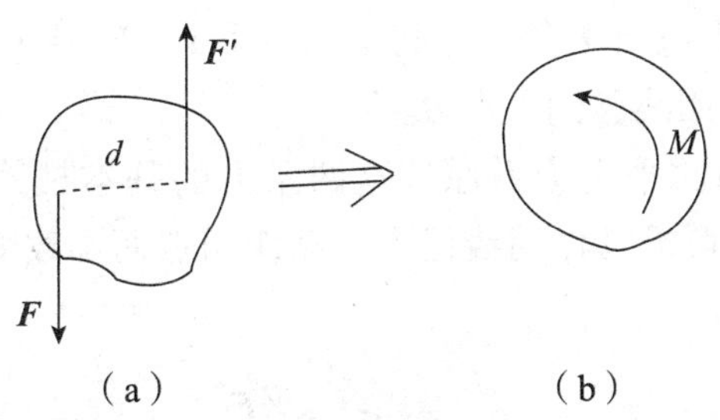

图 1-5　等效力偶

四、静力学的基本原理

人们在长期的生活和生产活动中，经过实践、认识、再实践、再认识的过程，不仅建立了力的概念，而且总结出力所遵循的许多规律。

（一）二力平衡原理

物体相对于地面保持静止或匀速直线运动的状态称为物体的平衡状态。例如，桥梁、机床的床身、高速公路上匀速直线行驶的汽车等都处于平衡状态。物体的平衡是物体机械运动的特殊形式。如果刚体在某一个力系作用下处于平衡状态，则称此力系为平衡力系。

受两个力作用的刚体，达到平衡状态的充分必要条件是：两个力大小相等，方向相反，并且作用在同一直线上（图 1-6）。简述为两力等值、反向、共线，即：$F_1=-F_2$。

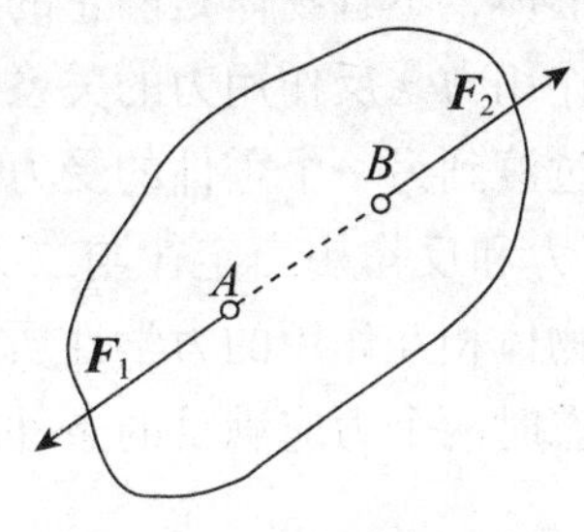

图 1-6　二力平衡

上述条件对于刚体来说，既是必要又是充分的；但是对于变形体来说，仅仅是必要条件。例如，绳索受两个等值反向的拉力作用时可以平衡，而两端受一对等值反向的压力作用时就不能平衡。

在两个力作用下处于平衡的刚体称为二力体。如果物体是某种杆件或构件，有时也称为二力杆或二力构件。

（二）加减平衡力系原理

对作用于刚体上的任何一个力系，加上或减去任意的平衡力系，并不改变原力系对刚体的作用效果。

证明：设力 $\boldsymbol{F}$ 作用于刚体上的点 A，如图 1-7 所示。在力 $\boldsymbol{F}$ 作用线上任选一点 B，在点 B 上加一对平衡力 $\boldsymbol{F}_1$ 和 $\boldsymbol{F}_2$，使 $F_1=-F_2=F$。

则 $\boldsymbol{F}_1$、$\boldsymbol{F}_2$、$\boldsymbol{F}$ 构成的力系与 $\boldsymbol{F}$ 等效。将平衡力系 $\boldsymbol{F}$、$\boldsymbol{F}_2$ 减去，则 $\boldsymbol{F}_1$ 与 $\boldsymbol{F}$ 等效。此时，相当于力 $\boldsymbol{F}$ 已由点 A 沿作用线移到了点 B。

由二力平衡原理和加减平衡力系原理这两条力的基本规律，可以得到下面的推论：作用在刚体上的一个力，可沿其作用线任意移动作用点而不改变此力对刚体的作用效果。这个性质称为力的可传性。

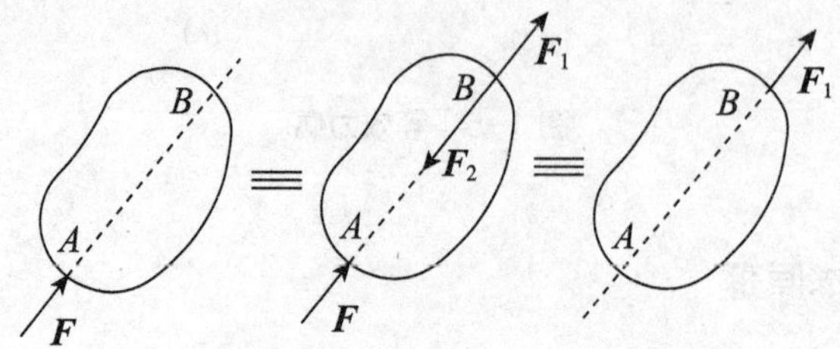

图 1-7　加减平衡力系

（三）作用力和反作用力定律

力是物体间的相互机械作用。两个物体间相互作用的一对力，总是同时存在并且大小相等、方向相反并沿同一直线分别作用在这两个物体上。这就是作用力和反作用定律。

物体间的作用力与反作用力总是同时出现，同时消失。可见，自然界中的力总是成对存在，而且同时分别作用在相互作用的两个物体上。这个公理概括了任何两物体间的相互作用的关系，不论对刚体或变形体，不管物体是静止的还是运动的都适用。机械中力的传递，都是通过机器零件之间的作用力与反作用力的关系来实现的。借助这个定律，我们能够从机器一个零件的受力分析过渡到另一个零件的受力分析。

特别要注意的是必须把作用力和反作用力定律与二力平衡原理严格地区分开来。作用力和反作用力定律是表明两个物体相互作用的力学性质，而二力平衡原理则说明一个刚体在两个力的作用下处于平衡状态时两个力应满足的条件。

第二节　约束和约束反力

物体通常可分为两种：可以在空间做任意运动的物体称为自由体，如飞机、火箭等；某方向的运动受到了限制的物体称为非自由体。例如，高速铁路上列车受铁轨的限制只能沿轨道方向运动，数控机床工作台受到床身导轨的限制只能沿导轨移动，电机转子受到轴承的限制只能绕轴线转动。工程结构中构件或机器的零部件都不是孤立存在的，而是通过一定的方式连接在一起，因而一个构件的运动或位移一般都受到与之相连接物体的阻碍、限制，而不能自由运动。这种限制非自由体运动的装置或者设施称为约束。

既然约束限制物体沿某些方向运动，那么当物体沿着约束所限制的运动方向运动或有运动趋势时，约束对其必然有力的作用，以限制其在某些方向的运动，这种力称为约束反力，简称反力。约束反力的方向总是与约束所阻碍的物体的运动或运动趋势的方向相反，它的作用点就在约束与被约束的物体的接触点，大小可以通过计算求得。

工程上通常把能使物体主动产生运动或运动趋势的力称为主动力，如重力、风力、水压力等。通常主动力是已知的，约束反力是未知的，它不仅与主动力的情况有关，同时也与约束类型有关。在静力学问题中，约束反力与主动力组成平衡力系，因此可用平衡条件求出约束反力。

机械中大量平衡问题是非自由体的平衡问题。任何非自由体都受到约束反力的作用，因此研究约束及其反力的特征对于解决静力平衡问题具有十分重要的意义。下面介绍在工程实际中常遇到的几种基本约束类型和确定约束反力的方法。

一、柔索约束

工程中钢丝绳、皮带、链条、尼龙绳等都可以简化为柔软的绳索，简称柔索，比如简单的绳索吊挂物体情况，如图 1–8（a）所示。由于柔软的绳索本身只能承受拉力，所以它给物体的约束反力也只能是拉力 [图 1–8（b）]。因此，柔索对物体的约束反力，作用在接触点，方向沿着柔索中心线而背离物体（柔索承受拉力）。通常约束反力用 $\boldsymbol{F}_T$ 表示。

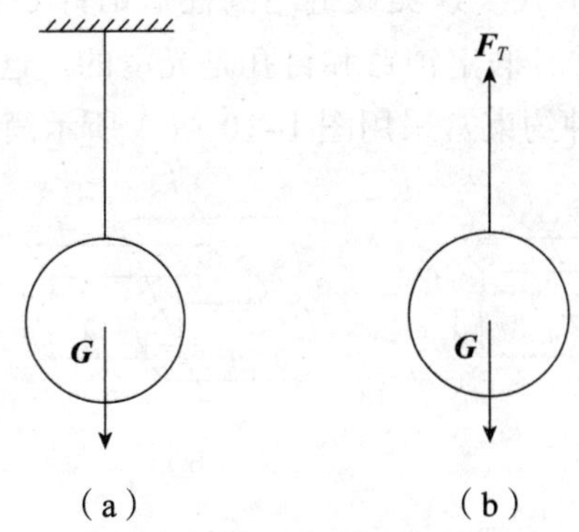

图 1–8　柔索约束

二、理想光滑面约束

如果两个物体接触面之间的摩擦力很小，可以忽略不计时，则认为接触面是光滑的。在图 1–9 所示情况中，支承面不能限制物体沿约束表面切线的位移，只能阻碍物体沿接触表面法线方向的位移。它对被约束物体在接触点切面内任一方向的运动不加阻碍，接触面也不限制物体沿接触点的公法线方向脱离接触，而只限制物体沿该方向进入约束内部的运动。

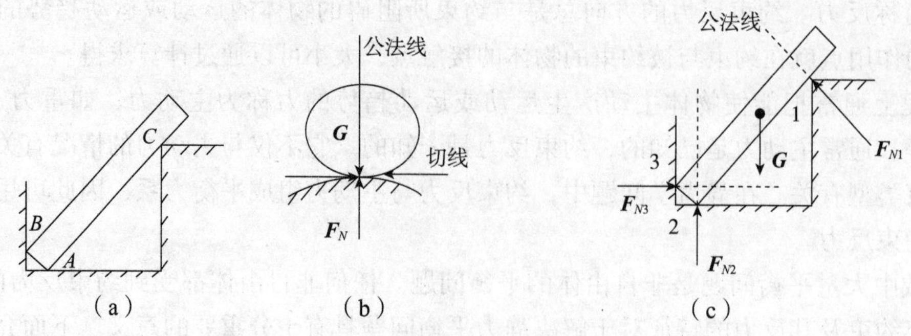

图 1–9 理想光滑面约束

因此，光滑接触面对物体的约束反力，作用在接触点处，作用线方向沿接触面的公法线，并指向物体（即物体受压力）。这种约束反力称为法向反力，用 $\boldsymbol{F}_N$ 表示，如图 1–9（a）和 1–9（b）中的 $\boldsymbol{F}_N$、$\boldsymbol{F}_{N1}$ 和 $\boldsymbol{F}_{N2}$。

三、圆柱铰链约束

圆柱铰链约束是由两个带有圆孔的构件并由圆柱销钉连接构成 [1–10（a）]。它在机械工程中有许多具体的应用形式。这类铰链用圆柱形销钉 C 将两个物体 A 、B 连接在一起，如图 1–10（b）所示，并且假定销钉和钉孔是光滑的。这样被约束的两个构件只能绕销钉的轴线作相对转动，这种约束常采用图 1–10（c）所示简图表示。

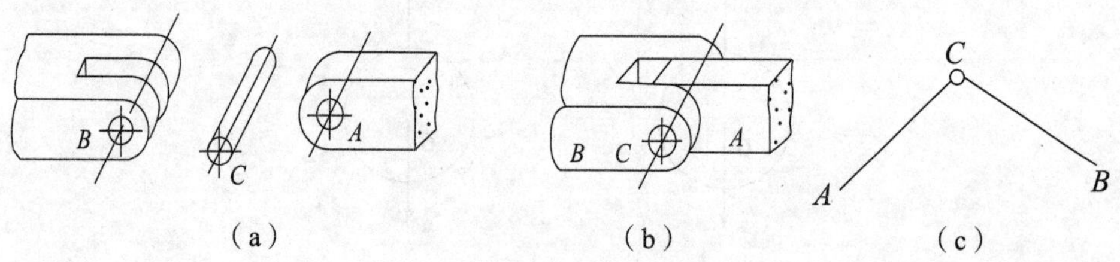

图 1–10 圆柱铰链约束

在图 1–11 中，如果忽略微小的摩擦，销钉与物体可以看作是以两个光滑圆柱面相接触的。当物体受主动力作用时，柱面间形成线接触，若把 K 点视为接触点，按照光滑面约束反力的特点，可知销钉给物体的约束反力应沿接触点 K 的公法线，必通过销钉中心（即铰链中心），但其方向根据物体的受力情况而定，因为物体可绕销钉转动，所以物体与销钉接触点的位置也是随着构件的受力情况不同而异，约束反力的方向也随之变化，不能预先确定。因此，圆柱铰链连接的约束反力必通过铰链中心，方向不定，为了计算方便，其约束反力可用两个正交分力 $\boldsymbol{F}_x$ 、$\boldsymbol{F}_y$ 来表示。

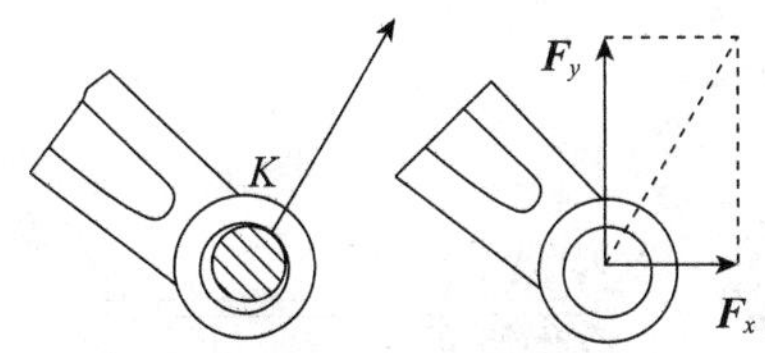

图 1–11　圆柱铰链约束反力

用圆柱铰将构件与底座连接起来即构成铰支座，通常有固定铰支座和可动铰支座两种。

（1）固定铰支座。底座固定在机架或支承面上的铰支座称为固定铰支座，如图 1–12（a）所示。图 1–12（b）为固定铰支座的简图及约束反力的画法。

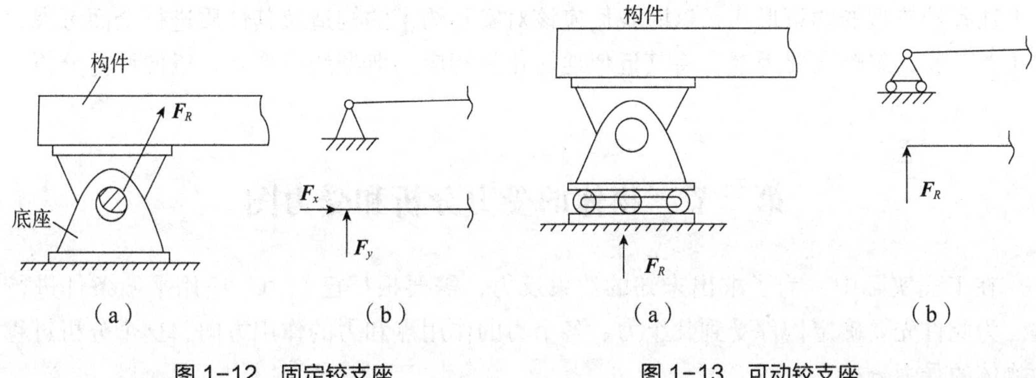

图 1–12　固定铰支座　　图 1–13　可动铰支座

（2）可动铰支座。在铰链支座与支承面之间装上辊轴，就成为可动铰支座，如图 1–13（a）所示。如果略去摩擦，则这种支座不限制构件沿支承面的移动和绕销钉轴线的转动，只限制构件沿支承面法线方向的移动。所以可动铰支座的约束反力必垂直于支承面，且通过铰链中心。图 1–13（b）为可动铰支座的简图及约束反力的画法。

四、固定端约束

将构件的一端插入一个固定物体（如墙）中，就构成了固定端约束，例如，车床卡盘对工件的约束、基础对电线杆的约束、刀架对车刀约束等都可以简化为固定端约束 [图 1–14（a）]。物体的固嵌部分所受的力比较复杂 [图 1–14（b）]，在主动力 $\boldsymbol{F}$ 的作用下，物体嵌入部分每一个与约束接触的点都受到约束反力的作用。在连接处，被约束物体被完全固定，既不允许相对移动也不可转动，所以固定端的约束反力，一般用两个正交约束力 $\boldsymbol{F}_x$、$\boldsymbol{F}_y$ 表示限制构件移动的约束作用，以及一个约束力偶 M 表示限制构件转动的约束作用，如图 1–14（c）所示。

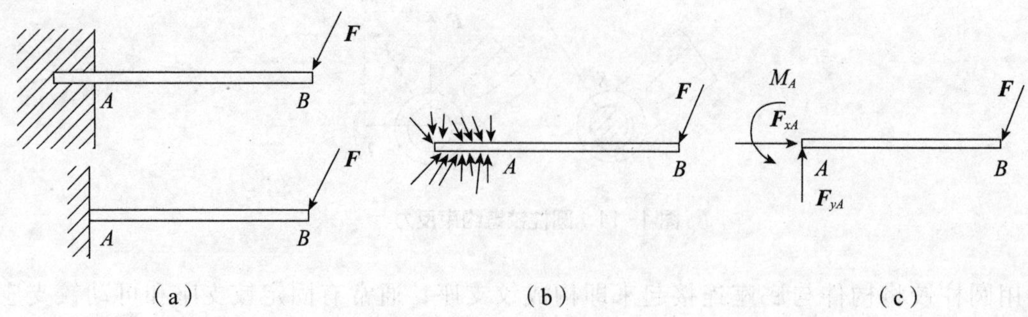

图 1-14　固定端约束

以上介绍的几种约束是比较常见的类型，在实际机械工程中应用的约束有时不完全是上述各种典型的约束形式，这时我们应该对实际约束的构造及其性质进行全面考虑，抓住主要矛盾，忽略次要因素，将其近似地简化为相应的典型约束形式，以便计算分析。

第三节　物体的受力分析和受力图

在工程实际中，为了求出未知的约束反力，需要根据已知力，应用平衡条件进行求解。为此首先要确定构件受到几个力、各个力的作用点和力的作用方向，这个分析过程称为物体的受力分析。

静力学中要研究力系的简化和力系的平衡条件，就必须分析物体的受力情况。为此我们把所研究的非自由体解除全部约束，将它所受的全部主动力和约束反力画在其上，这种表示物体受力的简明图形，称为受力图。为了正确地画出受力图，应当注意下列问题。

（1）明确研究对象。所谓研究对象就是所要研究的受力体，它往往是非自由体。求解静力学平衡问题，首先要明确研究对象是哪一个物体，明确受力体后再分析它所受的力。在研究对象不明、受力情况不清的情况下，不要忙于画受力图。

（2）取分离体，画受力图。明确研究对象后，我们把研究对象从它与周围物体的联系中分离出来，把其他物体对它的作用以相应的力表示，这就是取分离体和画受力图的过程。分离体是解除了约束的自由体，它受到主动力和约束反力的作用。画出主动力相对容易一些，分析受力的关键在于确定约束反力。首先将约束按照性质归入某类典型约束，如柔索、光滑接触面、圆柱铰链等，其次根据典型约束的约束反力特征，可以确定约束反力的作用点、作用线方向和力的指向。

下面举例说明受力图的画法。

【例 1-1】梁 *AB* 两端为铰支座，在 *C* 处受载荷 ***F*** 作用，如图 1-15（a）所示。不计梁的自重，试画出梁的受力图。

解　取 *AB* 梁为研究对象，主动力为 ***F***，梁的 *A* 端为固定铰支座、*B* 端为可动铰支座，其受力图如图 1-15（b）所示。

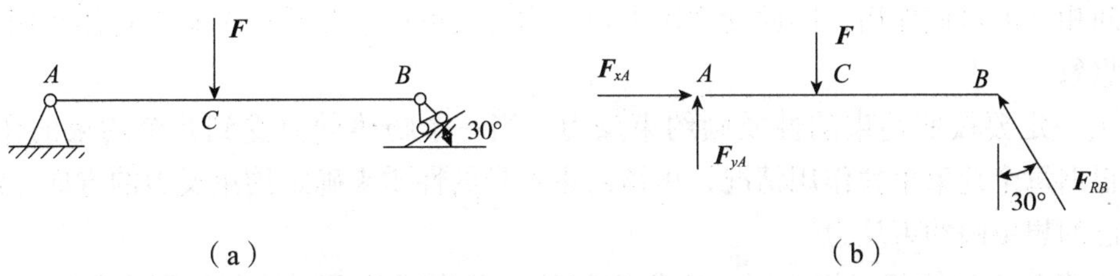

图 1-15　例 1-1 图

【例 1-2】重力为 $\boldsymbol{G}$ 的管子置于托架 ABC 上。托架的水平杆 AC 在 A 处以支杆 AB 撑住，如图 1-16（a）所示，A、B、C 三处均可视为圆柱铰链连接，不计水平杆和支杆的自重，试绘出下列物体的受力图：（1）管子；（2）支杆；（3）水平杆。

解　管子的受力图如图 1-16（b）所示。作用力有重力 $\boldsymbol{G}$ 和 AC 杆对管子的约束反力 $\boldsymbol{F}_N$。支杆的 A 端和 B 端均为圆柱铰链连接，一般来说，A、B 处所受的力应分别画成一对互相垂直的力，但在不计自重的情况下，支杆就成为二力构件。由二力构件的特点，$\boldsymbol{F}_A$ 和 $\boldsymbol{F}_B$ 的方位必沿 AB 连线，如图 1-16（c）所示。

水平杆的受力图如图 16（d）所示。其中，$\boldsymbol{F}$ 是管子对水平杆的作用力，它与作用在管子上的约束反力 $\boldsymbol{F}_N$ 互为作用力和反作用力。A 处和 C 处虽然皆为圆柱铰链约束，但是因作用于 A 端的力 $\boldsymbol{F}_A$ 是二力构件 AB 对杆 AC 的约束反力，所以 $\boldsymbol{F}_A$ 的方位为沿 AB 连线的方位；因为 C 端约束反力的方位不能预先确定，故以互相垂直的反力 $\boldsymbol{F}_{xC}$ 和 $\boldsymbol{F}_{yC}$ 来表示。

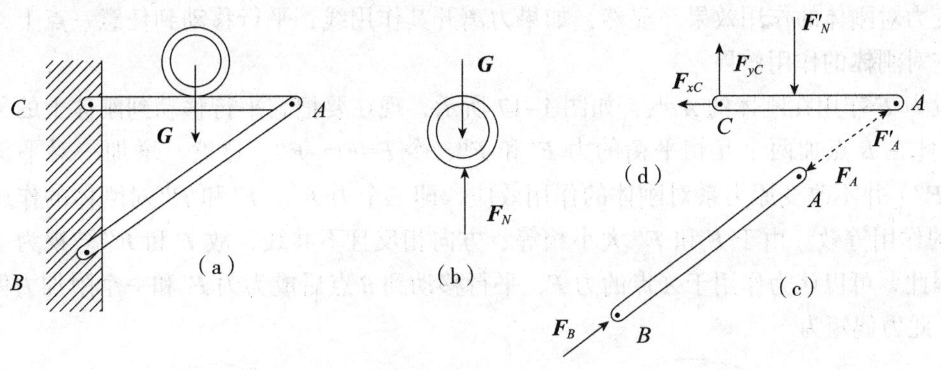

图 1-16　例 1-2 图

正确画出物体的受力图，是分析解决力学问题的基础。在本节开头已经介绍了画受力图时应注意的几个问题，通过上面几个例题，同学们对画受力图已有了一些认识，下面我们总结一下正确进行受力分析、画好受力图的关键点。

（1）选好研究对象。根据解题的需要，可以取单个物体或整个系统为研究对象，也可以取由几个物体组成的子系统为研究对象。

（2）正确确定研究对象受力的数目。既不能少画一个力，也不能多画一个力。力是物体之间相互的机械作用，因此受力图上每个力都要明确它是哪一个施力物体作用的，不能凭空想象。

（3）一定要按照约束的性质画约束反力。当一个物体同时受到几个约束的作用时，应分别根据每个约束单独作用情况，由该约束本身的性质来确定约束反力的方向，绝不能按照自己的想象画约束反力。

（4）当几个物体相互接触时，它们之间的相互作用关系要按照作用力与反作用力定律来分析。

（5）分析系统受力情况时，只画外力，不画内力。

第四节　平面力系的简化和平衡方程

为了研究方便，我们将力系按其作用线的分布情况进行分类。各力的作用线处在同一平面内的一群力称为平面力系，力系中各力的作用线不处在同一平面的一群力称为空间力系。本章研究平面力系的简化合成问题，以及处于平衡时力系应满足的条件。

一、平面力系的简化

（一）力的平移定理

在本章第一节中我们曾经指出，作用在刚体上的力沿其作用线可以传到任意点，而不改变力对刚体的作用效果。显然，如果力离开其作用线，平行移动到任意一点上，就会改变它对刚体的作用效果。

设力 $\boldsymbol{F}$ 作用在刚体的 A 点，如图 1-17 所示，现在要把它平行移动到刚体上的另一点 B。为此在 B 点加两个互相平衡的力 $\boldsymbol{F}'$ 和 $\boldsymbol{F}''$，令 $F=F'=-F''$。显然，增加一对平衡力系（$\boldsymbol{F}'$，$\boldsymbol{F}''$）并不改变原力系对刚体的作用效应，即三个力 $\boldsymbol{F}$、$\boldsymbol{F}'$ 和 $\boldsymbol{F}''$ 对刚体的作用与原力 $\boldsymbol{F}$ 的作用等效。由于 $\boldsymbol{F}$ 和 $\boldsymbol{F}''$ 大小相等、方向相反且不共线，故 $\boldsymbol{F}$ 和 $\boldsymbol{F}''$ 被视为一个力偶。因此，可以认为作用于 A 点的力 $\boldsymbol{F}$，平行移动到 B 点后成为力 $\boldsymbol{F}'$ 和一个附加力偶（$\boldsymbol{F}$，$\boldsymbol{F}''$），此力偶矩为

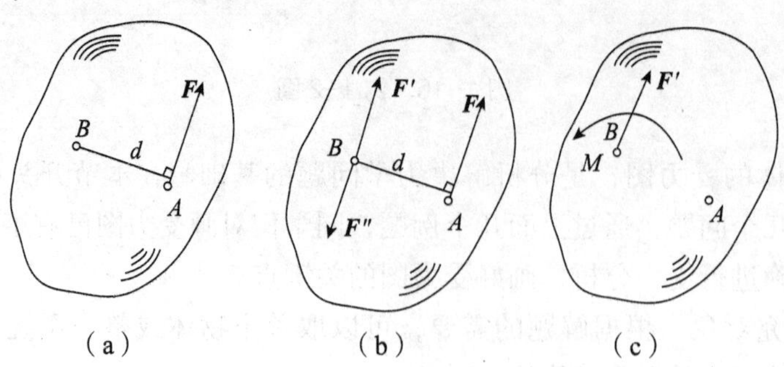

图 1-17　力的平移

$$M=\boldsymbol{F}\cdot d=MB(\boldsymbol{F}) \tag{1-3}$$

式中，d 是力 $\boldsymbol{F}$ 对 B 点的力臂，也是力偶（$\boldsymbol{F}$，$\boldsymbol{F}''$）的力偶臂。

推广到一般情况，得到力的平移定理：作用于刚体上的力可以平行移动到刚体上的任意一指定点，但必须同时在该力与指定点所决定的平面内附加一力偶，其力偶矩等于原力对指定点之矩。也就是说，平移前的一个力与平移后的一个力加一个附加力偶等效。

力的平移定理表明，可以将一个力分解为一个力加一个力偶；反过来，也可以将同一平面内的一个力和一个力偶合成为一个力。应该注意，力的平移定理只适用于刚体，而不适用于变形体，并且只能在同一刚体上平行移动。

（二）力系的简化

设作用在刚体一个平面上的一般力系为 $\boldsymbol{F}_1$，$\boldsymbol{F}_2$，…，$\boldsymbol{F}_n$，如图 1-18（a）所示。各力的作用点分别为 A_1，A_2，…，A_n。在平面内任意选的一点 O 称为简化中心。运用力的平移定理，将力系中各力分别向 O 点平移，这样原平面的一般力系（$\boldsymbol{F}_1$，$\boldsymbol{F}_2$，…，$\boldsymbol{F}_n$）转化为一个平面汇交力系（$\boldsymbol{F}_1'$，$\boldsymbol{F}_2'$，…，$\boldsymbol{F}_n'$）和一个附加力偶系（M_1，M_2，…，M_n），如图 1-18（b）所示。

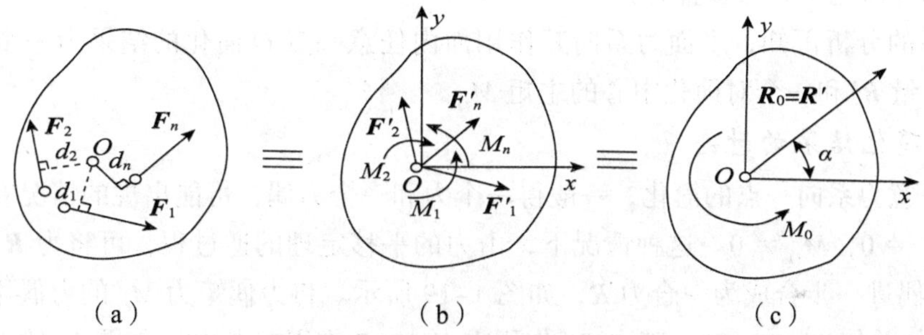

图 1-18　力的简化

所得的平面汇交力系中各力的大小和方向分别与原力系中对应的各力相同，即

$$\boldsymbol{F}_1'=\boldsymbol{F}_1,\ \boldsymbol{F}_2'=\boldsymbol{F}_2,\ \cdots,\ \boldsymbol{F}_n'=\boldsymbol{F}_n$$

所得的平面汇交力系可以合成为一个力 $\boldsymbol{R}_O$，也作用于点 O，其力矢 $\boldsymbol{R}'$ 等于各力矢 $\boldsymbol{F}_1'$，$\boldsymbol{F}_2'$，…，$\boldsymbol{F}_n'$ 的矢量和，即

$$\boldsymbol{R}_O=\boldsymbol{F}_1'+\boldsymbol{F}_2'+\cdots+\boldsymbol{F}_n'=\boldsymbol{F}_1+\boldsymbol{F}_2+\cdots+\boldsymbol{F}_n=\sum\boldsymbol{F}=\boldsymbol{R}' \tag{1-4}$$

$\boldsymbol{R}'$ 称为该力系的主矢，它等于原力系各力的矢量和，与简化中心的位置无关。$\boldsymbol{R}'$ 的大小和方向可根据解析法求得。选取如图 1-18 所示的坐标系 Oxy，$\boldsymbol{R}'$ 在 x 、y 轴上的投影分别为

$$\left.\begin{aligned} R_x' &= F_{x1}+F_{x2}+\cdots+F_{xn}=\sum_{i=1}^{n}F_{xi}=\sum F_x \\ R_y' &= F_{y1}+F_{y2}+\cdots+F_{yn}=\sum_{i=1}^{n}F_{yi}=\sum F_y \end{aligned}\right\} \tag{1-5}$$

式中，F_{x1}，F_{x2}，…，F_{xn}和F_{y1}，F_{y2}，…，F_{yn} 分别表示原力系中各力 $\boldsymbol{F}_1$，$\boldsymbol{F}_2$，…，$\boldsymbol{F}_n$ 在 x，y

轴上的投影，于是可求得 $\boldsymbol{R}'$ 的大小和与 x 轴正方向的夹角 α。

$$\left.\begin{aligned} R' &= \sqrt{R_x'^2 + R_y'^2} = \sqrt{(\sum F_x)^2 + (\sum F_y)^2} \\ \tan\alpha &= \frac{R_y'}{R_x'} = \frac{\sum F_y}{\sum F_x} \end{aligned}\right\} \tag{1-6}$$

各附加力偶的力偶矩分别等于原力系中各力对简化中心 O 之矩，即

$$M_1 = M_O(\boldsymbol{F}_1),\ M_2 = M_O(\boldsymbol{F}_2),\ \cdots,\ M_n = M_O(\boldsymbol{F}_n)$$

所得的附加力偶系可以合成为同一平面内的力偶，其力偶矩可用符号 M_O 表示，它等于各附加力偶矩 M_1，M_2，…，M_n 的代数和，即

$$\boldsymbol{M}_O = M_1 + M_2 + \cdots + M_n = M_O(\boldsymbol{F}_1) + M_O(\boldsymbol{F}_2) + \cdots M_O(\boldsymbol{F}_n) - \Sigma M_O(\boldsymbol{F}) \tag{1-7}$$

注：为方便起见，后面 $\sum_{i=1}^{n} F_{xi}$ 简记为 $\sum F_x$，$\sum_{i=1}^{n} F_{yi}$ 简记为 $\sum F_y$，$\sum_{i=1}^{n} M_O(F_i)$ 简记为 $\sum M_O(F)$。

原力系中各力对简化中心之矩的代数和 M_O 称为原力系对简化中心的主矩。由式（1–7）可见在选取不同的简化中心时，每个附加力偶的力偶臂一般都要发生变化，所以主矩一般都与简化中心的位置有关。

从上面的分析可知，平面力系向其作用面内任意一点 O 简化的结果为一个通过简化中心的主矢量 $\boldsymbol{R}'$ 和一个对简化中心的主矩 M_O。

（三）简化结果的讨论

平面任意力系向一点的简化，一般得一个力和一个力偶，可能出现的情况有四种：

（1）$R' \neq 0$，$M_O \neq 0$。这种情况下，由力的平移定理的逆过程，可将力 $\boldsymbol{R}'$ 和力偶矩为 M_O 的力偶进一步合成为一合力 $\boldsymbol{R}$，如图 1–19 所示。将力偶矩为 M_O 的力偶用两个力 $\boldsymbol{R}$ 与 $\boldsymbol{R}''$ 表示，并使 $R'=R=-R''$，其中 $\boldsymbol{R}''$ 作用在点 O，$\boldsymbol{R}$ 作用在点 O'，如图 1–19（b）所示。$\boldsymbol{R}'$ 与 $\boldsymbol{R}''$ 组成一对平衡力，将其去掉后得到作用于 O' 点的力 $\boldsymbol{R}$[图 1–19（c）]，与原力系等效。因此这个力 $\boldsymbol{R}$ 就是原力系的合力，显然 $R'=R$，而力 $\boldsymbol{R}$ 的作用线距简化中心 O 点的位置（力的作用线离 O 点的距离 d）由下式确定：

$$d = \frac{M_O}{\boldsymbol{R}} \tag{1-8}$$

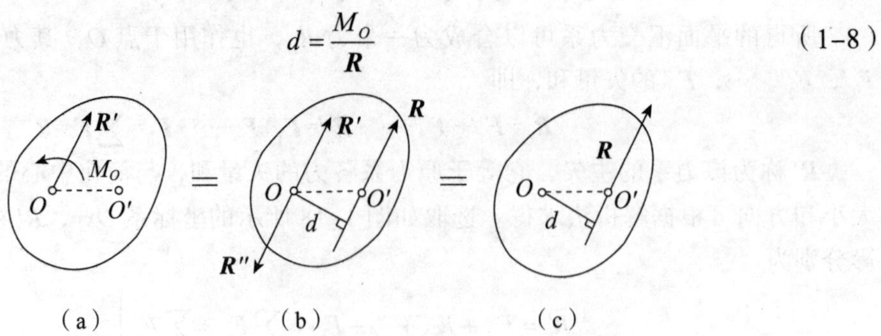

图 1–19　平面力系简化结果

（2）$R'=0$，$M_O \neq 0$。原力系简化为一力偶，该力偶就是原力系的合力偶，其力偶矩等于原力系的主矩。此时原力系的主矩与简化中心的位置无关。

（3）$R' \neq 0$，M_O=0。原力系简化为一个力，此合力即为作用在简化中心的主矢量。

（4）$R' = 0$，M_O=0。原力系处于平衡状态，该力系既不能使物体移动，也不能使物体转动，下面将详细讨论。

二、平面力系的平衡方程

由上面的讨论可知，平面力系向作用面内任一点 O 简化，可得到一个主矢量 $\boldsymbol{R}'$ 和一个主矩 M_O，如果 $R' = 0$，M_O=0，则平面力系处于平衡状态。因此，平面力系平衡的充分必要条件是：力系的主矢和力系对任一点 O 的主矩分别等于零。即

$$\left.\begin{array}{r} R' = 0 \\ M_O = 0 \end{array}\right\} \tag{1-9}$$

要使 $R' = 0$，则必须 $\sum F_x = 0$ 及 $\sum F_y = 0$，将上述平衡条件用解析式表达，可得到下列平面力系的平衡方程：

$$\left.\begin{array}{l} \sum F_x = 0 \\ \sum F_y = 0 \\ \sum M_O(F) = 0 \end{array}\right\} \tag{1-10}$$

其中，第三项常简写为 $\sum M_O = 0$。于是平面力系平衡的充分必要条件可以叙述为，力系中各力在两个任意选择的直角坐标轴上的投影的代数和分别为零，并且各力对任一点的矩的代数和也等于零。（1-10）式包含三个独立方程，可以求解三个未知量。

我们把公式（1-10）称为平面力系平衡方程的基本形式，它有两个投影式和一个力矩式。另外，平衡方程还可以表示为以下两种形式。

（1）一个投影式和两个力矩式，即二矩式。方程式为

$$\left.\begin{array}{l} \sum F_x = 0 \\ \sum M_A = 0 \\ \sum M_B = 0 \end{array}\right\} \tag{1-11}$$

其中，A、B 两点的连线 AB 不能与 x 轴垂直。

（2）三个都是力矩式，即三矩式。方程式为

$$\left.\begin{array}{l} \sum M_A = 0 \\ \sum M_B = 0 \\ \sum M_C = 0 \end{array}\right\}. \tag{1-12}$$

其中，A、B 、C 三点不能共线。

平面任意力系有三种不同形式的平衡方程组，每种形式都只含有三个独立的方程式，都只能求解三个未知量。在实际应用时，选用基本式、二矩式还是三矩式，完全决定于计算是否方便。为简化计算，在建立投影方程时，坐标轴的选取应该与尽可能多的未知力垂直，以便这些未知力在此坐标轴上的投影为零，避免一个方程中含有多个未知量而需要解

联立方程。在建立力矩方程时，尽量选取两个未知力的交点作为矩心，这样通过矩心的未知力就不会在此力矩方程中出现，达到减少方程中未知量数的目的。

由平面力系的平衡方程（1–10），可以推出几个特殊平面力系的平衡条件。

（1）平面汇交力系。平面汇交力系是指作用于物体上各力的作用线都位于同一平面内，且汇交于一点的力系。力系的简化结果是过汇交点的一个合力（主矢），式（1–10）中第三项自然满足，则平面汇交力系的平衡方程为

$$\left.\begin{aligned}\sum F_x=0\\ \sum F_y=0\end{aligned}\right\} \tag{1–13}$$

（2）平面力偶系。如果物体在同一平面内作用有两个以上的力偶，即为力偶系。力偶系的简化结果是一个合力偶（主矩），式（1–10）前两项自然满足，则平面汇交力系的平衡方程为

$$\sum M_i=0 \tag{1–14}$$

（3）平面平行力系。各力作用线在同一平面内并相互平行的力系，称为平面平行力系。平行力系向任一点简化结果为一般形式，如果选择一个坐标轴（如x轴）和各力平行，则式（1–10）中第二项自然满足，则平面平行力系的平衡方程为

$$\left.\begin{aligned}\sum F_x=0\\ \sum M_O=0\end{aligned}\right\} \tag{1–15}$$

【例 1–3】水平托架支承重量为小型化工容器，如图 1–20（a）所示。已知托架 AD 长为l，角度 a=45°，又 D、B、C 各处均为光滑铰链连接。试求托架 D、B 处的约束反力。

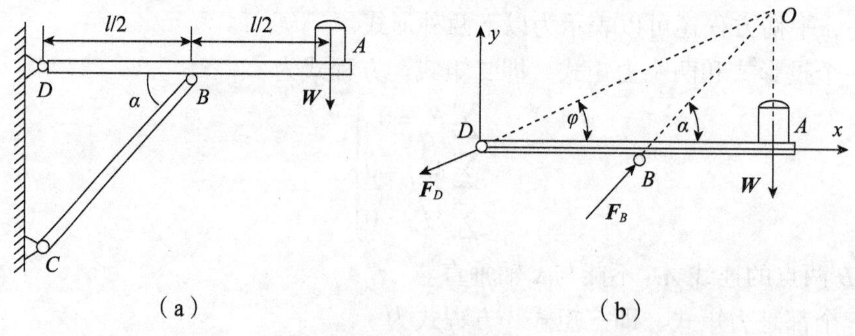

图 1–20　例 1–3 图

解　（1）取研究对象。为了求托架 D、B 两处的约束反力，将容器与托架一起取作研究对象，如图 1–20（b）所示。

（2）画出受力图。由于杆 BC 为二力杆，它对托架的约束反力 $\boldsymbol{F}_B$ 沿 C、B 两点的连线方向，与 W 的作用线交于 O 点，根据三力平衡汇交定理，D 处的约束反力 $\boldsymbol{F}_D$ 必通过 O 点。作受力图，如图 1–20（b）所示。由几何关系很容易得到

$$\sin\alpha=\cos\alpha=\frac{1}{\sqrt{2}};\quad \sin\varphi=\frac{1}{\sqrt{5}};\quad \cos\varphi=\frac{2}{\sqrt{5}}$$

（3）列平衡方程。三力作用线汇交于 O 点，建立直角坐标系 D_{xy}。根据平衡条件有

$$\begin{cases}\sum F_x = 0, & -F_D\cos\varphi + F_B\cos\alpha = 0\\ \sum F_y = 0, & -F_D\sin\varphi + F_B\sin\alpha - W = 0\end{cases}$$

（4）解方程组。求解以上方程组，并考虑到几何关系，可得

$$\begin{cases}F_B = 2\sqrt{2}W\\ F_D = \sqrt{5}W\end{cases}$$

【例 1-4】如图 1-21（a）所示，重为 W=20kN 的物体，用钢丝绳挂在支架上，钢丝绳的另一端缠绕在绞车 D 上，杆 AB 与 BC 铰接，并用铰链 A、C 与墙连接。如果两杆和滑轮的自重不计，并忽略摩擦与滑轮的大小，试求平衡时杆 AB 和 BC 所受的力。

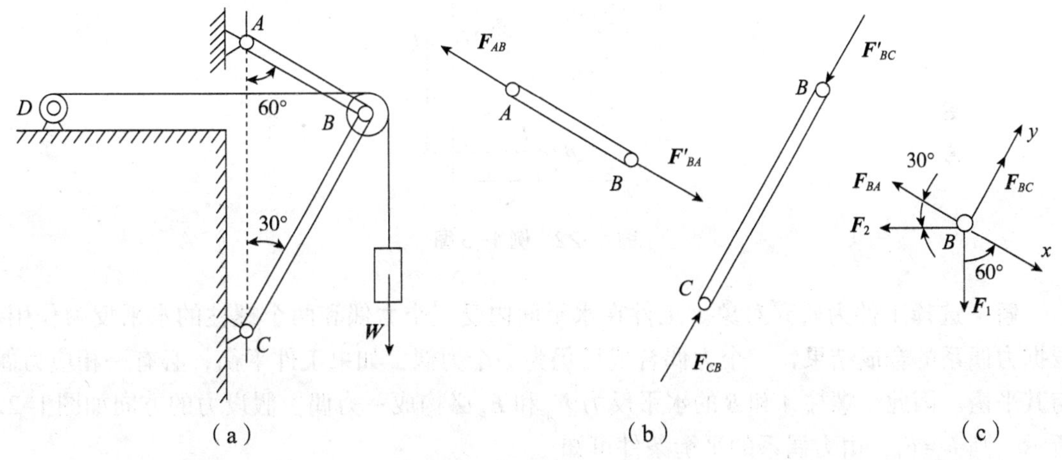

图 1-21 例 1-4 图

解 （1）取研究对象。由于忽略各杆的自重，AB、BC 两杆均为二力杆。假设杆 AB 承受拉力，杆 BC 承受压力，如图 1-21（b）所示。为了求这两个未知力，可通过求两杆对滑轮的约束反力来求解。因此，选择滑轮 B 为研究对象。

（2）画受力图。滑轮受到钢丝绳的拉力 $\boldsymbol{F}_1$ 和 $\boldsymbol{F}_2$（F_1=F_2=W）。此外杆 AB 和 BC 对滑轮的约束反力为 $\boldsymbol{F}_{BA}$ 和 $\boldsymbol{F}_{BC}$。由于滑轮的大小可以忽略不计，作用于滑轮上的力构成平面汇交力系，如图 1-21（c）所示。

（3）列平衡方程。选取坐标系 B_{xy}，如图 1-21（c）所示。为避免解联立方程组，坐标轴应尽量取在与未知力作用线相垂直的方向，这样，一个平衡方程中只有一个未知量，即

$$\begin{cases}\sum F_x = 0, & -F_{BA} + F_1\cos 60° - F_2\cos 30° = 0\\ \sum F_y = 0, & F_{BC} - F_1\sin 60° - F_2\sin 30° = 0\end{cases}$$

（4）解方程得

$$\begin{cases}F_{BA}=-0.366W=-7.321(\text{kN})\\F_{BC}=1.366W=27.32(\text{kN})\end{cases}$$

所求结果中，F_{BC} 为正值，表示力的实际方向与假设方向相同，即杆 BC 受压。F_{BA} 为负值，表示该力的实际方向与假设方向相反，即杆 AB 也受压力作用。

【例 1-5】某多头钻床工作时，作用在工件上的三个力偶如图 1-22 所示。已知三个力偶的力偶矩分别为 M_1=M_2=10N·m，M_3=20N·m；固定螺柱 A 和 B 之间的距离为 l=200mm，求两个光滑螺柱所受的水平力。

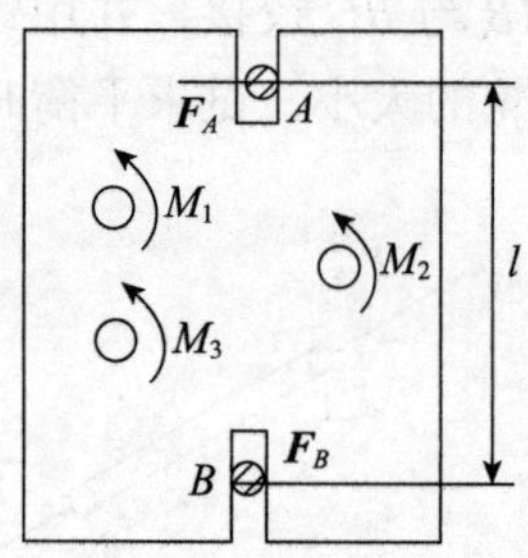

图 1-22　例 1-5 图

解　选择工件为研究对象。工件在水平面内受三个力偶和两个螺柱的水平反力作用。根据力偶系的合成结果，三个力偶合成后仍为一个力偶，如果工件平衡，必有一相应力偶与其平衡。因此，螺柱 A 和 B 的水平反力 $\boldsymbol{F}_A$ 和 $\boldsymbol{F}_B$ 必构成一力偶，假设力的方向如图 1-22 所示，则 F_A=F_B，由力偶系的平衡条件可知

$$\sum M=0,\quad M_1+M_2+M_3-F_A\cdot l=0$$

代入已知数值后可解得

$$F_A=\frac{M_1+M_2+M_3}{l}=200(\text{N})$$

因为 F_A 是正值，故所假设的方向是正确的。

例 1-6 图 1-23（a）所示为一悬臂式起重机，A、B、C 三处都是铰链连接。梁 AB 自重 F=1kN，作用在梁的中点，提升重量 W=8kN，杆 BC 自重不计，求支座 A 的约束反力和杆 BC 所受的力。

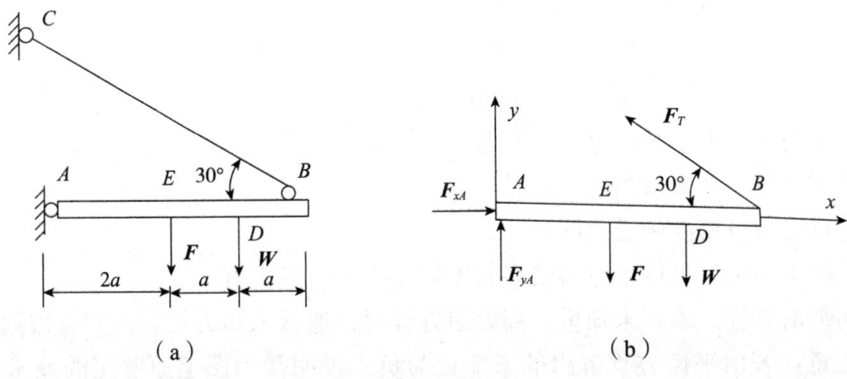

图 1–23　例 1–6 图

解　（1）取梁 AB 为研究对象，受力图如图 1–23（b）所示。A 处为固定铰支座，其反力用两分力表示，杆 BC 为二力杆，它的约束反力沿 BC 轴线，并假设为拉力。

（2）列平衡方程并求解。梁 AB 所受各力构成平面任意力系，有

$$\sum F_x = 0,\ F_{xA} - F_T \cos 30° = 0$$
$$\sum F_y = 0,\ F_{yA} + F_T \sin 30° - F - W = 0$$
$$\sum M_A = 0,\ F_T \sin 30° \times 4a - F \times 2a - W \times 3a = 0$$

代入已知量，可解得

$$F_{xA} = 19\text{kN}$$
$$F_{yA} = 16.5\text{kN}$$
$$F_T = 4.5\text{kN}$$

【例 1–7】一端固定的悬臂梁如图 1–24（a）所示。梁上作用均布荷载，荷载集度为 q，在梁的自由端还受一集中力 P 和一力偶矩为 m 的力偶的作用。试求固定端 A 处的约束反力。

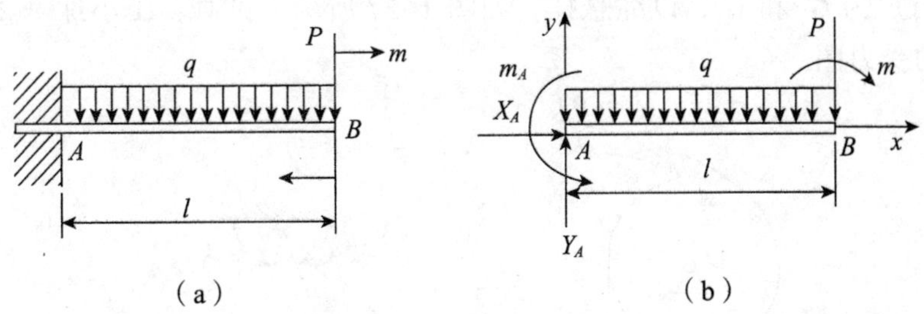

图 1–24　例 1–7 图

解　取梁 AB 为研究对象。受力图及坐标系的选取如图 1–24（b）所示。列平衡方程：

$$\sum X = 0,\ X_A = 0$$
$$\sum Y = 0,\ Y_A - ql - P = 0$$

$$\sum M = 0，m_A - ql^2/2 - Pl - m = 0$$

解得

$$Y_A = ql + P$$

$$m_A = ql^2/2 + Pl + m$$

应用平面的一般力系平衡方程的解题步骤如下：

（1）根据题意，选取适当的研究对象。

（2）进行受力分析并画受力图。

（3）选取坐标轴。坐标轴应与较多的未知反力平行或垂直。

（4）列平衡方程，求解未知量。列力矩方程时，通常未知力较多的交点被选为矩心。

应当注意：若由平衡方程解出的未知量为负，说明受力图上原假定的该未知量的方向与其实际方向相反，此时做一说明即可，而不用去改动受力图中原假设的方向。

习　题

1. 试计算图 1–26 中力 $\boldsymbol{F}$ 对 O 点的矩。

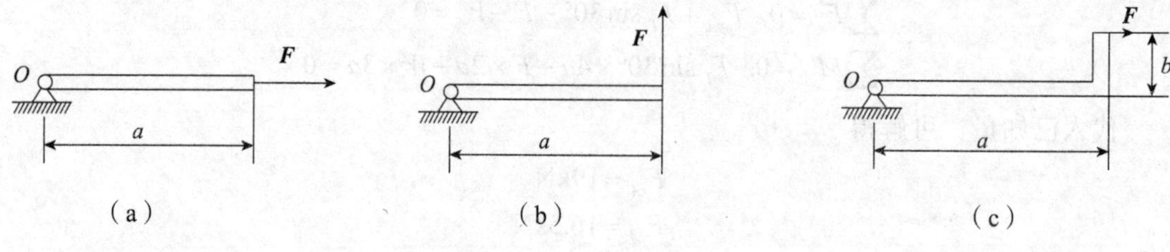

图 1–25　题 1–1 图

2. 棘轮装置如图 1–26 所示。通过绳子悬挂重量为 $\boldsymbol{G}$ 的物体，AB 为棘轮的止推爪，B 处为圆柱铰链。试画出棘轮的受力图。

3. 两球自重为 $\boldsymbol{G}_1$ 和 $\boldsymbol{G}_2$，以绳悬挂，如图 1–27 所示。试画：①小球、②大球、③两球合在一起的受力图。

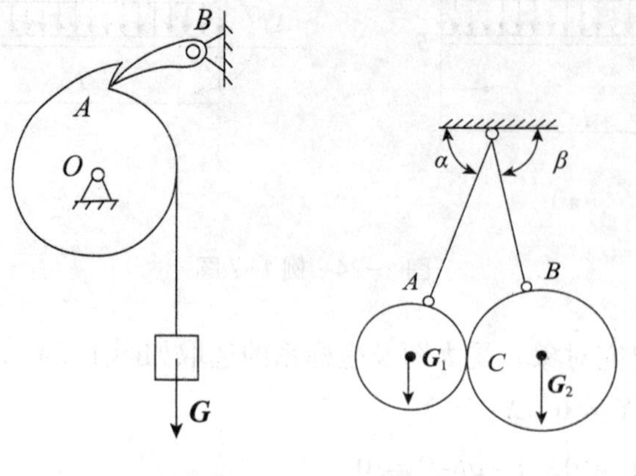

图 1–26　题 1–2 图　　　　图 1–27　题 1–3 图

4. 如图 1–28 所示，试画出 *AB* 杆的受力图，假设其自重可忽略不计。

5. 塔器竖起的过程如图 1–29 所示。下端搁在基础上，在 *C* 处系以钢绳并用绞盘拉住，上端在 *B* 处系以钢绳通过定滑轮 D 连接到卷扬机 E。设塔重为 $\boldsymbol{G}$，试画出塔器的受力图。

6. 化工厂中起吊反应器时为了不破坏栏杆，施加一水平力 $\boldsymbol{F}$，使反应器远离栏杆（图 1–30）。已知此时牵引绳与铅垂线的夹角为 30° ，反应器重量 *G* 为 30kN，试求水平力 $\boldsymbol{F}$ 的大小和绳子的拉力 $\boldsymbol{F}_T$。

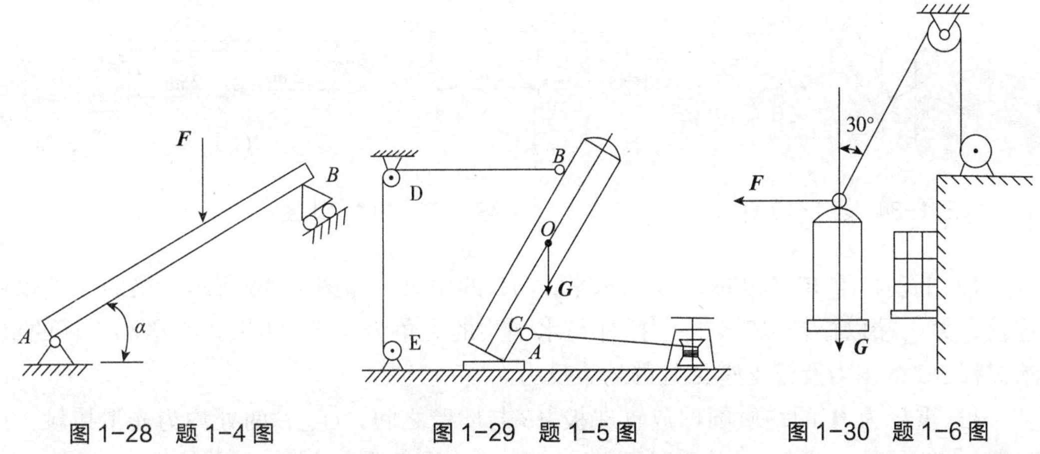

图 1–28　题 1–4 图　　图 1–29　题 1–5 图　　图 1–30　题 1–6 图

7. 图 1–31 中的绳索 *ACB* 的两端 *A*、*B* 分别固定在水平面上，在它的中点 *C* 处用铅垂力 $\boldsymbol{F}$ 向下拉，*A*、*B* 两点相距越远，绳索越容易被拉断，为什么？

8. 重为 *W*=2kN 的球搁在光滑的斜面上，用一绳拉住（图 1–32）。已知绳子与铅直墙壁的夹角为 30°，斜面与水平面的夹角为 15°，求绳子的拉力和斜面对球的约束反力。

9. 工件放在 V 形铁内，如图 1–33 所示。若已知压板的压紧力 *F*=400N，不计工件自重，求工件对 V 形铁的压力。

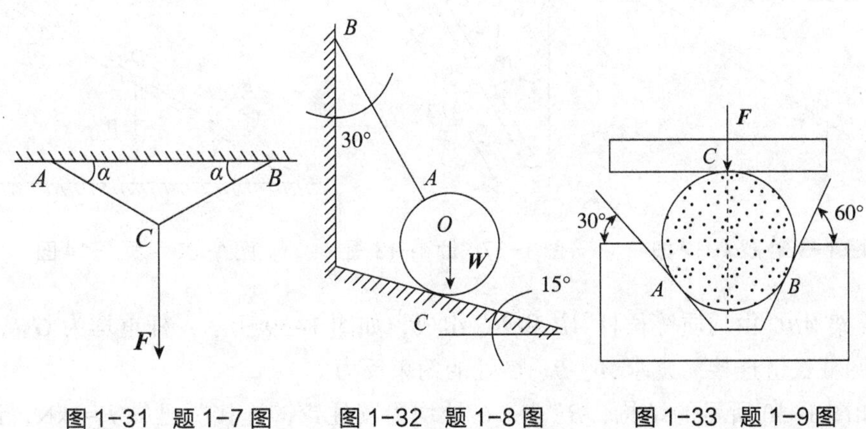

图 1–31　题 1–7 图　　图 1–32　题 1–8 图　　图 1–33　题 1–9 图

10.*AC* 和 *BC* 两杆用铰链 *C* 连接，两杆的另一端分别铰支在墙上，如图 1–34 所示。在 *C* 点悬挂一重 *W*=10kN 的物体。已知 *AB*=*AC*=2m，*BC*=1m，如杆重不计，求两杆所受的力。

11. 如图 1–35 所示，简支梁受 F=20kN 的集中载荷作用，求（a）、（b）两种情况下 A、B 两处的约束反力。

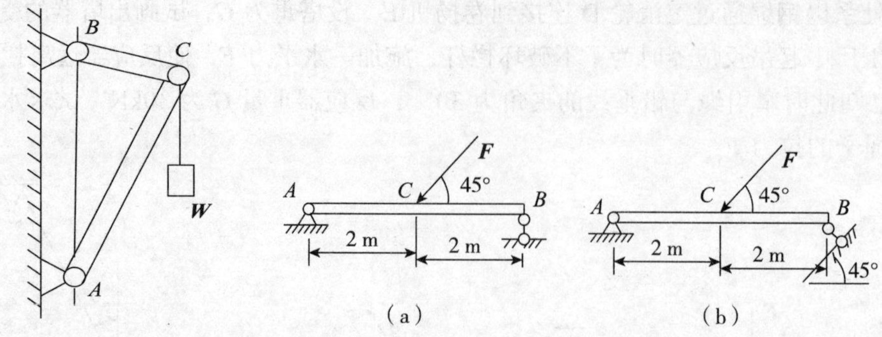

图 1–34　题 1–10 图　　图 1–35　题 1–11 图

12. 电动机重 W=5000N，放在水平梁 AC 的中央，如图 1–36 所示。梁的 A 端以铰链连接，另一端以撑杆 BC 支持，撑杆与水平梁的夹角为 30°。如果忽略梁和撑杆的重量，求撑杆 BC 的内力及铰支座 A 处的约束反力。

13. 重量为 $\boldsymbol{W}$ 的均质圆球放置在板 AB 与墙壁之间，D、E 两处均为光滑接触，尺寸如图 1–37 所示。设板 AB 的重量不计，求 A 处的约束反力及绳 BC 的拉力。

14. 等截面杆的重量为 $\boldsymbol{W}$，加在两个光滑水平圆柱 B、C 之间，其 A 端搁在光滑的地面上，如图 1–38 所示。设 $AD=a$，$BC=b$，角 α 为已知，求 A、B、C 各点的约束反力。

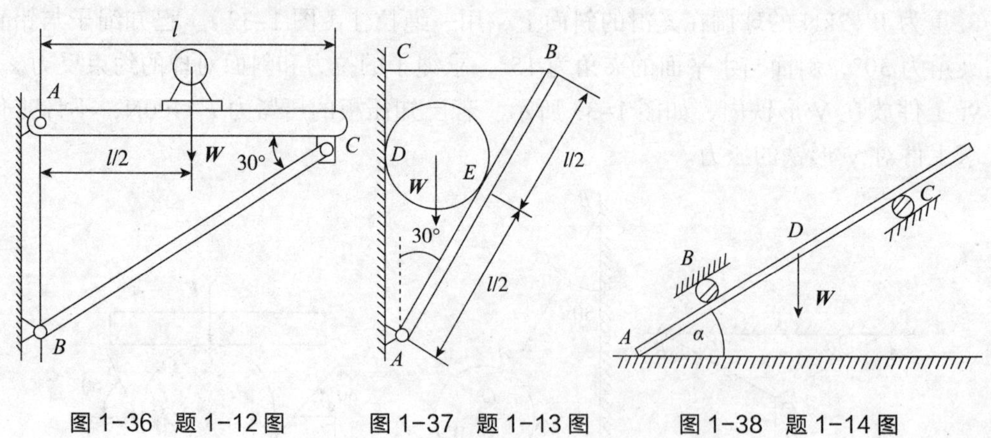

图 1–36　题 1–12 图　　图 1–37　题 1–13 图　　图 1–38　题 1–14 图

15. 支架 ABC 由均质等长杆 AB 和 BC 组成，如图 1–39 所示，杆重均为 $\boldsymbol{G}$。A、B、C 三处均用圆柱铰链连接。试求 A、B、C 处的约束反力。

16. 如图 1–40 所示的结构，B、E、C 处均为圆柱铰链连接。已知 F=1kN，试求的 A 处反力以及杆 EF 和杆 CG 所受的力。

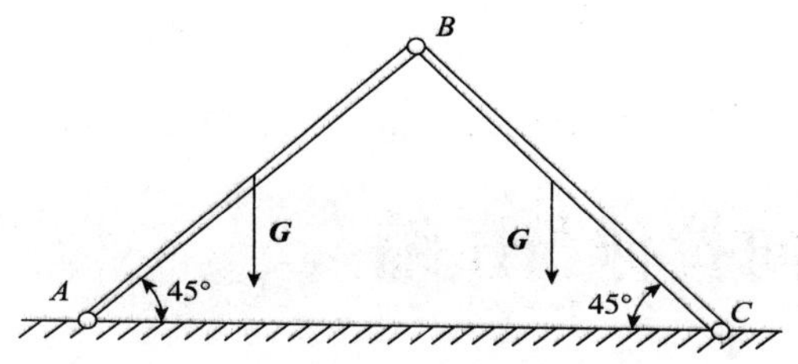

图 1-39　题 1-15 图

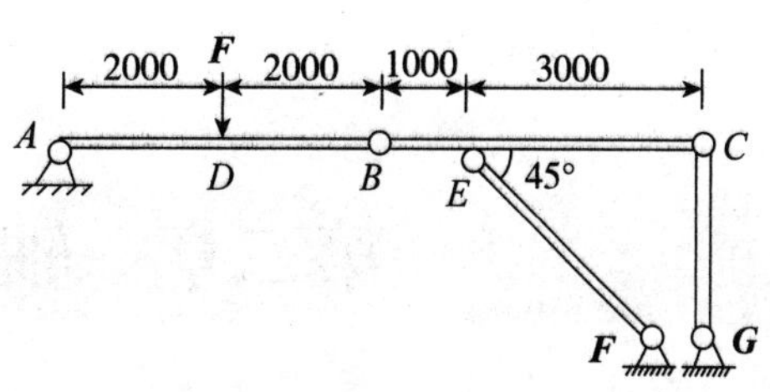

图 1-40　题 1-16 图

第二章　轴向拉伸与压缩

1. 本章的能力要素

本章介绍轴向拉压时的内力、应力、变形、力学性能及强度计算。具体要求包括：

（1）了解轴向拉压的受力及变形特点；

（2）掌握轴向拉压时轴力的计算及轴力图的画法；

（3）掌握轴向拉压时应力的计算；

（3）掌握轴向拉压时纵向变形和横向变形的计算；

（4）了解轴向拉压时材料的力学性能；

（5）掌握轴向拉压时的强度计算。

2. 本章的知识结构图

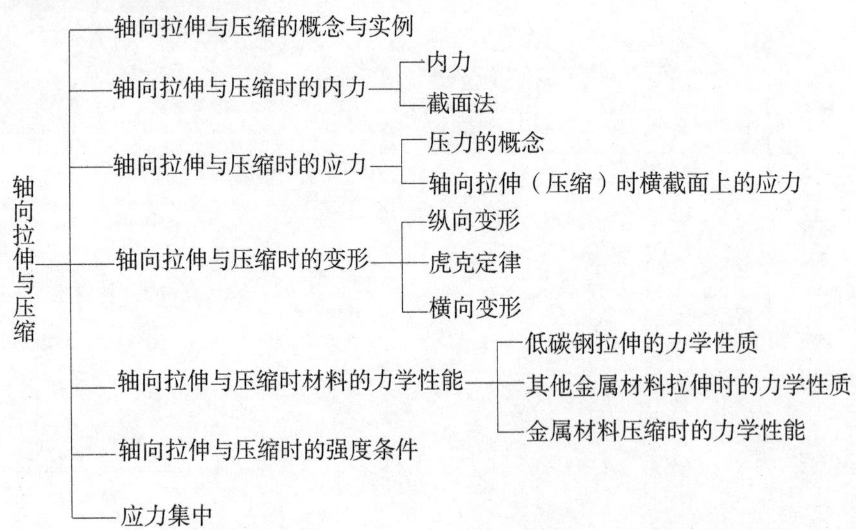

上一章我们研究了物体的受力分析和力系的平衡条件，应用这些知识可分析组成机器设备的构件的受力状态。在确定构件的受力大小、方向后，我们还需要进一步分析这些构件能否承受这些力，能否在外力作用下安全可靠地工作。对机械和工程结构的组成构件来说，为确保正常工作，必须满足以下要求。

（1）杆件具有足够的抵抗破坏的能力，使其在载荷作用下不致被破坏，即要求它具有足够的强度。例如，吊起重物的钢索不能被拉断；啮合的一对齿轮在传递载荷时，轮齿不允许被折断；液化气储气罐不能爆破。

（2）杆件具有足够的抵抗变形的能力，使其在载荷作用下所产生的变形不超过工程上所允许的范围，即要求它具有足够的刚度。例如，车床主轴如果变形过大，将破坏主轴上齿轮的正常啮合，引起轴承的不均匀磨损及噪声，影响车床的加工精度。

（3）杆件具有足够的抵抗失稳的能力，使杆件在外力作用下能保持其原有形状下的平衡，即要求它具有足够的稳定性。例如，千斤顶的螺杆、内燃机的挺杆等工作时应始终保持原有的直线平衡状态。

在第一章中，我们将研究的物体看作刚体，即假定受力后物体的几何形状和尺寸是不变的。实际上，刚体是不存在的，任何物体在外力作用下都将发生变形。在静力学中，构件的微小变形对静力平衡分析是一个次要因素，故可不予考虑；但在材料力学中，研究的是构件的强度、刚度及稳定性问题，变形成为一个主要因素，必须加以考虑。所以自本章开始所研究的一切物体都是变形体。

材料力学对变形固体做如下假设。

（1）连续性假设。组成固体的物质在其整个固体体积的几何空间内是密实的和连续的。这样，可将力学变量看作位置坐标的连续函数，便于应用数学分析的方法。

（2）均匀性假设。固体材料各部分的力学性能完全相同。因为固体的力学性能反映的是各组成部分力学性能的统计平均值，所以可以认为各部分的力学性能是均匀的。

（3）各向同性假设。固体材料沿各个方向的力的性能完全相同。工程中使用的大多数金属材料均具有宏观各向同性的性质。

（4）小变形假设。构件因外力作用而产生的变形远小于构件的原始尺寸。这样，在研究平衡问题时，可以忽略构件的变形而按其原始尺寸进行分析，使得计算得到简化，而引起的误差非常微小。

物体在外力作用下会产生变形。当外力卸除后，物体能完全或部分恢复其原有的形态。随外力卸除而消失的变形称为弹性变形，不能消失的变形称为塑性变形或残余变形。在材料力学中，我们主要研究材料在弹性范围内的受力性质。

材料力学主要以杆件为研究对象。杆件是指长度方向的尺寸远大于其他两个方向尺寸的构件。垂直于杆长度方向的截面称为杆的横截面；杆的各个横截面形心的连线称为杆的轴线。轴线是直线的杆称为直杆；各横截面均相同的直杆称为等截面直杆，简称等直杆。杆件在不同外力作用下将产生不同形式的变形，主要有轴向拉伸（压缩）[图 2-1（a）、（b）]、剪切 [图 2-1（c）]、扭转 [图 2-1（d）] 与弯曲 [图 2-1（e）] 四种基本变形，其他复杂的变形都可以将其视为上述基本变形形式的组合。本篇在讨论杆件的各种基本变形时，除非特别说明，一般情况下都是指杆件处于平衡状态。此外，在材料力学中，力的符号不再用黑体字母表示，改用常规字母表示。

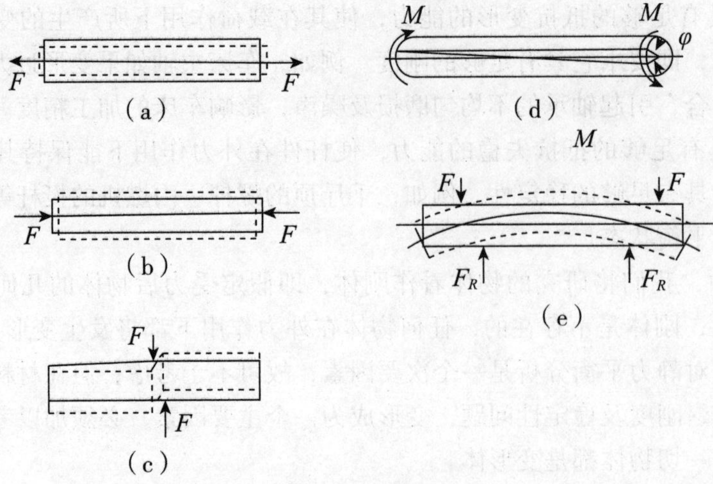

图 2-1　杆件基本变形形式

第一节　轴向拉伸与压缩的概念与实例

实际工程应用中，很多构件在忽略自重后可看作是承受拉伸或压缩的构件，如内燃机燃气爆发冲程中的连杆、桁架中的杆件、厂房的立柱等。图 2-2（a）所示的千斤顶的顶杆受压，可视为压杆，图 2-2（b）为其计算简图；图 2-3（a）所示的简易吊车的 *BC* 杆受拉，可视为拉杆，而连杆 *AB* 受压，可视为压杆，图 2-3（b）为其计算简图。

这些受拉或受压的杆件虽外形各有差异，加载方式也并不相同，但其受力图均可简化为图 2-1（a）和（b）所示的简图（图中虚线表示变形后的形状）。因此，轴向拉伸或压缩杆件的受力特点是：外力（或外力的合力）的作用线与杆件的轴线重合。变形特点是：杆件产生沿轴线方向的伸长或缩短。

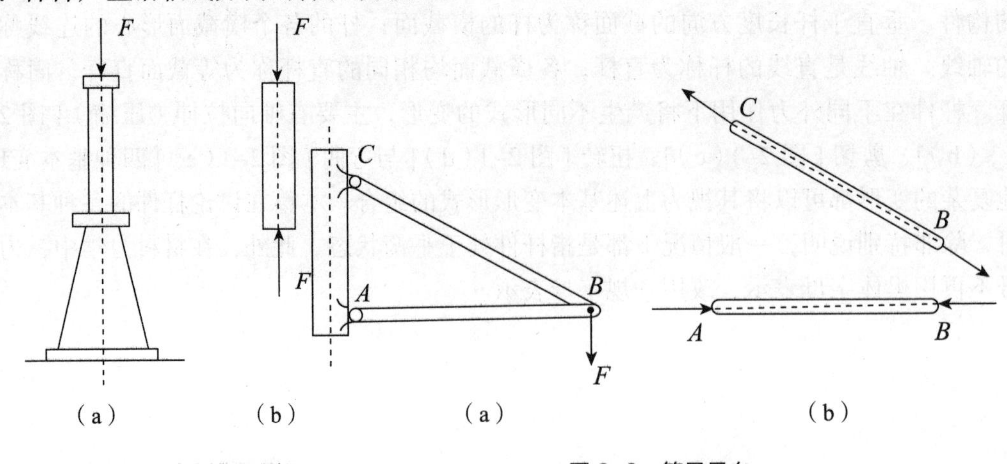

图 2-2　千斤顶受压顶杆　　图 2-3　简易吊车

第二节　轴向拉伸与压缩时的内力

一、内力

物体在没有受到外力作用时，为了保持物体的固有形状，分子间已存在着结合力。当物体因受外力作用而变形时，为了抵抗外力引起的变形，结合力发生了变化，这种由于外力作用而引起的内力的改变量，称为“附加内力”，简称内力。内力随外力增减而变化，当内力增大到某一极限时，构件就会发生破坏，所以内力与构件的强度、刚度和稳定性等密切相关，在研究强度等问题时，必须首先求出内力。

二、截面法

为了显示受轴向拉伸或压缩杆横截面上的内力，可假想沿截面 m–m 将杆件截开，如图 2–4（a）分成左、右两段，任取其中一段为研究对象。比如取左端研究，如图 2–4（b）这时，在左段上作用有外力 F，欲使该部分保持平衡，则在横截面上必有一个力 F_N 的作用，它表示了右段对左段的作用，是一个内力。这个内力是分布在整个横截面上的，F_N 表示这个分布力系的合力，其大小可由左段的平衡方程求得

$$\sum F_x = 0,\quad F_N - F = 0$$

$$F_N = 0$$

根据作用力与反作用力定律，左段必然也以大小相等、方向相反的力作用于右段，如图 2–4（c）所示。因此，求内力时，可取截面两侧的任一部分来研究。上述这种用假想截面把构件截开后求内力的方法称为截面法。

截面法是求内力的基本方法，主要步骤如下所示。

（1）截：在需要求内力的截面处，用一个截面将构件假想地截开，分成两部分；

（2）代：任取一部分（一般取受力情况比较简单的部分）作为研究对象，弃去部分对留下部分的作用，用作用在截面上的内力（力或力偶）代替；

（3）求：对研究对象建立平衡方程，根据已知外力计算杆在截面处的内力。

对于受轴向拉伸或压缩的杆件，因为外力 F 的作用线与杆件轴线重合，内力的合力 F_N 的作用线也必然与杆件的轴线重合，所以称 F_N 为轴力。通常规定：拉伸引起的轴力为正值，方向背离横截面，称为拉力；压缩引起的轴力为负值，方向指向横截面，称为压力。按这种符号规定，无论研究杆件左段还是右段，同一截面两侧上的内力不但数值相等，而且符号也相同。

拉力引起杆件轴向伸长，压力引起杆件轴向缩短。若杆件作用多个轴向力时，不同横截面上的轴力不尽相同，这时仍可用截面法求杆件横截面上的内力。

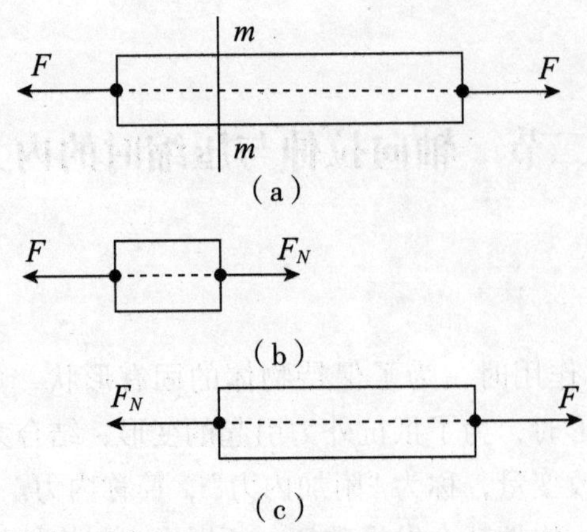

图 2-4　截面法求内力

为了直观地表示整个杆件各横截面轴力的变化情况，用平行于杆轴线的坐标表示横截面所在的位置，用垂直于杆轴线的纵坐标表示对应横截面上轴力的正负及大小。这种表示轴力沿轴线方向变化的图形称为轴力图。

【例 2-1】杆件受力情况如图 2-5（a）所示，试求横截面 1-1 和 2-2 上的轴力并画出轴力图，已知 F_1=26kN，F_2=14kN，F_3=12kN。

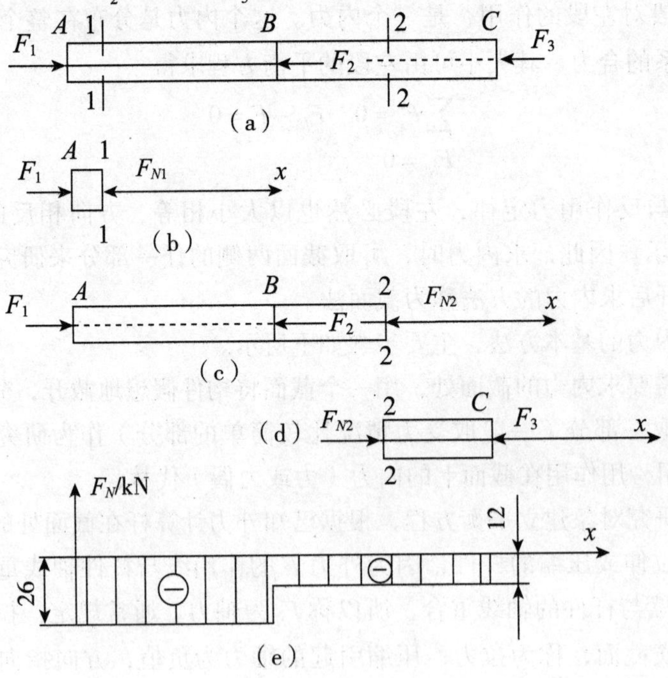

图 2-5　例 2-1 图

解　使用截面法，沿截面 1-1 将杆件分成两段，取左段研究，画出受力图，如图 2-5（b）所示，用 F_{N1} 表示右段对左段的作用，由平衡方程 $\sum F_x=0$，得

$$F_1 - F_N = 0$$
$$F_{N1} = F_1 = 26(\text{kN}) \ (\text{压})$$

同理，可以计算横截面 2–2 上的轴力 F_{N2}，取截面 2–2 的左段 [图 2–5（c）]，建立平衡方程 $\sum F_x = 0$，得

$$F_1 - F_2 - F_{N2} = 0$$
$$F_{N2} = F_1 - F_2 = 12(\text{kN}) \ (\text{压})$$

若研究截面 2–2 的右段 [图 2–5（d）]，同样建立平衡方程，可得

$$F_{N2} - F_3 = 0$$
$$F_{N2} = F_3 = 12(\text{kN}) \ (\text{压})$$

所得的结果与取左端研究的结果相同，相比之下计算比较简单。

最后画出轴力图，如图 2–5（e）所示。图中负号表示杆件受压。我们可根据轴力图确定杆上的最大轴力及所在横截面的位置。

上述计算结果表明，拉（压）杆任一横截面上的轴力，数值上等于该截面任一侧所有外力的代数和。当杆件受力比较复杂，不能快速判断轴力的方向时，可先假设为拉力，这样，当计算结果为正时，说明假设正确，本身就是拉力；当计算结果为负时，说明假设不成立，所求轴力为压力，这样的结果和轴力的正负号规定相一致，不必再改受力图上力的方向。

第三节 轴向拉伸与压缩时的应力

一、应力的概念

在确定了拉压杆的轴力以后，我们还不能单凭它来判断杆件是否会因强度不够而破坏。例如，两根相同材料做成的粗细不同的直杆，在相同拉力作用下，两杆横截面上的轴力是相同的。若逐渐将拉力增大，则细杆先被拉断。这说明拉杆的强度不仅与内力有关，还与横截面面积有关。当粗细两杆轴力相同时，细杆内力分布的密集程度比粗杆要大一些，可见，内力的密集程度才是影响强度的主要原因，为此我们引入应力的概念。

在截面上某一点 C 处取一微小面积 ΔA，如图 2–6（a）所示，其上作用的内力为 ΔF，定义 $p_m = \dfrac{\Delta F}{\Delta A}$，$p_m$ 称为作用在面积 ΔA 上的平均应力。随着 ΔA 的逐渐缩小，p_m 的大小和方向都将逐渐变化，当 ΔA 趋于零时，有

$$p = \lim_{\Delta A \to 0} p_m = \lim_{\Delta A \to 0} \frac{\Delta F}{\Delta A} \qquad (2\text{–}1)$$

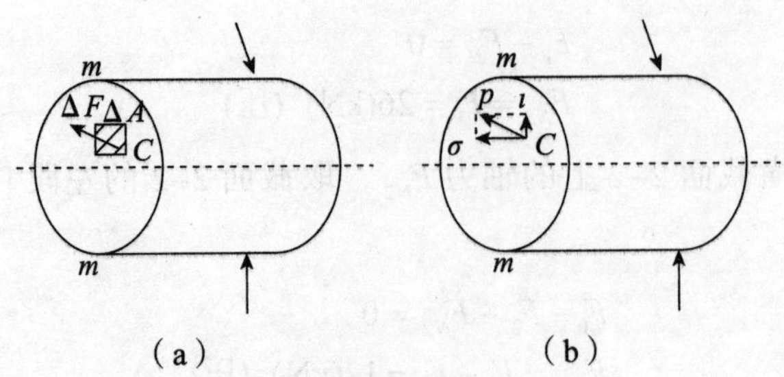

图 2–6　截面上的应力

p 称为 C 点的应力，它是分布力系在 C 点的集度。p 是一个矢量，一般来说既不与截面垂直，也不与截面平行。通常把应力 p 分解成垂直于截面的分量 σ 和平行于截面的分量 τ [图 2–6（b）]。其中，σ 称为正应力，τ 称为切应力。由定义可知，应力的单位是帕斯卡（Pascal），简称帕（Pa）。1Pa=1N/m²，由于此单位较小，在工程计算中也常用 kPa、MPa、GPa，其中 1kPa=10^3Pa，1MPa=10^6Pa，1GPa=10^9Pa。

二、轴向拉伸（压缩）时横截面上的应力

杆件受到轴向拉伸（压缩）时，由于轴力 F_N 垂直于杆的横截面，所以在横截面上存在正应力 σ。

为了确定 σ 的分布规律，需要研究杆件的变形几何关系。为此，做如下实验：取一个等直杆，先在杆的表面画上两条垂直于轴线的横向线 ab 和 cd，如图 2–7 所示。当杆的两端受到一对轴向拉力 F 作用后，可以观察到如下现象：直线 ab 和 cd 仍垂直于轴线，但分别平移到 $a'b'$ 和 $c'd'$ 位置。这一现象是杆的变形在其表面的反映，我们进一步假设的杆内部的变形情况也是如此，即杆件变形前的各横截面在变形后仍保持为平面且垂直于杆的轴线，这个假设称为平面假设。该假设已被弹性力学和现代实验力学所证实。

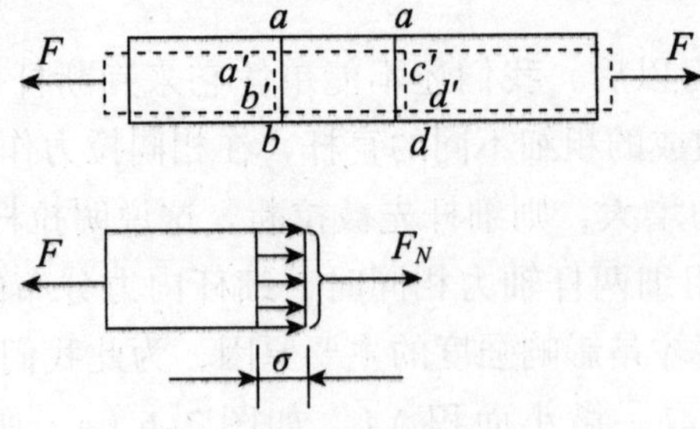

图 2–7　拉压时横截面上的应力

如果设想杆件由许多根纵向纤维所组成，根据平面假设可以推断出两平面之间所有纵向纤维的伸长量应该相同。由于材料是均匀连续的，故横截面上的轴力是均匀分布的，即拉杆横截面上各点的应力是均匀分布的，所以横截面上各点的正应力 σ 相等，根据静力学关系可得

$$F_N = \int_A \sigma \mathrm{d}A = \sigma A$$

因此拉杆横截面上任一点的正应力为

$$\sigma = \frac{F_N}{A} \tag{2-2}$$

式中，σ为横截面上的正应力，F_N为横截面上的轴力，A为横截面面积。σ的符号规定与轴力N相同，即当轴力为正时（拉力），σ为拉应力，取正号；当轴力为负时（压力），σ为压应力，取负号。

第四节　轴向拉伸与压缩时的变形

在轴向拉力（或压力）作用下，杆件产生轴向伸长（或缩短）的变形，称为纵向变形。此外，由实验可知，当杆件产生纵向伸长时，杆件的横向尺寸会缩小；当杆件产生纵向缩短时，杆件的横向尺寸会增大。横向尺寸的变化称为横向变形。下面将分别讨论纵向变形和纵向变形。

一、纵向变形

以图 2-8 所示等直杆为例，设杆件原长为l，在两端受轴向拉力F作用后，长度改变为l_1，则杆的长度改变量为

$$\Delta l = l_1 - l$$

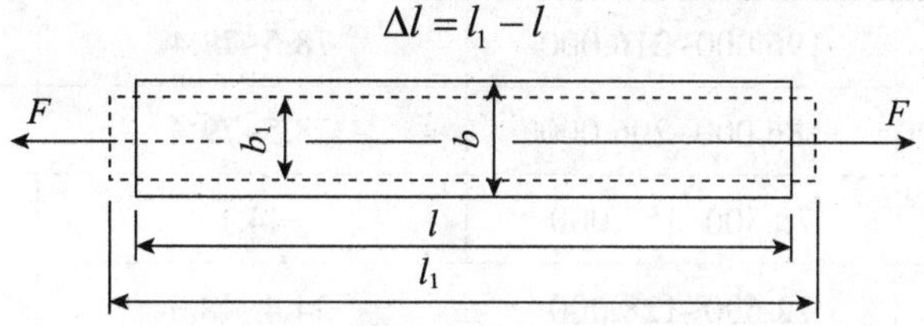

图 2-8　直杆拉（压）时的变形

Δl反映了杆的总的纵向变形量，称为绝对变形，其正负号和轴力一致，拉伸时$\Delta l>0$，压缩时$\Delta l<0$。杆件的绝对变形与杆的原长有关，因此，为了消除杆件原长度的影响，采用单位长度的变形量来度量杆件的变形程度，这被称为纵向线应变，用ε表示。对于均匀伸长的拉杆，有

$$\varepsilon = \frac{\Delta l}{l} = \frac{l_1 - l}{l} \tag{2-3}$$

纵向线应变ε是无量纲量，其正负号与Δl的相同，即在轴向拉伸时ε为正值，称为拉应变；在压缩时ε为负值，称为压应变。

二、虎克定律

杆件的变形和其所受外力之间的关系，与材料的力学性能有关，只能由实验获得。实验表明，当轴向拉伸（压缩）杆件横截面上的正应力 σ 不大于某一极限值时，应力应变成正比，即

$$\sigma \propto \varepsilon$$

引入比例常数 E，则有

$$\sigma = E\varepsilon \text{ 或 } \varepsilon=\frac{\sigma}{E} \tag{2-4}$$

上式称为虎克定律，其中 E 称为材料的弹性模量，其值随材料而异，可由实验测定（参见表 2-1）。弹性模量 E 的单位与应力单位相同。

将式（2-2）和（2-3）代入公式（2-4），可以得到

$$\Delta l = \frac{F_N l}{EA} \tag{2-5}$$

这是虎克定律的另一种表达形式，公式表明，对于 F_N、l 相同的杆件，EA 越大则绝对变形 Δl 越小，所以 EA 称为杆件的抗拉（或抗压）刚度，它反映了杆件抵抗拉伸（压缩）变形的能力。

表2-1　几种常用材料在常温下E、G、μ的近似值

材料名称	E/GPa	G/GPa	μ
碳钢	196.000~216.000	78.5~79.4	0.24~0.28
合金钢	186.000~206.000	78.5~79.4	0.25~0.30
灰铸铁	78.500~157.000	44.1	0.23~0.27
铜及其合金	72.600~128.000	34.4~48.0	0.31~0.42
铝合金	70.000	26.5	0.33
混凝土	15.200~36.000	–	0.16~0.18
橡胶	0.008~0.600	–	0.47

三、横向变形

前面曾提到，轴向拉伸或压缩的杆件，不仅有纵向变形，还会有横向变形。如图 2-8 所示，变形前的横向尺寸为 b，变形后为 b_1，则杆件的横向变形量 $\Delta b = b_1 - b$，与纵向线应变的概念相似，定义横向线应变。

$$\varepsilon' = \frac{\Delta b}{b} = \frac{b_1 - b}{b} \tag{2-6}$$

试验指出，同一种材料，在弹性变形范围内，横向线应变 ε' 和纵向线应变 ε 之比的绝对值为一常数，即

$$\left|\frac{\varepsilon'}{\varepsilon}\right| = \mu \tag{2-7}$$

μ 称为横向变形系数或泊松比，它是一个无量纲量，其值因材料而异，可由试验测定，参见表 2-1。由于 ε 与 ε' 的正负号总是相反，故（2-7）式又可写为

$$\varepsilon' = -\mu\varepsilon \tag{2-8}$$

【例 2-2】一钢制阶梯轴的受力及相关尺寸如图 2-9 所示，钢的弹性模量 E=200GPa，试求各杆件的纵向变形量。

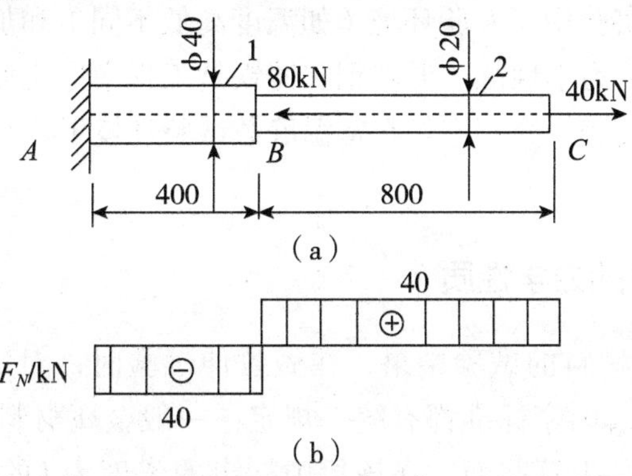

图 2-9 例 2-2 图

解 （1）内力计算

用截面法分别计算 AB 段和 BC 段的内力并作杆的轴力图 [图 2-9（b）]。

$$F_{N1} = -40(\text{kN})\ (\text{压})$$

$$F_{N2} = 40(\text{kN})\ (\text{拉})$$

（2）计算各段变形量

AB、BC 两段的轴力为 F_{N1}、F_{N2}，横截面面积 A_1、A_2，长度 l_1、l_2 均不相同，变形计算应分别进行。

AB 段 $$\Delta l_1 = \frac{F_{N1}l_1}{EA_1} = \frac{-40\times10^3\times400\times10^{-3}}{200\times10^9\times\dfrac{\pi}{4}\times40^2\times10^{-6}} = -0.637\times10^{-4}(\text{m}) = -0.064(\text{mm})$$

BC 段 $$\Delta l_2 = \frac{F_{N2}l_2}{EA_2} = \frac{40\times10^3\times800\times10^{-3}}{200\times10^9\times\dfrac{\pi}{4}\times20^2\times10^{-6}} = 5.093\times10^{-4}(\text{m}) = 0.509(\text{mm})$$

（3）总变形计算

$\Delta l = \Delta l_1 + \Delta l_2 = -0.064 + 0.509 = 0.445(\text{mm})$

计算结果表明，AB 段缩短 0.064mm，BC 段伸长 0.509mm，全杆伸长 0.445mm。

第五节　轴向拉伸和压缩时材料的力学性能

分析构件的强度时，除了计算应力外，还需要了解材料的力学性能。材料的力学性能是指材料在外力作用下表现出的强度、变形等方面的各种特性，包括弹性模量 E、泊松比 m 以及极限应力等，它们要由实验来测定。在室温下，载荷值由零开始，以缓慢平稳的加载方式进行试验，直至所需数值，称为常温静载试验，它是测定材料力学性能的基本试验。

在材料的力学性能实验中，实验环境（如温度高低不同）和加载方式（如静加载、冲击载荷）都影响着材料的力学性能。低碳钢和铸铁是工程中广泛使用的金属材料，下面就以低碳钢和铸铁为主要代表，介绍它们在常温静载试验环境下，材料拉伸和压缩时的力学性能。

一、低碳钢拉伸时的力学性质

为了便于比较不同材料的试验结果，在做拉伸试验时，对试件的形状、加工精度、加载速度、试验环境等，国家标准都有统一规定，一般金属材料采用圆形截面试件（图 2–10），试件中部的一段为等截面，在该段中标出的长度为 l 的一段称为工作段（试验段），试验时即测量工作段的变形量。工作段长度 l 称为标距。按规定，对于圆形试件，标距 l 与横截面直径 d 的比例为

$$l=5d \text{ 和 } l=10d$$

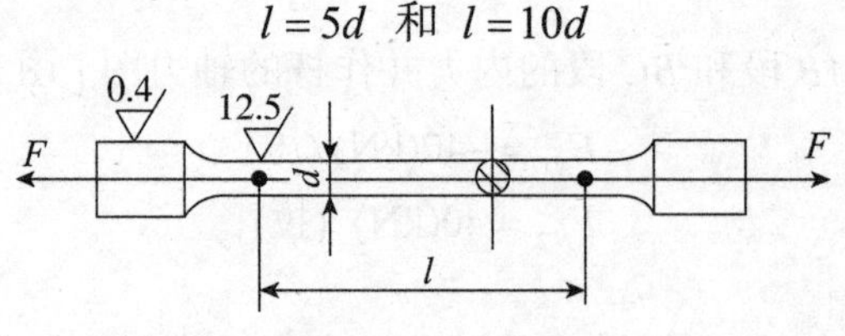

图 2–10　拉伸试验标准试件

低碳钢是指含碳量在 0.3% 以下的碳素钢。这类钢材在工程中使用较广，在拉伸试验中表现出的力学性能也最为典型。

将低碳钢制成的标准试件安装在试验机上，开动机器缓慢加载，直至试件拉断为止。试验机的自动绘图装置将试验过程中的载荷 F 和对应的伸长量 Δl 绘成 $F-\Delta l$ 曲线图，称为拉伸图或 $F-\Delta l$ 曲线，如图 2–11 所示。

试件的拉伸图与试件的原始几何尺寸有关，为了消除试件原始几何尺寸的影响，获得反映材料性能的曲线，常把拉力 F 除以试件横截面的原始面积 A，得到的正应力 $\sigma=F/A$，作为纵坐标；把伸长量 Δl 除以标距的原始长度 l，得到的应变 $\varepsilon=\Delta l/l$，作为横坐标。通过作图得到材料拉伸时的应力 – 应变曲线图或称 $\sigma-\varepsilon$ 曲线，如图 2–12 所示。

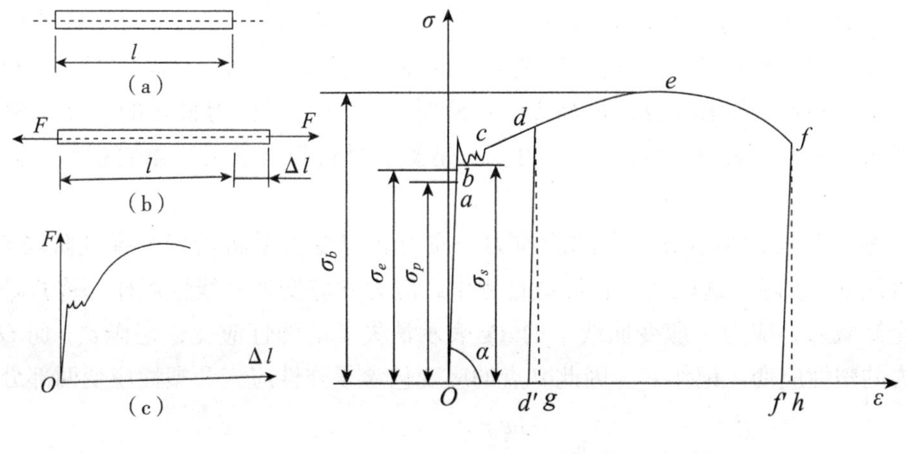

图 2-11　拉伸图　　　　图 2-12　应力 - 应变曲线图

根据试验结果，我们将低碳钢的应力 - 应变曲线分成四个阶段，讨论其力学性能。

（1）弹性阶段。在拉伸的初始阶段，σ 与 ε 的关系为一条通过原点的斜直线 Oa，表示在这一阶段内，应力 σ 与应变 ε 成正比。直线部分的最高点 a 所对应的应力称为比例极限，用 σ_P 表示，Q235 钢的比例极限 $\sigma_P \approx 200$MPa。显然，只有应力低于比例极限时，应力与应变才成正比，材料服从虎克定律。

图 2-12 中的直线 Oa 的斜率为

$$\tan\alpha = \frac{\sigma}{\varepsilon} = E \tag{2-8}$$

即直线 Oa 的斜率等于材料的弹性模量。当应力超过比例极限后，从 a 点到 b 点，σ 与 ε 之间的关系不再是直线，但解除拉力后变形仍可完全消失，恢复原状，这种变形称为弹性变形。b 点所对应的应力 σ_e 是材料只出现弹性变形的极限值，称 σ_e 为弹性极限。在 σ–ε 曲线上，a、b 两点非常接近，即大部分材料的 σ_P 和 σ_e 值极为接近。所以工程上并不严格区分弹性极限和比例极限，只要应力不超过弹性极限，都可认为材料服从虎克定律，此时的材料称作线弹性材料。在应力大于弹性极限后，如果再解除拉力，则试件变形的一部分随之消失，这就是上面提到的弹性变形，但还遗留下一部分不能消失的变形，称之为塑性变形或残余变形。

（2）屈服阶段。当应力超过弹性极限后，σ–ε 曲线图上的 bc 段将出现近似的水平段，这时正应力 σ 仅做微小波动就能引起线应变 ε 急剧增加，表明材料暂时失去了抵抗变形的能力。这种现象称为屈服现象或流动现象，而对应的这一阶段就称为屈服阶段或流动阶段。屈服阶段的最低点对应的应力称为屈服极限（或流动极限），以 σ_s 表示。低碳钢的 $\sigma_s \approx 220$~240MPa，当应力达到屈服极限时，如果试件表面经过抛光，就会在表面上出现一系列与轴线大致成 45° 夹角的倾斜条纹（称为滑移线）。它是由于材料内部晶格间发生滑移所引起的，一般认为，晶格间的滑移是产生塑性变形的根本原因。工程中的大多数构件一旦出现塑性变形，将不能正常工作（或称失效）。所以屈服极限 σ_s 是衡量材料失效与否的强度指标。

（3）强化阶段。过了屈服阶段 *bc*，图中向上升的曲线 *ce* 说明材料恢复了抵抗变形的能力，要使试件继续变形，则必须再增加载荷，这种现象称为材料的强化，故 σ–ε 曲线图中的 *ce* 段称为强化阶段，最高点 *e* 点所对应的应力值称为材料的强度极限，以 σ_b 表示，代表了材料所能承受的最大应力。σ_b 是衡量材料强度的另一重要指标，低碳钢的 σ_b≈370~460MPa。

若在强化阶段，某点 *d* 逐渐卸除拉力，应力和应变关系将沿着与弹性阶段 *Oa* 几乎平行的直线 *dd'* 下降。这说明，在卸载过程中，应力和应变遵循线性规律，这就是卸载定律。完全卸载后，应力－应变曲线中的 *d'g* 表示消失了的弹性应变，记作 ε_e。而 *Od'* 表示不能消失的塑性应变，记作 e_p。因此 *d* 点的应变包含了弹性应变和塑性应变两部分，即

$$\varepsilon = \varepsilon_e + \varepsilon_p$$

卸载后，如果在短时间内重新加载，则应力和应变大致上沿卸载时的斜直线 *d'd* 变化，直到 *d* 点后，又沿曲线 *def* 变化。与没有经过卸载的试件相比，卸载后的试件的比例极限有所提高，塑性有所降低，这种现象称作冷作硬化。冷作硬化既有它有利的一面，也有不利的一面。工程上经常利用冷作硬化来提高构件的弹性极限。如起重用的钢索和建筑用的钢筋，常用冷拔工艺以提高强度，但经过初加工的机械零件因冷作硬化会给下一步加工造成困难。

（4）颈缩阶段。当载荷达到最高值后，可以看到在试件的某一局部范围内的横截面迅速收缩变细，出现所谓的颈缩现象，如图 2–13 所示。σ–ε 曲线图中的 *ef* 段称为颈缩阶段。由于颈缩部分的横截面迅速减小，使试件继续伸长所需的拉力也相应减少。在 σ–ε 图中，用横截面原始面积 *A* 算出的名义应力 $\sigma=F/A$ 随之下降，降到 *f* 点时试件被拉断。

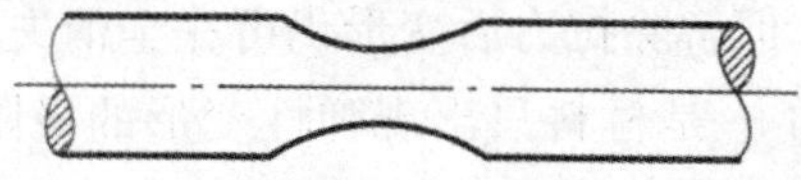

图 2–13　颈缩现象

试件拉断后弹性变形消失，只剩下塑性变形。工程中常用断后伸长率 δ 和断面收缩率 Ψ 作为材料的两个塑性指标。定义分别为

$$\delta = \frac{l_1 - l_0}{l} \times 100\% \tag{2-9}$$

$$\Psi = \frac{A_0 - A_1}{A_0} \times 100\% \tag{2-10}$$

式中，l_1 为试件拉断后的标距长度，l_0 为原标距长度，A_0 为试件原始横截面面积，A_1 为试件被拉断后在颈缩处测得的最小横截面面积。

工程中通常按照断后伸长率的大小把材料分为两大类：δ>5% 的材料称为塑性材料，如碳钢、黄铜、铝合金等；而把 δ<5% 的材料称为脆性材料，如灰铸铁、玻璃、陶瓷、砖、石等。低碳钢的延伸率很高，其平均值为 20% ~ 30%，这说明低碳钢是典型的塑性材料。

截面收缩率 Ψ 也是衡量材料塑性的重要指标，低碳钢的截面收缩率 $\Psi\approx60\%$。需要注意的是，材料的塑性和脆性会因制造工艺、变形速度、温度等条件而发生变化。例如，某些脆性材料在高温下会呈现塑性，而某些塑性材料在低温下呈现脆性，又如在铸铁中加入球化剂可使其变为塑性较好的球墨铸铁。

二、其他金属材料拉伸时的力学性质

其他金属材料的拉伸试验与低碳钢的拉伸试验方法相同，但不同材料所显示出的力学性能有很大差异，图 2–14 给出了锰钢、镍钢和青铜拉伸试验的应力 – 应变曲线。这些材料的最大特点是，在弹性阶段后，没有明显的屈服阶段，而是由直线部分直接过渡到曲线部分。对于这类能发生较大塑性变形，而又没有明显屈服阶段的材料，通常规定取试件产生 0.2% 塑性应变所对应的应力作为屈服极限，称为名义屈服极限，以 $\sigma_{0.2}$ 表示（图 2–15）。

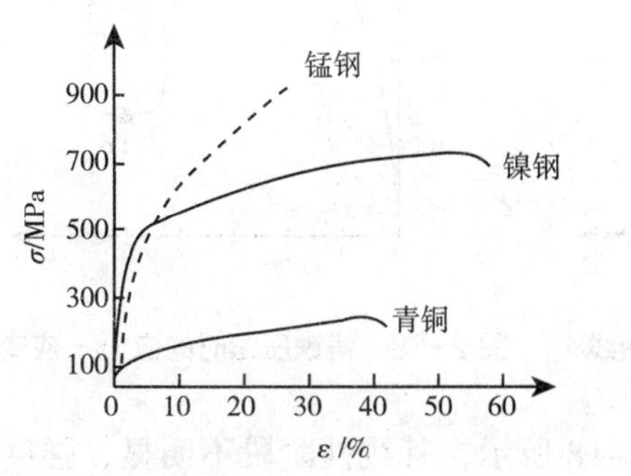

图 2–14　常见金属材料的应力 – 应变曲线

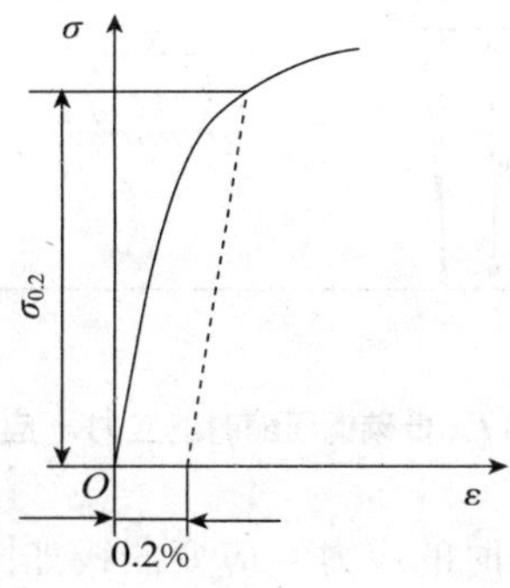

图 2–15　名义屈服极限

图 2–16 为铸铁拉伸时的应力 – 应变关系，由图可见，应力 – 应变之间无明显的直线部分，但应力较小时接近于直线，可近似认为服从虎克定律。工程上有时以曲线的某一割线（图 2–16 中的虚线）的斜率作为弹性模量，称为割线弹性模量。

铸铁的断后伸长率 δ 通常只有 0.5%~0.6%，是典型的脆性材料，其拉伸时无屈服现象和颈缩现象，断裂是突然发生的，断口垂直于试件轴线。铸铁等脆性材料的抗拉强度很低，所以不宜作为受拉零件的材料，强度指标 σ_b 是衡量铸铁强度的唯一指标。

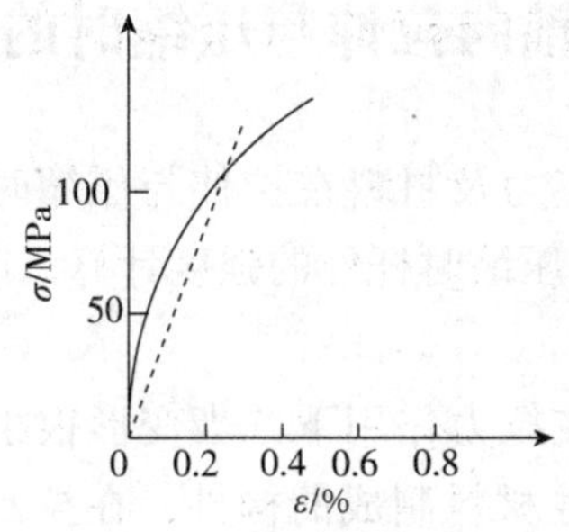

图 2–16　铸铁拉伸时的应力 – 应变关系

三、金属材料压缩时的力学性能

金属材料的压缩试件常做成圆柱体，其高度是直径的 1.5 ~ 3.0 倍，以避免试验时被压弯；非金属材料（如水泥、石料）的压缩试件常做成立方体。

低碳钢压缩时的应力 – 应变曲线如图 2–17 所示，图中虚线是为了便于比较而绘出的拉伸的 σ–ε 曲线。从图中可以看出，低碳钢压缩时的弹性模量 E 和屈服极限 σ_s，都与拉伸时大致相同。应力超过屈服阶段以后，试件愈压愈扁，横截面面积不断增大，试件抗压能力也不断提高，因而得不到压缩时的强度极限。因此，低碳钢的力学性能一般由拉伸试验确定，通常不必进行压缩试验。

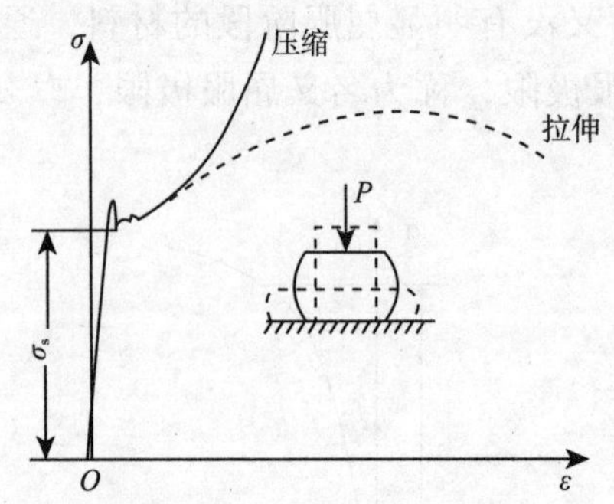

图 2–17　低碳钢压缩时的应力 – 应变曲线

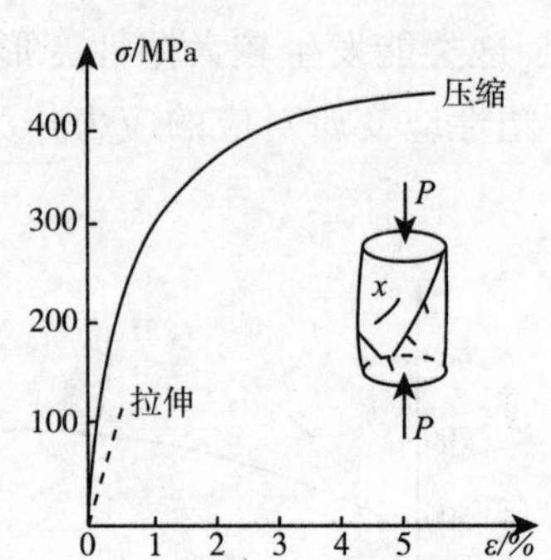

图 2–18　铸铁压缩时的应力 – 应变曲线

铸铁压缩时的应力 – 应变曲线如图 2–18 所示，其线性阶段不明显，强度极限 σ_b 比拉伸时高 2 ~ 4 倍，试件在较小的变形下突然发生破坏，断口与轴线大致成 45° ~ 55° 的倾角，表明试件沿斜面因相对错动而破坏。

其他脆性材料，如混凝土、石料等，抗压强度也远高于抗拉强度。

脆性材料抗拉强度低，塑性性能差，但抗压强度高，且价格低廉，故适用于制作承压构件。铸铁坚硬耐磨，易于浇注成形状复杂的零部件，广泛用于铸造机床床身、机座、缸体及轴承座等受压零部件。因此，铸铁压缩试验比拉伸试验更为重要。

第六节　轴向拉伸与压缩时的强度条件

在对杆件拉伸和压缩时的应力及材料在拉伸与压缩时的力学性能两个方面进行研究之后，我们接下来对轴向拉伸和压缩时杆件的强度计算，以及与之相关的许用应力和安全因数等进行具体讨论。

由脆性材料制成的构件，在拉力作用下，当变形很小时就会突然断裂，脆性材料断裂时的应力即强度极限 σ_b；塑性材料制成的构件，在拉断之前已出现塑性变形，在不考虑塑性变形力学设计方法的情况下，考虑到构件不能保持原有的形状和尺寸，故认为它已不能正常工作，塑性材料到达屈服时的应力即屈服极限 σ_s。脆性材料的强度极限 σ_b、塑性材料屈服极限 σ_s 称为构件失效的极限应力。为保证构件具有足够的强度，构件在外力作用下的最大工作应力必须小于材料的极限应力。

在强度计算中，把材料的极限应力除以一个大于 1 的系数 n（称为安全系数），作为构件工作时所允许的最大应力，称为材料的许用应力，以 $[\sigma]$ 表示。对于脆性材料，许用应力：

$$[\sigma]=\frac{\sigma_b}{n_b} \tag{2-11}$$

对于塑性材料，许用应力

$$[\sigma]=\frac{\sigma_s}{n_s} \tag{2-12}$$

其中，n_b、n_s 分别为脆性材料、塑性材料对应的安全系数。

安全系数的确定除了要考虑载荷变化、构件加工精度不同、计算差异、工作环境的变化等因素外，还要考虑材料的性能差异（塑性材料或脆性材料）及材质的均匀性，以及构件在设备中的重要性，损坏后造成后果的严重程度。

安全系数的选取，必须体现既安全又经济的设计思想，通常由国家有关部门制定，公布在有关的规范中，供设计时参考。一般在静载下，对于塑性材料，n_s=1.5~2.0；脆性材料均匀性差，且易突然发生断裂，有更大的危险性，因此对脆性材料有必要多些强度储备，所以 n_b=2.0~5.0。

多数塑性材料拉伸和压缩时的 σ_s 相同，因此许用应力 $[\sigma]$ 对拉伸和压缩可以不加区别；对脆性材料，拉伸和压缩时的 σ_b 不相同，因而许用应力亦不相同。通常，用 $[\sigma_t]$ 表示许用拉应力，用 $[\sigma_c]$ 表示许用压应力。

为保证轴向拉伸（压缩）杆件的正常工作，必须使杆件的最大工作应力不超过材料的许用应力，即

$$\sigma_{\max}=\frac{F_N}{A}\leqslant[\sigma] \tag{2-13}$$

上式就是杆件轴向拉伸或压缩时的强度条件。根据这一强度条件，我们可以进行如下三方面的杆件计算。

（1）强度校核。已知杆件的尺寸、所受载荷和材料的许用应力，直接应用式（2-13），验算杆件是否满足强度条件。

（2）截面设计。已知杆件所受载荷和材料的许用应力，将公式（2-13）改成 $A\geqslant\frac{F_N}{[\sigma]}$，由强度条件确定杆件所需的横截面尺寸。

（3）确定许用载荷。已知杆件的横截面尺寸和材料的许用应力，由强度条件 $F_{N\max}\leqslant A[\sigma]$ 来确定最大许用外加载荷。

【例 2-3】等直杆受力情况如图 2-19（a）所示，杆的材料为铸铁，其许用拉应力 $[\sigma_t]$=40MPa，许用压应力 $[\sigma_c]$=100MPa，杆的横截面面积 A=40mm²。试校核该直杆的强度。若强度不满足要求，则设计直杆的横截面面积，使其满足强度要求。

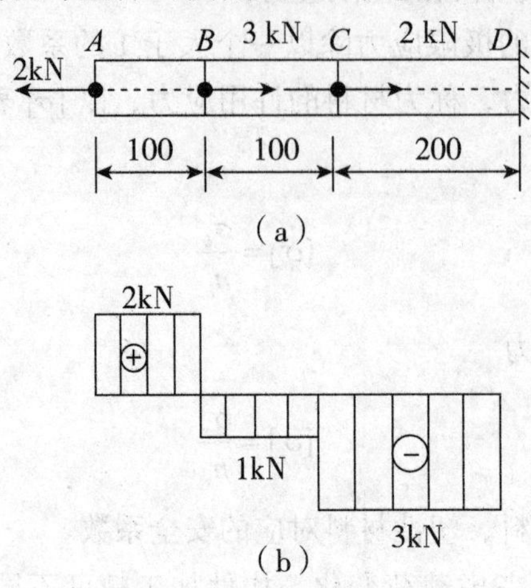

图 2-19 例 2-3 图

解 首先计算各段轴力，并作轴力图，如图 2-19（b）所示。由图可见，在 AB 段有最大拉应力，在 CD 段有最大压应力，需要分别校核这两段强度。

$$\sigma_{\max} = \frac{F_{NAB}}{A} = \frac{2\times10^3}{40\times10^{-6}} = 50\text{MPa} > [\sigma_t]$$

$$\sigma_{\max} = \frac{F_{NCD}}{A} = \frac{3\times10^3}{40\times10^{-6}} = 75\text{MPa} < [\sigma_c]$$

对脆性材料制成的杆件，当杆件的最大拉应力和最大压应力分别不超过材料的许用拉应力和许用压应力时，杆件才能安全正常地工作。故该杆强度不满足要求。

由以上计算可知，AB 段不满足强度要求，根据强度条件，当

$$A \geqslant \frac{F_{NAB}}{[\sigma_t]} = \frac{2\times10^3}{40\times10^6} = 50(\text{mm}^2)$$

时直杆满足强度要求。

【例 2-4】图 2-20（a）为简易旋臂式吊车，由三脚架构成。斜杆由两根 5 号等边角钢组成，每根角钢的横截面面积 A_1=4.80cm²；水平杆由两根 10 号槽钢组成，每根槽钢的横截面面积 A_2=12.74cm²。材料的许用应力为 $[\sigma]$=120MPa，整个三脚架能绕 O_1–O_2 轴转动，电动葫芦能沿水平横梁移动。当电动葫芦在图示位置时，求能允许起吊的最大重量，包括电动葫芦重量在内（不计各杆自重）。

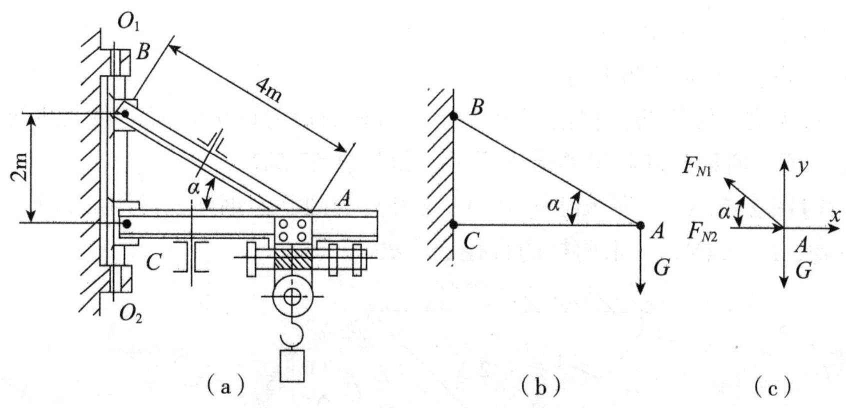

图 2-20　例 2-4 图

解　AB 杆和 AC 杆两端可认为是圆柱铰链连接，取节点 A 为分离体，受力图如图 2-20（c）所示，设斜杆 AB 受轴向拉力 F_{N1}，横杆 AC 受轴向压力 F_{N2}，G 为包括电动葫芦在内的起吊重量。

（1）内力计算

由平衡方程

$$\sum F_x = 0,\quad F_{N2} - F_{N1}\cos\alpha = 0 \tag{1}$$

$$\sum F_y = 0,\quad F_{N1}\sin\alpha - G = 0 \tag{2}$$

由图 2-22（a）知 $\alpha = 30°$,计算可得

$$F_{N1} = \frac{G}{\sin 30°} = \frac{G}{1/2} = 2G \tag{3}$$

$$F_{N2} = F_{N1}\cos 30° = \sqrt{3}G \tag{4}$$

（2）求允许起吊的最大重量

根据强度条件式（2-13），AB 杆有

$$\sigma = \frac{F_{N1}}{2A_1} \leqslant [\sigma]$$

$$F_{N1} \leqslant 2A_1[\sigma] = 2\times 120\times 10^6 \times 4.8\times 10^{-4} = 115(\text{kN})$$

对 AC 杆有

$$\sigma = \frac{F_{N2}}{2A_2} \leqslant [\sigma]$$

$$F_{N2} \leqslant 2\text{A}_2[\sigma] = 2\times 120\times 10^6 \times 12.74\times 10^{-4} = 305(\text{kN})$$

将 F_{N1} 和 F_{N2} 分别代入式（3）、式（4）得

$$F_{N1}=2G \leqslant 115(\text{kN}) \tag{5}$$

$$F_{N2}=3G \leqslant 305(\text{kN}) \tag{6}$$

由式（5）得　$G \leqslant 257.5(\text{kN})$

由式（6）得　$G \leqslant 176(\text{kN})$

比较上面两式，要使两杆都能安全工作，吊车的最大许可载荷应在上述两个 G 的许可值中取较小值，所以允许起吊的最大重量不得超过 57.5kN。

【例 2-5】图 2-21（a）所示结构中，1、2 杆均为圆截面钢杆，许用应力 $[\sigma]$=115MPa。C 点悬挂重物，F=30kN，试求两杆的直径 d_1、d_2。

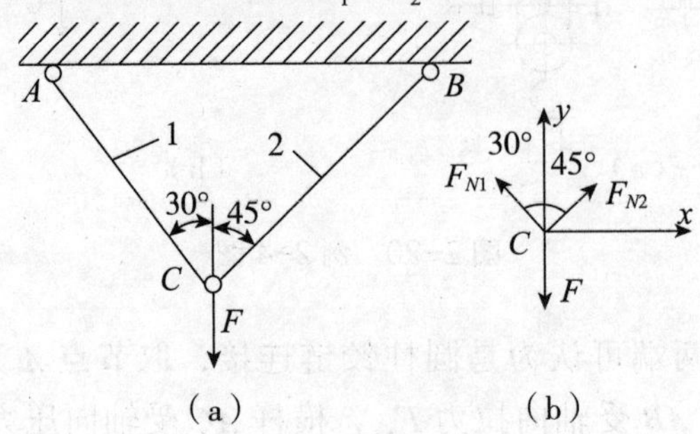

图 2-21　例 2-5 图

解　(1) 内力计算，取节点 C 为研究对象，进行受力分析，结果如图 2-21(b) 所示。列平衡方程：

$$\sum F_x = 0, \quad -F_{N1}\sin 30^\circ + F_{N2}\sin 45^\circ = 0$$
$$\sum F_y = 0, \quad F_{N1}\cos 30^\circ + F_{N2}\cos 45^\circ - F = 0$$

解得 F_{N1}=0.732F，F_{N2}=0.518F。

（2）求两圆杆截面直径

由 1 杆的强度条件

$$\sigma = \frac{F_{N1}}{A_1} = \frac{0.732F}{A_1} \leqslant [\sigma]$$

得 $A_1 \geqslant \dfrac{0.732F}{[\sigma]}$，　而$A_1 = \dfrac{\pi d_1^2}{4}$，则

$$d_1 \geqslant \sqrt{\frac{4\times 0.732F}{\pi[\sigma]}} = \sqrt{\frac{4\times 0.732\times 30\times 10^3}{\pi\times 115\times 10^6}} = 15.6(\text{mm})$$

同理对 2 杆，有

$$\sigma = \frac{F_{N2}}{A_2} = \frac{0.518F}{A_2} \leqslant [\sigma]$$

得 $A_2 \geqslant \dfrac{0.518F}{[\sigma]}$，　而$A_2 = \dfrac{\pi d_2^2}{4}$，则

$$d_2 \geqslant \sqrt{\frac{4\times 0.518F}{\pi[\sigma]}}=\sqrt{\frac{4\times 0.518\times 30\times 10^3}{\pi\times 115\times 10^6}}=13.1(\text{mm})$$

第七节　应力集中的概念

等截面直杆在轴向拉伸或压缩时，横截面上的应力是均匀分布的。在工程中，由于实际需要，常在一些构件上钻孔、开退刀槽或键槽、车削螺纹等，有些则需要制成阶梯状的，这就引起构件横截面尺寸的突变。实验和理论分析表明，这样的杆在轴向拉压时，在杆件截面突变处附近的小范围内，应力的数值急剧增大，而离开这个区域稍远处，应力就大大降低，并趋于均匀分布，这种现象称为应力集中。

图 2–22 所示为拉杆孔边的应力分布简图，在小孔中心所在的Ⅱ – Ⅱ截面上，正应力分布不均匀，在孔边附近的局部区域内，应力将急剧增加，σ_{max} 为最大局部应力。但在离开圆孔稍远处，应力就迅速降低并趋于均匀分布，σ 为假设应力均匀分布时该截面上的名义应力（即按照等直杆的公式计算得到的应力）。应力集中的程度，通常用理论应力集中系数表示：

$$\alpha=\frac{\sigma_{max}}{\sigma} \tag{2-14}$$

应力集中系数 α 值表明最大局部应力为名义应力的多少倍，其值与材料无关，它取决于截面的几何形状与尺寸，截面尺寸改变越急剧，应力集中的程度就越严重。因此，在杆件上应尽量避免带尖角、槽或小孔，在阶梯轴的轴肩处，过渡圆弧的半径应该尽可能大一些。同时杆件在拉伸、扭转和弯曲时有不同的 α 值。

各种材料对应力集中的敏感程度并不相同。塑性材料由于有屈服阶段，当局部的最大应力 σ_{max} 达到屈服极限 σ_s 时，该处材料的变形继续增长，而应力却不再增加。如果外力继续增加，增加的力就会由截面上尚未屈服的材料来承担，使截面上其他点的应力相继增大到屈服极限，如图 2–23 所示。这就使截面上的应力逐渐趋于平均，降低了应力的不均匀程度，也限制了最大应力 σ_{max} 的数值。由此可见，用塑性材料制成的零件在静载作用下，可以不考虑应力集中的影响。

对于组织均匀的脆性材料，由于材料没有屈服阶段，当载荷增加时，应力集中处的最大应力 σ_{max} 一直领先，首先达到强度极限 σ_b，并在受力处首先断裂，从而迅速导致整个截面被破坏。所以对于脆性材料制成的零件，应力集中的危害性比较严重。因此，即使在静载下，对于脆性材料也必须注意应力集中的影响。

对于组织粗糙的脆性材料，如铸铁，其内部的不均匀性和缺陷往往是产生应力集中的主要因素，而孔、槽等外形改变所引起的应力集中就成为次要因素，它对构件的承载能力没有明显的影响。

当零件受周期性变化的应力或受冲击载荷时，不论是塑性材料还是脆性材料，应力集中对构件的强度都有严重影响。

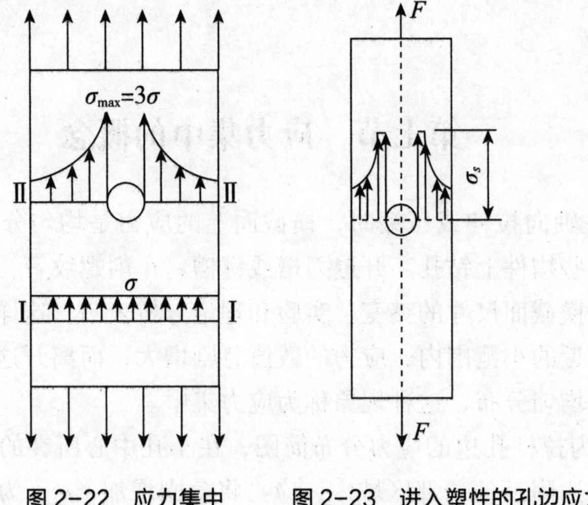

图 2-22　应力集中　　图 2-23　进入塑性的孔边应力

习　题

1. 试求图 2-24 中杆件 1-1、2-2、3-3 截面上的轴力，并作轴力图。

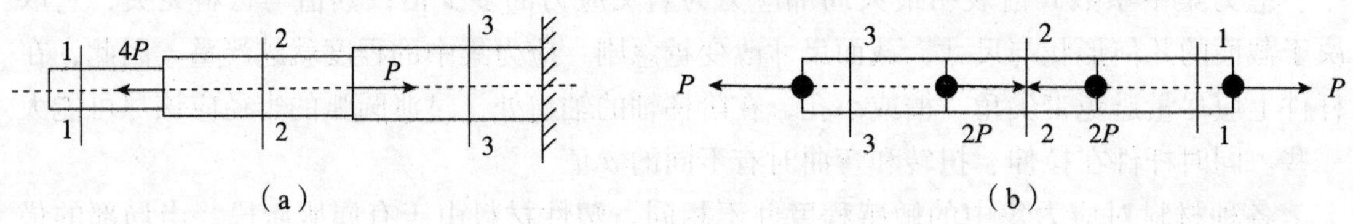

图 2-24　题 2-1 图

2. 试求图 2-25 所示钢杆各段内横截面上的应力和杆的总变形，已知杆的横截面面积 $A=12\text{cm}^2$，钢材的弹性模量 $E=2\times10^3\text{MPa}$。

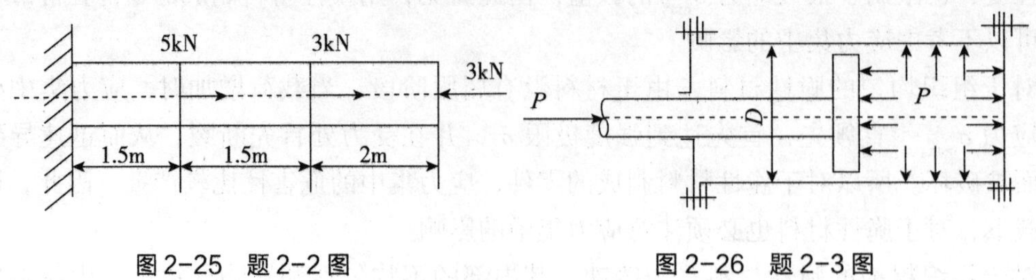

图 2-25　题 2-2 图　　图 2-26　题 2-3 图

3. 图 2-26 为蒸汽机汽缸。已知汽缸的内径 $D=450\text{mm}$，工作压力 $p=2\text{MPa}$，汽缸盖与缸体用直径 $d=20\text{mm}$ 的螺栓连接，活塞杆和螺栓材料的许用应力均为 120MPa，试求活塞杆的直径和螺栓的个数。

4. 图 2-27 的变直径杆件由 d_1=65mm，d_2=40mm 和 d_3=25mm 三段圆柱组成。已知 P_1=200kN，P_2=100kN，P_3=40kN，材料许用应力为 120MPa，试校核杆的强度。

5. 图 2-28 所示的三角形支架由 *AB* 和 *BC* 两杆组成，在两杆的连接处 *B* 挂有重物。已知两杆均为圆截面，直径分别为 d_{AB}=25mm，d_{BC}=30m，杆件的许用应力为 120MPa，试确定支架的许可载荷。

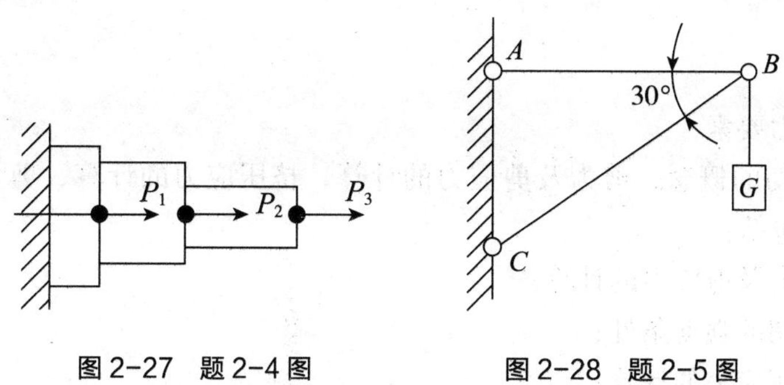

图 2-27 题 2-4 图　　图 2-28 题 2-5 图

6. 如图 2-29 所示结构中，梁 *AB* 的变形及重量可忽略不计，杆 1 为钢制圆杆，直径 d_1=20mm，E_1=200GPa；杆 2 为铜制圆杆，直径 d_2=25mm，E_2=100 GPa。试问：载荷 *F* 加在何处，才能使梁 *AB* 受力后仍保持水平？若此时 *F*=30kN，求两拉杆内横截面上的正应力。

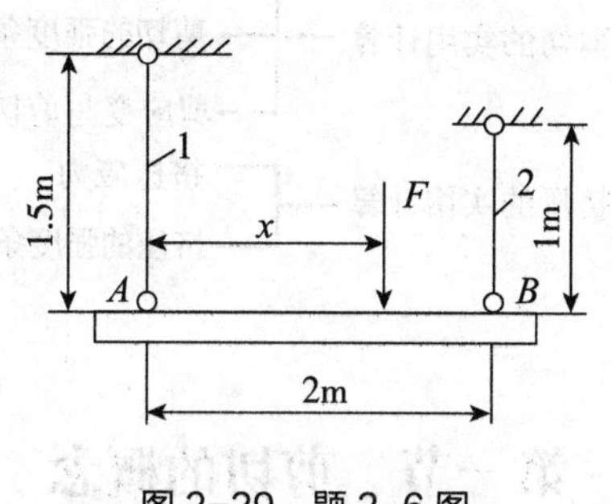

图 2-29 题 2-6 图

第三章　剪　　切

1. 本章的能力要素

本章介绍剪切的概念、剪力及剪应力的计算、挤压应力的计算、剪切与挤压的强度条件。具体要求包括：

（1）掌握剪力及剪应力的计算；

（2）掌握剪切的强度条件；

（3）掌握挤压应力的计算；

（4）掌握挤压的强度条件。

2. 本章的知识结构图

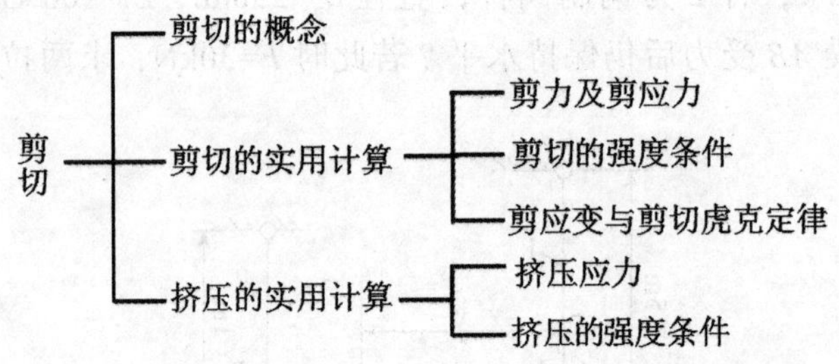

第一节　剪切的概念

机器中的一些连接件常遇到剪切变形的情形，如连接齿轮与轴的键 [图 3-1（a）]、连接两钢板的螺栓 [图 3-2（a）] 等。同样在日常生活中，用剪刀剪纸、剪布等也是剪切的例子。

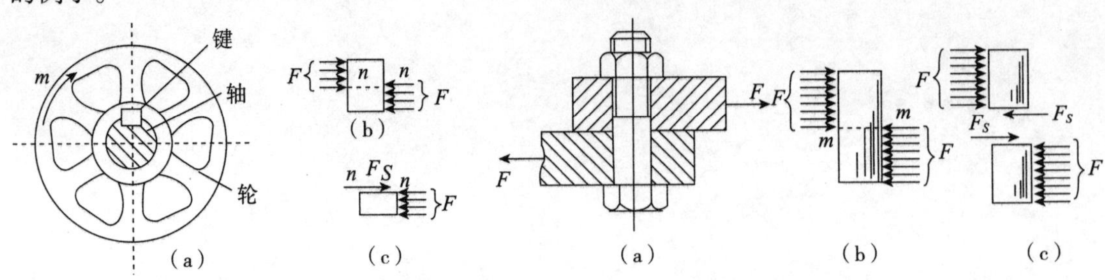

图 3-1　连接齿轮与轴的键　　　　图 3-2　受剪切的螺栓

下面以剪床剪钢板为例来阐明剪切的概念。剪钢板时［图 3-3（a）］，剪床的上下两个刀刃以大小相等、方向相反、作用线相距很近的两个力 F 作用于钢板上［图 3-3（b）］，迫使钢板在 n–n 截面的两侧部分沿 n–n 截面发生相对错动，当 F 增加到某一极限值时，钢板将沿截面 n–n 被剪断。构件在这样一对大小相等、方向相反、作用线相隔很近的外力作用下，截面沿着力的方向发生相对错动的变形，称为剪切变形。在变形过程中，产生相对错动的截面（如 n–n）称为剪切面。图 3-1 中的键和图 3-2 中的螺栓各有一个剪切面，分别是截面 n–n 和 m–m，剪切面位于方向相反的两个外力之间，且与外力的作用线平行。

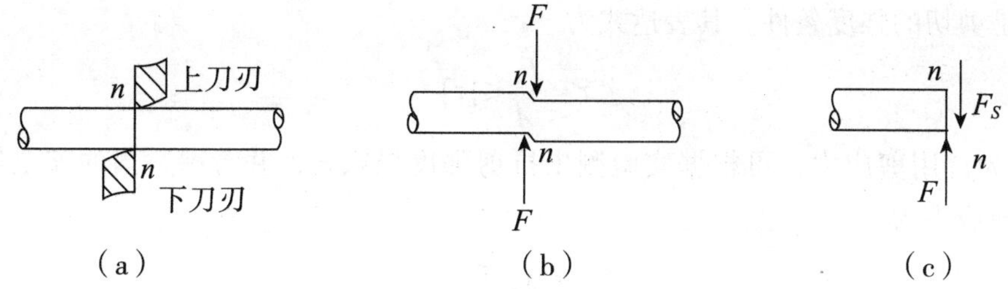

图 3-3　剪床剪钢板

综上所述，剪切有如下特点。

（1）受力特点：在构件上作用两个大小相等、方向相反、相距很近的力 F。

（2）变形特点：在两力之间的截面上，构件上部对其下部将沿外力作用方向发生错动；在剪断前两力作用线间的小矩形变成了平行四边形。

第二节　剪切的实用计算

一、剪力及切应力

一般情况下，为了保证机器正常工作，连接件必须具有足够的抵抗剪切的能力；但有时，例如，机器超载越过允许范围，安全销要自动被剪断。为此，我们需要对连接件进行剪切的实用计算。

为了对构件进行切应力计算，首先要计算剪切面上的内力。现以图 3-1 所示的连接齿轮与轴的键为例，进行分析。运用截面法，假想将连接键沿剪切面（n–n）分成上下两部分，如图 3-1（b）所示，任取其中一部分为研究对象。根据力的平衡可知，剪切面上内力的合力 F_s 必然与外力 F 平行，大小相等，即 $F_s=F$。因 F_s 与剪切面相切，故称为剪力。

与求直杆拉伸、压缩时横截面上的应力一样，求得剪力以后，我们进一步确定剪切面上应力的数值。由于剪力在剪切面上的分布情况比较复杂，用理论的方法计算剪应力非常困难，工程上常以经验为基础，采用近似但切合实际的实用计算方法。在这种实用计算

（或称假定计算）中，假定内力在剪切面内均匀分布，以 τ 代表剪应力，A 代表剪切面的面积，则

$$\tau = \frac{F_s}{A} \tag{3-1}$$

二、剪切的强度条件

为了保证构件在工作中不被剪断，必须使构件的实际剪应力不超过材料的许用剪应力，这就是剪切的强度条件。其表达式为

$$\tau = \frac{F_s}{A} \leqslant [\tau] \tag{3-2}$$

式中，$[\tau]$ 为许用剪应力，可根据实验测出抗剪强度极限 τ_0，并考虑适当的安全储备，得出的许用剪应力为

$$[\tau] = \frac{\tau_0}{n}$$

式中，n 是安全系数。许用剪应力 $[\tau]$ 可以从有关设计手册中查得。此外对于钢材，根据试验结果 $[\tau]$ 通常可以取：

$$[\tau] = (0.6 \sim 0.8)[\sigma]$$

式中，$[\sigma]$ 为其许用拉应力。

【例 3-1】如图 3-4（a）所示，焊接两块钢板，作用在钢板上的拉力 F=300kN，钢板厚度分别为 t=10mm，t_1=8mm，焊缝的许用切应力 $[\tau]$=110MPa。试求所需焊缝的长度 l。

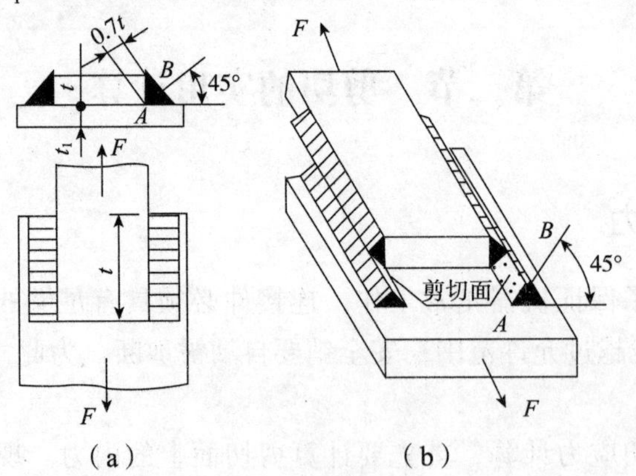

图 3-4　例 3-1 图

解　实践和实验表明，边焊缝是沿着最弱的截面，即沿 45° 的斜面剪切破坏的，即图 3-5（a）和（b）的 AB 面。由于焊缝的横截面可以看作是一个等腰直角三角形，故沿 45° 的两个斜面的面积为

$$A = 2tl\sin 45^\circ$$

则边焊缝的强度条件为

$$\tau = \frac{F}{2tl\sin 45^\circ} \leqslant [\tau]$$

$$l \geqslant \frac{F}{2t[\tau]\sin 45^\circ} = \frac{300\times10^3}{2\times10\times10^{-3}\times110\times10^6\times10^3\times0.707} = 0.193(\text{m})$$

实际上，因每条焊缝在其两端的强度较差，通常须加长 10mm，所以取 l=200mm。

以上为保证剪切构件强度的例子，但有时在工程实际中，也会遇到与上述问题相反的情况。如用冲床冲剪钢板时，就要使钢板发生剪切破坏而得到所需要的形状。对这类问题所要求的破坏条件为

$$\tau = \frac{F_s}{A} \geqslant \tau_0 \tag{3-3}$$

式中，τ_0 为剪切强度极限。

【例 3-2】 如图 3-5 所示，已知钢板厚度 t=10mm，其抗剪强度极限为 τ_0 =300MPa。若用冲床将钢板冲出直径 d=32mm 的孔，问需要多大的冲剪力？

解 剪切面是钢板内被冲床冲出的圆饼体的柱形侧面，如图 3-5（b）所示，其面积为

$$A = \pi dt = \pi\times32\times10\text{mm}^2 = 1.01\times10^{-3}\text{ m}^2$$

冲孔所需要的冲剪力应为

$$F \geqslant A\tau_0 = 1.01\times10^{-3}\times300\times10^6\text{ N} = 3.02\times10^5\text{ N} = 302\text{kN}$$

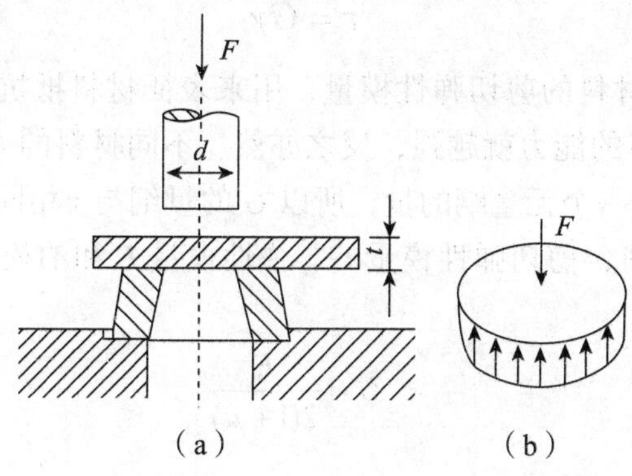

图 3-5 例 3-2 图

三、剪应变与剪切虎克定律

在研究剪切变形的特点时曾指出，两力作用线之间的截面将会发生相对错动。显然，构件中受到剪切作用的部分，形状由原来的矩形变成了平行四边形 [图 3-6（a）]。为了分析剪切变形，在构件的受剪切部位，绕 A 点取一直角六面体，如图 3-6（b）所示，并把该六面体放大，如图 3-6（c）所示。当构件发生剪切变形时，直角六面体的两个侧面

abcd 和 *efgh* 将发生相对错动，使直角六面体变为平行六面体。图中线段 *ee′* 或 *ff′* 为相对的滑移量，称为绝对剪切变形。而矩形直角的微小改变量可表示如下

$$\frac{\overline{ee'}}{\mathrm{d}x}=\tan\gamma\approx\gamma$$

γ称为剪应变或者角应变，即相对剪切变形，单位为弧度（rad）。

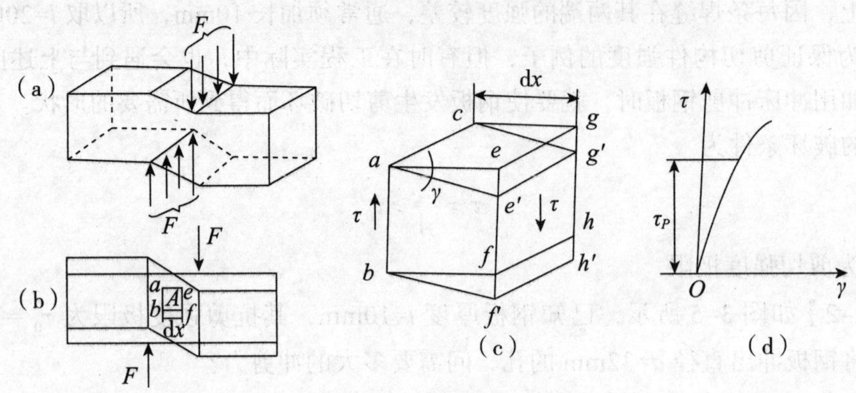

图 3-6　受剪六面体

角应变γ与线应变ε是度量构件变形程度的两个基本物理量。实验表明，当剪应力不超过材料的比例极限τ_p时，剪应力与剪应变γ成正比 [图 3-6（d）]，这就是材料的剪切虎克定律，可用下式表示：

$$\tau=G\gamma \tag{3-4}$$

式中，比例常数 G 称为材料的剪切弹性模量，用来表征材料抵抗剪切变形的能力。G 值越大，材料抵抗剪切破坏的能力就越强，反之亦然。不同材料的 G 值可以通过实验测定，从手册中查得。因为γ是一个无量纲的量，所以 G 的量纲与τ相同，常用的单位是 GPa。

另外对各项同性材料，剪切弹性模量 G、弹性模量 E 和泊松比μ三个弹性常数之间存在下列关系：

$$G=\frac{E}{2(1+\mu)} \tag{3-5}$$

第三节　挤压的实用计算

机械中的连接件如螺栓、销钉、键、铆钉等，在承受剪切的同时，还将在连接件和被连接件的接触面上相互压紧，使表面局部受压，这种现象称为挤压。如图 3-2 所示的连接件中，螺栓的左侧圆柱面在上半部分与钢板相互压紧，而螺栓的右侧圆柱面在下半部分与钢板相互挤压。其中相互压紧的接触面称为挤压面，挤压面的面积用 A_{bs} 表示。

一、挤压应力

通常把作用于接触面上的压力称为挤压力，用 F_{bs} 表示。而单位挤压面上的挤压力称为挤压应力，用 σ_{bs} 表示。挤压应力与压缩应力不同，压缩应力分布在整个构件内部，且在横截面上均匀分布；而挤压应力则只分布于两构件相互接触的局部区域，在挤压面上的分布也比较复杂。像切应力的实用计算一样，在工程实际中也采用实用计算方法来计算挤压应力。即假定在挤压面上应力是均匀分布的，则

$$\sigma_{bs}=\frac{F_{bs}}{A_{bs}} \tag{3-6}$$

挤压面面积 A_{bs} 的计算要根据接触面的情况而定。当接触面为平面时，其挤压面面积即为接触面面积。当接触面近似为半圆柱侧面时，如图 3-2 中所示的螺栓连接，钢板与螺栓之间的挤压应力的分布情况如图 3-7（a）所示，圆柱形接触面中点的挤压应力最大。若以圆柱面的正投影作为挤压面积，如图 3-7（b）中的带阴影部分的面积，计算而得的挤压应力与接触面上的实际最大应力大致相等。故螺栓、销钉、铆钉等圆柱形连接件的挤压面积的计算公式为 $A_{bs}=dt$，其中，d 为螺栓的直径，t 为钢板的厚度。

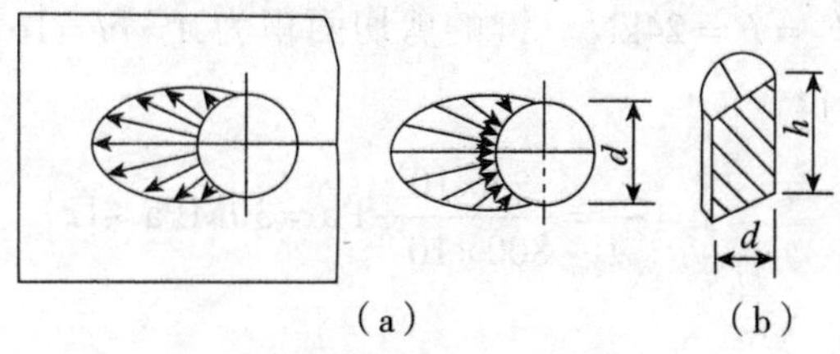

图 3-7　挤压面积的计算

二、挤压的强度条件

在工程实际中，往往由于挤压破坏使连接松动而不能正常工作，如图 3-2 所示的螺栓连接，钢板的圆孔可能被挤压成长圆孔，或螺栓的表面被压溃。因此，除了进行剪切强度计算外，还要进行挤压强度计算。挤压强度条件为

$$\sigma_{bs}=\frac{F_{bs}}{A_{bs}}\leqslant[\sigma_{bs}] \tag{3-7}$$

式中，$[\sigma_{bs}]$ 为材料的许用挤压应力，可以从有关设计手册中查得。如果两个相互挤压构件的材料不同，则必须对材料挤压强度小的构件进行计算。

【例 3-3】某电动机轴与皮带轮用平键连接，如图 3-8 所示。已知轴的直径 d=50mm，键的尺寸 $b\times h\times l$=16mm×10mm×50mm，传递的力矩 M=600N·m。键的材料为 45 钢，许用切应力 $[\tau]$=60MPa，许用挤压应力 $[\sigma_{bs}]$=100MPa。试校核键连接的强度。

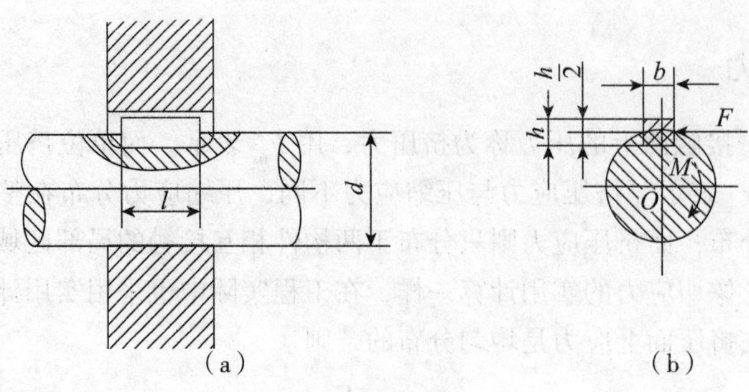

图 3-8　例 3-3 图

解　（1）计算作用于键上的力 F

取轴和键一起作为研究对象，其受力如图 3-3（b）所示。由平衡条件 $\sum_{i=1}^{n} m_0(F_i)=0$ 得

$$F=\frac{M}{d/2}=\frac{600}{50\times10^{-3}/2}\,\mathrm{N}=24\mathrm{kN}$$

（2）校核键的剪切强度

剪切面的剪力为 $F_s=F=24\mathrm{kN}$，键的剪切面积为 $A=bl=16\times50\,\mathrm{mm}^2=800\,\mathrm{mm}^2$。按剪应力计算公式（3-1）得

$$\tau=\frac{F_s}{A}=\frac{24\times10^3}{800\times10^{-6}}\,\mathrm{Pa}=30\mathrm{MPa}\leqslant[\tau]$$

故剪切强度足够。

（3）校核键的挤压强度

键所受的挤压力为 $F_{bs}=F=24\mathrm{kN}$，挤压面积为

$$A_{bs}=\frac{hl}{2}=\frac{10\times50\times10^{-6}}{2}\,\mathrm{m}^2=2.5\times10^{-4}\,\mathrm{m}^2$$

按挤压应力强度条件即公式（3-9），得

$$\sigma_{bs}=\frac{F_{bs}}{A_{bs}}=\frac{24\times10^3}{2.5\times10^{-4}}\,\mathrm{Pa}=96\mathrm{MPa}<[\sigma_{bs}]$$

故挤压强度也足够。

综上所述，整个键的连接强度足够。

【例 3-4】图 3-9（a）为一个电力拖车挂钩，由销钉连接。已知挂钩部分的钢板厚度 t=10mm，销钉的材料为 20 号钢，其许用剪应力 $[\tau]=60\mathrm{MPa}$，许用挤压应力 $[\sigma_{bs}]=100\mathrm{MPa}$，又知拖车的拖力 F=18kN。试设计销钉的直径 d。

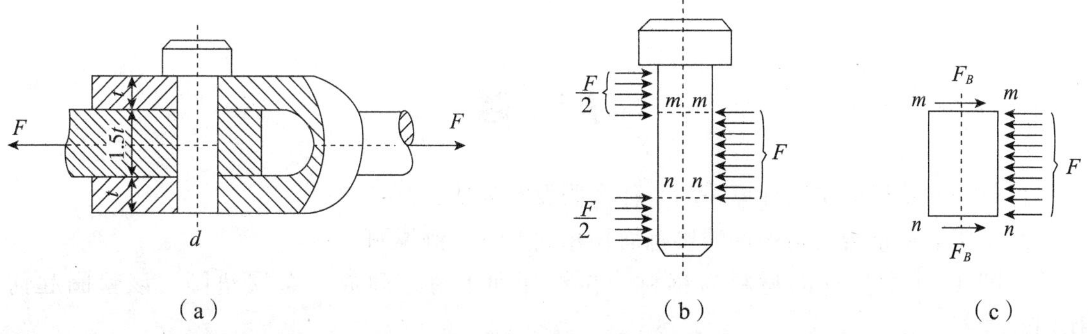

（a）　（b）　（c）

图 3-9　例 3-4 图

解　销钉的受力分析如图 3-9（b）所示，根据其受力情况可知，销钉的中间部分相对于上、下两部分是沿图示 *m–m* 和 *n–n* 两个面向左侧错动的，所以中间部分存在着两个剪切面。

（1）利用销钉的剪切强度求直径

首先计算销钉剪切面上的剪力。利用截面法将销钉沿 *m–m* 和 *n–n* 两个剪切面切开，切开后分为三段，如图 3-9（b）所示。由静力平衡条件可知，剪切面上的剪力为

$$F_s = \frac{F}{2} = \frac{18}{2} = 9(\text{kN})$$

根据剪切强度条件式（3-2），有

$$\tau = \frac{F_s}{A} = \frac{F_s}{\pi d^2/4} \leqslant [\tau]$$

所以

$$d \geqslant \sqrt{\frac{4F_s}{\pi[\tau]}} = \sqrt{\frac{4 \times 9000}{3.14 \times 60}} = 13.8(\text{mm})$$

（2）利用销钉的挤压强度求直径

这里需要对销钉中间部分和上下两部分分别考虑：销钉中间部分的挤压力 $F_{bs} = F$，挤压面积 $A_{bs} = 1.5td$。销钉上下部分的挤压力 $F_{bs} = F/2$，挤压面积 $A_{bs} = td$。由挤压强度条件式（3-9）可知，销钉中间部分是最危险的，所以需要对这一段进行校核。

$$\sigma_{bs} = \frac{F}{1.5td} \leqslant [\sigma_{bs}]$$

所以

$$d \geqslant \frac{F}{1.5t[\sigma_{bs}]} = \frac{18000}{1.5 \times 10 \times 100} = 12.0(\text{mm})$$

为了保证销钉安全工作，必须同时满足剪切和挤压强度条件，并根据标准直径，最终销钉直径被选为 14mm。

习　题

1. 剪切和挤压的实用计算采用了什么假设？为什么？

2. 挤压面积是否与两构件的接触面积相同？试举例说明。

3. 图 3–11 中拉杆的材料为钢材，在拉杆和木材之间放一金属垫圈，该垫圈起何作用？

4. 如图 3–12 所示，切料装置用刀刃把直径为 6mm 的棒料切断，棒料的抗剪强度极限 τ_0 =320MPa。试确定切断力 F 的大小。

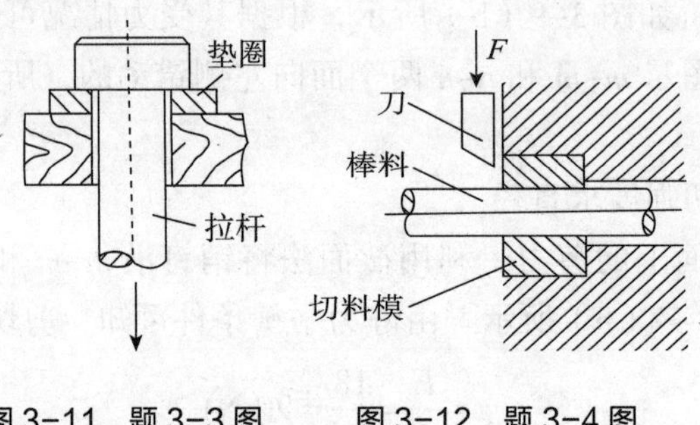

图 3–11　题 3–3 图　　　图 3–12　题 3–4 图

5. 图 3–13 所示为测定圆柱试件剪切强度的实验装置，已知试件直径 d=12mm，剪断时的压力 P=169kN，试求该材料的抗剪强度极限 τ_0。

6. 车床的传动光杆装有安全联轴器，如图 3–14 所示。当超过一定载荷时，安全销即被剪断。已知安全销的平均直径为 5mm，材料为 45 钢，其抗剪强度极限 τ_0 =370MPa，求安全联轴器所能传递的最大力偶矩。

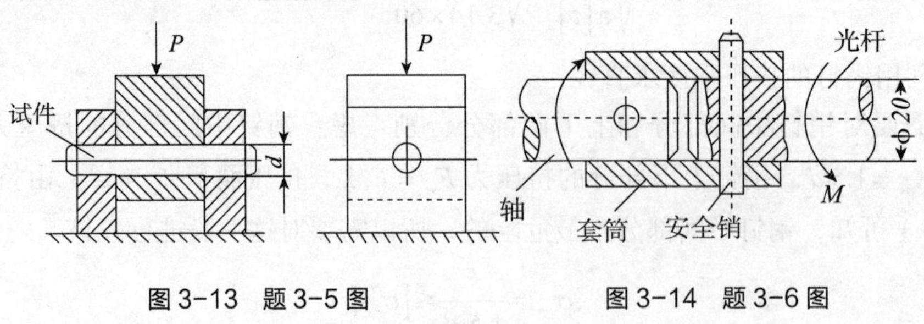

图 3–13　题 3–5 图　　　图 3–14　题 3–6 图

7. 如图 3–15 所示，螺栓受拉力 F 的作用，材料的许用切应力为 $[\tau]$、许用拉应力为 $[\sigma]$，已知 $[\tau]=0.7[\sigma]$，试确定螺栓直径 d 与螺栓头高度 h 的合理比例。

8. 如图 3–16 所示，冲床的最大冲力为 400kN，冲头材料的许用应力 $[\sigma]$=440MPa，被冲钢板的抗剪强度极限 τ_0 =360MPa。试求在此冲床上，能冲剪圆孔的最小直径和钢板的最大厚度 t。

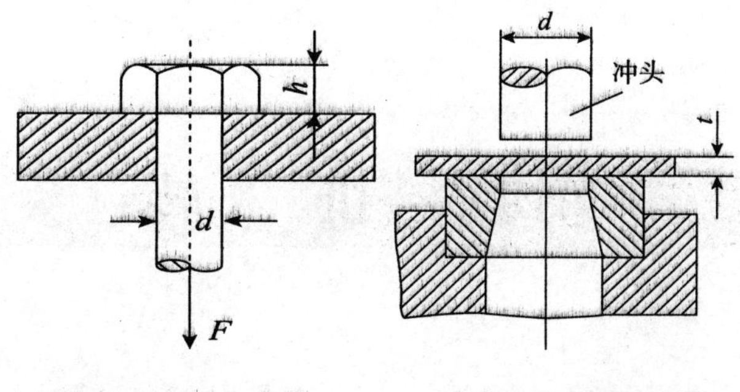

图 3-15 题 3-7 图　　　图 3-16 题 3-8 图

第四章　扭　　转

1. 本章的能力要素

本章介绍了扭转时外力、内力和应力的计算以及圆轴扭转的强度条件、变形和刚度条件。具体要求包括：

（1）了解扭转时的变形和受力特点；

（2）掌握扭转时外力和内力的计算；

（3）掌握扭转时的应力计算；

（4）掌握扭转时的强度计算；

（5）掌握扭转时的变形和刚度计算。

2. 本章的知识结构图

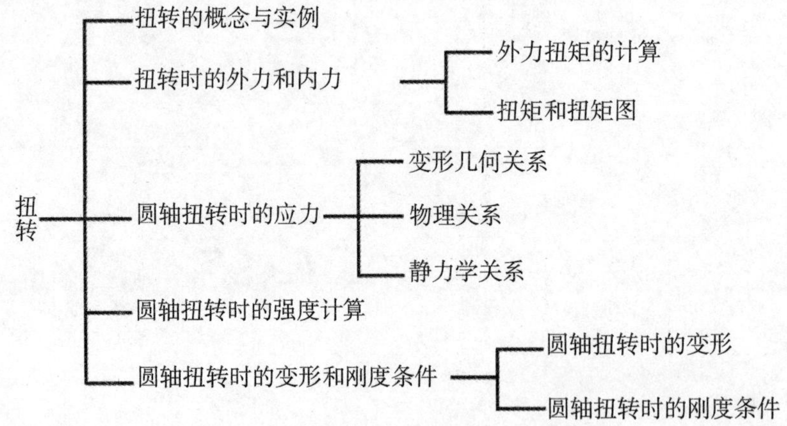

第一节　扭转的概念与实例

扭转是杆件的又一种基本变形形式，以扭转为主要变形的杆件统称为轴。工程中较常见的是直杆圆轴，本章主要介绍圆轴扭转时的应力和变形分析，以及强度和刚度计算。

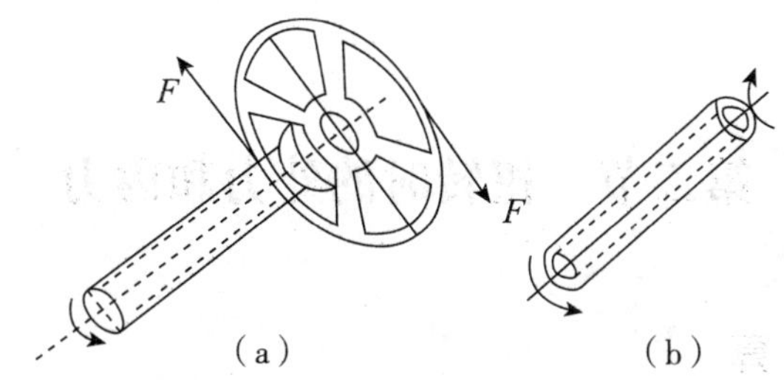

图 4–1　汽车的转向轴

在实际工程应用中，许多杆件会发生扭转变形。如图 4–1（a）所示的汽车上由方向盘带动的操纵杆，其上端受到从方向盘传来的主动力偶作用，下端受到来自转向器的阻力偶作用，使操纵杆受到扭转；再如电动机轴和机械传动中常见的传动轴 [图 4–2（a）]，当它们匀速转动时，传动轴上也分别受到一对大小相等、转向相反的主动力偶和阻力偶作用，使其受到扭转。这些杆件在工作时受到两个转动方向相反的力偶作用，它们均为扭转变形的实例。

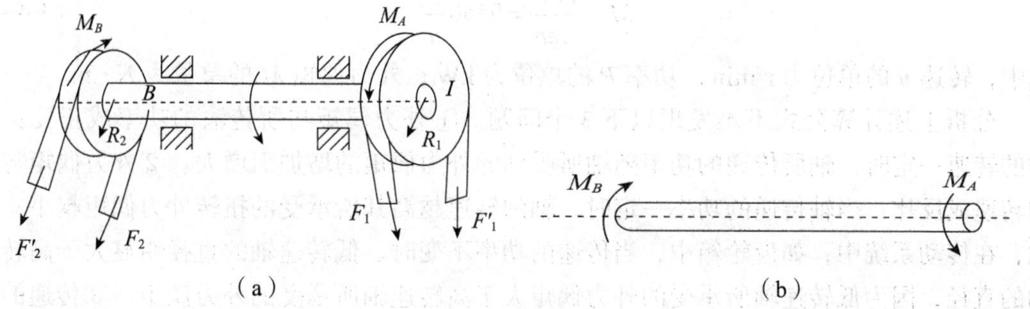

图 4–2　传动轴

由上述例子可见，杆件扭转时的受力特点为：杆件两端受到两个作用面与其轴线垂直、大小相等、转向相反的力偶矩作用。在扭转变形中，与杆件相邻的横截面绕轴线发生相对转动，扭转时杆件的任意两横截面间相对转过的角度，称为相对扭转角，常用 φ 表示。图 4–3 中的 φ_{AB} 表示截面 B 对截面 A 的相对扭转角。

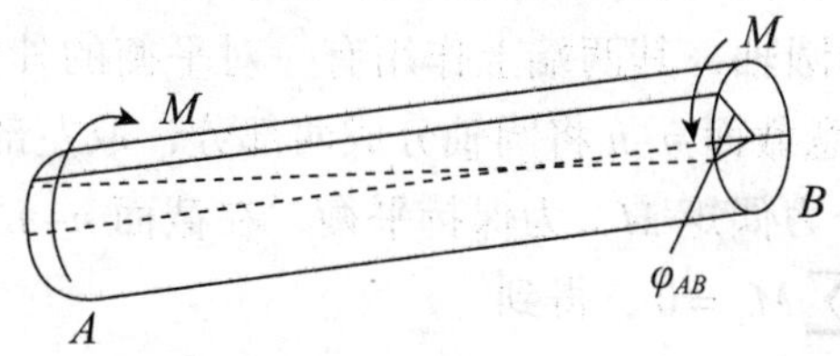

图 4–3　扭转角

第二节　扭转时的外力和内力

一、外力偶矩的计算

在实际工程应用中，作用于轴上的外力偶往往不直接给出，多数情况下是给出了轴所传递的功率 P 和轴的转速 n。因此，作用在圆轴上的外力矩 M 就要根据 P 和 n 来计算。

若 n 表示轴每分钟的转数，则作用在轴上的外力偶矩 M 每分钟所做的功为

$$W = 2\pi nM \tag{a}$$

功率 P 每分钟所做的功为

$$W = 60P \tag{b}$$

联立（a）、（b）两式，可得力偶矩 M 的计算公式

$$M = \frac{60P}{2\pi n} = 9550\frac{P}{n} \tag{4-1}$$

式中，转速 n 的单位为 r/min；功率 P 的单位为 kW；外力偶矩 M 的单位为 N·m。

分析上述计算公式不难发现以下 3 个问题。①外力偶矩与所传输的功率成正比：当轴的转速一定时，轴所传递的功率随轴所受到的外力偶矩的增加而增大。②外力偶矩与轴的转速成反比：当轴传递的功率一定时，轴的转速越高其所承受的扭转外力偶矩越小。因此，在传动系统中，如齿轮箱中，当传递的功率不变时，低转速轴的直径明显大于高转速轴的直径，因为低转速轴所承受的外力偶矩大于高转速轴所承受的外力偶矩。③传递的功率与轴的转速成正比：当外力偶矩（如机器的负载）一定时，增加机器的转速会使传递的功率加大，这就可能使电机过载，所以不应随意提高机器的转速。

二、扭矩和扭矩图

轴在外力偶作用下发生扭转变形时，其横截面上必然有抵抗变形、试图恢复原状的内力产生，各横截面上的内力，仍可用截面法进行计算。

如图 4–4（a）所示的圆轴，其两端上作用有一对平衡的外力偶矩，现用截面法求圆轴横截面上的内力。用任意截面 n–n 将圆轴分成两部分，取左部分作为研究对象 [图 4–4（b）]。由于左端作用一个力偶矩 M，为保持平衡，在截面 n–n 上必然存在一个内力偶矩 T 与它平衡，由平衡方程 $\sum M_x = 0$，得到

$$T=M$$

T 称为 n–n 截面上的扭矩。若取右段为研究对象 [图 4–4（c）]，求得的扭矩与以左段为研究对象求得的扭矩大小相等、转向相反，它们是作用与反作用的关系。为了使不论取左段还是取右段求得的扭矩的大小、符号都一致，对扭矩的正负号规定如下：采用右手

螺旋法则，四指顺着扭矩的转向握住轴线，大拇指的指向与横截面的外法线方向一致时为正；反之为负。这样，图 4-4 中 $n\text{-}n$ 截面左、右两段的扭矩就都是正的。

求扭矩时，如果横截面上扭矩的实际转向未知，则一般先假设扭矩矢量沿横截面的外法线方向。若求得的结果为正，则表示扭矩实际转向与假设相同，扭矩为正；若求得的结果为负，则表示扭矩实际转向与假设相反，扭矩为负，此时不需要修改扭矩转向。如果轴上作用有几个外力偶时，则必须把外力偶所在的轴用截面法分成数段，逐段求出其扭矩。

为了更直观地表明扭矩沿轴长度的变化情况和最大扭矩所在截面的位置，可根据扭矩随截面位置的变化规律作扭矩图。图中用横坐标表示横截面的位置，纵坐标表示相应截面上的扭矩的大小和正负（为作图方便，图中横纵坐标轴省略）。

【例 4-1】如图 4-5（a）所示，传动轴的转速为 300r/min，主动轮 A 传递的功率为 150kW，从动轮 B、C、D 传递的功率分别为 75kW、45kW 和 30kW。试作该轴的扭矩图。

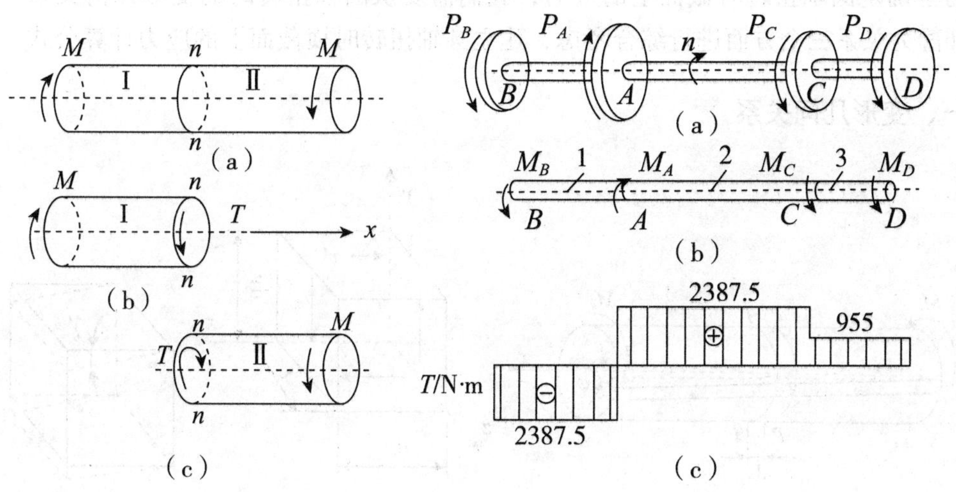

图 4-4　截面法

图 4-5　例 4-1 图

解　（1）外力偶矩的计算

由公式（4-1）计算各轮的扭转外力偶矩：

$$M_A = 9550\frac{P_A}{n} = 9550\frac{150}{300} = 4775\ (\mathrm{N \cdot m})$$

$$M_B = 9550\frac{P_B}{n} = 9550\frac{75}{300} = 2387.5\ (\mathrm{N \cdot m})$$

$$M_C = 9550\frac{P_C}{n} = 9550\frac{45}{300} = 1432.5\ (\mathrm{N \cdot m})$$

$$M_D = 9550\frac{P_D}{n} = 9550\frac{30}{300} = 955\ (\mathrm{N \cdot m})$$

（2）各段扭矩的计算

轴的计算简图如图 4-5（b）所示，各段扭矩的计算分别为

BA 段：$T_1 = -M_B = -2387.5\ (\mathrm{N\cdot m})$

AC 段：$T_2 = M_A - M_B = 2387.5\ (\mathrm{N\cdot m})$

CD 段：$T_3 = M_D = 955\ (\mathrm{N\cdot m})$

（3）作扭矩图

将计算结果画成扭矩图，如图 4-5（c）所示。

第三节　圆轴扭转时的应力

为了确定圆轴扭转时截面上的应力，我们需要从圆轴扭转时的变形几何关系、物理关系和静力关系三个方面进行综合考虑，建立圆轴扭转时横截面上的应力计算公式。

一、变形几何关系

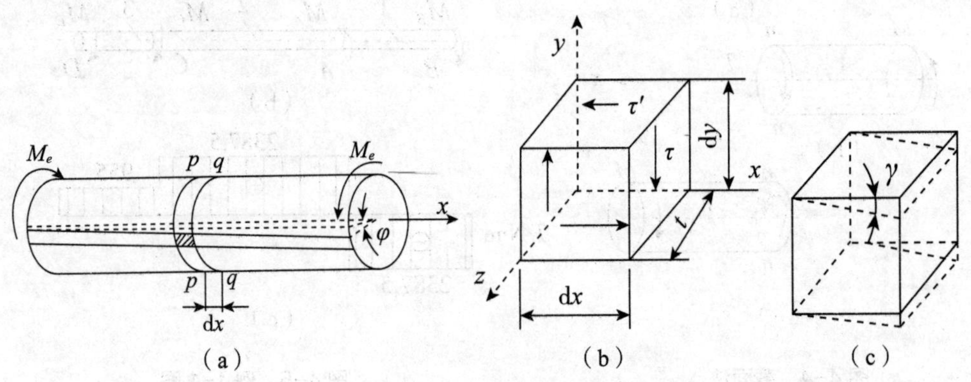

图 4-6　薄壁圆筒的扭转变形

（一）实验观察

在薄壁圆筒的表面画若干垂直于轴线的圆周线和平行于轴线的纵向线，在两端同时施加一对方向相反、力偶矩大小相等的外力偶。在变形很小时，可观察到：

（1）各圆周线绕轴线有相对转动，但形状、大小及相邻两圆周线之间的距离均不变，这说明横截面上没有正应力。

（2）在小变形情况下，各纵向线倾斜了同一角度 γ，但仍为直线，圆轴表面上的方格变成菱形 [图 4-6（a）]，这说明横截面上有切应力，且切应力的方向与径向垂直。

如果用相邻两个横截面和纵向面从圆筒中取出边长分别为 dx、dy 和 t 的正六面体作为单元体 [图 4-6（b）]，则在单元体的上、下、左、右四个侧面上，只有切应力而无正应力，这种情况称为纯剪切。在切应力的作用下，发生纯剪切单元体的直角将发生微小的改变，如图 4-6（c）所示，这个直角的改变量 γ 称为切应变。

图 4-6（b）所示单元体的左、右两侧面实际上是圆轴横截面的一部分，其上只有切应力作用，且大小相等、方向相反，于是组成一个矩为 $(\tau t\mathrm{d}y)\mathrm{d}x$ 的力偶。要使其保持平衡，在单元体的上、下两个侧面上一定也有切应力存在，并且由它们组成另一个力偶以维持单元体的平衡。建立平衡方程，有 $(\tau' t\mathrm{d}x)\mathrm{d}y-(\tau t\mathrm{d}y)\mathrm{d}x=0$，所以 $\tau'=\tau$。可以叙述为：在相互垂直的两个截面上，切应力成对出现，且数值相等；两者都垂直于两个平面的交线，方向同时指向或同时背离截面交线，这一规律称为切应力互等定理。

（二）平面假设

根据观察的现象，可做如下假设：圆轴的各横截面在扭转变形后保持为平面，且形状、大小及间距都不变，这就是圆轴扭转的平面假设。按照这一假设，在扭转变形时，圆轴的各横截面就像刚性平面一样，绕圆轴轴线转过一定角度 γ。由于各横截面间的大小和间距都不变，所以横截面上不存在正应力，只有剪应力，其方向与所在半径垂直，与扭矩 T 的转向一致。

（三）变形规律

假设用相邻横截面从圆轴中截取一段长为 dx 的微段 [图 4-7（a）]，并以两个过轴线的相邻的纵截面取楔形分离体，放大图如图 4-7（b）所示。变形以后，dx 段左右两个横截面相对转动了 $d\varphi$ 角，圆周表面上的纵向线 AC 倾斜了 γ 角，移至 AC' 位置。在小变形时，其剪应变可写为

$$\gamma=\frac{CC'}{AC}=R\frac{\mathrm{d}\varphi}{\mathrm{d}x}$$

同理，在距轴线距离为 ρ 处，同样存在

$$\gamma_{\rho}=\rho\frac{\mathrm{d}\varphi}{\mathrm{d}x} \tag{4-2}$$

式中，$\dfrac{\mathrm{d}\varphi}{\mathrm{d}x}$ 表示相距单位长度的两个横截面间的相对扭转角，由于假设横截面作刚性转动，故在同一横截面上 $\dfrac{\mathrm{d}\varphi}{\mathrm{d}x}$ 为一常量。

公式（4-2）表明，横截面上任意点的剪应变 γ_{ρ} 与该点至圆心的距离 ρ 成正比。即横截面上的剪应变随半径按线性规律变化。在圆心处，剪应变为零；在圆轴表面处，剪应变最大；在半径相同的圆周上，各点的剪应变相等。这就是圆轴扭转时横截面上各点剪应变的变化规律。

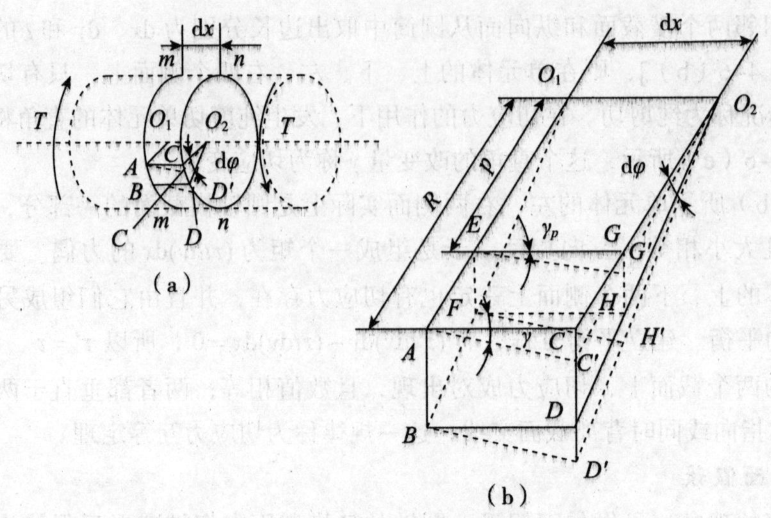

图 4–7 扭转变形的几何关系

二、物理关系

由剪切虎克定律可知，横截面上距离轴心 ρ 处的切应力 τ_ρ 与该点的剪应变 γ_ρ 成正比。即

$$\tau_\rho = G\gamma_\rho \tag{4-3}$$

将（4–2）代入上式，得

$$\tau_\rho = G\rho\frac{\mathrm{d}\varphi}{\mathrm{d}x} \tag{4-4}$$

式（4–4）表明，横截面上任意点的切应力 τ_ρ 与该点到圆心的距离 ρ 成正比，切应力 τ_ρ 沿半径的分布如图 4–8 所示。

三、静力学关系

由于公式（4–4）中的 $\frac{\mathrm{d}\varphi}{\mathrm{d}x}$ 未求出，所以仍不能用它计算切应力，需要进一步用静力关系来解决。

在图 4–9 所示横截面上，扭矩为 T。在半径为 ρ 处取一个微面积 $\mathrm{d}A$，此微面积上的合力为 $\tau_\rho \mathrm{d}A$，该力对圆心的力矩为 $\tau_\rho \mathrm{d}A\cdot\rho$，截面上所有剪力对圆心的力矩之和就等于该截面上的内力，即

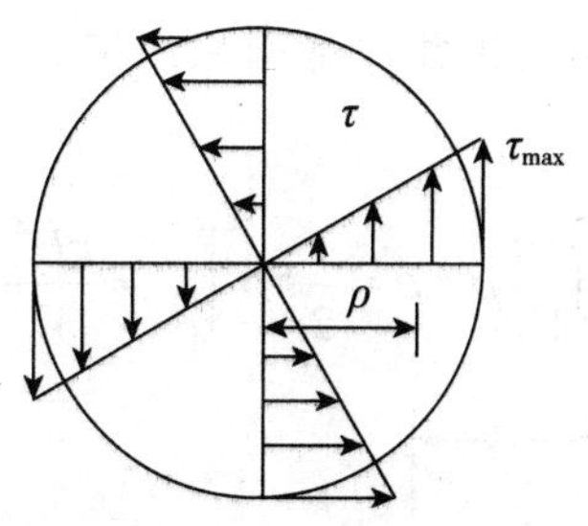

图 4-8　切应力的分布

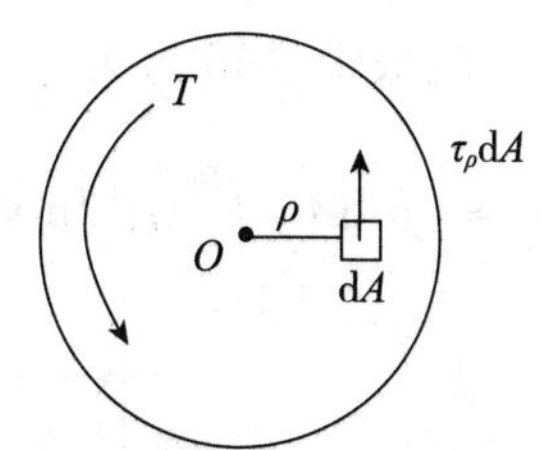

图 4-9　圆轴扭转时的静力学关系

$$T=\int_A \tau_\rho \mathrm{d}A\cdot\rho$$

将式（4-4）代入上式，并且由于 $\dfrac{\mathrm{d}\varphi}{\mathrm{d}x}$ 和 G 为常量，可得

$$T=\int_A G\rho\frac{\mathrm{d}\varphi}{\mathrm{d}x}\mathrm{d}A\cdot\rho=G\frac{\mathrm{d}\varphi}{\mathrm{d}x}\int_A \rho^2\mathrm{d}A \tag{4-5}$$

令

$$I_p=\int_A \rho^2\mathrm{d}A \tag{4-6}$$

I_p 称为横截面对圆心 O 点的极惯性矩，单位为 m^4。它只与横截面的几何形状和尺寸有关。

将式（4-6）代入式（4-5），整理得到

$$\frac{\mathrm{d}\varphi}{\mathrm{d}x}=\frac{T}{GI_P} \tag{4-7}$$

将上式代入式（4-4）得

$$\tau_\rho=\frac{T\rho}{I_P} \tag{4-8}$$

上式就是圆轴扭转时截面上任一点处的切应力计算公式。由式（4-8）可知，横截面上的最大切应力在轴的表面处，即当 $\rho=D/2=R$ 时切应力最大，其值为

$$\tau_{\max}=\frac{TR}{I_P}$$

引用记号

$$W_P=\frac{I_P}{R} \tag{4-9}$$

W_P 称为抗扭截面系数，单位为 m^3。将上式代入（4-9）式，得

$$\tau_{\max}=\frac{T}{W_P} \tag{4-10}$$

极惯性矩及抗扭截面系数是反映圆轴横截面几何性质的量。对于实心圆截面，如图

4-10 所示，在距圆心为 ρ 处取厚度为 $\mathrm{d}\rho$ 的环形面积并作微面积，其上各点的 ρ 被视为相等，且 $\mathrm{d}A = 2\pi\rho\mathrm{d}\rho$，故极惯性矩 I_P 为

$$I_p = \int_A \rho^2 \mathrm{d}A = \int_0^{D/2} \rho^2 2\pi\rho\mathrm{d}\rho = 2\pi\int_0^{D/2} \rho^3 \mathrm{d}\rho = \frac{1}{2}\pi\rho^4\Big|_0^{D/2} = \frac{\pi D^4}{32}$$

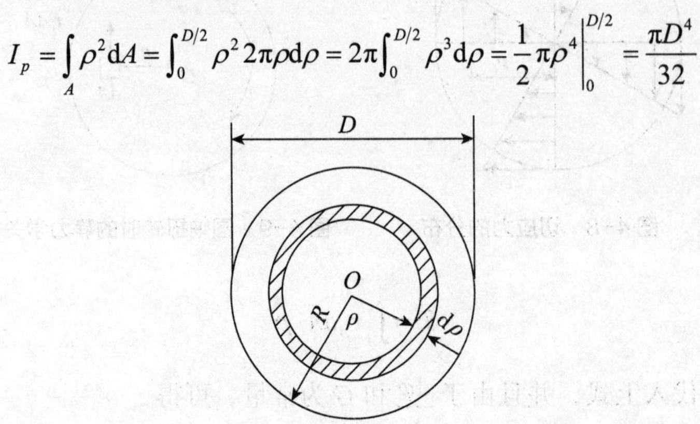

图 4-10　圆截面极惯性矩的计算

抗扭截面系数 W_P 为

$$W_P = \frac{I_P}{R} = \frac{\pi D^3}{16}$$

对于内径为 d、外径为 D 的空心圆轴，只要将积分下限由零变为 $d/2$ 即可，可得

$$I_P = \int_A \rho^2 \mathrm{d}A = \int_{\frac{d}{2}}^{\frac{D}{2}} 2\pi\rho^2 \mathrm{d}\rho = \frac{\pi}{32}\left(D^4 - d^4\right) = \frac{\pi D^4}{32}\left(1-\alpha^4\right)$$

式中，α 为空心圆轴内外直径之比。

$$\alpha = \frac{d}{D}$$

抗扭截面系数 W_P 为

$$W_P = \frac{I_P}{R} = \frac{\pi D^3}{16}\left(1-\alpha^4\right)$$

第四节　圆轴扭转时的强度条件

通过前面的分析可知圆轴扭转时，横截面上的最大切应力在截面的圆周上，因此，为保证圆轴安全地工作，要求轴内的最大工作切应力 $\tau_{\max}$ 不超过材料的许用切应力 $[\tau]$，即对于等截面圆轴，其强度条件为

$$\tau_{\max} = \frac{T_{\max}}{W_P} \leqslant [\tau] \tag{4-11}$$

同前两章强度条件一样，圆轴扭转的强度条件可用于强度校核、截面设计和确定许

用载荷三方面的计算。

【例 4-2】由无缝钢管制成的汽车传动轴 AB，其外径 D=90mm，壁厚 t=2.5mm，传递的最大扭矩 T=1930N·m，材料的许用切应力 $[\tau]$=70MPa，试校核 AB 轴的扭转强度。

解　（1）计算 AB 轴的抗扭截面系数

$$\alpha=\frac{d}{D}=\frac{(90-2\times 2.5)}{90}=0.944$$

$$W_p=\frac{\pi D^3(1-\alpha^4)}{16}=\frac{\pi\times 90^3(1-0.944^4)}{16}=29\,400(\mathrm{mm}^3)$$

（2）强度校核

$$\tau_{\max}=\frac{T_{\max}}{W_p}=\frac{1930}{29\,400\times 10^{-9}}=65.6\mathrm{MPa}<[\tau]$$

所以 AB 轴满足扭转强度。

【例 4-3】如图 4-11 所示，实心轴和空心轴通过牙嵌离合器连接在一起，已知轴的转速 $n=100\mathrm{r/min}$，传递的功率 $P=7.5\mathrm{kW}$，$[\tau]=20\mathrm{MPa}$。试计算：（1）实心轴的直径 d_1；（2）内、外径比值为 1/2 时的空心轴外径 D_2。

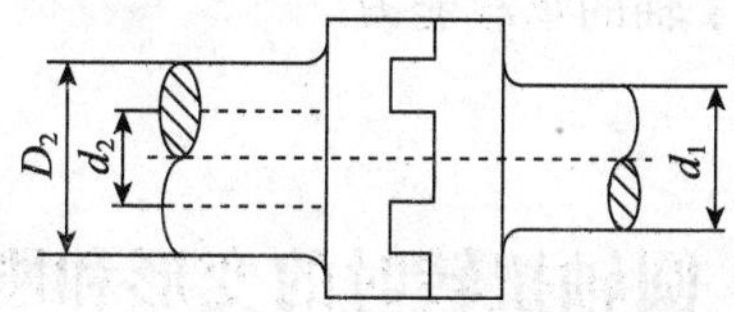

图 4-11　例 4-3 图

解　（1）设计实心轴直径 d_1

实心轴和空心轴传递功率相等，受相同的外力偶矩，横截面上的扭矩因此也相等，其值为

$$T=M=9550\frac{P}{n}=9550\times\frac{7.5}{100}=716\ (\mathrm{N\cdot m})$$

根据扭转时的强度条件

$$\tau_{\max}=\frac{T_{\max}}{W_P}=\frac{16T}{\pi d_1^3}\leqslant[\tau]$$

求得

$$d_1\geqslant\sqrt[3]{\frac{16T}{\pi[\tau]}}=\sqrt[3]{\frac{16\times 716}{\pi\times 20\times 10^6}}\,\mathrm{m}=0.0567\,\mathrm{m}$$

取 d_1=0.057m。

（2）设计内、外径比值为 1/2 时的空心轴外径 D_2

根据扭转时的强度条件

$$\tau_{\max}=\frac{T_{\max}}{W_P}=\frac{16T}{\pi D_2^3\left(1-\alpha^4\right)}\leqslant[\tau]$$

得

$$D_2\geqslant\sqrt[3]{\frac{16T}{\pi[\tau]\left(1-\alpha^4\right)}}=\sqrt[3]{\frac{16\times716}{\pi\times20\times10^6\times\left(1-0.5^4\right)}}\mathrm{m}=0.0579\,\mathrm{m}$$

取 D_2=0.058m。

实心轴和空心轴的面积之比为

$$\frac{A_1}{A_2}=\frac{d_1^2}{D_2^2\left(1-\alpha^2\right)}=\frac{0.057^2\ \mathrm{m}^2}{0.058^2\left(1-0.5^2\right)\mathrm{m}^2}=1.28$$

可见，如果轴的长度相同，则在最大切应力相同的情况下，实心轴所用的材料比空心轴多。

我们可以通过圆轴扭转时横截面上的应力分布说明采用空心轴节省材料的原因。圆轴扭转时横截面上的切应力沿半径方向按线性分布，圆心附近的应力很小，材料没有充分发挥作用。如果将圆心附近的材料移到离圆心较远的位置，使其变为空心轴，让材料充分地发挥作用，这样就大大提高了轴的承载能力。

第五节　圆轴扭转时的变形和刚度条件

一、圆轴扭转时的变形

圆轴扭转时的变形是用两个横截面绕轴线的相对转角，即相对扭转角 φ 来度量的。由式（4–7）得

$$\mathrm{d}\varphi=\frac{T}{GI_P}\mathrm{d}x$$

$\mathrm{d}\varphi$ 表示相距为 $\mathrm{d}x$ 的两个横截面之间的相对转角，将上式沿轴线 x 积分，即为相距为l的两个横截面之间的相对转角：

$$\varphi=\int_l\frac{T}{GI_P}\mathrm{d}x=\int_0^l\frac{T}{GI_P}\mathrm{d}x$$

若在两截面之间的 T 值不变，且轴为等直杆，则 T/GI_P 为常量，上式变为

$$\varphi=\frac{Tl}{GI_P}\tag{4–12}$$

φ的单位为弧度（rad）。上式表明，GI_P越大，则扭转角 φ越小，它反映了圆轴扭转变形的难易程度，故GI_P称为圆轴的抗扭刚度。

二、圆轴扭转时的刚度条件

在工程中，圆轴扭转时除了要满足强度条件外，有时还要满足刚度条件，否则将不能正常工作。例如，机器中的轴在受扭时若产生过大的变形，就会影响机器的精密度，或者使机器在运转中产生较大的振动。因此，对某些轴的扭转变形也要加以一定的限制。扭转的刚度条件就是限定单位长度扭转角 θ 的最大值不得超过规定的允许值 $[\theta]$，即

$$\theta_{max} \leqslant [\theta]$$

对于等截面圆轴，用 φ' 表示变化率 $d\varphi / dx$，由式（4-7）得出

$$\varphi_{max'} = \frac{T_{max}}{GI_P} \leqslant [\varphi'] \qquad (4\text{-}13)$$

式中，单位长度转角 φ' 和单位长度许可转角 $[\varphi']$ 的单位均为 rad/m。

工程上，习惯把度 / 米 (°/m) 作为转角 φ' 的单位。考虑单位换算，得到

$$\varphi_{max'} = \frac{T_{max}}{GI_P} \times \frac{180}{\pi} \leqslant [\varphi'] \qquad (°/m) \qquad (4\text{-}14)$$

各种轴类零件的 $[\varphi']$ 值可从工程设计手册中查得。一般规定：

精密机器的轴　　$[\varphi']=(0.25° - 0.5°)/m$

一般传动轴　　$[\varphi']=(0.5° - 1.0°)/m$

较低精度的轴　　$[\varphi']=(2° - 4°)/m$

【例 4-4】传动圆轴如图 4-12（a）所示，已知主动轮 A 的输入功率 $P_A = 30kW$，从动轮输出的功率 $P_B = 5kW$，$P_C = 10kW$，$P_D = 15kW$，该轴转速 n=300r/min，材料的切变模量 $G = 80GPa$，许用切应力 $[\tau] = 40MPa$，轴的许可转角 $[\varphi']$=1°/m。试按强度条件及刚度条件设计此轴的直径。

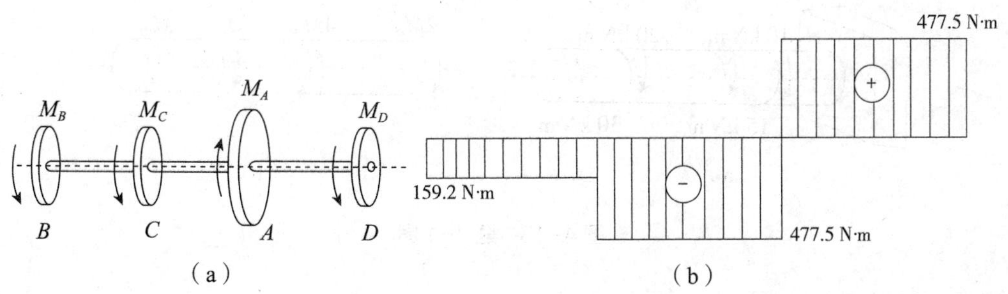

图 4-12　例 4-4 图

解　（1）先计算外力偶矩

$$M_A = 9550\frac{P_A}{n} = 955 N \cdot m，\quad M_B = 9550\frac{P_B}{n} = 159.2 N \cdot m$$

$$M_C = 9550\frac{P_C}{n} = 318.3\,\text{N}\cdot\text{m}\,,\quad M_D = 9550\frac{P_D}{n} = 477.5\,\text{N}\cdot\text{m}$$

（2）计算各段扭矩，画扭矩图

$$T_{BC} = -195.2\,\text{N}\cdot\text{m}\,,\quad T_{CA} = -477.5\,\text{N}\cdot\text{m}\,,\quad T_{AD} = 477.5\,\text{N}\cdot\text{m}$$

轴的扭矩图如图 4–12（b）所示，最大扭矩发生在 CA 和 AD 段，$T_{\max} = 477.5\,\text{N}\cdot\text{m}$。

（3）按强度条件设计轴径

$$\tau_{\max} = \frac{T_{\max}}{W_P} = \frac{16T_{\max}}{\pi D^3} \leqslant [\tau]$$

整理得

$$D \geqslant \sqrt[3]{\frac{16T_{\max}}{\pi[\tau]}} = \sqrt[3]{\frac{16\times477.5}{\pi\times40\times10^6}}\,\text{m} = 0.0393\,\text{m}$$

（4）按刚度条件设计轴径，由式（6–15）得到

$$\varphi_{\max'} = \frac{T_{\max}}{GI_P}\times\frac{180}{\pi} = \frac{32T_{\max}}{G\pi D^4}\times\frac{180}{\pi} \leqslant [\varphi']$$

$$D \geqslant \sqrt[4]{\frac{32T_{\max}\times180}{G\pi^2[\varphi']}} = \sqrt[4]{\frac{32\times477.5\times180}{80\times10^9\times\pi^2\times1}}\,\text{m} = 0.0432\,\text{m}$$

若使轴同时满足强度条件和刚度条件，应取 D=0.044m。

习　题

1. 画出图示各轴的扭矩图。

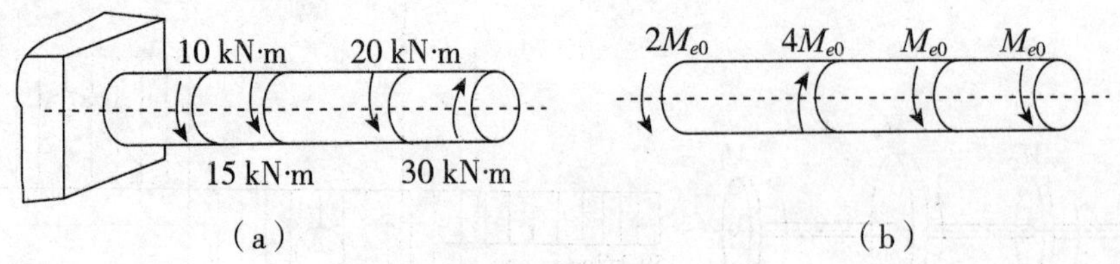

图 4–13　题 4–1 图

2. 图 4–14 所示的实心圆轴的直径 d=100m，长 l=1m，两端受力偶矩 M=15kN · m 的作用，设材料的切变模量 G=80GPa，求：（1）最大切应力及两端截面间的相对扭转角；（2）图示截面上 A、B、C 三点切应力的数值及方向。

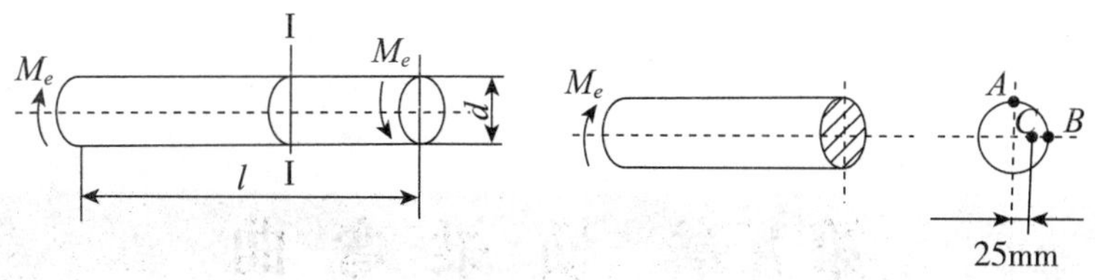

图 4-14　题 4-2 图

3. 钢质实心轴和铝质空心轴（内外径比值 α=0.6）的横截面面积相等，$[\tau]_{钢}$=80MPa，$[\tau]_{铝}$=50MPa，若仅从强度条件考虑，试问哪一根轴能承受较大的扭矩？

4. 化工反应器的搅拌轴由功率 P=6kW 的电动机带动，转速 n=0.5r/s，轴由外直径 D=89mm、壁厚 t=10mm 的钢管制成，材料的许用切应力为 50MPa。试校核轴的扭转强度。

5. 某圆轴以 300r/min 的转速传递 330kW 的功率，如果 $[\tau]$=40MPa，G=80GPa，求轴的直径。

6. 某钢轴直径为 20mm，若 $[\tau]$=100MPa，则求此轴能承受的扭矩。若转速为 100r/min，则求此轴能传递多少千瓦的功率。

7. 如图 4-15 所示，在一直径为 75mm 的等截面圆轴上，作用着外力偶矩：M_{e1}=1kN · m，M_{e2}=0.6kN · m，M_{e3}=0.2kN · m，M_{e4}=0.2kN · m。（1）求作轴的扭矩图。（2）求出每段内的最大切应力。（3）求出轴的总扭转角。设材料的切变模量 G=80GPa。（4）若 M_{e1} 和 M_{e2} 的位置互换，在用料方面有何增减？

8. 如图 4-16 所示，汽车方向盘的外径 φ=500mm，驾驶员每只手加在方向盘上的力 F=300N，方向盘轴为空心圆轴，其内外径之比为 0.8，材料的许用切应力为 60MPa。试求方向盘轴的内外直径。

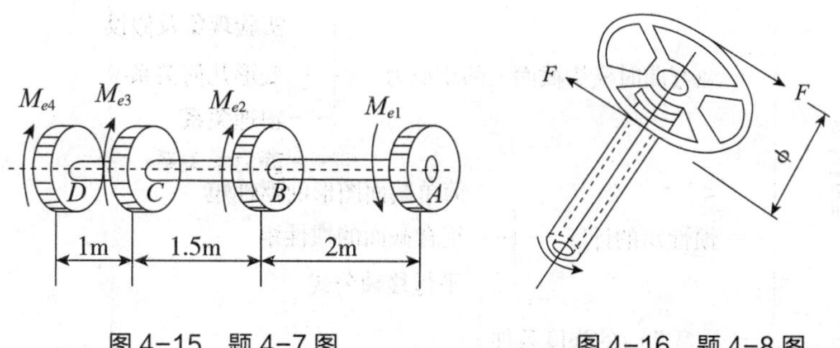

图 4-15　题 4-7 图　　图 4-16　题 4-8 图

9. 一实心钢轴的转速 n=240r/min，传递功率 P=44.1kW。已知 $[\tau]$=40MPa，$[\varphi']$=1°/m，G=80GPa，试确定轴的直径。

10. 某空心轴外径 D=100mm，内外径之比 $\alpha=d/D$=0.5，轴的转速 n=300r/min，轴的传递功率 P=150kW，材料的剪模量 G=80GPa，许用剪应力 $[\tau]$=40MPa，单位长度许可扭转角 $[\varphi']$=0.5°/m，试校核轴的强度和刚度。

第五章　横 梁 弯 曲

1. 本章的能力要素

本章介绍剪力、弯矩、惯性矩、剪力图和弯矩图，纯弯曲时梁横截面上的正应力及其计算，弯曲的强度条件及弯曲变形的计算。具体要求包括：

（1）掌握剪力和弯矩的计算；

（2）掌握纯弯曲时梁横截面上的正应力；

（3）理解惯性矩的计算；

（4）掌握弯曲的强度条件；

（5）了解梁的弯曲变形及刚度条件；

（6）掌握提高梁弯曲强度和刚度的措施。

2. 本章的知识结构图

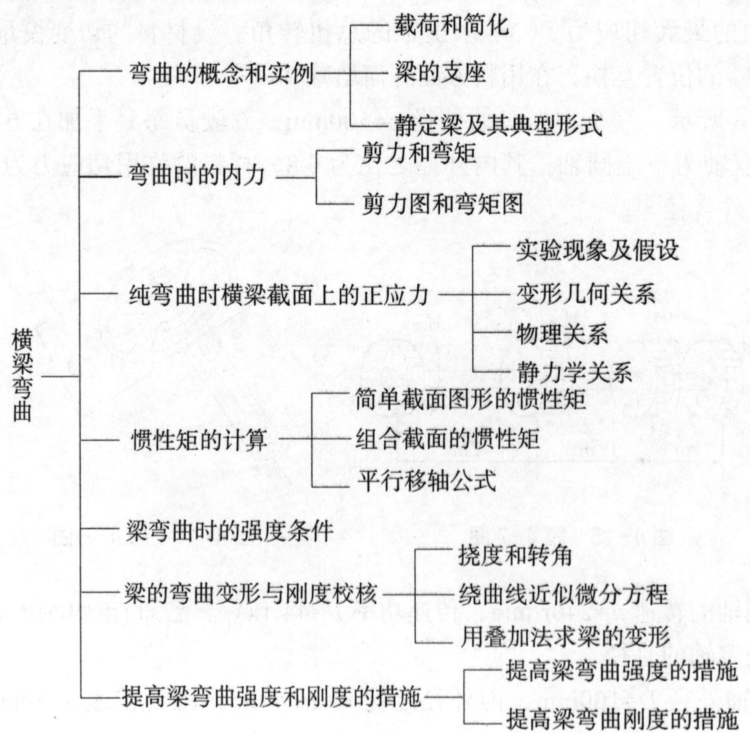

第一节　弯曲的概念和实例

当杆件受到垂直于杆轴线的外力（即横向力）作用，或受到位于杆轴平面内的外力偶作用时，杆的轴线将由直线弯成曲线。这种变形形式称为弯曲。以弯曲为主要变形的杆件，通常称为梁。

弯曲也是实际工程应用中常见的一种基本变形形式。例如，工厂中常见的单梁吊车在自重和被吊物体重力的作用下发生弯曲变形 [图 5-1（a）]；安放在鞍座上的卧式容器受到自重和内部物料重量的作用也会发生弯曲变形 [图 5-2（a）]；立式塔器受到水平方向风载荷的作用 [图 5-3（a）] 也会发生弯曲变形。

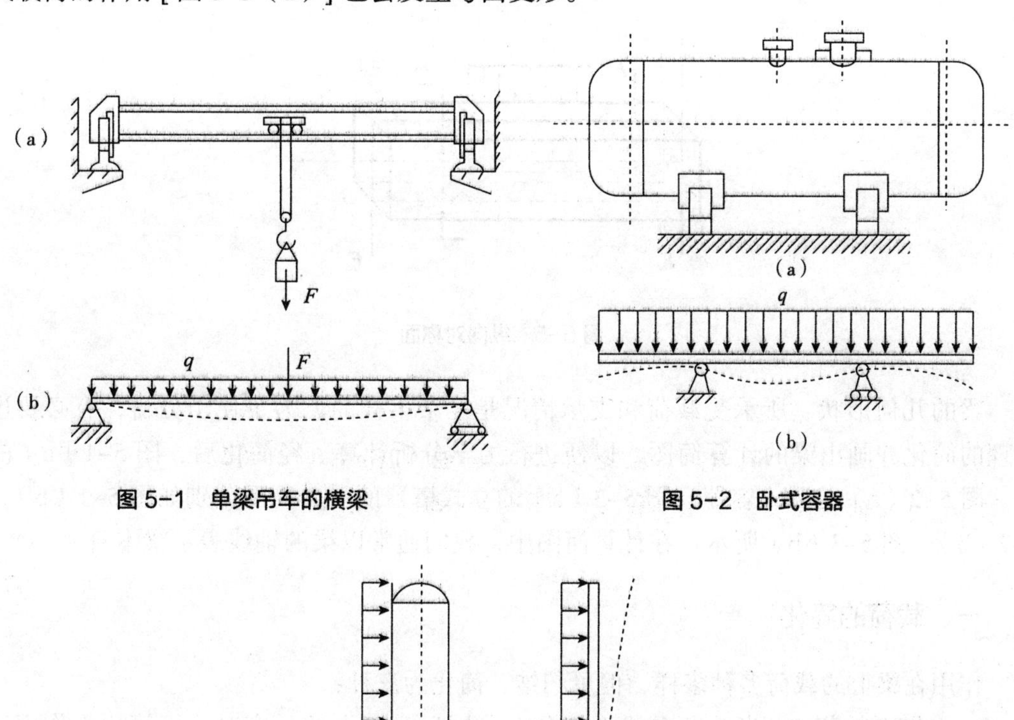

图 5-1　单梁吊车的横梁　　图 5-2　卧式容器

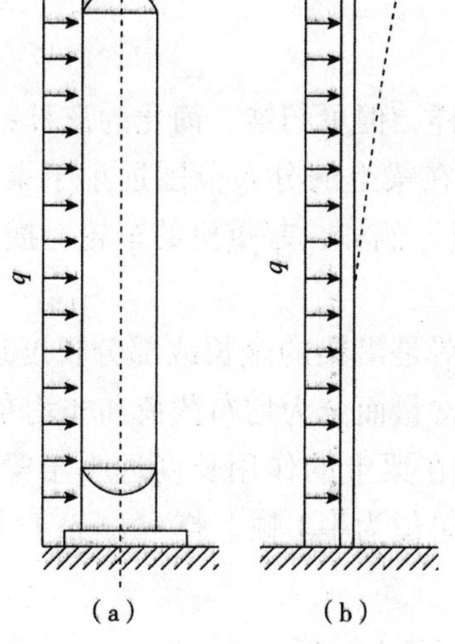

图 5-3　受风载荷的立式容器

工程中常见的梁，其横截面往往具有对称轴（图 5–4），整个梁具有通过梁轴线和截面对称轴的纵向对称面，并且所有外力都作用在该对称面内（图 5–5）。这种情况下，梁的轴线将弯成一条位于同一纵向对称面内的平面曲线，这种弯曲称为平面弯曲。平面弯曲是最简单也是最常见的弯曲变形，本章（书）仅讨论平面弯曲的问题。

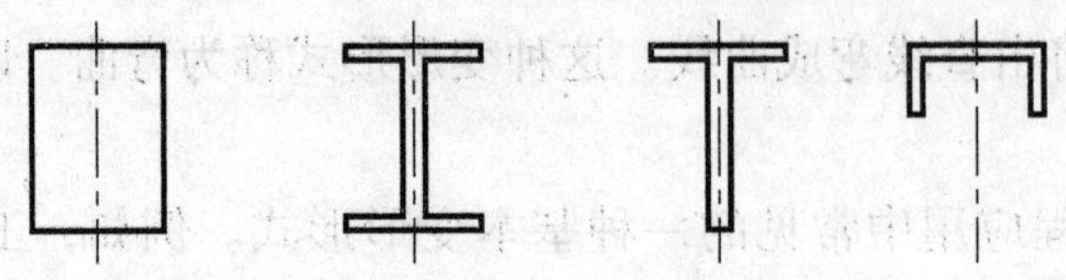

图 5–4　常见梁的横截面

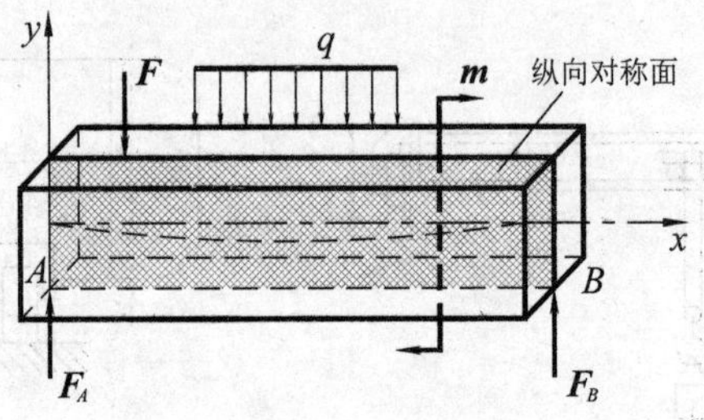

图 5–5　纵向对称面

梁的几何形状、所承受载荷和支承情况是复杂多样的。为了便于分析，有必要进行合理的简化并画出梁的计算简图，以便进行力学分析计算。经简化后，图 5–1（a）的吊车、图 5–2（a）的卧式容器、图 5–3（a）的立式塔器的受力简图分别如图 5–1（b）、图 5–2（b）、图 5–3（b）所示。在计算简图中，我们通常以梁的轴线表示梁本身。

一、载荷的简化

作用在梁上的载荷多种多样，但可归纳、简化为三种：

（1）集中载荷 F。当载荷在梁上的分布范围远小于梁的长度时，可简化为作用于一点的集中力，单位为牛顿（N）。例如，起重机的车轮对横梁的压力即可简化为集中力 F，如图 5–1（b）所示。

（2）分布载荷 q。分布载荷是沿梁的全长或部分长度连续分布的载荷，单位为 N/m。按 q 在其分布长度内是否等于常量而分为均布载荷和非均布载荷。

（3）集中力偶 m。当力偶在梁上的作用长度远小于梁的长度时，可简化为作用在梁的某截面，称为集中力偶，其单位为牛 [顿] 米（N · m）。

二、梁的支座

梁的支座虽然构造各异，但根据对梁的位移的约束特点可以简化为三种基本形式：活动铰支座、固定铰支座和固定端约束。在实际工程中，对梁的支座进行简化时，我们通常是根据每个支座对梁横截面的约束状况来判定其接近于上述三种支座中的哪一种。通常滑动轴承、径向滚动轴承和桥梁下的滚动支座等，均可简化为活动铰支座；止推轴承和桥梁下的不动铰支座等，均可简化为固定铰支座；长轴承、车床车刀的刀架等，都可简化为固定端。

三、静定梁及其典型形式

在平面弯曲的情况下，作用在梁上的外力（包括载荷和支反力）是一个平面力系。当梁上只有三个支反力时，可根据平面力系的三个静力平衡方程将它们求出，这种梁称为静定梁。根据支承情况的不同，常见的静定梁有下述三种类型。

（1）简支梁　梁的一端为固定铰支座，另一端为活动铰支座，如图 5-6（a）所示。

（2）外伸梁　简支梁的一端或两端伸出支座之外，如图 5-6（b）和（c）所示。

（3）悬臂梁　梁的一端固定，另一端自由，如图 5-6（d）所示。

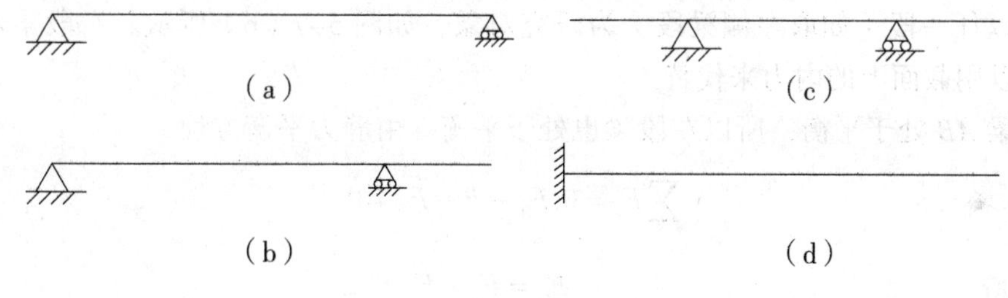

图 5-6　梁的分类

第二节　弯曲时的内力

一、剪力和弯矩

作用在梁上的所有外力确定后，为了进行梁的强度和刚度计算，首先要计算梁的各截面上所受的力，即梁的内力。和前述各章一样，求梁的内力的基本方法仍然是截面法。

图 5-7（a）所示为一简支梁 AB，在通过梁轴线的纵向对称平面内作用有一个与轴线垂直的载荷 F。

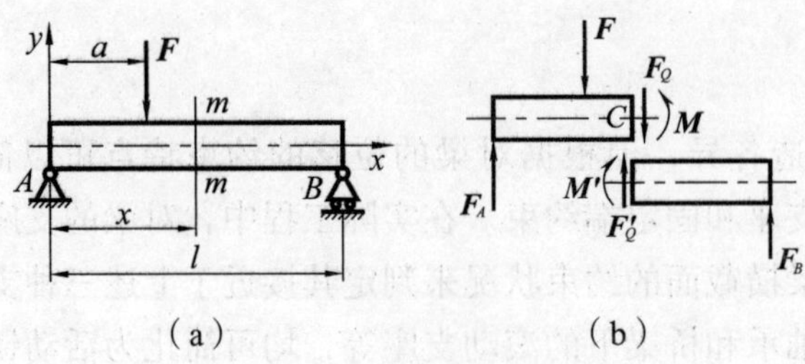

图 5-7 剪力和弯矩

根据平衡方程

$$\sum M_A(F)=0$$

$$\sum M_B(F)=0$$

求出梁的支反力：

$$F_A=F(l-a)/l\text{，}\ F_B=Fa/l$$

即全部外力均已知，现计算梁在横截面 *m–m* 上的内力。

为了显示任一截面 *m–m* 上的内力，应用截面法沿 *m–m* 截面将梁假想切开，分成左右两段，以任一段（如取左侧梁段）为研究对象，如图 5-7（b）所示。右段梁对左段梁的作用可以用截面上的内力来代替。

由于梁 *AB* 处于平衡，所以左段梁也处于平衡。由静力平衡方程

$$\sum F_y=0, F_A-F-F_Q=0$$

得 $$F_Q=F_A-F \tag{1}$$

F_Q的作用线平行于横截面 *m–m*，称为横截面的剪力。

再由 $$\sum M_C(F)=0\text{，}\ -F_Ax+F(x-a)+M=0$$

得 $$M=F_Ax-F(x-a) \tag{2}$$

M 为一内力偶矩，称为横截面的弯矩。

同理，若取右段梁为研究对象，用同样方法也可得横截面 *m–m* 上的剪力 F'_Q 和弯矩 M'，它们在数值上与上述结果相同，但作用方向与 F_Q 和 *M* 相反。

从式（1）（2）看出，剪力 F_Q 和弯矩 *M* 的大小分别为

$$F_Q=\sum_{i=1}^{n}F_i$$

$$M=\sum_{i=1}^{n}m_i$$

式中，*n* 为截面以左（或右）梁段上的外力数。可见，梁的任意横截面上的剪力 F_Q，在数

值上等于截面以左（或右）所有横向外力的代数和；梁的任意横截面上的弯矩 M，在数值上等于该截面以左（或右）所有外力对截面形心力矩的代数和。

为了使左、右两段梁求得的同一横截面上的剪力和弯矩不仅数值相等，而且符号也相同，需要根据外力的方向，结合梁的变形，对剪力和弯矩符号做如下规定。

（1）剪力 F_Q：使微段梁做顺时针转动趋势时的剪力取正号；反之，做逆时针转动趋势的剪力取负号，如图 5-8 所示。

（2）弯矩 M：使微段梁发生凹向上的弯曲变形的弯矩取正号；反之，使其发生向下凹的弯曲变形的弯矩取负号，如图 5-9 所示。

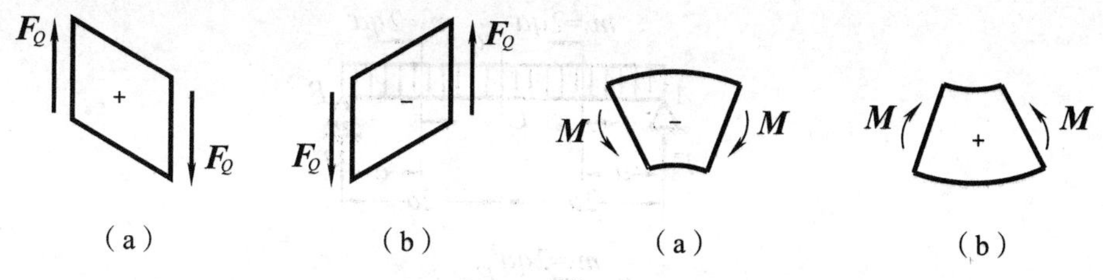

图 5-8　剪力的符号规定　　图 5-9　弯矩的符号规定

按前述符号规定可推断：截面左侧梁段上方向朝上，或右侧梁段上方向朝下的外力 F_i 引起正的剪力 F_Q，因而可认为“左上右下，剪力为正”，反之为负；截面左侧梁段上外力对截面形心之矩为顺时针方向，或右侧梁段上外力对截面形心之矩为逆时针方向，将产生正的弯矩，因而可认为“左顺右逆，弯矩为正”，反之为负。

值得注意的是，静力学中列平衡方程规定的符号与这里按变形规定的符号并不一致。为了避免符号的混乱，在求内力时，可假定截面上内力 F_Q 和 M 均按变形规定取正号；代入平衡方程运算时沿用静力学符号规则，结果为正，说明假定方向正确，结果为负，说明与假定方向相反，不必再把分离体图上假设的内力方向（转向）改正过来。这样做的结果，恰好与按变形规定的符号相一致。

【例 5-1】一简支梁受均布载荷 q 和集中力偶 m_1 与 m_2 作用，如图 5-10（a）所示。试求 C 截面（正中截面）上的剪力和弯矩。

解　（1）求支反力

由于梁上没有水平载荷作用，故只有两个支反力 F_A 和 F_B。根据梁的平衡条件，由

$$\sum M_A(F)=0\text{，}\quad F_B\times 4a-(q\times 4a)\times 2a-m_1-m_2=0$$

$$\sum M_B(F)=0\text{，}\quad (q\times 4a)\times 2a-m_1-m_2-F_A\times 4a=0$$

解得

$$F_A=qa\text{，}\quad F_B=3qa$$

（2）求指定横截面上的剪力和弯矩

沿 C 处的横截面假想地将梁切开，取左段梁为研究对象，并假设截面上的剪力 F_{QC} 和弯矩 M_C 均为正号，如图 5-10（b）所示。根据左段梁的平衡条件，由

$$\sum F_y = 0, \quad F_A - q \times 2a - F_{QC} = 0$$

得
$$F_{QC} = -qa$$

由
$$\sum M_C(F) = 0, \quad M_C - F_A \times 2a + 2qa \times a - m_1 = 0$$

得
$$M_C = 2qa^2$$

所得结果表明，剪力F_{QC}的方向与假设方向相反，为负剪力；弯矩M_C的转向与假设的转向相同，为正弯矩。

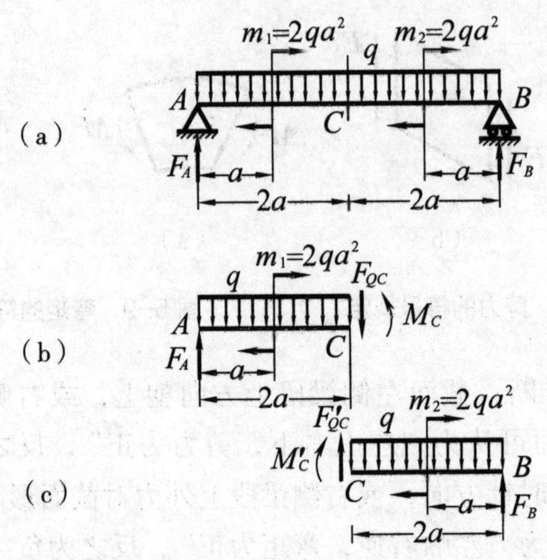

图 5-10　例 5-1 图

可取右段梁为研究对象来计算F'_{QC}和M'_C，受力如图 5-10（c）所示，借以验算上面的结果。

上面所得结果表明，无论取左段梁或右段梁来计算，在同一截面上的内力是相同的。为使计算方便，通常取外力比较简单的一段梁作为研究对象。

二、剪力图和弯矩图

由以上分析可知，一般剪力和弯矩是随着截面的位置不同而变化的。如取梁的轴线为x轴，以坐标x表示横截面的位置，则剪力和弯矩可表示为x的函数，即

$$F_Q = F_Q(x)$$

$$M = M(x)$$

上述关系式表达了剪力和弯矩沿轴线变化的规律，分别称为梁的剪力方程和弯矩方程。

为了清楚地表明剪力和弯矩沿梁轴线变化的大小和正负，把剪力方程或弯矩方程用

图线表示，称为剪力图或弯矩图。作图时按选定的比例，以横截面沿轴线的位置为横坐标，以表示各截面的剪力或弯矩为纵坐标，按方程作图。

【例 5-2】图 5-11（a）所示的简支梁为齿轮传动轴的计算简图，试列出它的剪力方程和弯矩方程，并作剪力图和弯矩图。

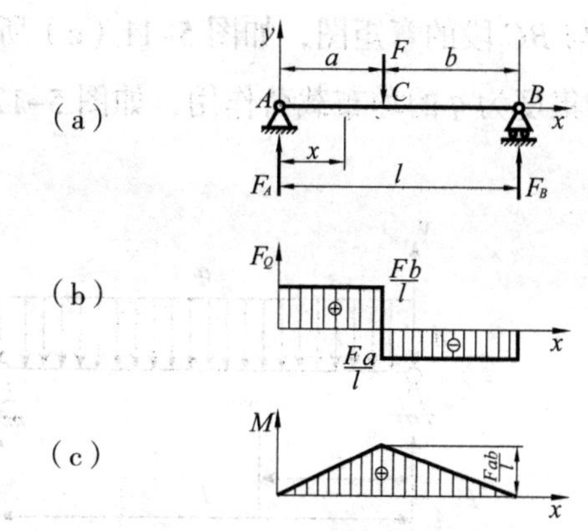

图 5-11 例 5-2 图

解 （1）计算梁的支反力 以整个梁 AB 为研究对象。

由平衡条件 $\sum M_A(F)=0$ 和 $\sum M_B(F)=0$，得

$$F_A=\frac{Fb}{l},\quad F_B=\frac{Fa}{l}$$

（2）列出剪力方程和弯矩方程 以梁的左端 A 为坐标原点，选取的坐标系如图 5-11（a）所示。集中力 F 作用于 C 点，梁在 AC 和 BC 两段内的剪力和弯矩不能用同一方程来表示，应分段考虑。设各段任意截面的剪力和弯矩均以截面之左的外力表示，则

AC 段

$$F_Q(x)=F_A=\frac{Fb}{l}\qquad 0<x<a \tag{1}$$

$$M(x)=F_Ax=\frac{Fb}{l}x\qquad 0\leqslant x\leqslant a \tag{2}$$

BC 段

$$F_Q(x)=F_A-F=-\frac{Fa}{l}\qquad a<x<l \tag{3}$$

$$M(x)=F_Ax-F(x-a)=\left(\frac{Fb}{l}-F\right)x+Fa=\frac{Fa}{l}(l-x)\qquad a\leqslant x\leqslant l \tag{4}$$

（3）按方程分段作图 由式（1）与式（3）可知，AC 段和 BC 段的剪力均为常数，所以剪力图是平行于 x 轴的直线。AC 段的剪力为正，故剪力图在 x 轴上方；BC 段的剪力为负，故剪力图在 x 轴之下，如图 5-11（b）所示。

由式（2）与式（4）可知，弯矩都是 x 的一次方程，所以弯矩图是两段斜直线。根据式（2）和式（4）确定三点：

$$x = 0 , \ M(x) = 0$$

$$x = a , \ M(x) = \frac{Fab}{l}$$

$$x = l , \ M(x) = 0$$

由这三点分别作 AC 段与 BC 段的弯矩图，如图 5–11（c）所示。

【例 5–3】简支梁 AB 受集度为 q 的均布载荷作用，如图 5–12（a）所示，作此梁的剪力图和弯矩图。

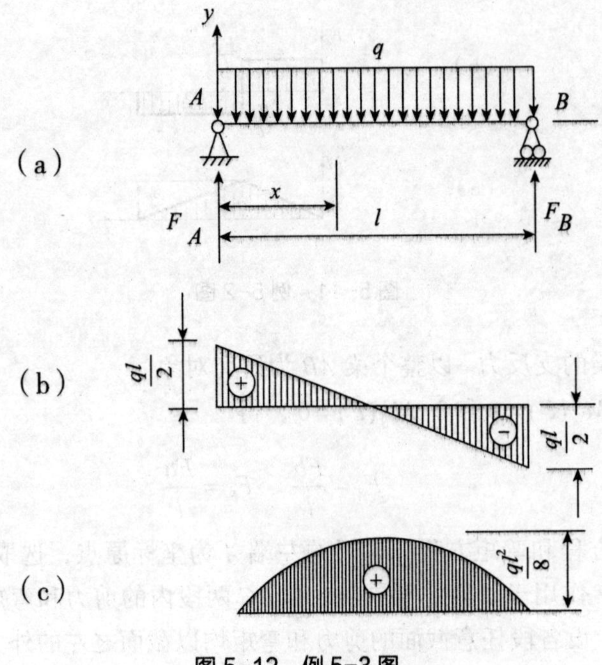

图 5–12　例 5–3 图

解　（1）求支反力　由载荷及支反力的对称性可知两个支反力相等，即

$$F_A = F_B = \frac{ql}{2}$$

（2）列出剪力方程和弯矩方程　以梁左端 A 为坐标原点，选取的坐标系如图 5–12（a）所示。距原点为 x 的任意横截面上的剪力和弯矩分别为

$$F_Q(x) = F_A - qx = \frac{ql}{2} - qx \qquad 0 < x < l \qquad (1)$$

$$M(x) = F_A x - qx\frac{x}{2} = \frac{ql}{2}x - \frac{1}{2}qx^2 \qquad 0 \leqslant x \leqslant l \qquad (2)$$

（3）作剪力图和弯矩图　由式（1）可知，剪力图是一条斜直线，确定其上两点后即可绘出此梁的剪力图［图 5–12（b）］。由式（2）可知，弯矩图为二次抛物线，要多确定

曲线上的几点（表 5-1），才能更准确地画出这条曲线。

表5-1　二次抛锚线上的几点数值

x	0	$l/4$	$l/2$	$3l/4$	l
$M(x)$	0	$\dfrac{3ql^2}{32}$	$\dfrac{ql^2}{8}$	$\dfrac{3ql^2}{32}$	0

通过这几点作梁的弯矩图，如图 5-12（c）所示。

从剪力图和弯矩图可以看出，在两个支座内侧的横截面上的剪力为最大值：$\left|F_Q\right|_{\max}=\dfrac{ql}{2}$。在梁跨度中点横截面上的弯矩的最大值 $M_{\max}=\dfrac{1}{8}ql^2$，而在此截面上的剪力 $F_Q=0$。

【例 5-4】图 5-13 为简支梁图，跨度为 l，在 C 截面受一集中力偶 m 的作用。试列出梁的剪力方程 $F_Q(x)$ 和弯矩方程 $M(x)$，并绘出梁 AB 的剪力图和弯矩图。

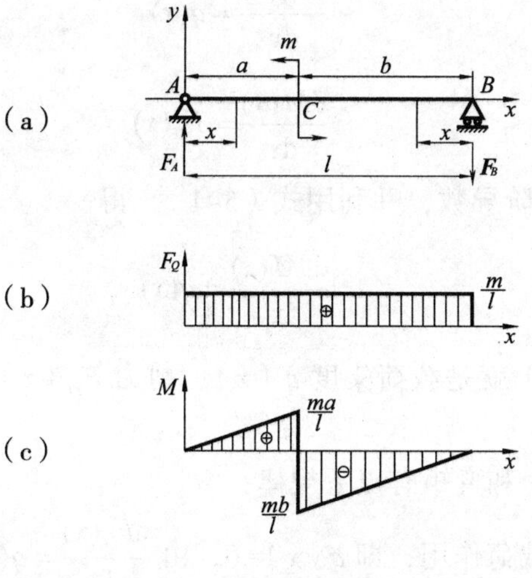

图 5-13　例 5-4 图

解　（1）求支反力。由静力平衡方程 $\sum M_A(x)=0$，$\sum M_B(x)=0$ 得

$$F_A=F_B=\frac{m}{l}$$

（2）列剪力方程和弯矩方程。由于集中力 m 作用在 C 处，全梁所受内力不能用一个方程来表示，故以 C 为界，分两段列出内力方程

AC 段　　$F_Q(x)=F_A=\dfrac{m}{l}$　　$0<x\leqslant a$　　（1）

$$M(x)=F_A x=\frac{m}{l}x \qquad 0\leqslant x<a \qquad (2)$$

BC 段

$$F_Q(x)=F_A=\frac{m}{l} \qquad a\leqslant x<l \qquad (3)$$

$$M(x)=F_A x-m=\frac{m}{l}x-m \qquad a\leqslant x\leqslant l \qquad (4)$$

（3）画剪力图和弯矩图。由式（1）和式（3）画出剪力图，如图 5–13（b）所示；由式（2）和式（4）画出弯矩图，如图 5–13（c）所示。

三、弯矩、剪力与分布载荷集度之间的微分关系

在例 5–3 中，若将 $M(x)$ 的表达式对 x 取导数，就得到剪力 $F_Q(x)$。若再将 $F_Q(x)$ 的表达式对 x 取导数，则得到载荷集度 q。这里所得到的结果，并不是偶然的。实际上，在载荷集度、剪力和弯矩之间存在着普遍的微分关系，可从一般情况出发加以论证。

得到如下结论：

$$\frac{\mathrm{d}F_Q(x)}{\mathrm{d}x}=q(x) \qquad (5\text{–}1)$$

$$\frac{\mathrm{d}M(x)}{\mathrm{d}x}=F_Q(x) \qquad (5\text{–}2)$$

将式（5–2）对 x 求一阶导数，并利用式（5–1），得

$$\frac{\mathrm{d}^2M(x)}{\mathrm{d}x^2}=q(x) \qquad (5\text{–}3)$$

式（5–1）~式（5–3）就是载荷集度 $q(x)$、剪力 $F_Q(x)$ 和弯矩 $M(x)$ 之间的微分关系。

由微分关系可知，剪力和弯矩有以下规律：

（1）梁的某一段内无载荷作用，即 $q(x)=0$，由 $\frac{\mathrm{d}F_Q(x)}{\mathrm{d}x}=q(x)=0$ 可知，$F_Q(x)=$ 常量。

若 $F_Q(x)=0$，剪力图为沿 x 轴的直线，并由 $\frac{\mathrm{d}M(x)}{\mathrm{d}x}=F_Q(x)=0$ 可知，$M(x)=$ 常量，弯矩图为平行于 x 轴的直线。若 $F_Q(x)$ 等于常数，剪力图为平行于 x 轴的直线，弯矩图为向上或向下倾斜的直线。

（2）梁的某一段内有均布载荷作用，即 $q(x)$ 等于常数，则剪力 $F_Q(x)$ 是 x 的一次函数，弯矩 $M(x)$ 是 x 的二次函数。

当剪力图为斜直线时，若 $q(x)$ 为正值，则斜线向上倾斜；若 $q(x)$ 为负值，则斜线向下倾斜。当弯矩图为二次抛物线时，若 $q(x)$ 为正值，即 $\frac{\mathrm{d}^2M(x)}{\mathrm{d}x^2}=q(x)>0$ 时，则

弯矩图为下凸曲线；若 $q(x)$ 为负值，即 $\frac{\mathrm{d}^2M(x)}{\mathrm{d}x^2}=q(x)<0$，则弯矩图为上凸曲线。

（3）在集中力偶作用处，剪力图发生突变，突变的绝对值等于该集中力的数值。此处的弯矩图由于切线斜率突变而发生转折。

（4）在集中力偶作用处，剪力图不受影响，而弯矩图发生突变，突变的绝对值等于该集中力偶的数值。

上述结论可用表 5-2 表示。

表5-2　各种形式载荷作用下的剪力图和弯矩图

载荷情况	剪力图	弯矩图
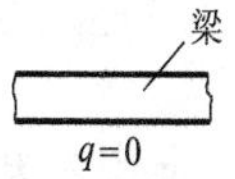 梁 q=0	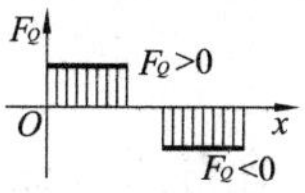 F_Q $F_Q>0$ O x $F_Q<0$	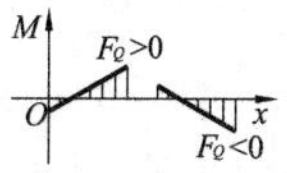 M $F_Q>0$ O x $F_Q<0$
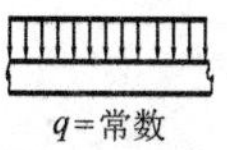 q=常数	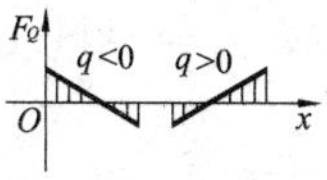 F_Q q<0 q>0 O x	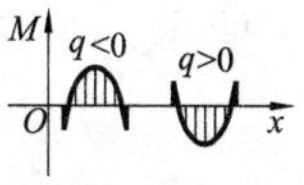 M q<0 q>0 O x
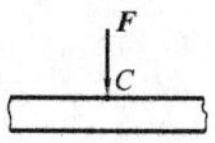 F C	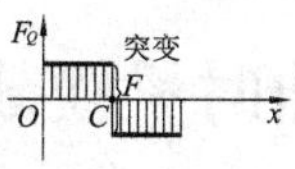 F_Q 突变 F O C x	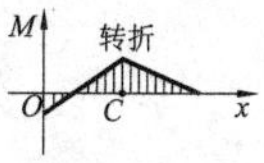 M 转折 O C x
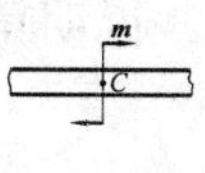 m C	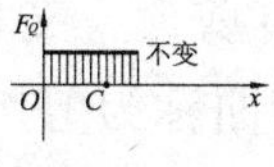 F_Q 不变 O C x	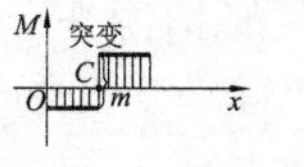 M 突变 C m O x

利用剪力图和弯矩图的特点，可以定性地描绘剪力图和弯矩图，或校验剪力图和弯矩图。

【例 5-5】图 5-14（a）为简支梁图，受均布载荷和集中力共同作用，试绘制梁的内力图。

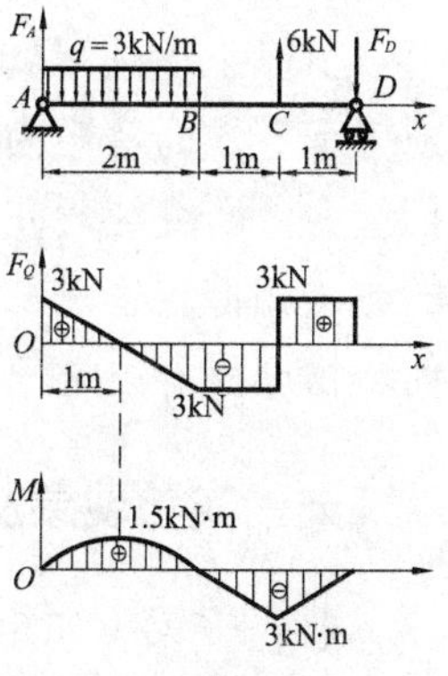

F_A
q=3kN/m
6kN
F_D
A
B
C
D
x
2m
1m
1m
F_Q
3kN
3kN
O
x
1m
3kN
M
1.5kN·m
O
3kN·m

图 5-14　例 5-5 图

解　（1）计算支反力　由 $\sum M_A(F)=0$，得　　（a）

$$-(q\times AB)\times\frac{AB}{2}+6\text{kN}\times AC-F_D\times AD=0 \quad (\text{b})$$

所以　$$F_D=\frac{-\frac{1}{2}q\cdot AB^2+6\text{kN}\times AC}{AD}=3\text{kN}$$

由　$\sum F_y=0$，得　　（c）

$$F_A-q\times AB+6\text{kN}-F_D=0$$

得　$$F_A=3\text{kN}$$

（2）根据载荷作用位置把梁分成三段，并对各段的内力图形状做出分析判断，求出各段内力图的起点、终点和极值点的内力值，见表 5-3 所列。

表5-3　各段内力图的起点终点和极值点的内力值

梁段	*AB*			*BC*		*CD*	
q / kN·m^{-1}	−3			0		0	
剪力图形状	左高右低斜直线			水平线		水平线	
弯矩图形状	开口向下抛物线			斜直线		斜直线	
横截面 x 值 /m	0+Δ	1	2−Δ	2+Δ	3−Δ	3+Δ	4−Δ
F_Q 值 /kN	3	0	−3	−3	−3	3	3
M 值/kN·m	0	1.5	0	0	−3	−3	0

注：表中 Δ →0。

（3）根据上表，由左至右逐段画出剪力图，如图 5–14（b）所示；画出弯矩图，如图 5–14（c）所示，可见$\left|F_Q\right|_{\max}=3\text{kN}$，$|M|_{\max}=3\text{kN}\cdot\text{m}$。

第三节　纯弯曲时梁横截面上的正应力

在一般情况下，梁的横截面上既有剪力，又有弯矩。剪力的存在，说明梁不仅有弯曲变形，而且有剪切变形。这种平面弯曲称为剪切弯曲。如果各横截面上只有弯矩而无剪力，则称为纯弯曲。简支梁的 *AB* 段如图 5-15 所示，各横截面的弯矩 $M=-Fa$，为常量，而剪力 F_Q=0，所以梁的 *AB* 段产生纯弯曲变形，而 *CA*、*BD* 段则产生剪切弯曲。

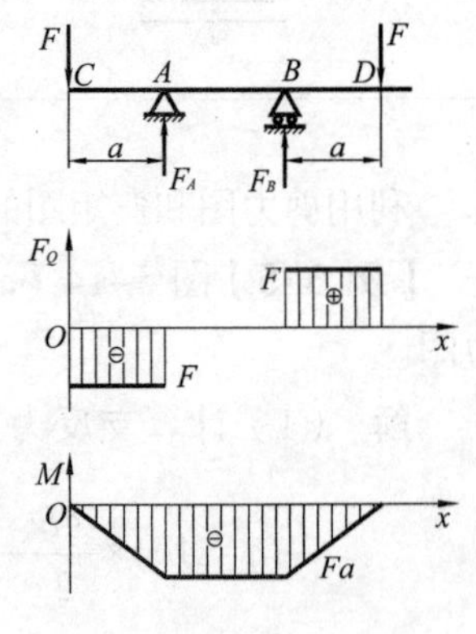

图 5-15　起重机横梁

由以上所述可知，在 *AB* 段内，梁的各个横截面上的剪力等于零，而弯矩为常量，因而横截面上就只有正应力而无切应力。研究纯弯曲时的正应力和研究圆轴扭转时的切应力的方法相似，也是从观察分析实验现象着手，综合考虑从几何、物理和静力学三方面进行推证。

一、实验现象及假设

取一根梁（如矩形截面梁），在表面上画上纵向和横向直线，如图 5-16（a）所示。在梁的两端施加一对大小相等、方向相反的力偶矩 *M*，使梁处于纯弯曲受力状态，如图 5-16（b）所示。从实验中观察到梁的变形现象如下：

（1）横向直线变形后仍为直线，仍然与已变成弧线的纵向线正交，只是相对地转了一个角度。

（2）纵向直线变成圆弧线，位于中间位置的纵向线长度不变，上部的纵向线缩短，下部的纵向线伸长。

（3）变形后，横截面的高度不变，而宽度在纵向线伸长区减小，在纵向线缩短区增大。

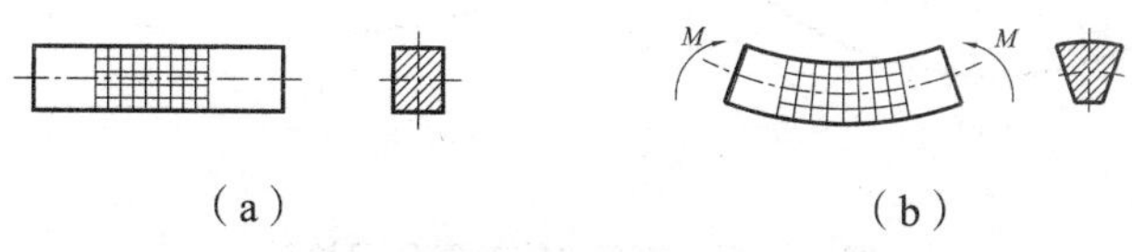

图 5-16 纯弯曲变形

根据上述实验观察到的现象，并将绘于梁表面的横向直线看作梁的横截面，运用推理的方法，可做如下假设：

（1）平面假设。当梁的变形不大时，横截面在梁变形后仍然保持为平面，并仍然垂直于变形后的梁的轴线，只是绕横截面内的某一轴线旋转了一个角度。

（2）单向受力假设。纵向纤维的变形只是简单的拉伸和压缩，各纤维之间无挤压作用。

根据平面假设，纯弯曲梁变形后各横截面仍然与各纵向线正交，即梁的纵、横截面上无切应变，所以也无切应力。又根据单向受力假设，梁弯曲后，存在纵向纤维的伸长区和缩短区，中间必有一纤维层既不伸长也不缩短，这一长度不变的过渡层称为中性层，如图 5-17 所示。中性层与横截面的交线称为中性轴。弯曲变形中，梁的横截面绕中性轴旋转。显然在平面弯曲的情况下，中性轴垂直于截面的对称轴。

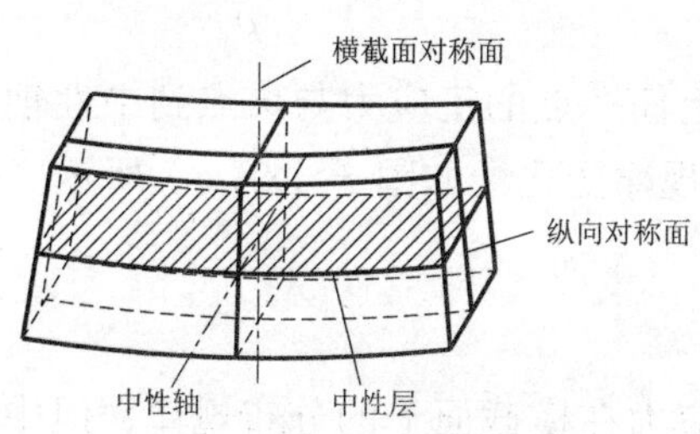

图 5-17 中性层

二、变形几何关系

从平面假设出发，相距为 dx 的两横截面间的一段梁，变形后如图 5-18（a）所示。取坐标系的 y 轴为截面的对称轴，z 轴为中性轴［图 5-18（b）］。距中性层为 y 处的纵向纤维变形后的长度应为

$$bb' = (\rho + y)\mathrm{d}\theta$$

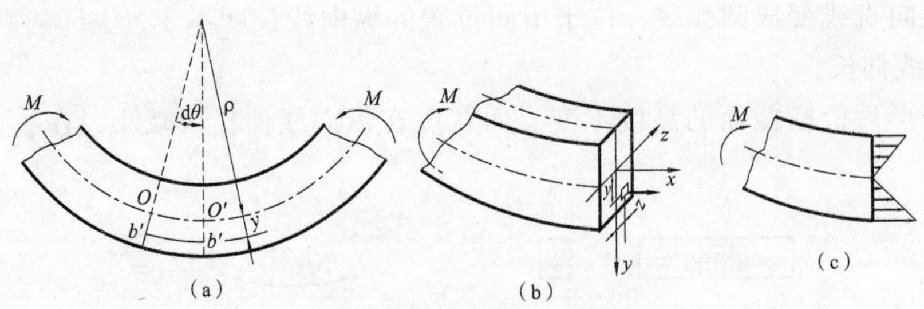

图 5-18　纯弯曲的变形几何关系

这里，ρ 为变形后中性层的曲率半径，$\mathrm{d}\theta$ 是相距为 $\mathrm{d}x$ 的两横截面的相对转角，至于这些纤维的原长度 $\mathrm{d}x$，应与长度不变的中性层内的纤维 $\overline{OO'}$ 相等，即 $\mathrm{d}x=\overline{OO'}=\rho\mathrm{d}\theta$。其线应变为

$$\varepsilon=\frac{bb'-OO'}{\overline{OO'}}=\frac{(\rho+y)\mathrm{d}\theta-\rho\mathrm{d}\theta}{\rho\mathrm{d}\theta}=\frac{y}{\rho} \tag{1}$$

式（1）表明，同一横截面上各点的线应变 ε 与该点到中性轴的距离成正比。

三、物理关系

根据单向受力状态的假设，当应力不超过材料的比例极限时，应用单向拉伸或压缩的虎克定律可得横截面上距中性轴为 y 处的正应力：

$$\sigma=E\varepsilon=E\frac{y}{\rho} \tag{2}$$

式（2）表明，横截面上任一点的正应力与该点到中性轴的距离成正比。即横截面上的正应力沿截面高度按直线规律变化，如图 5-18（c）所示。在中性轴上的正应力为零。

四、静力学关系

式（2）虽然找到了正应力在横截面上的分布规律，但中性轴的位置和曲率半径 ρ 却未知，所以仍然不能用式（2）求出正应力的大小，而需用静力学关系来解决。

从图 5-18(b) 上看，横截面上的微内力 $\sigma\mathrm{d}A$ 组成一个与横截面垂直的空间平行力系，这样的平行力系只可能简化成三个内力分量：平行于 x 轴的轴力 F_N，对 z 轴的力偶矩 M_Z 和对 y 轴的力偶矩 M_y。它们分别为

$$F_N=\int_A\sigma\mathrm{d}A\text{，}\quad M_y=\int_A z\sigma\mathrm{d}A\text{，}\quad M_z=\int_A y\sigma\mathrm{d}A$$

由于讨论的是纯弯曲状态，根据图 5-18（b）所示的平衡关系，在横截面上只有弯矩 M_z 存在，轴力 F_N 和弯矩 M_y 均为零。于是得

$$F_N=\int_A\sigma\mathrm{d}A=0 \tag{3}$$

$$M_y = \int_A z\sigma \mathrm{d}A = 0 \tag{4}$$

$$M_z = \int_A y\sigma \,\mathrm{d}\, A = M \tag{5}$$

将式（2）代入式（3），得 $\int_A \sigma \mathrm{d}A = \frac{E}{\rho}\int_A y \mathrm{d}A = 0$ （6）

式（6）中的积分 $\int_A y\mathrm{d}A = Ay_C$，是横截面对 z 轴的静矩 S_z，y_C 为截面形心在 y 轴上的坐标。由于 $E/\rho \neq 0$，故为了满足式（6）必须要求 S_z=0；又知面积 $A \neq 0$，故必有 y_C=0，即形心在中性轴 z 上。也就是说，中性轴 z 必通过截面的形心。

把式（2）代入（5）式，并用 M 代替 M_z，得到

$$M = \int_A y\sigma \mathrm{d}A = \frac{E}{\rho}\int_A y^2 \,\mathrm{d}A \tag{7}$$

令式（7）中的积分 $\int_A y^2 \mathrm{d}A = I_z$，$I_z$ 称为横截面对中性轴的惯性矩，仅与横截面形状和尺寸有关。于是式（7）可写成

$$\frac{1}{\rho} = \frac{M}{E_z} \tag{5-4}$$

上式为梁弯曲变形的基本公式。该式说明，中性层的曲率 $1/\rho$ 与弯矩 M 成正比，与 E_z 成反比，比例常数 E 即为梁材料的弹性模量。由该式还可看出，在弯矩 M 一定时，E_z 越大，曲率愈小，梁不易变形。因此，E_z 是梁抵抗弯曲变形能力的度量，故称为梁的抗弯刚度。

将式（5-4）代入式（2），简化后得到梁纯弯曲时横截面上任一点的正应力计算公式：

$$\sigma = \frac{My}{I_z} \tag{5-5}$$

由式（5-5）可知，梁横截面上任一点的正应力 σ，与截面上弯矩 M 和该点到中性轴的距离 y 成正比，与截面对中性轴的惯性矩 I_z 成反比。

应用式（5-5）时，M 及 y 均可用绝对值代入。至于所求点的正应力是拉应力还是压应力，可根据梁的变形情况而定。一般以中性轴为界，梁变形后凸出一侧受拉应力，凹入一侧受压应力。

当 $y = y_{\max}$ 时，梁的截面最外边缘上各点处正应力达到最大值，即

$$\sigma_{\max} = \frac{M}{I_z} y_{\max} = \frac{M}{W_z} \tag{5-6}$$

式中，$W_z = I_z / y_{\max}$，称为梁的抗弯截面系数。它只与截面的几何形状有关，单位为 m^3 或 m^3。

当梁横截面形状对称于中性轴时，最大拉应力与最大压应力相等。但当梁的横截面对中性轴不对称时，如图 5-19 中的 T 形截面，其最大拉应力和最大压应力并不相等，这

时应分别把 y_1 和 y_2 代入式（5–6），计算最大拉应力和最大压应力。

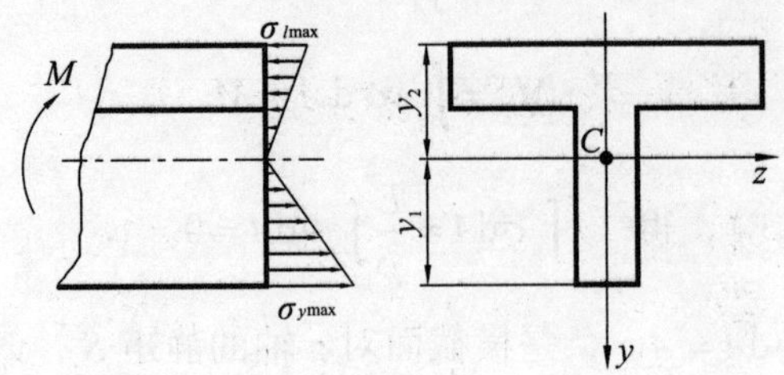

图 5–19　应力分布

应该指出，在上述公式导出时，应用了虎克定律，故在使用时其应力值不能超过材料的比例极限。

第四节　惯性矩的计算

为了应用式（5–5）计算梁弯曲时横截面上的正应力，须先计算出梁横截面的惯性矩 I_z。为此，有必要讨论惯性矩的计算。

一、简单截面图形的惯性矩

（一）矩形截面

设矩形截面的高和宽分别为 h 和 b，截面的对称轴为 y 轴和 z 轴（图 5–20），若想求对 z 轴的惯性矩，则取平行于 z 轴的狭长条的微面积 $\mathrm{d}A$，即取 $\mathrm{d}A=b\mathrm{d}y$，由惯性矩的定义可得

$$I_z=\int_A y^2\mathrm{d}A=\int_{-h/2}^{h/2}y^2b\mathrm{d}y=b\frac{y^3}{3}\bigg|_{-h/2}^{h/2}=\frac{bh^3}{12} \tag{5-7}$$

同理可得对 y 轴的惯性矩：

$$I_y=\frac{hb^3}{12}$$

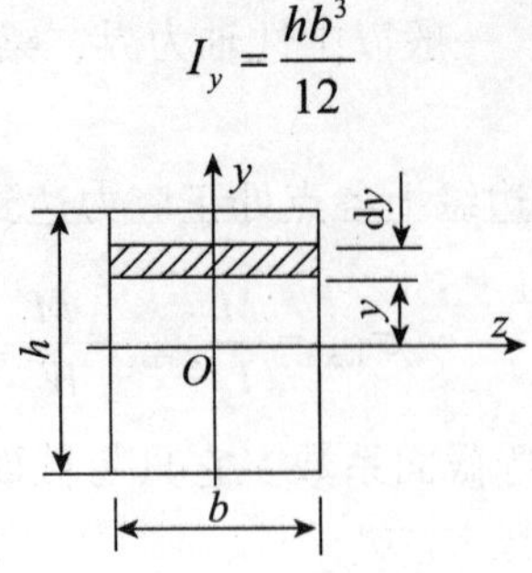

图 5–20　矩形截面惯性矩的计算

根据式（5–7）可求得抗弯截面系数：

$$W_z = \frac{I_z}{y_{\max}} = \frac{\frac{bh^3}{12}}{\frac{h}{2}} = \frac{bh^2}{6} \tag{5–8}$$

（二）圆形及圆环形截面

设圆形截面的直径为 D，y 轴和 z 轴通过圆心 O，如图 5–21（a）所示。取微面积 dA，其坐标为 y 和 z，至圆心距离为 ρ，在第四章扭转中曾经得到圆形截面对其圆心的极惯性矩 $I_p = \pi D^4/32$，因为 $\rho^2 = y^2 + z^2$，可得

$$I_p = \int_A \rho^2 \mathrm{d}A = \int_A (y^2 + z^2)\mathrm{d}A = I_y + I_z$$

又因为 y 和 z 轴皆为通过圆截面直径的轴，故 $I_y = I_z$，因此

$$I_p = 2I_y = 2I_z$$

于是得到圆形截面对 y 轴或 z 轴的惯性矩：

$$I_z = I_y = \frac{I_p}{2} = \frac{\pi D^4}{64} \tag{5–9}$$

抗弯截面系数为

$$W_z = W_y = \frac{\pi D^3}{32} \tag{5–10}$$

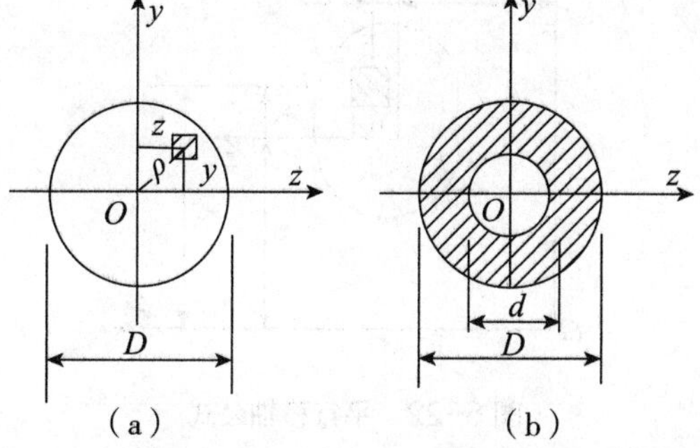

图 5–21　圆截面惯性矩的计算

对于外径为 D、内径为 d 的圆环形截面 [图 5–21（b）]，用同样的方法可以得到

$$I_z = I_y = \frac{I_p}{2} = \frac{\pi}{64}(D^4 - d^4) \tag{5–11}$$

或

$$I_z = I_y = \frac{I_p}{2} = \frac{\pi D^4}{64}(1-\alpha^4)$$

$$\alpha = d/D$$

抗弯截面系数为

$$W_z = W_y = \frac{\pi D^3}{32}(1-\alpha^4) \tag{5–12}$$

二、组合截面的惯性矩

工程中常见的组合截面是由矩形、圆形等简单图形或由几个型钢截面组成的。设组合截面的面积为 A，A_1，A_2…为各组成部分的面积，根据惯性矩的定义，则有

$$
\begin{aligned}
I_z &= \int_A y^2 \mathrm{d}A = \int_{A_1} y^2 \mathrm{d}A + \int_{A_2} y^2 \mathrm{d}A + \cdots \\
&= I_{z_1} + I_{z_2} + \cdots \\
&= \sum_{i=1}^{n} I_{z_i}
\end{aligned} \tag{5-13}
$$

显然，组合截面对 z 轴的惯性矩等于各个组成部分对同一轴惯性矩的和。

三、平行移轴公式

截面图形对同一平面内相互平行的各轴的惯性矩有着内在联系，当其中一轴是形心轴时，这种关系比较简单，可以用来简化复杂截面图形的惯性矩的计算。

设有一任意截面图形的面积为 A（图 5-22），z 轴通过截面的形心（称为形心轴），并已知截面对 z 轴的惯性矩为 I_z，现有一 z_1 轴与 z 轴平行，两轴间的距离为 a，求截面对 z_1 轴的惯性矩 I_{z_1}。

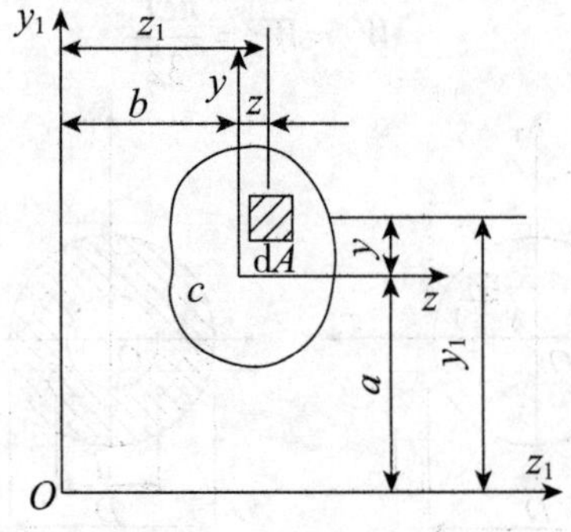

图 5-22　平行移轴公式

由图 5-22 可见，$y_1 = y + a$。

整个截面对 z_1 轴的惯性矩可写作：

$$
\begin{aligned}
I_{z_1} &= \int_A y_1^2 \mathrm{d}A = \int_A (y+a)^2 \mathrm{d}A = \int_A (y^2 + 2ay + a^2)\mathrm{d}A \\
&= \int_A y^2 \mathrm{d}A + 2a\int_A y\mathrm{d}A + a^2 \int_A \mathrm{d}A \\
&= I_z + 2aAy_c + a^2 A
\end{aligned}
$$

由于 z 轴通过截面的形心 c，故 $y_c = 0$，于是有

$$
I_{z_1} = I_z + a^2 A \tag{5-14}
$$

同理可得

$$I_{y_1}=I_y+b^2A$$

式（5–14）称为平行移轴公式。它表示截面对任一轴的惯性矩等于它对平行于该轴的形心轴的惯性矩，加上截面面积与两轴间距离平方的乘积。

【例 5–6】求 T 形截面（图 5–23）对其中性轴 z 的惯性矩，其中，形心轴到坐标轴 z' 的距离为 3cm。

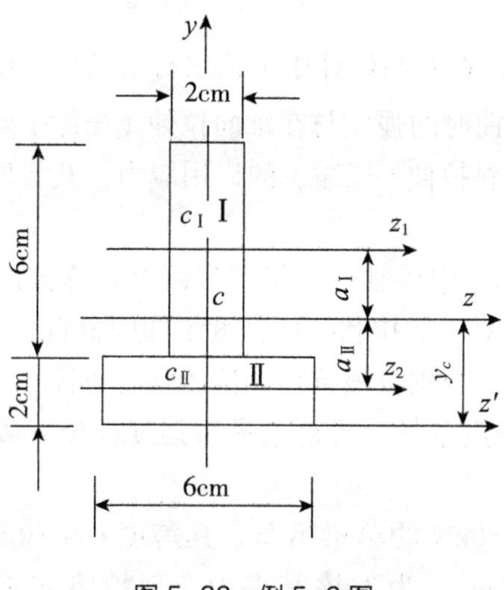

图 5–23　例 5–6 图

解　将 T 形截面看作是由两个矩形 I 和 II 组成的，它们对其形心轴 z_1 和 z_2 的惯性矩分别为

$$I_{z_1}=\frac{20\times 60^3}{12}，\ I_{z_2}=\frac{60\times 20^3}{12}$$

由平行移轴公式，分别求出每个矩形对 z 轴的惯性矩，然后求其和，就得到 T 形截面对 z 轴的惯性矩 I_z。

$$\begin{aligned}I_z&=I_{z_{\mathrm{I}}}+I_{z_{\mathrm{II}}}\\&=(\frac{20\times 60^3}{12}+20^2\times 20\times 60)+(\frac{60\times 20^3}{12}+20^2\times 20\times 60)\\&=84\times 10^4+52\times 10^4\\&=136\times 10^4\ (\mathrm{mm}^4)\\&=136\times 10^{-8}\ (\mathrm{m}^4)\end{aligned}$$

第五节　梁弯曲时的强度条件

直梁弯曲时，通常在其横截面上既有由弯矩引起的正应力，又有由剪力引起的剪应力。对于一般的细长梁，正应力是引起梁被破坏的主要因素。因此，在考虑梁的弯曲强度时，首先要保证正应力的强度足够。对于等截面直梁，弯矩最大的截面就是梁的危险截面，最大弯曲正应力位于危险截面的上、下边缘各点，这些点称为危险点。梁的破坏往往就是从这些危险点开始的，为了保证梁能安全工作，最大工作应力 σ_{max} 不得超过材料的弯曲许用应力 $[\sigma]$。因此，梁弯曲时的正应力强度条件为

$$\sigma_{max}=\frac{M_{max}}{W_z}\leqslant[\sigma] \tag{5-15}$$

式中，$[\sigma]$ 为弯曲许用应力，在有些设计中可选取材料的拉（压）许用应力作为弯曲许用应力，但事实上，材料在弯曲时的强度与在轴向拉伸（压缩）时的强度并不相等。材料的弯曲许用应力一般略高于材料拉伸（压缩）的许用应力，其具体数值可参考有关设计规范和手册。

如果梁的横截面不对称于中性轴，则将产生两个抗弯截面模量，计算时应取抗弯截面模量的较小值进行计算。对于抗拉和抗压强度不同的材料（如铸铁），则要分别求出梁的最大拉应力和最大压应力，分别校核抗拉和抗压强度条件。

利用梁的弯曲正应力强度条件，可对梁进行强度校核、截面设计和确定许用载荷等计算。

【例 5-7】起重量原为 50kN 的单梁吊车，其跨度 l 为 10.5m[图 5-24（a）]，由 45a 号工字钢制成，$W_z=1430\text{cm}^3$。为发挥其潜力，现拟将起重量提高到 F=70kN，试校核梁的强度。若强度不够，则计算其可能承载的起重量。梁的材料为 Q235，许用应力 $[\sigma]$=140MPa，电葫芦重 G=15kN，不计梁的自重。

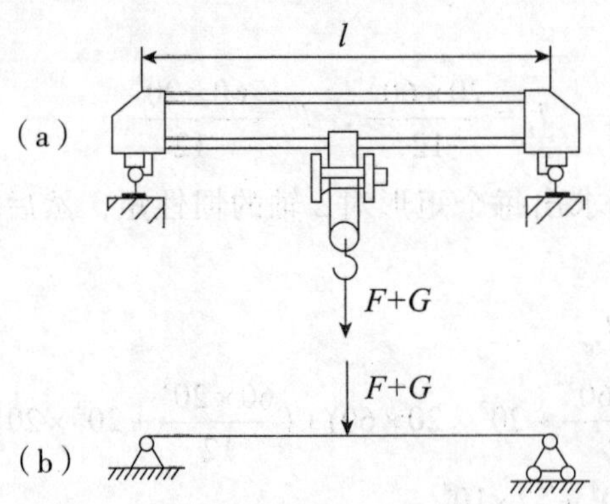

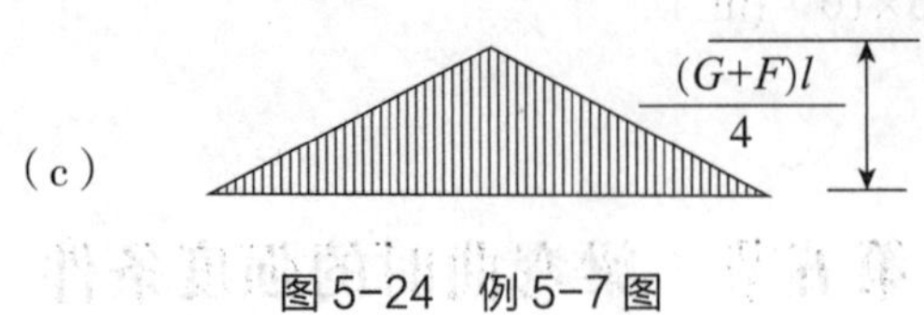

图 5-24　例 5-7 图

解　（1）作弯矩图，求最大弯矩

此起重机梁可简化为受集中载荷作用的简支梁 [图 5-24（b）]。要进行梁的正应力

强度校核，先确定载荷沿梁行走的过程中使梁产生最大弯矩时的载荷作用位置，即工作最不利的情况。当 F 作用在距支座 A 为 x 的截面时，该截面的弯矩 $M(x)=\dfrac{F(l-x)}{l}x$。令此弯矩对 x 的一阶导数为零，则可确定弯矩为极大值时的截面位置，即

$$\frac{\mathrm{d}M(x)}{\mathrm{d}x}=\frac{F}{l}(l-2x)=0$$

得

$$x=\frac{l}{2}$$

这说明移动载荷 F 作用在简支梁的跨中点时，使梁受力最不利，产生的最大弯矩最大，作此时的弯矩图，如图 5-24（c）所示。最大弯矩发生在中点处的横截面上

$$M_{\max}=\frac{(F+G)l}{4}=\frac{(70+15)\times 10.5}{4}=223\ (\mathrm{kN\cdot m})$$

（2）强度校核

梁的最大工作应力为

$$\sigma_{\max}=\frac{M_{\max}}{W_z}\frac{223\times 10^3}{1430\times 10^{-6}}=156\ (\mathrm{MPa})>140\ (\mathrm{MPa})$$

故不安全，不能将起重量提高到 70kN。

（3）计算梁的最大承载能力

若梁的强度条件

$$\sigma_{\max}=\frac{M_{\max}}{W_z}\leqslant[\sigma]$$

则

$$M_{\max}\leqslant W_z[\sigma]=140\times 10^6\times 1430\times 10^{-6}\approx 200\ (\mathrm{kN\cdot m})$$

由 $M_{\max}=\dfrac{(F+G)l}{4}$ 可知

$$\frac{(F+G)l}{4}\leqslant 200\ (\mathrm{kN\cdot m})$$

$$F\leqslant\frac{200\times 10^3\times 4}{l}-G=\frac{200\times 10^3\times 4}{10.5}-15=61.3(\mathrm{kN\cdot m})$$

因此，原吊车梁允许的最大起吊重量为 61.3kN。

【例 5-8】T 形截面外伸梁受力如图 5-25（a）所示，已知横截面上 $y_c=48\mathrm{mm}$，$I_z=8.293\times 10^{-6}\mathrm{m}^4$，许用拉应力 $[\sigma_t]=30\mathrm{MPa}$，许用压应力 $[\sigma_c]=60\mathrm{MPa}$，试校核此梁的正应力强度。

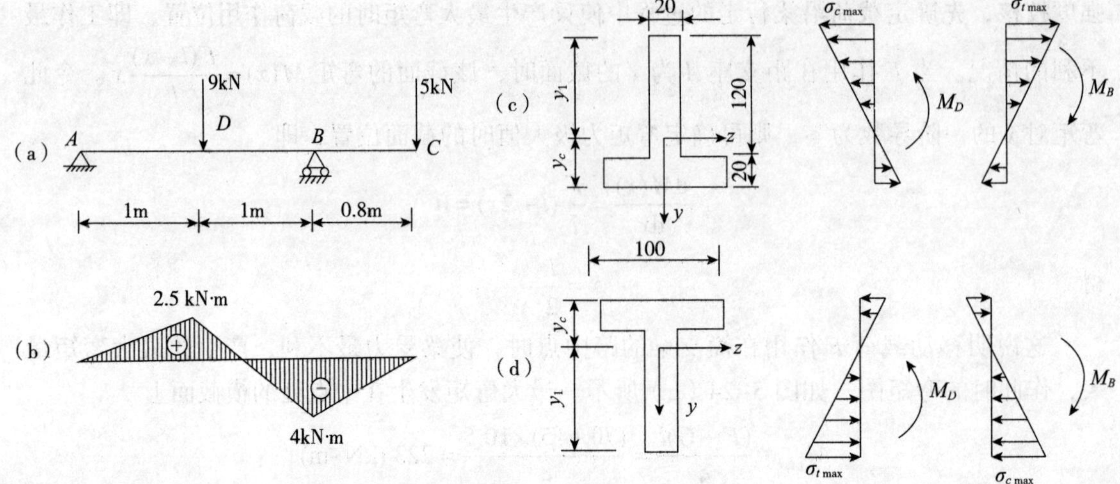

图 5-25　例 5-8 图

解　作梁的弯矩图 [图 5-25（b）]，B、D 截面上的弯矩分别为 M_B = −4kN，M_D = 2.5kN · m。

由于横截面对中性轴 z 不对称，且材料的许用应力 $[\sigma_c] \neq [\sigma_t]$，因此应当分别计算 B、D 截面上的最大拉应力和最大压应力。

对截面 D

$$\sigma_{Dt} = \frac{M_D y_c}{I_z} = \frac{2.5\times10^3\times48\times10^{-3}}{8.293\times10^{-6}} = 14.5\ (\text{MPa}) < [\sigma_t]$$

$$\sigma_{Dc} = \frac{M_D y_1}{I_z} = \frac{2.5\times10^3\times92\times10^{-3}}{8.293\times10^{-6}} = 27.7\ (\text{MPa}) < [\sigma_c]$$

对截面 B

$$\sigma_{Bt} = \frac{M_B y_1}{I_z} = \frac{4\times10^3\times92\times10^{-3}}{8.293\times10^{-6}} = 44.4\ (\text{MPa}) > [\sigma_t]$$

$$\sigma_{Bc} = \frac{M_B y_c}{I_z} = \frac{4\times10^3\times48\times10^{-3}}{8.293\times10^{-6}} = 23.2\ (\text{MPa}) < [\sigma_c]$$

梁在截面 B 上不满足正应力强度条件。若想让该梁在不改变截面及载荷的情况下能满足强度条件，可将 T 形截面倒过来，如图 5-25（d）所示，此时，最大拉应力发生在 D 截面：

$$\sigma_{Dt} = \frac{M_D y_1}{I_z} = \frac{2.5\times10^3\times92\times10^{-3}}{8.293\times10^{-6}} = 27.7\ (\text{MPa}) < [\sigma_t]$$

而最大压应力发生在 B 截面：

$$\sigma_{Bc} = \frac{M_B y_1}{I_z} = \frac{4\times10^3\times92\times10^{-3}}{8.293\times10^{-6}} = 44.4\ (\text{MPa}) < [\sigma_c]$$

这样，就满足了梁的弯曲正应力强度条件。

从上例可以看出，对非对称截面且拉压强度不相等材料制成的梁，破坏有可能发生在弯矩绝对值较小的截面上（如例 5-8 中的 D 截面），对这种情况应引起注意。

【例 5-9】 图 5-26（a）所示为一受均布载荷作用的圆截面梁，其跨度 l =3.0m，梁截面直径 $d=30$ mm，许用应力 $[\sigma]=150$ MPa。试确定梁的许用均布载荷 q 。

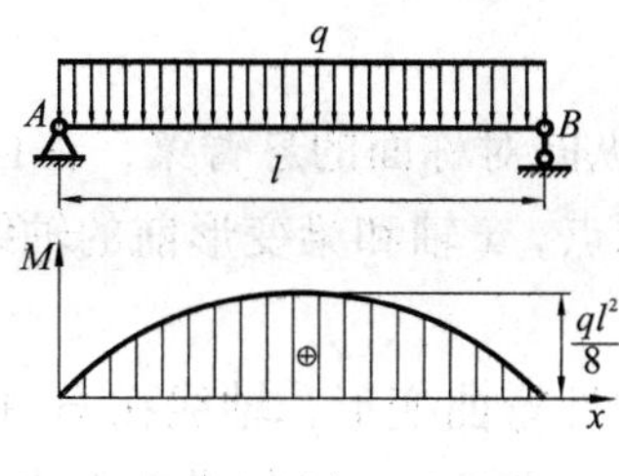

图 5-26 例 5-9 图

解 （1）求最大弯矩

根据静力学平衡方程可求出支座反力，作简支梁的弯矩图，如图 5-26 所示。由弯矩图可知，最大弯矩发生在梁的中点，其值为

$$M_{\max}=\frac{ql^2}{8}$$

（2）根据强度条件确定梁的许用均布载荷 q

由梁的强度条件：

$$\sigma_{\max}=\frac{M_{\max}}{W_z}\leqslant[\sigma]$$

有 $M_{\max}\leqslant[\sigma]W_z$，则

$$\frac{ql^2}{8}\leqslant[\sigma]W_z$$

由此得到许用均布载荷：

$$q\leqslant\frac{8[\sigma]W_z}{l^2}=\frac{8\times150\times10^6\times\dfrac{\pi}{32}\times0.030^3}{3.0^2}=353(\text{N/m})$$

第六节 梁的弯曲变形与刚度校核

前面讨论了梁的内力和梁的应力，并对梁进行强度计算，目的是保证梁在载荷作用下不致被破坏。但是，只考虑这一方面还是不够的。因为梁在载荷作用下还会发生变形。

如果变形过大，就要影响梁的正常使用。例如，屋架上的檩条变形过大，将会引起屋面漏水；机床主轴的变形过大，将会影响齿轮的正常啮合以及轴与轴承的正常配合，造成不均匀磨损和振动，不但缩短了机床的使用寿命，还影响机床的加工精度。因此，在工程中进行梁的设计时，除了必须要满足强度条件之外，还必须限制梁的变形，使其不超过许用的变形值。

一、挠度和转角

如图 5-27 所示，有一具有纵向对称面的悬臂梁，在自由端处受集中力 F 作用，建立直角坐标系，以梁左端为坐标原点，x 轴和梁变形前的轴线重合，Axy 坐标系在梁的纵向对称面内。

在载荷 F 作用下，梁产生弹性弯曲变形，轴线在 xy 平面内变成一条光滑连续的平面曲线，此曲线称为梁的挠曲线。与此同时，梁的横截面将产生两种位移——线位移和角位移（挠度和转角）。工程中用挠度和转角来度量梁的变形。

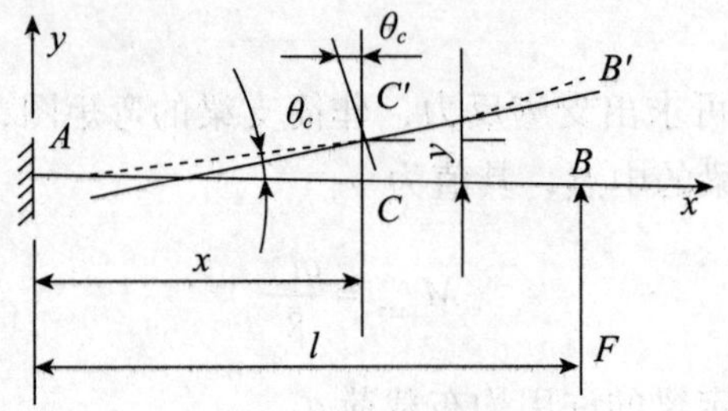

图 5-27　挠度和转角

（1）挠度 y。即梁的某一截面（x 截面）形心沿垂直于梁轴线方向的线位移。实际上，截面形心还有 x 方向的线位移。但 x 方向的线位移极小，可略去不计。挠度用 y 表示。若挠度与坐标轴 y 的正向一致则为正，反之为负。

（2）转角 θ。梁变形时，横截面将绕其中性轴转过一定的角度，即角位移。梁任意一个横截面绕其中性轴转过的角度称为该截面的转角，用符号 θ 表示。规定逆时针转向的转角为正，顺时针转向的转角为负。根据平面假设，变形后梁的横截面仍正交于梁的轴线。因此，转角 θ 就是曲线的法线与 y 轴的夹角，它等于挠曲线在该点的切线与轴 x 的夹角。

（3）挠度与转角的关系。由图 5-27 可知，挠度 y 与转角 θ 的数值随截面的位置 x 而变，y 为 x 的函数：

$$y = f(x)$$

此为挠曲线方程的一般形式。由微分学知，挠曲线上任一点的切线斜率 $\tan\theta$，等于曲线函数 $y = f(x)$ 在该点的一阶导数，即

$$\tan\theta = \frac{\mathrm{d}y}{\mathrm{d}x} = y' = f'(x)$$

工程中梁的变形很小，转角 θ 角也很小，则 $\tan\theta \approx \theta$，代入上式，得

$$\theta \approx f'(x) \tag{5-16}$$

即梁上任意一个截面的转角等于该截面的挠度 y 对 x 的一阶导数。

二、挠曲线近似微分方程

为了得到挠度方程和转角方程，首先需推导出一个描述弯曲变形的基本方程——挠曲线近似微分方程。在通常情况下，由于剪力对弯曲变形的影响很小，可以忽略不计，故梁的弯曲变形主要与弯矩有关。

引用纯弯曲时梁变形的基本公式 $\dfrac{1}{\rho}=\dfrac{M}{EI}$ 来建立梁的挠曲线方程。此时，$\dfrac{1}{\rho}$ 和 M 分别代表挠曲线上任一点的曲率和该点截面上的弯矩，它们都是 x 的函数，分别用 $\dfrac{1}{\rho(x)}$ 和 $M(x)$ 代替。这样梁的挠曲线方程为

$$\frac{1}{\rho(x)}=\frac{M(x)}{EI} \tag{1}$$

由高等数学知

$$\frac{1}{\rho(x)}=\pm\frac{y''}{\left[1+y'^2\right]^{\frac{3}{2}}} \tag{2}$$

将式（2）代入式（1），得

$$\pm\frac{y''}{\left[1+y'^2\right]^{\frac{3}{2}}}=\frac{M(x)}{EI}$$

在小变形的情况下，$y'(=\theta)$ 很小，y'^2 可忽略不计，于是上式简化为

$$\pm y''=\frac{M(x)}{EI} \tag{3}$$

由于弯矩 $M(x)$ 的正负已有规定，而 y'' 的正负决定于 y 轴方向，所以当规定了 y 轴的正方向后，上式的正负号即可确定。当 y 轴的正方向向上时，y'' 与 $M(x)$ 始终取相同的正负号。于是式（3）可写成

$$y''=\frac{M(x)}{EI} \tag{5-17}$$

式（5-17）称为梁的挠曲线近似微分方程。解此方程，便可求得转角 θ 和挠度 y。

对于同一材料的等截面梁，其抗弯刚度 E 为常量。将方程（5-17）两边乘以 dx，积分一次得

$$EIy'=EI\theta=\int M(x)\mathrm{d}x+C \tag{5-18}$$

再积分一次得

$$EIy = \int[\int M(x)\mathrm{d}x]\mathrm{d}x + Cx + D \tag{5-19}$$

式（5-18）和式（5-19）中的积分常数 C 和 D，可由梁的边界条件或连续光滑条件来确定。所谓梁的已知边界条件，就是梁在支座处的挠度 y 或转角 θ 为已知。如图 5-28（a）所示的悬臂梁，在固定端有 $y=0$，$\theta=0$；又如图 5-28（b）所示的梁，在铰支座 A 处有 $y=0$。梁的连续光滑条件，是指在两个相邻区间交界处，截面的转角和挠度分别相等。如图 5-29 所示的简支梁，在 C 截面上，$y_{C左} = y_{C右}, \theta_{C左} = \theta_{C右}$。积分常数 C、D 确定后，分别代入式（5-18）和式（5-19），即得转角方程和挠曲线方程。下面举例说明。

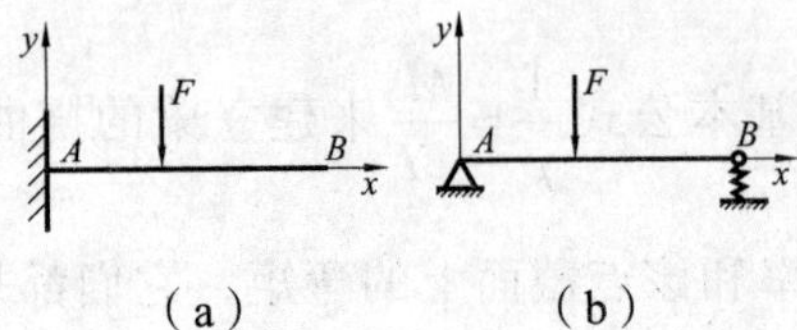

图 5-28　悬臂梁

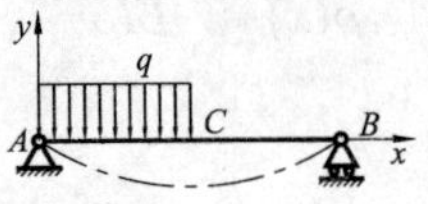

图 5-29　简支梁

【例 5-10】试求由图 5-30 所示圆轴因弯曲变形而引起的直径误差。已知切削力 F=100N，l=200mm，d=20mm，E=200GPa。

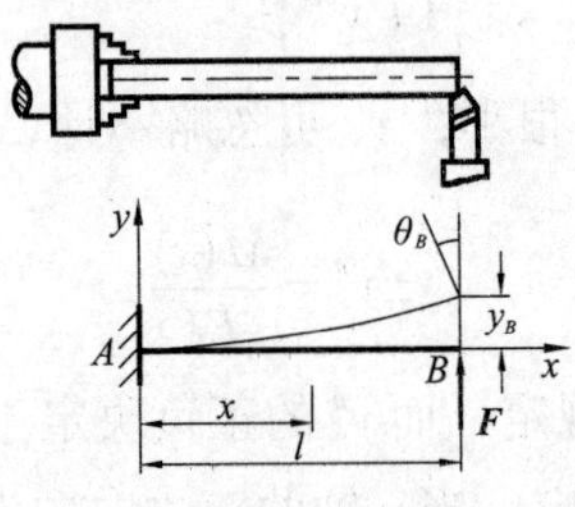

图 5-30　例 5-10 图

解　根据工件的约束和受力情况，圆轴可简化为悬臂梁。

（1）列弯矩方程，建立图 5-30 所示的坐标系，弯矩方程为

$$M(x) = F(l - x)$$

（2）列挠曲线微分方程

$$y'' = \frac{F(l - x)}{EI}$$

积分得

$$EIy' = Flx - \frac{1}{2}Fx^2 + C \tag{1}$$

再次积分得

$$EIy = \frac{1}{2}Flx^2 - \frac{1}{6}Fx^3 + Cx + D \tag{2}$$

（3）确定积分常数

当$x = 0$时，$\theta_A = 0$，$y_A = 0$，将此边界条件代入式（1）和式（2）得

$$C=0，D=0$$

（4）确定转角方程和挠度方程

将 $C=0$，$D=0$，$y' = \theta$代入式（1）和式（2），整理得到

$$\theta = \frac{Fx}{2EI}(2l - x) \tag{3}$$

$$y = \frac{Fx^2}{6EI}(3l - x) \tag{4}$$

（5）确定自由端的转角和挠度

将$x = l$代入式（3）和式（4）得

$$\theta_A = y'_B = \frac{Fl^2}{2EI}，y_B = \frac{Fl^3}{3EI}$$

（6）计算圆轴直径误差

由于弯曲变形而减少了吃刀量，引起圆轴两端的直径误差$\Delta d = 2y_B$。将已知数据代入y_B的表达式，得

$$y_B = \frac{Fl^3}{3EI} = \frac{100 \times 0.200^3}{3 \times 200 \times 10^9 \times \dfrac{\pi \times 0.020^4}{64}}\ \text{m=0.17mm}$$

故直径误差为

$$\Delta d = 2y_B = 2 \times 0.17\ \text{mm=0.34mm}$$

【例 5-11】桥式起重机大梁的自重为均匀分布载荷，其集度为q，计算简图如图 5-31 所示，试讨论大梁自重引起的变形。

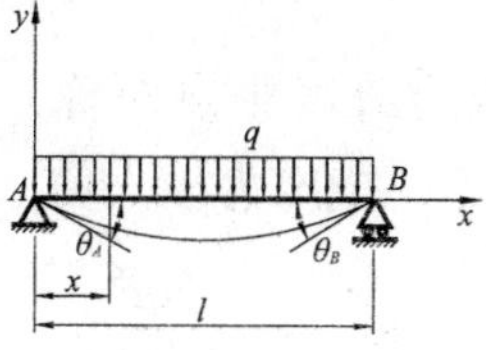

图 5-31　例 5-11 图

解 （1）求支反力，列弯矩方程

由于大梁受对称载荷作用，故支反力 $F_A = F_B = \frac{ql}{2}$。取坐标系如图 5-31 所示，坐标为 x 的截面上的弯矩为

$$M(x) = \frac{ql}{2}x - \frac{1}{2}qx^2$$

（2）列挠曲线微分方程并积分

$$EIy'' = M(x) = \frac{ql}{2}x - \frac{q}{2}x^2$$

$$EIy' = \frac{ql}{4}x^2 - \frac{q}{6}x^3 + C$$

$$EIy = \frac{ql}{12}x^3 - \frac{q}{24}x^4 + Cx + D$$

（3）确定积分常数

梁在两端铰支座上的挠度都等于零，故得边界条件

$$x = 0\text{处，} \quad y_A = 0$$

$$x = l\text{处，} \quad y_B = 0$$

将以上边界条件代入挠度 y 的表达式，得

$$\begin{cases} D = 0 \\ \frac{ql^4}{12} - \frac{ql^4}{24} + Cl = 0 \end{cases}$$

由此解出积分常数 C 和 D，分别是

$$C = -\frac{ql^3}{24}, \quad D = 0$$

（4）转角方程和挠曲线方程

$$\theta = \frac{ql}{4EI}x^2 - \frac{q}{6EI}x^3 - \frac{ql^3}{24EI}$$

$$y = \frac{ql}{12EI}x^3 - \frac{q}{24EI}x^4 - \frac{ql^3}{24EI}x$$

（5）确定最大挠度和最大转角

因为梁上的外力和边界条件都对跨度中点对称，所以挠度曲线也对跨度中点对称。在跨度中点挠曲线切线的斜率等于零，挠度为极大值。

$$y_{\max} = -\frac{5ql^4}{384EI}$$

负号表示挠度向下。在 A、B 两端，截面转角的数值相等，符号相反，且绝对值最大。

于是在转角公式中分别令 $x=0$ 、$x=l$，得

$$\theta_{\max}=-\theta_A=\theta_B=\frac{ql^3}{24EI}$$

三、用叠加法求梁的变形

在前面计算梁的弯矩和建立挠曲线近似微分方程时，曾利用了梁的小变形假设，因此当梁上同时有几种载荷共同作用时，根据叠加原理，任意截面的弯矩，可以认为等于各个载荷分别作用时该截面上弯矩的代数和。即

$$M(x)=M_1+M_2+M_3+\cdots+M_n$$

此处 M_1，M_2，$M_3\cdots$，M_n 表示各个载荷分别作用时该截面的弯矩。于是

$$\theta=\theta_1+\theta_2+\theta_3+\cdots+\theta_n$$

$$y=y_1+y_2+y_3+\cdots+y_n$$

这就表明，梁上同时受有几种载荷作用时，任一截面的转角和挠度，等于各个载荷分别作用时该截面的转角和挠度的代数和。因此，当梁上同时作用几个载荷时，可分别算出每一个载荷单独作用时所引起的变形，然后将所求得的变形量代数相加，即为这些载荷共同作用时的变形。按叠加原理求得梁的变形的方法称为叠加法。

表 5-4 列出了基本梁在简单载荷作用下的变形，供叠加法求变形时使用。

表5-4　梁在简单载荷作用下的变形

序号	梁的简图	挠曲线方程	端截面转角	最大挠度
1	A　B　m　θ_B　y_B　l	$y=-\dfrac{mx^2}{2EI}$	$\theta_B=-\dfrac{ml}{EI}$	$y_B=-\dfrac{ml^2}{2EI}$
2	A　B　F　θ_B　y_B　l	$y=-\dfrac{Fx^2}{6EI}(3l-x)$	$\theta_B=-\dfrac{Fl^2}{2EI}$	$y_B=-\dfrac{Fl^3}{3EI}$
3	A　C　F　B　θ_B　y_B　a　l	$y=-\dfrac{Fx^2}{6EI}(3a-x)$ $0\leqslant x\leqslant a$； $y=-\dfrac{Fa^2}{6EI}(3x-a)$ $a\leqslant x\leqslant l$	$\theta_B=-\dfrac{Fa^2}{2EI}$	$y_B=-\dfrac{Fa^2}{6EI}(3l-a)$

续 表

序号	梁的简图	挠曲线方程	端截面转角	最大挠度
4	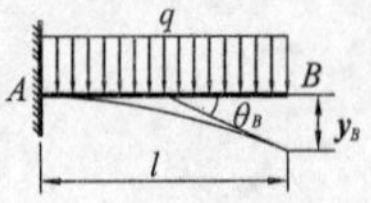	$y=-\frac{qx^2}{24EI}(x^2-4k+6l^2)$	$\theta_B=-\frac{ql^3}{6EI}$	$y_B=-\frac{ql^4}{8EI}$
5	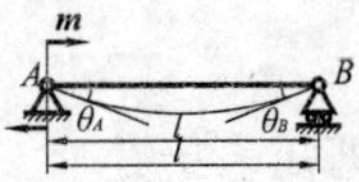	$y_B=-\frac{mx}{6EIl}(l-x)(2I-x)$	$\theta_A=-\frac{ml}{3EI}$ $\theta_B=\frac{ml}{6EI}$	$x=\left(1-\frac{1}{\sqrt{3}}\right)l$时， $y_{\max}=-\frac{ml^2}{9\sqrt{3}EI}$； $x=\frac{l}{2}$时， $y_{l/2}=-\frac{ml^2}{16EI}$
6	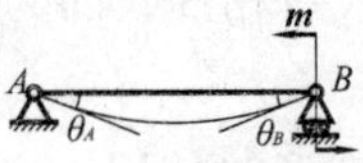	$y=-\frac{mx}{6EIl}\left(l^2-x^2\right)$	$\theta_A=-\frac{ml}{6EI}$ $\theta_B=\frac{ml}{3EI}$	$x=\frac{l}{\sqrt{3}}$时， $x=-\frac{ml^2}{9\sqrt{3}EI}$； $x=\frac{l}{2}$时， $y_{l/2}=-\frac{ml^2}{16EI}$
7	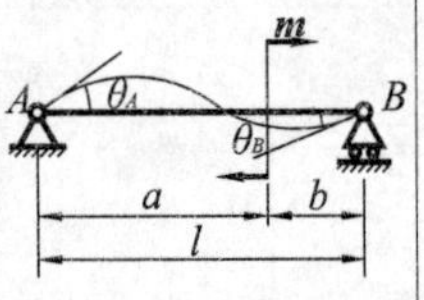	$y=\frac{mx}{6EIl}\left(l^2-3b^2-x^2\right)$ $0\leqslant x\leqslant a$； $y=\frac{m}{6EIl}\left[-x^3+3l(x-a)^2+\left(l^2-3b^2\right)x\right]$ $a\leqslant x\leqslant l$	$\theta_A=\frac{m}{6lEI}\left(l^2-3b^2\right)$ $\theta_B=\frac{m}{6lEI}\left(l^2-3a^2\right)$	
8	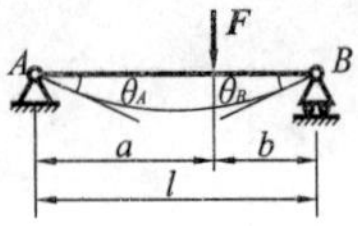	$y=-\frac{Fbx}{6EIl}\left(l^2-x^2-b^2\right)$ $(0\leqslant x\leqslant a)$； $y=-\frac{Fb}{6EIl}\left[\frac{l}{b}(x-a)^3+\left(l^2-b^2\right)x-x^3\right]$ $(a\leqslant x\leqslant l)$	$\theta_A=-\frac{Fab(l+b)}{6EIl}$ $\theta_B=\frac{Fab(l+a)}{6EIl}$	设 $a>b$， $x=\sqrt{\frac{l^2-b^2}{3}}$处， $y_{\max}=-\frac{Fb\sqrt{\left(l^2-b^2\right)^3}}{9\sqrt{3}EIl}$； 在$x=\frac{l}{2}$处， $y_{l/2}=-\frac{Fb\left(3l^2-4b^2\right)}{48EI}$

续　表

序号	梁的简图	挠曲线方程	端截面转角	最大挠度
9		$y=-\dfrac{qx}{24EI}\left(l^3-2x^2+x^3\right)$	$\theta_A=-\theta_B=-\dfrac{ql^3}{24EI}$	$y_{\max}=-\dfrac{5ql^4}{384EI}$
10		$y=\dfrac{Fcx}{6EIl}\left(l^2-x^2\right)$ $0\leqslant x\leqslant l$； $y=-\dfrac{F(x-I)}{6EI}\times\left[a(3x-l)-(x-I)^2\right]$ $l\leqslant x\leqslant l+a$	$\theta_A=-\dfrac{1}{2}\theta_B=\dfrac{Fal}{6EI}$ $\theta_C=-\dfrac{Fa}{6EI}(2l+3a)$	$y_C=-\dfrac{Fa^2}{3EI}(l+a)$
11		$y=\dfrac{mx}{6EIl}\left(l^2-x^2\right)$ $0\leqslant x\leqslant l$； $y=-\dfrac{m}{6EI}\left(3x^2-4xl+l^2\right)$ $l\leqslant x\leqslant l+a$	$\theta_A=-\dfrac{1}{2}\theta_B=\dfrac{ml}{6EI}$ $\theta_C=-\dfrac{m}{3EI}(l+3a)$	$y_C=-\dfrac{ma}{6EI}(2l+3a)$

【例 5-12】简支梁受载荷的情况如图 5-32（a）所示，已知抗弯刚度 EI，试用叠加法求梁跨中点的挠度 y_C 和支座截面处的转角 θ_A、θ_B。

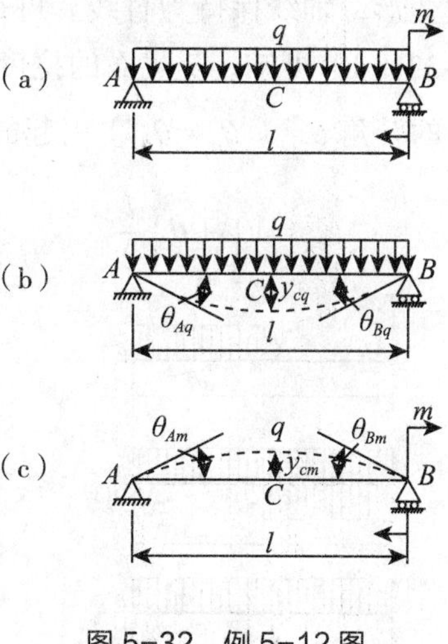

图 5-32　例 5-12 图

解　将作用在此梁上的载荷分为两种简单载荷，如图 5-32（b）和（c）所示。由表 5-4 的相应栏目可知，由 q、m 单独作用引起的梁跨中点 C 的挠度和支座 A、B 处的转角分别为

$$y_{Cq}=-\frac{5ql^4}{384EI}, \quad \theta_{Aq}=-\frac{ql^3}{24EI}, \quad \theta_{Bq}=\frac{ql^3}{24EI}$$

$$y_{\mathrm{Cm}}=\frac{ml^2}{16EI}, \quad \theta_{Am}=\frac{ml}{6EI}, \quad \theta_{Bm}=-\frac{ml}{3EI}$$

于是

$$y_C=y_{Cq}+y_{Cm}=-\frac{5ql^4}{384EI}+\frac{ml^2}{16EI}$$

$$\theta_A=\theta_{Aq}+\theta_{Am}=-\frac{ql^3}{24EI}+\frac{ml}{6EI}$$

$$\theta_B=\theta_{Bq}+\theta_{Bm}=\frac{ql^3}{24EI}-\frac{ml}{3EI}$$

【例 5-13】悬臂梁受力如图 5-33(a)所示。已知 q、l、EI，求梁自由端的挠度和转角。

解　为了应用表 5-4 中已得的结果，将梁上的均布载荷由 BC 延长至 A；为了与原来的载荷情况相同，在 AC 段加反向的均布载荷 q，如图 5-33（b）所示。这样就可利用表 5-1 并按叠加法求两个均布载荷作用下梁的变形。将图 5-33（b）分解为图 5-33（c）和（d），得

$$y_B=y_{B_1}+y_{B_2}, \quad \theta_B=\theta_{B_1}+\theta_{B_2}$$

式中，y_{B_1}、θ_{B_1} 可直接由表 5-1 查得

$$y_{B_1}=-\frac{ql^4}{8EI}, \quad \theta_{B_1}=-\frac{ql^3}{6EI}$$

由图 5-33（d）知，y_{B_2} 是作用在 AC 段向上的均布载荷 q 在 B 点引起的挠度。由于 CB 段没有弯矩，故该段不产生变形，轴线保持为直线。可是 CB 段各截面的形心会因 AC 段的变形而产生位移。从图 5-33（d）可知，B 截面的挠度 y_{B_2} 由两部分组成：一是 C 点的挠度 y_{C_2} 引起的，二是 C 截面的转角 θ_{C_2}（$\theta_{C_2}=\theta_{B_2}$）引起的，即

$$y_{B_2}=y_{C_2}+\theta_{C_2}\frac{l}{2}$$

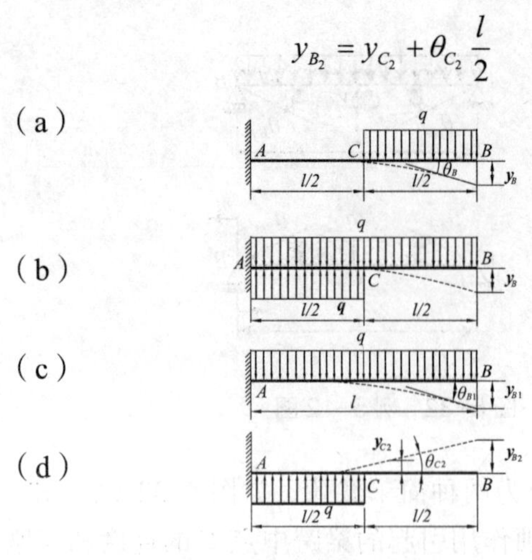

图 5-33　例 5-13 图

式中，y_{C_2}、θ_{C_2} 可直接由表 5-4 查得

$$y_{C_2}=\frac{q\left(\frac{l}{2}\right)^4}{8EI}=\frac{ql^4}{128EI}\text{，}\quad \theta_{C_2}=-\frac{q\left(\frac{l}{2}\right)^3}{6EI}=-\frac{ql^3}{48EI}$$

故
$$y_{B_2}=\frac{ql^4}{128EI}+\frac{ql^3}{48EI}\frac{l}{2}=\frac{7ql^4}{384EI}$$

于是得到

$$y_B=y_{B_1}+y_{s_2}=-\frac{ql^4}{8EI}+\frac{7ql^4}{384EI}=-\frac{41ql^4}{384EI}$$

$$\theta B=\theta B_1+\theta B_2=\theta B_1+\theta c_2=-\frac{ql^3}{6EI}+\frac{ql^3}{48EI}=-\frac{7ql^3}{48EI}$$

$$=-\frac{Fl_1\left[\frac{1}{3}l_1^2+l_2\left(l_1+l_2\right)\right]}{EI_1}-\frac{Fl_2^3}{3EI_2}$$

四、梁的刚度校核

在按强度条件选择了梁的截面后，往往还需要进一步按梁的刚度条件检查梁的变形是否在设计条件所允许的范围内。因为当梁的变形超过一定限度时，梁的正常工作条件就会得不到保证，为此还应重新选择截面来满足刚度条件的要求。根据实际工程应用的需要，梁的最大挠度和最大转角不能超过某一规定值。由此梁的刚度条件为

$$|y|_{\max}\leqslant[y] \tag{5-20}$$

$$|\theta|_{\max}\leqslant[\theta] \tag{5-21}$$

式中，$[y]$ 为许可挠度，$[\theta]$ 为许可转角。其数值可以从有关工程设计手册中查到。

【例 5-14】某冷却塔内支承填料用的梁，可简化为受均布载荷的简支梁（图 5-34）。已知梁的跨长为 2.83m，所受均布载荷集度为 q=23kN/m，采用 18 号工字钢，已知惯性矩为 1660cm^4，材料的弹性模量 E=206GPa，梁的许用挠度为 $[y]=l/500$，试校核该梁的刚度。

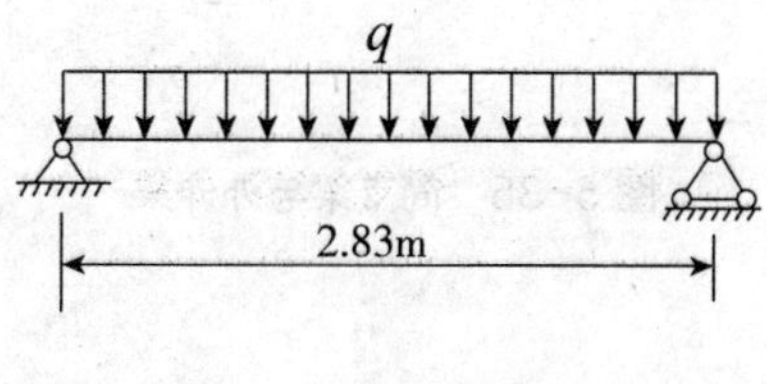

图 5-34 例 5-14 图

解 梁的许用挠度为 $[y]=l/500=2830/500=5.66\ (\text{mm})$

最大挠度在梁跨中点，其值为

$$|y_{\max}| = \frac{5ql^4}{384EI} = \frac{5\times 23\times 10^3\times 2.83^4}{384\times 206\times 10^9\times 1.66\times 10^{-5}} = 5.62\times 10^{-3}\ \text{(m)} < [y]$$

所以，该梁满足刚度条件。

第七节　提高梁弯曲强度和刚度的措施

一、提高梁弯曲强度的措施

在实际工程应用中，为使梁达到既经济又安全的要求，所采用的材料量应较少且价格便宜，同时梁又要具有较高的强度。由于弯曲正应力是控制梁强度的主要因素，所以，主要依据正应力强度条件来讨论提高梁强度的措施。计算弯曲正应力的强度条件为

$$\sigma_{\max} = \frac{M_{\max}}{W_z} \leqslant [\sigma]$$

从式中看出，提高梁强度的主要措施是：降低 $M_{\max}$ 的数值和增大抗弯截面系数 W_z 的数值，并充分发挥材料的力学性能。

（一）合理安排受力情况，降低 $M_{\max}$

1. 合理安排梁的支座

如图 5-35（a）所示的简支梁，其最大弯矩 $M_{\max} = \frac{1}{8}ql^2 = 0.125ql^2$，若两端支承均向内移动 $0.2l$（图 5-35b），则最大弯矩 $M_{\max} = 0.025ql^2$，只为前者的 1/5。工程中门式起重机大梁的支座和锅炉筒体的支承，都向内移动一定距离，其原因就在于此。

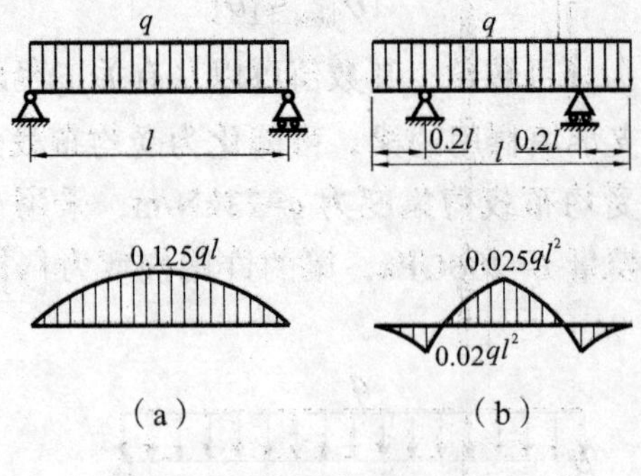

图 5-35　简支梁与外伸梁

2. 合理布置载荷

比较图 5-36（a）和（b）的最大弯矩 $M_{\max}$ 数值，可知后者大约为

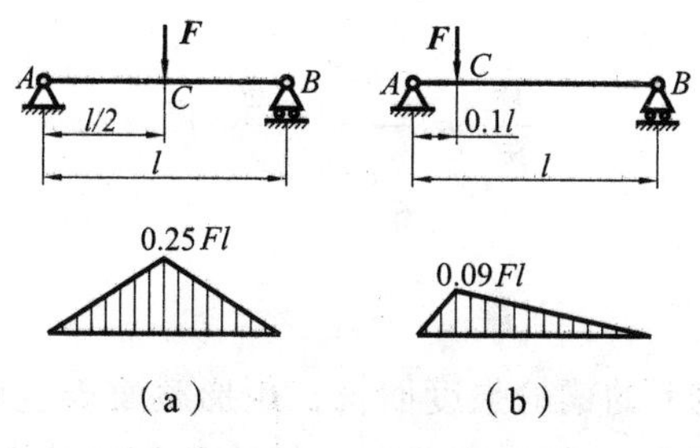

（a）　　（b）

图 5-36　合理分配载荷

前者的 1/3。因此，在结构允许的条件下，应尽可能把载荷安排得靠近支座。

比较图 5-37（a）～（c）三种加载方式，可知前一种的弯矩最大值 $M_{max}=F/4$ 后，两种的弯矩最大值均为 $M_{max}=Fl/8$。因此，在结构条件允许时，尽可能把集中载荷分散成较小的多个载荷或者改变为均布载荷。

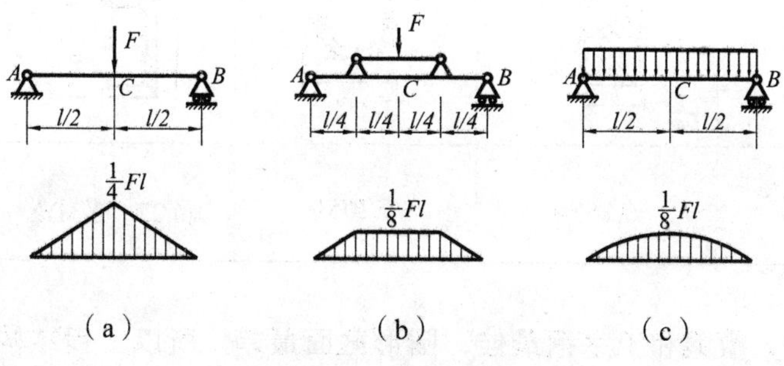

（a）　　（b）　　（c）

图 5-37　不同加载方式

（二）合理选择截面，增大抗弯截面系数 W_z

合理的截面应该是，用最小的截面面积 A（少用材料），得到大的抗弯截面系数 W_z。可采用下列措施：

（1）选择合适的截面放置方式。若形状和面积相同的截面的放置方式不同，则 W_z 值有可能不同。

矩形截面梁（$h>b$）如图 5-38 所示，竖放时承载能力大，不易弯曲；而平放时承载能力小，易弯曲。两者抗弯截面系数 W_z 之比为

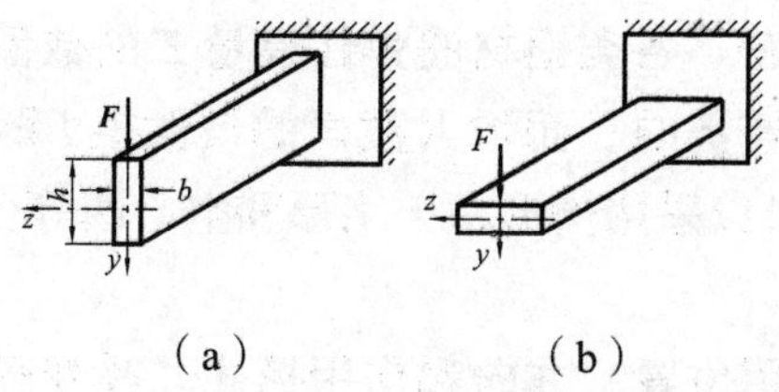

（a）　　（b）

图 5-38　选择截面放置方式

$$\frac{W_z}{W_{平}}=\frac{\frac{1}{6}bh^2}{\frac{1}{6}hb^2}=\frac{h}{b}>1$$

即
$$W_{z平}>W_{z平}$$

因此，对于静载荷作用下的梁的强度而言，矩形截面长边竖放比平放合理。

（2）选择合理的截面形状。为了便于比较各种截面的经济程度，用抗弯截面系数 W_z 与截面面积 A 的比值（W_z/A）来衡量，比值愈大，经济性愈好。常用截面的比值 W_z/A 已列入表 5–5 中。

表5–5　常用截面的比值W_z/A

截面形状	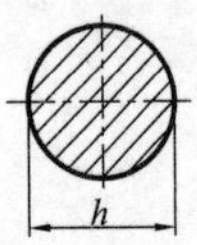 h	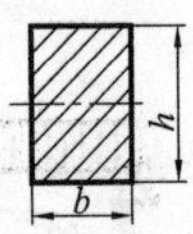 h, b	 h 内径 $d=0.8h$	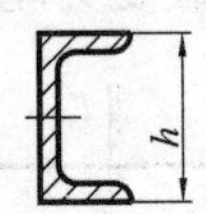 h	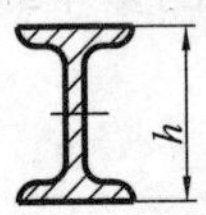 h
$\frac{W_z}{A}$	$0.125h$	$0.167h$	$0.205h$	$(0.27\sim0.31)h$	$(0.27\sim0.31)h$

由表 5–5 可知，槽钢和工字钢最佳，圆形截面最差。所以工程结构中抗弯杆件的截面常为槽形、工字形或箱形截面等。实际上，从正应力分布规律可知，当离中性轴最远处的 $\sigma_{\max}$ 达到许用应力时，中性轴上及其附近处的正应力分别为零和很小值，材料没有充分发挥作用。为了充分利用材料，应尽可能地把材料放置到离中性轴较远处，如把实心圆截面改成空心圆截面；对于矩形截面，则可把中性轴附近的材料移置上、下边缘处而形成工字形截面；采用槽形或箱形截面也是同样道理。

二、提高梁弯曲刚度的措施

梁的变形不仅与梁的支承和载荷情况有关，还与材料、截面形状和跨度有关。要提高弯曲刚度，就应该从以下几个因素入手。

（1）提高梁的抗弯刚度 EI。各类钢材的弹性模量 E 的数值非常接近，故采用高强度优质钢来提高弯曲刚度是不经济的。而增大截面的惯性矩 I 则是提高抗弯刚度的主要途径。与梁的强度问题一样，可以采用槽形、工字形和空心圆等合理的截面形状来提高梁的抗弯刚度。

（2）改变梁上的载荷作用位置、方向和作用形式。改变载荷的这些因素，其目的是减小梁的弯矩，这与提高梁的强度措施相同。

（3）减小梁的跨度或增加支承。在前面的分析可以看到，梁受集中力 F 作用时，其挠度与跨度的三次方成正比，若跨度减小一半，则挠度减小到原来的 1/8。所以减小梁的跨度，是提高弯曲刚度的有效措施。另一方面，增加梁的支座也可以减小梁的挠度。例如在图 5-39（a）所示的简支梁的跨度中点增设一个支座 C，如图 5-39（b）所示，就能使梁的挠度显著减小。但采用这种措施后，原来的静定梁就变成静不定梁了。这种增加支承提高弯曲刚度的措施在实际中被广泛应用。例如，在车床上用卡盘夹住工件进行切削时，工件由于切削力而引起弯曲变形，造成加工锥度，这时在工件的自由段加装尾架顶针，则其锥度显著减小。

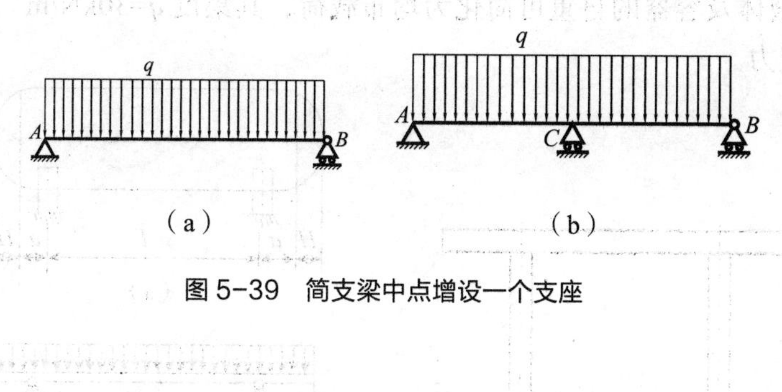

图 5-39 简支梁中点增设一个支座

习 题

1. 试求出图 5-40 所示各梁的剪力和弯矩方程，并作剪力图和弯矩图，求出 $M_{\max}$ 和 $F_{Q\max}$。

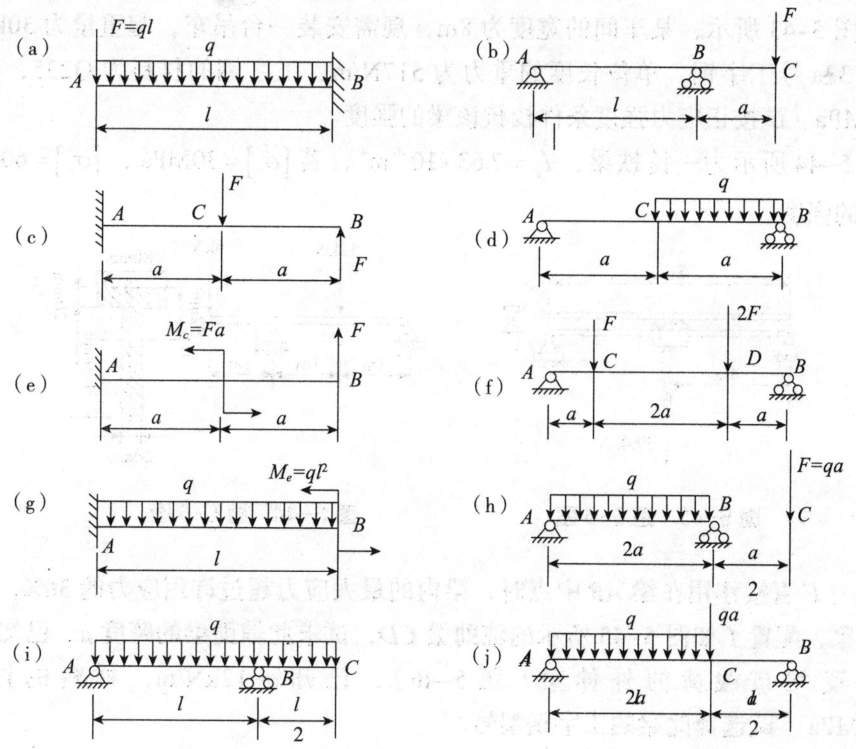

图 5-40 题 5-1 图

2. 试从弯矩来考虑，说明为什么双杠的尺寸常设计成$a=\frac{1}{4}L$？

3. 用相同材料制成的两根梁，一根截面为圆形，另一根截面为正方形，它们的长度、横截面面积、荷载及约束均相同。试求两梁横截面上最大正应力的比值。

4. 图 5-42 示为一卧式容器及其计算简图。已知其内径$d=1800\text{mm}$，壁厚$\delta=20\text{mm}$，封头高度H=480mm，支承容器的两鞍座之间的距离$l=8\text{m}$，鞍座至筒体两端的距离a均为1.2m，内贮液体及容器的自重可简化为均布载荷，其集度q=30kN/m。试求容器上的最大弯矩和弯曲应力。

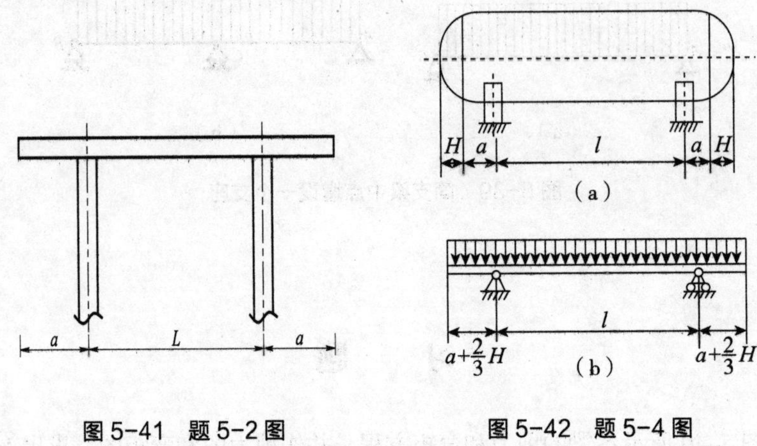

图 5-41　题 5-2 图　　图 5-42　题 5-4 图

5. 如图 5-43 所示，某车间的宽度为 8m，现需安装一台吊车，起重量为 30kN。行车大梁选用 32a 号工字钢，单位长度的重力为 517N/m，工字钢的材料为 Q235，其许用应力为 120MPa。试按正应力强度条件校核该梁的强度。

6. 图 5-44 所示为一铸铁梁，$I_z=7.63\times10^{-6}\text{m}^4$，若$[\sigma_t]=30\text{MPa}$，$[\sigma_c]=60\text{MPa}$，试校核此梁的强度。

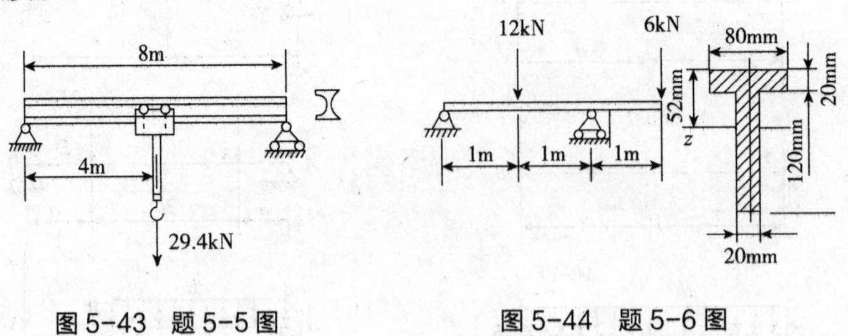

图 5-43　题 5-5 图　　图 5-44　题 5-6 图

7. 当力F直接作用在梁AB中点时，梁内的最大应力超过许用应力的 30%，为了消除此过载现象，配置了如图 5-45 所示的辅助梁CD，试求此辅助梁的跨度a，已知$l=6\text{m}$。

8. 一受均布载荷的外伸梁（图 5-46），已知q=12kN/m，材料的许用应力$[\sigma]=160\text{MPa}$。试选择此梁的工字钢型号。

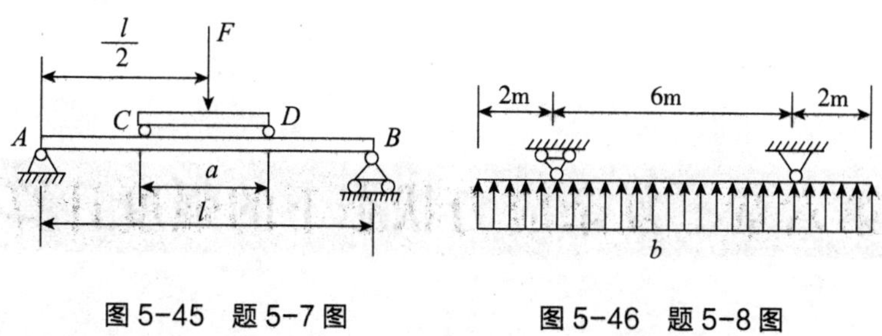

图 5-45　题 5-7 图　　　　图 5-46　题 5-8 图

9. 车床上用卡盘夹住工件进行切削时的剖面图如图 5-47 所示，车刀作用于工件的力 F=360N，工件材料为普通碳钢，E=200GPa，试求工件端点的挠度。

10. 钢轴如图 5-48 所示，已知 E=200GPa，左端轮上受力 F=20kN。若规定支座 A 处截面的许用转角 $[\theta]=0.5°$，试选定此轴的直径。

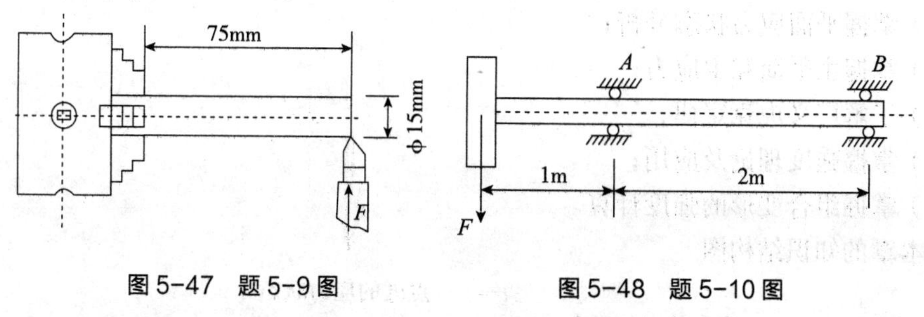

图 5-47　题 5-9 图　　　　图 5-48　题 5-10 图

第六章　复杂应力状态下的强度计算

1. 本章的能力要素

本章介绍应力状态、主平面、主应力的概念，应力状态的分类，广义虎克定律、强度理论及组合变形的强度计算。具体要求包括：

（1）掌握平面应力状态分析；

（2）掌握主平面和主应力；

（3）了解广义虎克定律；

（4）掌握强度理论及应用；

（5）掌握组合变形的强度计算。

2. 本章的知识结构图

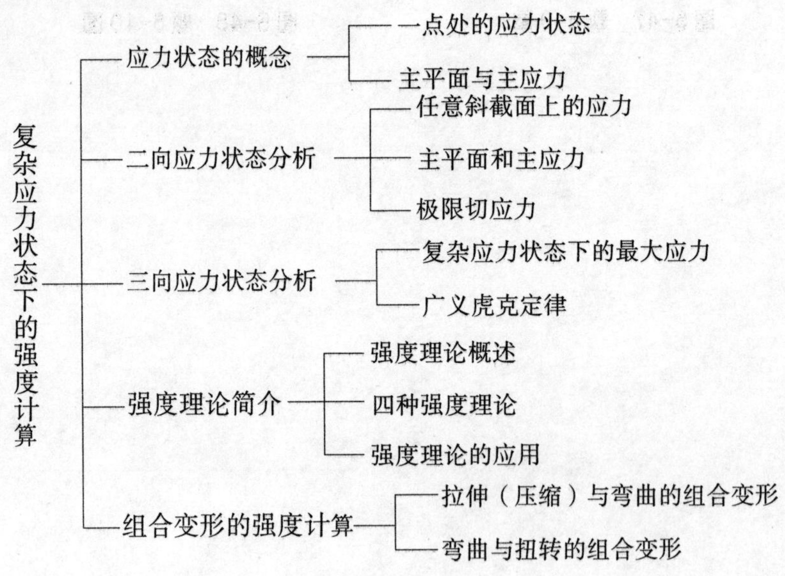

第一节　应力状态的概念

前面各章研究基本变形强度问题时计算的都是杆件横截面上的应力，其实这是远远不够的。首先，杆件的破坏并不总是发生在横截面上，如实验观察到：低碳钢拉伸屈服时的滑移线与轴线成 45° 角；铸铁压缩时的断裂面与轴线成 50°~55° 角。其次，相当多构件的受力情况并不都像前面几章那样，或者是轴向拉压状态，或者是纯剪切状态，而更加复杂些，一般情况是既有正应力又有切应力。因此，为了进一步掌握材料的破坏规律，建立复杂受力情况下构件的强度条件，必须要研究构件内各点在不同方位截面上的应力情况。

一、一点处的应力状态

通过受力构件上一点的所有各个不同截面上应力的集合，称为该点的应力状态。

为了研究受力构件内某点处的应力状态，可以围绕该点截取一个单元体来代表该点。这个单元体的边长为无穷小量，故单元体各个表面上的应力分布可以看成是均匀的，单元体任意一对平行平面上的应力可视为相等的。这样，在单元体的三个互相垂直的截面上的应力就表示了单元体的应力状态。当单元体的尺寸趋于零时，单元体上的应力状态就表示了一点的应力状态。换言之，要分析一点的应力状态，只需分析过该点的单元体上的应力状态。

例如图 6–1（a）所示的轴向拉伸的直杆，围绕 *A* 点用一对横截面和一对与杆轴线平行的纵向截面切出一个单元体，如图 6–1（b）所示。此单元的左、右侧面的正应力为 $\sigma=F/A$，其上、下侧面和前、后侧面均无应力，图 6–1（b）所示的应力单元体称为 *A* 点处的原始单元体。为了画法简便，此单元体可以用图 6–1（c）来表示。当圆杆在扭转时［图 6–2（a）］，对于其表面上的 *B* 点，可以围绕该点以杆的横截面和径向、周向纵截面截取代表它的单元体进行研究，如图 6–2（b）所示。杆在周向截面上没有应力，结合切应力互等定理可知，此单元体各侧面上的应力可以用图 6–2（c）来表示。

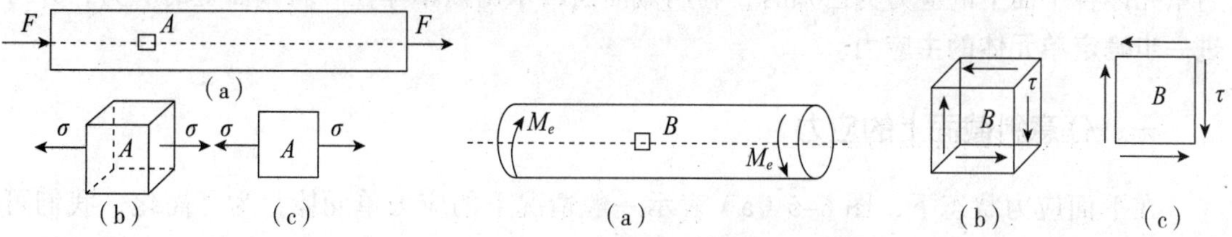

图 6–1　拉伸杆件一点的应力状态　　图 6–2　圆轴扭转表面一点的应力状态

二、主平面和主应力

在一般情况下，表示一点处应力状态的应力单元体在其各个表面上同时存在有正应力和切应力。但是可以证明：在该点处以不同方式截取的各个单元体中，必有一个特殊的单元体，在这个单元体的侧面上只有正应力而没有切应力。这样的单元体称为该点处的主应力单元体或主单元体。主单元体的侧面，即切应力为零的平面称为主平面，主平面上的正应力称为该点处的主应力。

一般情况下，过一点处所取的主单元体的六个侧面上有三对主应力，我们用 σ_1、σ_2、σ_3 表示，分别称为第一、第二和第三主应力，这三者的顺序按代数值大小排列，即

$\sigma_1 \geqslant \sigma_2 \geqslant \sigma_3$。

一点处的应力状态按照该点处的主应力有几个不为零，因而分为三类：

（1）只有一个主应力不等于零的称为单向应力状态，如图 6-3（a）所示。

（2）两个主应力不等于零的称为二向应力状态，如图 6-3（b）所示。

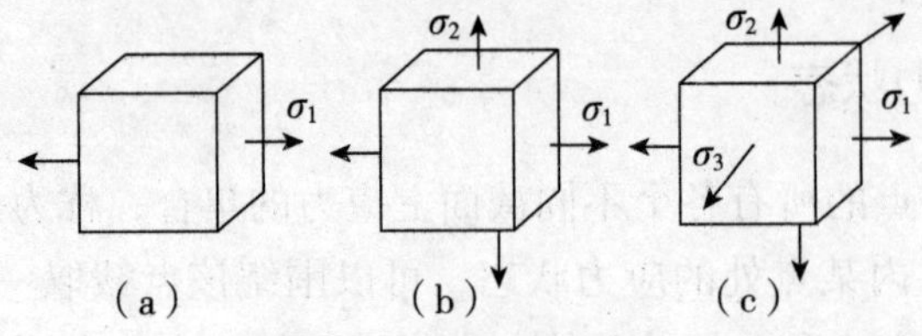

图 6-3 应力状态分类

（3）三个主应力都不等于零的称为三向应力状态，如图 6-3（c）所示。

通常将单向和二向应力状态统称为平面应力状态，二向和三向应力状态统称为复杂应力状态。

第二节 二向应力状态分析

一般情况下，平面应力状态的单元体既有正应力又有切应力，如图 6-4（a）所示。由于所有应力均平行于 x、y 轴组成的平面，所以单元体可简化表示为图 6-4（b）的形式。当单元体各个面上的应力为已知时，利用截面法可求出该单体任一斜截面上的应力，并可进一步确定单元体的主应力。

一、任意斜截面上的应力

在平面应力状态下，图 6-5（a）表示一般情况下的应力单元体，为了简化，我们可以用图 6-5（b）来表示。在图 6-5（b）中，已知正应力 σ_x、σ_y，切应力 τ_x、τ_y，下面将求垂直于纸面的任意斜截面 ef 上的正应力和切应力。首先规定如下：

正应力 σ：仍以拉压力为正，压应力为负；

切应力 τ：对单元体内任一点产生顺时针力矩的切应力为正，产生逆时针力矩的切应力为负；

斜截面外法线与 x 轴所成的角度 α：从 x 轴按逆时针转向转到外法线 n 时为正，反之为负。

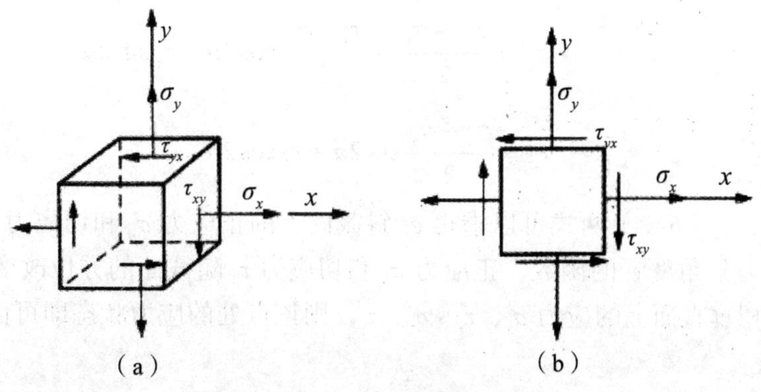

图 6-4　二向应力状态单元体

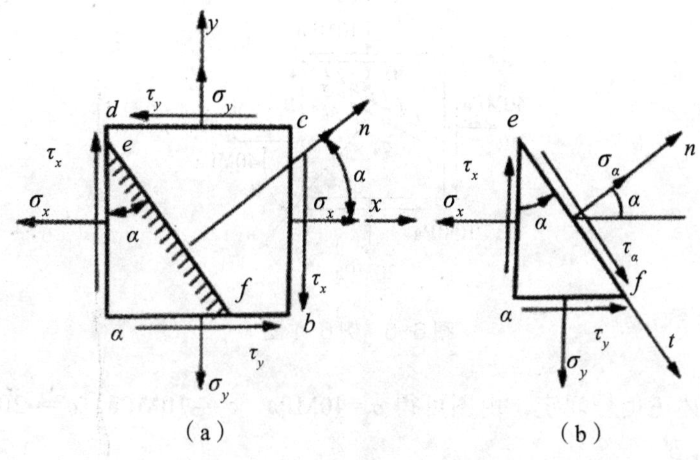

图 6-5　斜截面上的应力

根据上述规定，图 6-5（b）中的 τ_y 为负，其余各应力和 α 角均为正。

与 *xy* 平面垂直的任意一个斜截面 *ef*，其外法线 *n* 与 *x* 轴的夹角为 α。采用截面法，用 *ef* 截面将单元体截开，保留下半部 *aef*。在图 6-5（b）所示的棱柱体 *aef* 的 *ae* 面上有已知的应力 σ_x、τ_x，在 *af* 面上有已知应力 σ_y、τ_y，在 *ef* 面上假设有未知的正应力 σ_α 和切应力 τ_α。

设 *ef* 斜截面面积为 $\mathrm{d}A$，则 *ae* 面的面积为 $\mathrm{d}A\cdot\sin\alpha$，*af* 面的面积为 $\mathrm{d}A\cdot\cos\alpha$。取 *n* 为参考轴，建立棱柱体 *aef* 的受力平衡方程，则有

$$\sigma_\alpha \mathrm{d}A+\left(\tau_x\,\mathrm{d}A\cos\alpha\right)\cdot\sin\alpha-\left(\sigma_x\,\mathrm{d}A\cos\alpha\right)\cdot\cos\alpha+\left(\tau_y\,\mathrm{d}A\sin\alpha\right)\cdot\cos\alpha-\left(\sigma_y\,\mathrm{d}A\sin\alpha\right)\cdot\sin\alpha=0 \quad \text{(a)}$$

$$\tau_\alpha \mathrm{d}A-\left(\tau_x\,\mathrm{d}A\cos\alpha\right)\cdot\cos\alpha-\left(\sigma_x\,\mathrm{d}A\cos\alpha\right)\cdot\sin\alpha+\left(\tau_y\,\mathrm{d}A\sin\alpha\right)\cdot\sin\alpha+\left(\sigma_y\,\mathrm{d}A\sin\alpha\right)\cdot\cos\alpha=0 \quad \text{(b)}$$

由切应力互等定理有 $\tau_x=\tau_y$，考虑三角关系式 $\sin^2\alpha=\dfrac{1-\cos 2\alpha}{2}$、$\cos^2\alpha=\dfrac{1+\cos 2\alpha}{2}$

以及 $2\sin\alpha\cos\alpha=\sin 2\alpha$，对（a）和（b）两式进行整理，得到

$$\sigma_\alpha=\frac{\sigma_x+\sigma_y}{2}+\frac{\sigma_x-\sigma_y}{2}\cos 2\alpha-\tau_x\sin 2\alpha \tag{6-1}$$

$$\tau_\alpha=\frac{\sigma_x-\sigma_y}{2}\sin 2\alpha+\tau_x\cos 2\alpha \tag{6-2}$$

利用（6–1）、（6–2）两式可以求得 *ef* 斜截面上的正应力 σ_α 和切应力 τ_α。可以看出，斜截面上的应力是角度 α 的函数，正应力 σ_α 和切应力 τ_α 随截面的方位改变而变化。若已知单元体上互相垂直面上的应力 σ_x、τ_x、σ_y、τ_y，则该点处的应力状态即可由公式（6–1）、（6–2）来确定。

【例 6–1】已知构件内某点处的应力单元体如图 6–6 所示，试求斜截面上的正应力 σ_α 和切应力 τ_α。

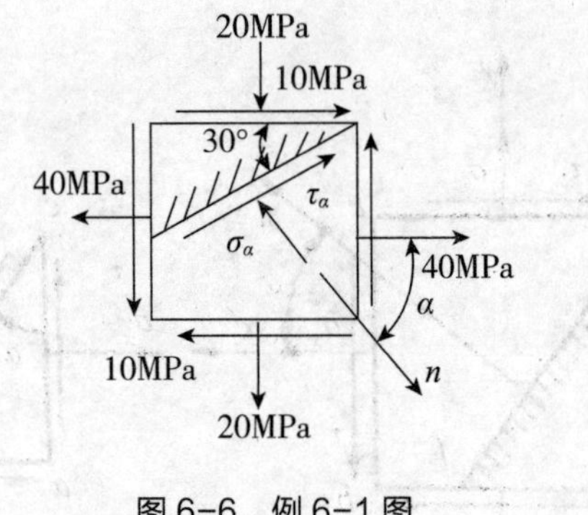

图 6–6　例 6–1 图

解　按照前述正负号规定，由图可得 σ_x=40MPa，τ_x=–10MPa，σ_y=–20MPa，α=–60°。由公式（6–1）得到

$$\begin{aligned}\sigma_\alpha&=\frac{\sigma_x+\sigma_y}{2}+\frac{\sigma_x-\sigma_y}{2}\cos 2\alpha-\tau_x\sin 2\alpha\\&=\frac{40-20}{2}+\frac{40-(-20)}{2}\cos(-2\times 60^\circ)-(-10)\times\sin(-2\times 60^\circ)\\&=-13.67\ \text{(MPa)}\end{aligned}$$

由公式（6–2）得到

$$\begin{aligned}\tau_\alpha&=\frac{\sigma_x-\sigma_y}{2}\sin 2\alpha+\tau_x\cos 2\alpha\\&=\frac{40-(-20)}{2}\sin(-2\times 60^\circ)+(-10)\times\cos(-2\times 60^\circ)\\&=-20.98\ \text{(MPa)}\end{aligned}$$

按照前述正负号规定，将斜截面上的正应力 σ_α 和切应力 τ_α 的方向表示在单元体上，如图 6–6 所示。

二、主平面和主应力

将公式（6–1）对 α 求一次导数，有

$$\frac{\mathrm{d}\tau_\alpha}{\mathrm{d}\alpha}=\frac{\sigma_x+\sigma_y}{2}(-2\sin 2\alpha)-\tau_x(2\cos 2\alpha)$$

令 $\left.\frac{\mathrm{d}\tau_\alpha}{\mathrm{d}\alpha}\right|_{\alpha=\alpha_0}=0$，$\alpha_0$ 为极值正应力所在平面外法线与 x 轴正向的夹角，则

$$\frac{\sigma_x+\sigma_y}{2}\sin 2\alpha_0+\tau_x\cos 2\alpha_0=0 \tag{c}$$

取 $\alpha=\alpha_0$，公式（6-2）的右边正好与（c）式等号的左边相等。这说明极值正应力所在的平面（$\left.\frac{\mathrm{d}\tau_\alpha}{\mathrm{d}\alpha}\right|_{\alpha=\alpha_0}=0$），恰好是切应力 τ_{α_0} 等于零的面，即主平面。由此可知，极值正应力就是主应力。

由（c）式可得

$$\tan 2\alpha_0=-\frac{2\tau_x}{\sigma_x-\sigma_y} \tag{6–3}$$

因为正切函数的周期为 180°，即 $\tan 2\alpha=\tan(2\alpha+180°)$，所以满足公式（6-3）的斜截面有角度为 α_0 和 α_0 +90° 两个，其中一个是最大正应力所在的平面，另一个是最小正应力所在的平面。α_0 和 α_0 +90° 确定了两个相互垂直的主平面。考虑到各应力均为零的平面也是主平面，这样平面应力状态下的三个主平面是互相垂直的。

由公式（6-3）求出 cos2 α_0 和 sin2 α_0，代入公式（6-1），得到最大主应力和最小主应力：

$$\left.\begin{matrix}\sigma_{\max}\\ \sigma_{\min}\end{matrix}\right\}=\frac{\sigma_x+\sigma_y}{2}\pm\sqrt{\left(\frac{\sigma_x-\sigma_y}{2}\right)^2+\tau_x^2} \tag{6-4}$$

三、极值切应力

按照与上述完全类似的方法，可以求得最大和最小切应力以及它们所在的平面。将公式（6–2）对角度 α 求导数，有

$$\frac{\mathrm{d}\tau_\alpha}{\mathrm{d}\alpha}=\left(\sigma_x-\sigma_y\right)\cos 2\alpha-2\tau_x\sin 2\alpha$$

令 $\left.\frac{\mathrm{d}\tau_\alpha}{\mathrm{d}\alpha}\right|_{\alpha=\alpha_1}=0$，$\alpha_1$ 为极值切应力所在平面外法线与 x 轴正向的夹角，则

$$\left(\sigma_x-\sigma_y\right)\cos 2\alpha_1-2\tau_x\sin 2\alpha_1=0$$

由此得到

$$\tan 2\alpha_1 = \frac{\sigma_x - \sigma_y}{2\tau_x} \tag{6-5}$$

满足公式（6-5）的 α_1 值同样有两个：α_1 和 α_1 +90°，从而可以确定两个互相垂直的平面，分别作用着最大和最小切应力。

由公式（6-5）求出 $\cos 2\alpha_1$ 和 $\sin 2\alpha_1$，代入公式（6-2）得到最大切应力和最小切应力：

$$\left.\begin{matrix}\tau_{\max}\\ \tau_{\min}\end{matrix}\right\} = \pm\sqrt{\left(\frac{\sigma_x - \sigma_y}{2}\right)^2 + \tau_x^2} \tag{6-6}$$

比较公式（6-4）和（6-6），可得

$$\tau_{\max} = \frac{\sigma_{\max} - \sigma_{\min}}{2} \tag{6-7}$$

再比较公式（6-3）和（6-5），可得

$$\tan 2\alpha_1 = -\cot 2\alpha_0 = \tan\left(2\alpha_0 + 90°\right)$$

所以有 $\alpha_1 = \alpha_0 + 45°$，即两个极限切应力所在平面与主平面各成 45°。

【例 6-2】分析拉伸试验时低碳钢试件出现滑移线的原因。

解 从轴向拉伸试件 [图 6-7（a）] 上任一点 A 处沿横截面和纵截面取应力单元体，如图 6-7（b）所示。通过分析 A 点应力状态可知，其最大正应力 $\sigma_{\max} = \sigma$，作用在横截面上。

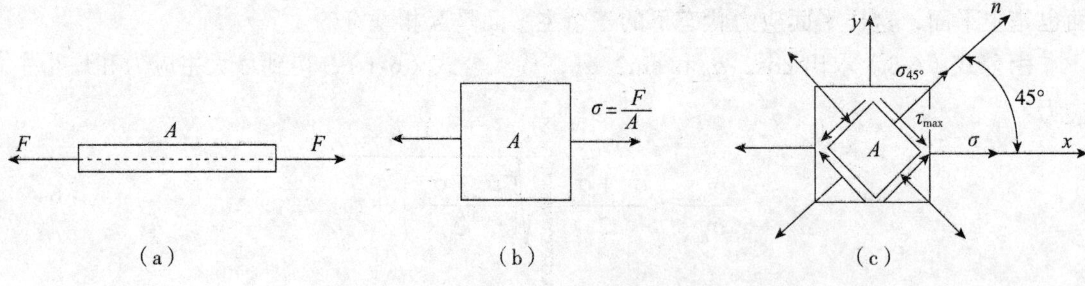

图 6-7 例 6-2 图

最大切应力可由式（6-7）算出：

$$\tau_{\max} = \frac{\sigma_{\max} - \sigma_{\min}}{2} = \frac{\sigma}{2}$$

最大切应力作用在与横截面成 45° 角的斜截面上 [图 6-7（c）]，该面恰恰是滑移线出现的截面，因此可以认为滑移线是由最大切应力引起的。

$\tau_{\max}$ 的数值仅为 $\sigma_{\max}$ 的一半，却引起了屈服破坏，表明低碳钢一类塑性材料的抗剪切能力低于抗拉能力。

【例 6-3】讨论圆轴扭转时的应力状态，并分析铸铁试件受扭时的破坏现象。

解　由受扭圆轴表面任一点 A 处 [图 6-8（a）] 取单元体如图 6-8（b）所示，该单元体的应力状态为纯剪切，其上切应力为

$$\tau = \frac{M_e}{W_p}$$

因此有　　　　　　　　　$\tau_x = \tau, \sigma_x = 0, \sigma_y = 0$

由式（6-4）可求得　　　　$\sigma_1 = \tau, \sigma_2 = 0, \sigma_3 = -\tau$

再由式（6-4）可求得 σ_1，σ_3 作用面的方位为 $\alpha_0 = \pm 45°$，因此，可画出 A 点的主应力单元体，如图 6-8（c）所示。

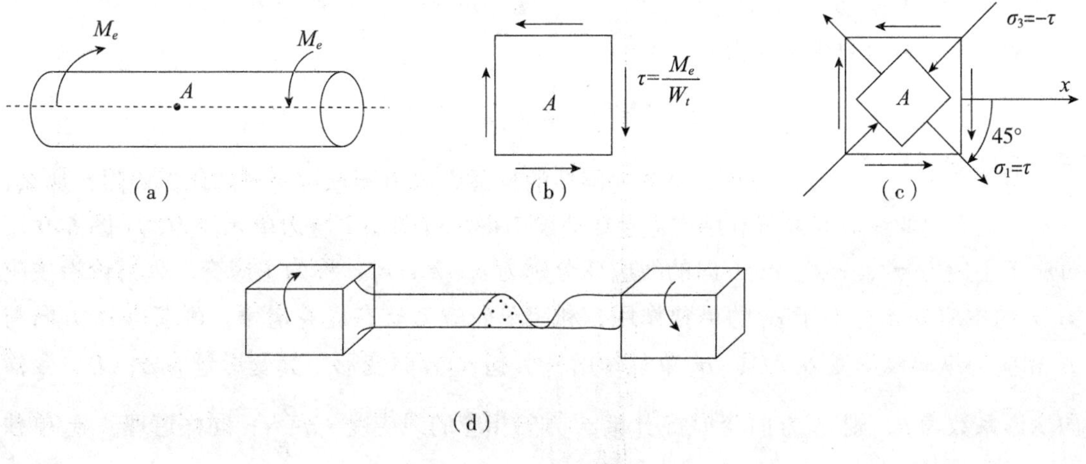

图 6-8　例 6-3 图

圆轴扭转时的最大正应力发生在与轴线成 45° 角的斜截面上，为拉应力。对铸铁等一类脆性材料而言，其抗拉强度较低，因此，铸铁受扭时将沿与轴线成 45° 角的螺旋面被拉断 [图 6-8（d）]。

第三节　三向应力状态分析

一、复杂应力状态下的最大应力

若过一点单元体上三个主应力均不为零，称该单元体处于三向应力状态。设三向应力状态的三个主应力分别为 α_1、α_2、α_3。可以证明，过该点所有截面上的最大正应力为 σ_1，最小正应力为 σ_3，即

$$\sigma_{max} = \sigma_1 \qquad\qquad \sigma_{max} = \sigma_3 \tag{6-8}$$

而最大切应力为

$$\tau_{\max}=\frac{\sigma_1-\sigma_3}{2} \tag{6-9}$$

$\tau_{\max}$ 的作用面与 σ_2 平行，与 σ_1 、σ_3 作用面的夹角为45°。

二、广义虎克定律

在讨论单向拉伸和压缩时，当应力不超过材料的比例极限时，σ 方向的线应变可由虎克定律求得

$$\varepsilon=\frac{\sigma}{E}$$

垂直于 σ 方向的线应变为

$$\varepsilon'=-\mu\varepsilon=-\mu\frac{\sigma}{E}$$

对于三向应力状态，若材料是各向同性的且最大应力不超过材料的比例极限，那么，任意一个方向的线应变都可利用虎克定律叠加而得。以图示主应力单元体为例（图6-9），对应于主应力 σ_1 、σ_2 、σ_3 方向的线应变分别为 ε_1、ε_2、ε_3，称为主应变。先讨论沿主应力 σ_1 的主应变 ε_1，对于 σ_1 的单独作用，利用单向应力状态虎克定律，可求得 σ_1 方向与 σ_1 相应的纵向线应变 σ_1/E；σ_2 单独作用将引起 σ_2 方向变形，其变形量为 σ_2/E，令横向变形系数为 μ，则 σ_2 方向变形将引起 σ_1 方向相应的线应变 $-\mu\frac{\sigma_2}{E}$；同样道理，σ_3 单独作用将引起 σ_1 方向相应的线应变 $-\mu\frac{\sigma_3}{E}$。将这三项叠加，得

$$\varepsilon_1=\frac{\sigma_1}{E}-\mu\frac{\sigma_2}{E}-\mu\frac{\sigma_3}{E}$$

同样可以得到

$$\varepsilon_2=\frac{\sigma_2}{E}-\mu\frac{\sigma_3}{E}-\mu\frac{\sigma_1}{E}$$

$$\varepsilon_3=\frac{\sigma_3}{E}-\mu\frac{\sigma_1}{E}-\mu\frac{\sigma_2}{E}$$

整理得到以主应力表示的广义虎克定律：

$$\left\{\begin{aligned}\varepsilon_1&=\frac{1}{E}\left[\sigma_1-\mu\left(\sigma_2+\sigma_3\right)\right]\\ \varepsilon_2&=\frac{1}{E}\left[\sigma_2-\mu\left(\sigma_3+\sigma_1\right)\right]\\ \varepsilon_3&=\frac{1}{E}\left[\sigma_3-\mu\left(\sigma_1+\sigma_2\right)\right]\end{aligned}\right. \tag{6-10}$$

上式建立了复杂应力状态下一点处的主应力与主应变之间的关系。

第四节　强度理论简介

一、强度理论概述

各种材料因强度不足而引起的失效现象是不同的。根据前面的讨论，我们知道像普通碳钢这样的塑性材料，以发生屈服现象、出现塑性变形为失效现象的标志；而像铸铁这样的脆性材料，失效现象表现为突然断裂。第二 ~ 五章的强度条件可以概括为最大工作应力不超过许用应力，即 $\sigma_{max} \leqslant [\sigma]$ 或 $\tau_{max} \leqslant [\tau]$。这里的许用应力是从试验测得的极限应力除以安全系数得到的，这种直接根据试验结果来建立强度条件的方法，对于危险点处于复杂应力状态的情况不再适用。这是因为复杂应力状态下三个主应力的组合是各种各样的，σ_1、σ_2 和 σ_3 之间的比值有无限多种情形，不可能对所有的组合都一一试验确定其相应的极限应力。

根据长期的实践和大量的试验结果，人们发现，尽管不同构件引起的失效方式不同，但归纳起来大体上可分为两类：脆性断裂和塑性屈服。材料在未产生明显塑性变形的情况下突然断裂，这种破坏形式叫脆性断裂。在材料的应力达到屈服极限后，就会产生明显的塑性变形，以致构件不能正常工作，这种破坏形式叫塑性屈服。

在长期的实践中，人们综合多种材料的失效现象和资料，对强度失效提出各种假说。这些假说认为，材料的断裂或屈服失效，是应力、应变或变形能等其中某一因素引起的。按照这些假说，无论是简单还是复杂应力状态，引起失效的因素是相同的，造成失效的原因与应力状态无关。这些假说称为强度理论。利用强度理论，就可以利用简单应力状态下的试验（例如拉伸试验）结果，来推断材料在复杂应力状态下的强度，建立复杂应力状态的强度条件。

强度理论是推测材料强度失效原因的一些假说，它的正确与否以及适用范围，必须在工程实践中加以检验。通常是适用于某类材料的强度理论，并不适用于另一类材料。下面介绍的四种强度理论，都是在常温静载荷下，适用于均匀、连续、各向同性材料的强度理论。

二、四种强度理论

（一）最大拉应力理论（第一强度理论）

这一理论认为引起材料脆性断裂破坏的主要因素是最大拉应力，它是人们根据早期使用的脆性材料（像天然石、砖和铸铁等）易于拉断而提出的。该理论认为无论什么应力状态下，只要构件内某一点处的最大拉应力 σ_1 达到轴向拉伸时材料的极限应力 σ^0，材料就发生脆性断裂。于是危险点处于复杂应力状态的构件发生脆性断裂破坏的条件为

$$\sigma_1 = \sigma^0$$

将极限应力 σ^0 除以安全系数，得到许用应力 $[\sigma]$，于是危险点处于复杂应力状态的构件，按第一强度理论建立的强度条件为

$$\sigma_1 \leqslant [\sigma] \quad (6\text{-}11)$$

铸铁等脆性材料在单向拉伸下，断裂发生于拉应力最大的横截面。脆性材料的扭转也是沿拉应力最大的斜面发生断裂的。这些用第一强度理论都能很好地加以解释。但是对于一点处在任何截面上都没有拉应力的情况，第一强度理论就不再适用了，另外该理论没有考虑其他两个应力的影响，显然不够合理。

（二）最大伸长线应变理论（第二强度理论）

这一理论认为最大伸长线应变是引起材料发生脆性断裂的主要因素。即无论什么应力状态，只要最大伸长线应变 ε_1 达到轴向拉伸时材料的极限值 ε^0，材料就要发生脆性断裂破坏。假设单向拉伸直到断裂仍可用虎克定律计算应变，则拉断时伸长线应变的极限值 $\varepsilon^0 = \dfrac{\sigma^0}{E}$。于是危险点处于复杂应力状态的构件，发生脆性断裂破坏的条件为

$$\varepsilon_1 = \frac{\sigma^0}{E} \quad (a)$$

由广义虎克定律得 $\varepsilon_1 = \dfrac{1}{E}\left[\sigma_1 - \mu\left(\sigma_2 + \sigma_3\right)\right]$，代入（a）式，得到断裂破坏条件：

$$\sigma_1 - \mu\left(\sigma_2 + \sigma_3\right) = \sigma^0 \quad (b)$$

将极限应力 σ^0 除以安全系数，得到许用应力 $[\sigma]$，于是危险点处于复杂应力状态的构件，按第二强度理论建立的强度条件为

$$\sigma_1 - \mu\left(\sigma_2 + \sigma_3\right) \leqslant [\sigma] \quad (6\text{-}12)$$

最大伸长线应变理论能够很好地解释石料、混凝土等脆性材料的压缩试验结果，对于一般脆性材料这一理论也是适用的。

最大拉压力理论和最大伸长线应变理论都是以脆性断裂作为破坏标志的，这对于砖、石、铸铁等脆性材料是十分适用的。但对于工程中大量使用的低碳钢这一类塑性材料，就必须用以屈服（包含显著的塑性变形）作为破坏标志的另一类强度理论。

（三）最大切应力理论（第三强度理论）

这一理论认为最大切应力是引起塑性屈服破坏的主要因素。即无论什么应力状态，只要最人切应力 τ_{max} 达到单向应力状态下的极限切应力 τ_0，材料就要发生屈服破坏。于是危险点处于复杂应力状态的构件发生塑性屈服破坏的条件为

$$\tau_{max} = \tau_0 \quad (a)$$

由公式（6-9）得

$$\tau_{max} = \frac{\sigma_1 + \sigma_3}{2}$$

τ_0 可由单向拉伸试验确定，在与轴线成 45° 的斜截面上 $\tau^0 = \dfrac{\sigma^0}{2}$，因而屈服条件为

$$\frac{\sigma_1-\sigma_3}{2}=\frac{\sigma^0}{2}$$

考虑安全系数后，得到的强度条件为

$$\sigma_1-\sigma_3\leqslant[\sigma] \tag{6-13}$$

式中，$[\sigma]$是由材料在轴向拉伸时的屈服极限σ_s确定的许用应力。

最大切应力理论能很好地解释塑性材料的屈服现象。例如，低碳钢试件拉伸时出现与轴线成45°方向的滑移线，是材料内部沿这一方向滑移的痕迹。沿这一方向的斜面上切应力也恰为最大。另外最大切应力理论的计算也比较简便，所以应用相当广泛。但公式（6-13）中未计入σ_2的影响，计算结果偏于安全。

（四）形状改变比能理论（第四强度理论）

物体在外力作用下会发生变形，既包括体积改变也包括形状改变。当物体因外力作用而产生弹性变形时，外力在相应的位移上就做了功，同时在物体内部也就积蓄了能量。例如，钟表的发条（弹性体）被用力拧紧（发生变形），此外力所做的功就转变为发条所积蓄的能。在放松过程中，发条靠它所积蓄的能使齿轮系统和指针持续转动，这时发条又对外做了功。

这种随着弹性体发生变形而积蓄在其内部的能量称为变形能。在单位变形体体积内所积蓄的变形能称为变形比能。由于物体在外力作用下所发生的弹性变形既包括物体的体积改变，也包括物体的形状改变，所以可推断，弹性体内所积蓄的变形比能也应该分成两部分：一部分是形状改变比能，一部分是体积改变比能。形状改变比能理论认为形状改变比能是引起材料屈服破坏的主要因素。即无论什么应力状态，只要构件内一点处的形状改变比能达到单向应力状态下的极限值，材料就要发生屈服破坏。

在材料力学中，形状改变比能的计算式为

$$u_f=\frac{1+\mu}{6E}\left[(\sigma_1-\sigma_2)^2+(\sigma_2-\sigma_3)^2(\sigma_3-\sigma_1)^2\right]$$

单向应力状态下（$\sigma_2=\sigma_3=0$），发生屈服破坏时的形状改变比能的极限值为

$$u_f^0=\frac{2(1+\mu)}{6E}(\sigma_s)^2$$

因而危险点处于复杂应力状态的构件发生塑性屈服破坏的条件为

$$\sqrt{\frac{1}{2}\left[(\sigma_1-\sigma_2)^2+(\sigma_2-\sigma_3)^2+(\sigma_3-\sigma_1)^2\right]}=\sigma_s$$

引入安全系数后，得到的第四强度理论的强度条件为

$$\sqrt{\frac{1}{2}\left[(\sigma_1-\sigma_2)^2+(\sigma_2-\sigma_3)^2+(\sigma_3-\sigma_1)^2\right]}\leqslant[\sigma] \tag{6-14}$$

形状改变比能理论是从反映受力和变形的综合影响的应变能出发来研究材料的强度的，因此比较全面和完善。试验证明，根据这一理论建立的强度条件，对钢、铝、铜等金属塑

性材料，比第三强度理论更符合实际，主要原因是它考虑了主应力 σ_2 对材料破坏的影响。

三、强度理论的应用

强度理论的建立，为人们利用轴向拉伸的试验结果去建立复杂应力状态下的强度条件，提供了理论基础。但是，由于材料的破坏是一个非常复杂的问题，而上述四个强度理论都是在一定的历史阶段、一定的条件下，根据各自的观点建立起来的，所以都有一定的局限性，即每个强度理论只适合于某些材料。

在常温和静载荷条件下的脆性材料，破坏形式一般为断裂，所以通常采用第一或第二强度理论。第三和第四强度理论都可以用来建立塑性材料的屈服破坏条件，其中第三强度理论虽然不如第四强度理论更适合于塑性材料，但其误差不大，所以对于塑性材料也经常采用该理论。

把四种强度理论的强度条件写成统一的形式：

$$\sigma_r \leqslant [\sigma] \tag{6-15}$$

这里 σ_r 代表（6-11）~（6-14）各式的左端项，即

$$\sigma_{r1}=\sigma_1 \quad \text{（第一强度理论）} \tag{6-16}$$

$$\sigma_{r2}=\sigma_1-\mu(\sigma_2+\sigma_3) \quad \text{（第二强度理论）} \tag{6-17}$$

$$\sigma_{r3}=\sigma_1-\sigma_3 \quad \text{（第三强度理论）} \tag{6-18}$$

$$\sigma_{r4}=\sqrt{\frac{1}{2}\left[(\sigma_1-\sigma_2)^2+(\sigma_2-\sigma_3)^2+(\sigma_3-\sigma_1)^2\right]} \quad \text{（第四强度理论）} \tag{6-19}$$

$[\sigma]$ 代表单向拉伸时材料的许用应力，式（6-15）意味着将一个复杂应力状态转换为一个强度相当的单向应力状态，故 σ_r 称为复杂应力状态下的相当应力。需要强调的是，σ_r 只是按不同强度理论得出的主应力的综合值，并不是真实存在的应力。

【例 6-4】证明各向同性线弹性材料的弹性模量 E、泊松比 μ 和切变模量 G 之间存在下列关系（图 6-9）：

$$G=\frac{E}{2(1+\mu)}$$

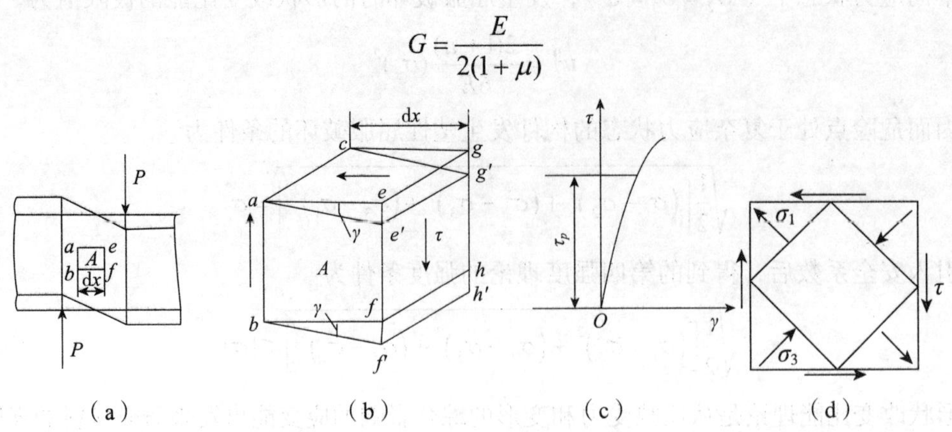

图 6-9　例 6-4 图

证明：对于纯剪切变形，设想从构件中取出图 6–9（a）所示的单元体，并设单元体的左侧面 $abcd$ 固定，右侧面的剪力为 $\tau \mathrm{d}y\mathrm{d}z$。由于剪切变形，右侧面向下错动的距离为 $\gamma \mathrm{d}x$，从 $efgh$ 位置变化到 $e'f'g'h'$ 位置。若切应力有一增量 $\mathrm{d}\tau$，切应变的相应增量为 $\mathrm{d}\gamma$，右侧面向下位移的增量应为 $\mathrm{d}\gamma \mathrm{d}x$，剪力 $\tau \mathrm{d}y\mathrm{d}z$ 在位移 $\mathrm{d}\gamma \mathrm{d}x$ 上完成的功为 $\tau \mathrm{d}y\mathrm{d}z \cdot \mathrm{d}\gamma \mathrm{d}x$。在应力从 0 开始逐渐增加的过程中，右侧面上的剪力 $\tau \mathrm{d}y\mathrm{d}z$ 总共完成的功应为

$$\mathrm{d}W = \int_0^{\gamma_1} w\mathrm{d}y\mathrm{d}z \cdot \mathrm{d}\gamma \mathrm{d}x$$

$\mathrm{d}W$ 等于单元体内储存的变形能 $\mathrm{d}U$，故

$$\mathrm{d}U = \mathrm{d}W = \int_0^{\gamma_1} \tau \mathrm{d}y\mathrm{d}z \cdot \mathrm{d}\gamma \mathrm{d}x = \left(\int_0^{\gamma_1} \tau \mathrm{d}\gamma\right)\mathrm{d}V$$

式中，$\mathrm{d}V = \mathrm{d}x\mathrm{d}y\mathrm{d}z$ 为单元体的体积。以 $\mathrm{d}U$ 除以 $\mathrm{d}V$ 得到单位体积内的剪切变形能（比能）为

$$u = \frac{\mathrm{d}U}{\mathrm{d}V} = \int_0^{\gamma_1} \tau \mathrm{d}\gamma$$

如图 6–9（c）所示，在线弹性范围内有剪切虎克定律 $\tau = G\gamma$，故上式积分结果为

$$u = \frac{1}{2}\tau\gamma = \frac{\tau^2}{2G} \tag{a}$$

按照例 6–2 的分析，纯剪切的主应力为［图 6–9（d）］

$$\sigma_1 = \tau, \sigma_2 = 0, \sigma_3 = -\tau \tag{b}$$

于是三向应力状态的比能为

$$u = \frac{1}{2}\sigma_1\varepsilon_1 + \frac{1}{2}\sigma_2\varepsilon_2 + \frac{1}{2}\sigma_3\varepsilon_3$$

将广义虎克定律式代入上式，得到

$$u = \frac{1}{2E}\left[\sigma_1^2 + \sigma_2^2 + \sigma_3^2 - 2\mu\left(\sigma_1\sigma_2 + \sigma_2\sigma_3 + \sigma_3\sigma_1\right)\right]$$

将（b）式代入上式，整理得到

$$u = \frac{\tau^2(1+\mu)}{E} \tag{c}$$

比较（a）和（c）两式，得到

$$G = \frac{E}{2(1+\mu)}$$

第五节　组合变形的强度计算

前面几章讨论了构件发生基本变形时的强度、刚度计算。但在工程实际中，有许多构件在载荷作用下，同时产生两种或两种以上的基本变形，这种变形称为组合变形。例如，钻机在外力 P 和力矩 M 的作用下，产生压缩与扭转的组合变形（图 6-10）；机架立柱在 F 力的作用下，产生拉伸与弯曲的组合变形（图 6-11）；车刀在切削力 P 的作用下，产生压缩与弯曲的组合变形（图 6-12）；传动轴在皮带轮张力的作用下，产生弯曲与扭转的组合变形（图 6-13）。

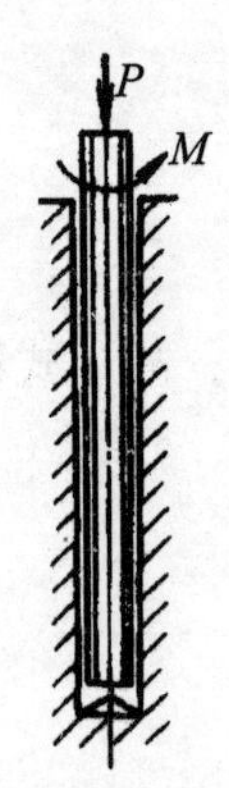

图 6-10　压缩与扭转的组合变形

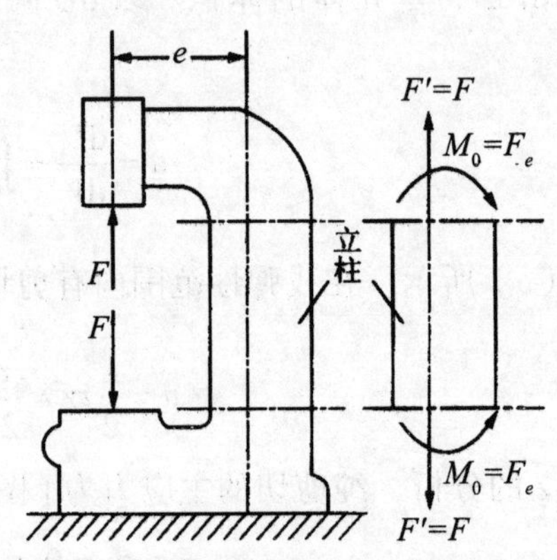

图 6-11　拉伸与弯曲的组合变形

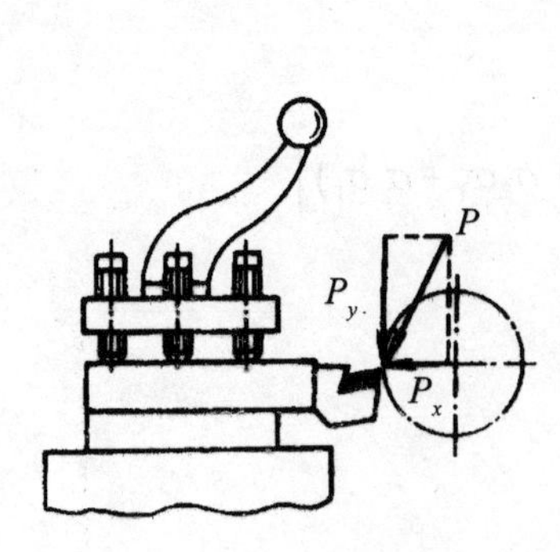

图 6-12　压缩与弯曲的组合变形

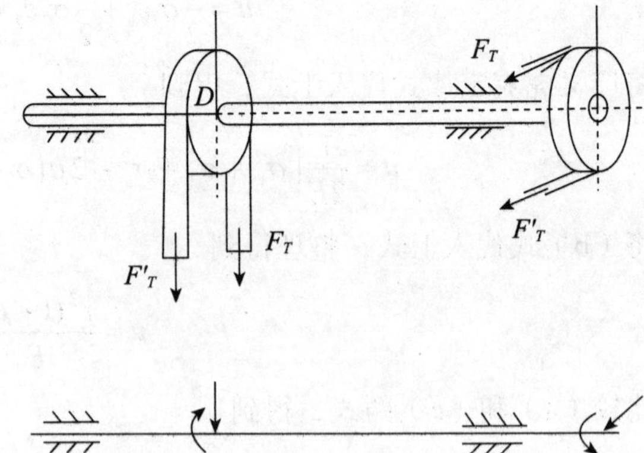

图 6-13　弯曲与扭转的组合变形

若构件的材料符合虎克定律，且在变形很小的情况下，可认为组合变形中的每一种基本变形都是各自独立的，即各基本变形引起的应力互不影响，故在研究组合变形问题时，可运用叠加原理。于是，分析组合变形时，可先将外力简化并分解为静力等效的几组载荷，使每一组载荷只产生一种基本变形，分别计算它们的内力、应力，然后进行叠加。再根据危险点的应力状态，建立相应的强度条件。

下面研究工程上常见的两种组合变形下的强度问题：拉伸（或压缩）与弯曲的组合；弯曲与扭转的组合。

一、拉伸（压缩）与弯曲的组合变形

当作用在构件对称面内的外力的作用线与轴线平行但不重合时（图 6-14），或不与轴线垂直或平行，而成某一角度时 [图 6-15（a）]，外力都将使杆件产生拉弯（或压弯）组合变形。

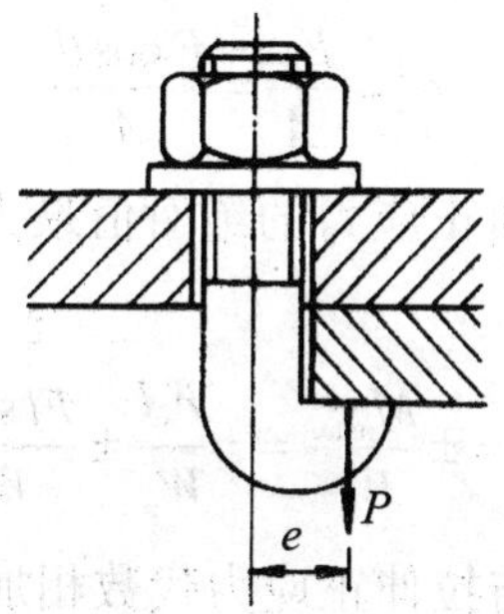

图 6-14　拉弯（或压弯）组合变形

下面以矩形截面悬臂梁为例，来说明拉弯（或压弯）组合变形的强度计算方法。

如图 6-15（a）所示，在悬臂梁的自由端作用一力 F，力 F 位于梁的纵向对称面内，且与梁的轴线成夹角 ϕ。

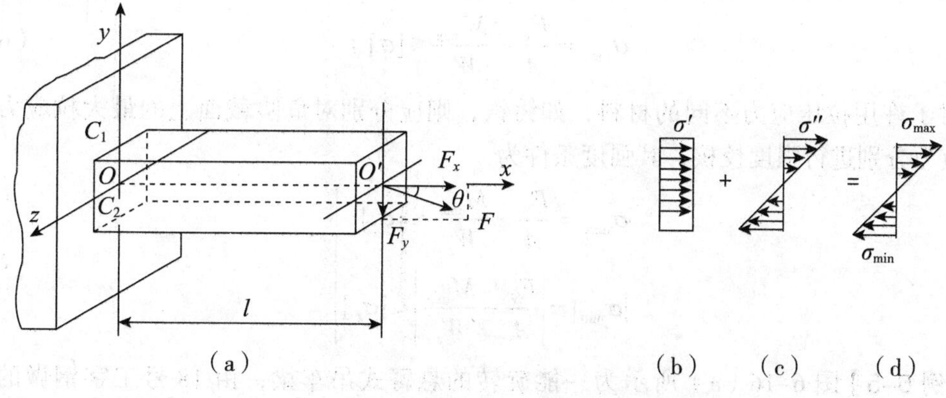

图 6-15　拉伸与弯曲组合变形的计算

（1）外力计算。将力F沿轴线和垂直轴线方向分解成两个力F_x和F_y，它们分别为

$$F_x = F\cos\theta,\ F_y = F\sin\theta$$

显然，F_x使梁发生拉伸变形，而F_y使梁发生弯曲变形，故梁在力F的作用下发生拉伸与弯曲的组合变形。

（2）内力分析，确定危险截面的位置。轴向拉力F_x使梁发生拉伸变形，各横截面的轴力相同，均为$F_N = F_x$。力F_y使梁发生弯曲变形，弯矩方程$M(x) = F_y(l-x)$，固定端横截面的最大弯矩$M_{\max} = F_y l$，所以固定端为危险截面。

（3）应力分析，确定危险点的位置。固定端（危险截面）上由拉力F_x引起的正应力均匀分布，如图6-15（b）所示，其值为

$$\sigma' = \frac{F_N}{A} = \frac{F\cos\theta}{A}$$

在危险截面上下边缘处，弯曲正应力的绝对值最大，其应力分布规律如图6-15（c）所示，最大的应力值为

$$\sigma'' = \pm\frac{M_{\max}}{W_z} = \pm\frac{F_y l}{W_z} \pm \frac{Fl\sin\theta}{W_z}$$

将危险截面上的弯曲正应力与拉伸正应力代数相加后，得到危险截面上总的正应力，其沿截面高度按直线规律变化的情况如图6-15（d）所示。在截面上、下边缘各点上的应力值分别为

$$\left.\begin{matrix}\sigma_{\max}\\ \sigma_{\min}\end{matrix}\right\} = \frac{F_N}{A} \pm \frac{M_{\max}}{W_z} \tag{6-20}$$

由上式可知，固定端上边缘各点是危险点。

（4）强度计算。因危险点的应力是单向应力状态，所以其强度条件为

$$\sigma_{\max} = \frac{F_N}{A} + \frac{M_{\max}}{W_z} \leqslant [\sigma] \tag{6-21}$$

对于许用拉压应力不同的材料，如铸铁，则应分别对危险截面上的最大拉应力和最大压应力分别进行强度校核，其强度条件为

$$\left.\begin{aligned}\sigma_{\max} &= \frac{F_N}{A} + \frac{M_{\max}}{W_z} \leqslant [\sigma_t]\\ |\sigma_{\min}| &= \left|\frac{F_N}{A} - \frac{M_{\max}}{W_z}\right| \leqslant [\sigma_c]\end{aligned}\right\} \tag{6-22}$$

【例6-5】图6-16（a）所示为一能旋转的悬臂式吊车梁，由18号工字钢做的横梁AB及拉杆BC组成。在横梁AB的中点D有一个集中载荷F=25kN，已知材料的许用应力$[\sigma]$为100MPa，试校核横梁AB的强度。

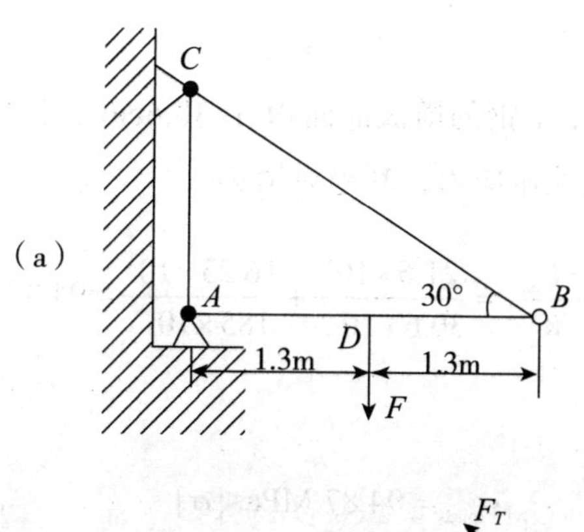

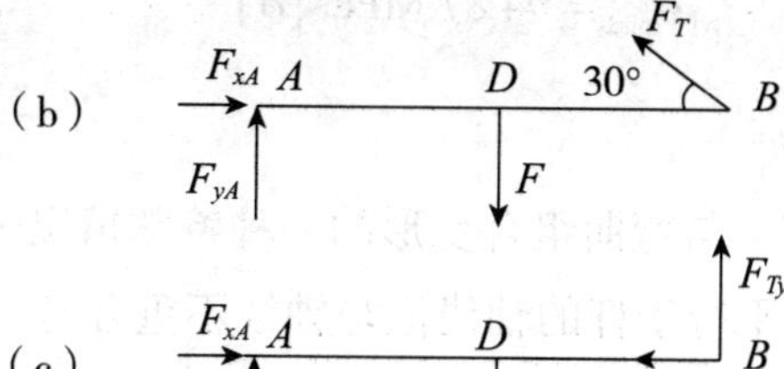

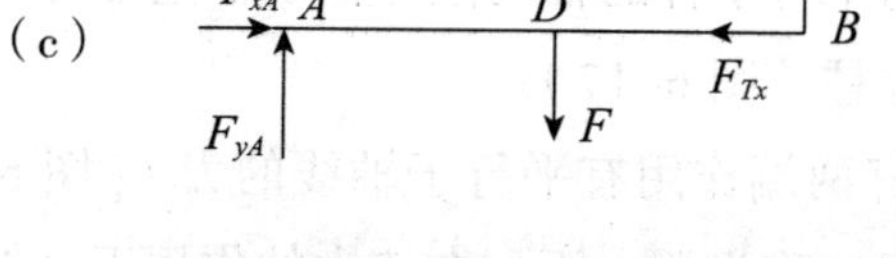

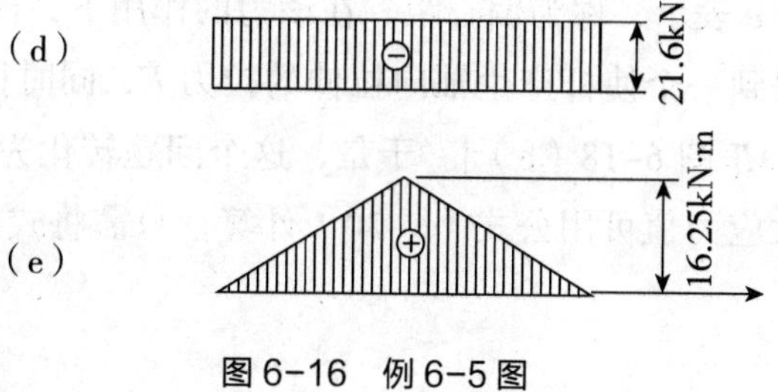

图 6-16 例 6-5 图

解 （1）受力分析

AB 梁受力图如图 6-16（b）和（c）所示。由静力平衡方程可求得

$$F_T = 25 \text{ (kN)}$$

$$F_{xA} = F_{Tx} = 21.6 \text{ (kN)}$$

$$F_{yA} = F_{Ty} = 12.5 \text{ (kN)}$$

由受力图可以看出，梁 *AB* 上的外力 F_{xA}、F_{Tx} 使梁发生轴向压缩变形，而外力 F、F_{yA}、F_{Ty} 使梁发生弯曲变形。于是横梁在 F 的作用下发生轴向压缩与弯曲的组合变形。

（2）确定危险截面

在 *AB* 梁作轴力图 [图 6-16（d）] 和弯矩图 [图 6-16（e）]，可知 D 为危险截面，其轴力和弯矩分别为

$$F_N = -21.6 \text{ (kN)}$$

$$M_{\max} = 16.25 \text{ (kN} \cdot \text{m)}$$

（3）计算危险点处的应力

由型钢规格表查得 18 号工字钢的横截面面积 A=30.6cm²，抗弯截面系数 $W_z = 185\text{cm}^3$，在危险截面的上边缘各点有最大压应力，其绝对值为

$$\sigma_{\max} = \left|\frac{F_N}{A}\right| + \frac{M_{\max}}{W_z} = \frac{21.6\times10^3}{30.6\times10^{-4}} + \frac{16.25\times10^3}{185\times10^{-6}} = 94.87\ (\text{MPa})$$

（4）强度校核

$$\sigma_{\max} = 94.87\ \text{MPa} < [\sigma]$$

所以，梁 AB 满足强度条件。

下面讨论作为拉伸（压缩）与弯曲组合变形的一种特殊情况——偏心拉伸（压缩）问题。如果作用在直杆上的外力平行于杆的轴线但与轴线不重合时，将引起偏心拉伸或偏心压缩，如厂房支承吊车梁的立柱（图 6-17）。

设有一矩形截面直杆，杆两端作用有平行于轴线的力 F[图 6-18（a）]，F 力作用点与横截面形心的距离用 e 表示，称为偏心距。在该力的作用下，杆受到偏心拉伸。将力 F 向横截面形心简化，得到一个使杆产生轴向拉伸的拉力 F，同时得到一个使杆产生弯曲、矩为 Fe 的弯曲力偶矩 M[图 6-18（b）]。于是，这个问题转化为拉伸与弯曲的组合变形问题。其危险点的最大应力值可用公式（6-20）计算，只需将式中的 $M_{\max}$ 改为偏心力偶矩 Fe 即可。

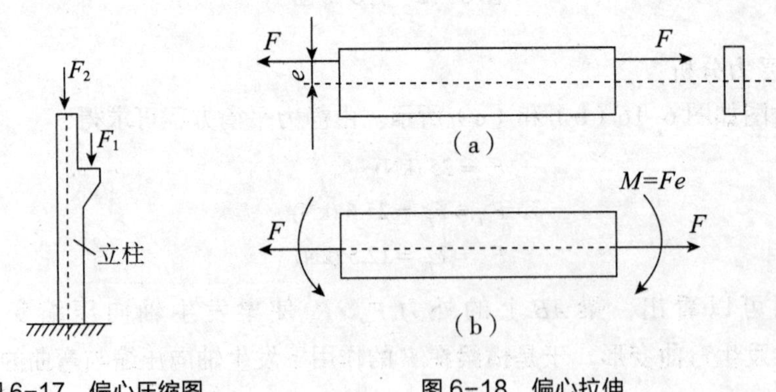

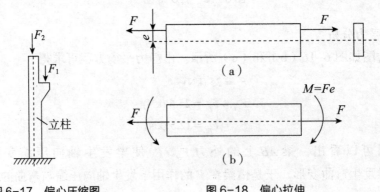

图 6-17　偏心压缩图　　图 6-18　偏心拉伸

【例 6-6】夹具如图 6-19（a）所示，已知 $F = 2.0\text{kN}$，$l = 0.060\text{m}$，$b = 0.010\text{m}$，$h = 0.022\text{m}$。材料的许用正应力 $[\sigma] = 160\text{MPa}$。试校核夹具竖杆的强度。

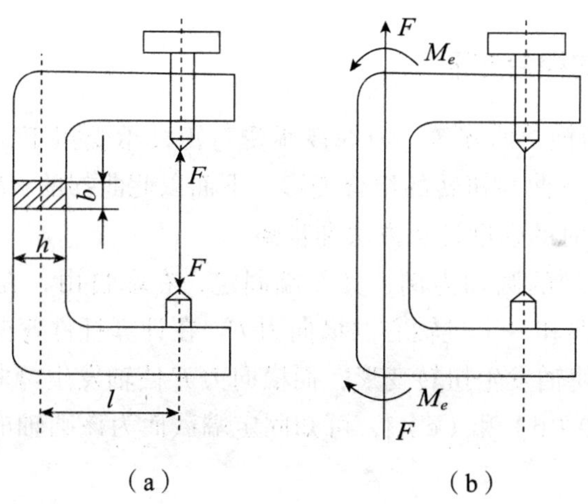

图 6-19　例 6-6 图

解　（1）外力计算

夹具竖杆所示的载荷是偏心载荷，将载荷平移到轴线上，得一力 F 和一力偶 $M_e=Fl$。力 F 将引起拉伸变形，而力偶 M_e 则引起弯曲变形，所以夹具竖杆在力 F 的作用下将发生拉弯组合变形。

（2）内力分析，确定危险截面的位置

用截面法求夹具竖杆上任一截面 mn 的内力，其轴力 F_N 和弯矩 M_e 分别为

$$F_N=F=2.0(\text{kN})$$

$$M_e=2.0\times10^3\times0.060=120(\text{N}\cdot\text{m})$$

因各横截面的轴力 F_N 和弯矩 M_e 是相同的，所以各横截面的危险程度是相同的，故可认为 $m\text{-}n$ 截面为危险截面。

（3）应力分析，确定危险点的位置

夹具竖杆横截面上的最大拉应力发生在截面右边缘各点处，其值为 $\sigma_{\max}=\dfrac{F}{A}+\dfrac{M_e}{W_z}$，其中，抗弯截面系数 $W_z=\dfrac{bh^2}{6}$。

（4）强度校核

因危险点的应力为单向应力状态，所以其强度条件为

$$\sigma_{\max}=\frac{F}{A}+\frac{M_{\max}}{W_z}=\frac{2.0\times10^3}{0.010\times0.022}+\frac{120}{\dfrac{0.010\times0.022^2}{6}}\text{Pa}$$

$$=158\text{MPa}<[\sigma]=160\text{MPa}$$

故此夹具竖杆的强度是足够的，可以安全工作。

二、弯曲与扭转的组合变形

机械设备中的传动轴、曲拐等，有时既承受弯矩又承受扭矩，因此弯曲变形和扭转变形同时存在，即产生弯曲与扭转的组合变形。下面以此曲拐的 AB 杆为例，说明杆的弯曲与扭转这种组合变形时的强度计算方法和步骤。

以图 6–20（a）所示的圆轴为例，其左端固定、右端自由，在自由端横截面内作用着一个矩为 M_e 的外力偶和一个过轴心的横向力 F。在计算杆件弯曲与扭转组合变形的强度计算时，力偶矩 M_e 使轴发生扭转变形，而横向力 F 使轴发生弯曲变形，分别作轴的扭矩图和弯矩图［图 6–20（b）和（c）］，可知固定端截面为该圆轴的危险截面，其内力数值为

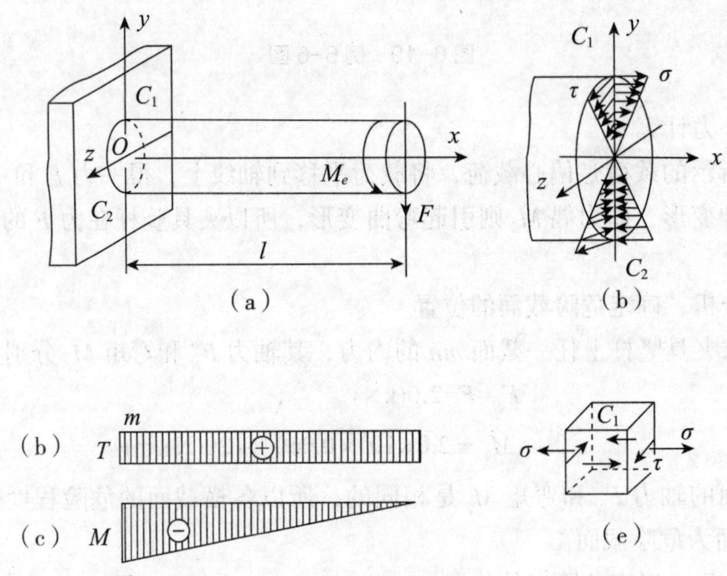

图 6–20　弯曲与扭转组合变形

$$T=M_e,\ M=Fl$$

根据危险截面上相应于扭矩 T 的切应力分布规律和相应于弯矩 M 的正应力分布规律［图 6–20（d）］，可知上、下边缘的 C_1 点和 C_2 点的切应力和正应力同时达到最大值，其值为

$$\left.\begin{aligned}\sigma&=\frac{M}{W_z}\\ \tau&=\frac{T}{W_p}\end{aligned}\right\} \qquad (6\text{–}23)$$

对于抗拉、抗压强度相等的塑性材料（如低碳）制成的轴，取其中一点研究即可。现取 C_1 点，其单元体为二向应力状态［图 6–20（e）］，必须根据强度理论来建立强度条件，

所以需用强度理论求出相当应力，建立强度条件。将 $\sigma_x=\sigma, \sigma_y=0, \tau_x=\tau$ 代入主应力公式（6–4），得到的主应力为

$$\left.\begin{aligned}\frac{\sigma_1}{\sigma_3}&=\frac{\sigma}{2}\pm\sqrt{\left(\frac{\sigma}{2}\right)^2+\tau^2}\\ \sigma_2&=0\end{aligned}\right\} \tag{6-24}$$

轴类零件一般都采用塑性材料—钢材，所以选用第三或第四强度理论建立强度条件。现将式（6–24）分别代入第三、第四强度理论的强度条件：

$$\sigma_{r3}=\sqrt{\sigma^2+4\tau^2}\leqslant[\sigma] \tag{6-25}$$

$$\sigma_{r4}=\sqrt{\sigma^2+3\tau^2}\leqslant[\sigma] \tag{6-26}$$

因为是圆截面轴，则 $W_Z=\dfrac{\pi d^3}{32}$，$W_P=\dfrac{\pi d^3}{16}=2W_z$，故 $W_P=2W_z$。

代入式（6–25）和式（6–26），可得

$$\sigma_{r3}=\frac{\sqrt{M^2+T^2}}{W_z}\leqslant[\sigma] \tag{6-27}$$

$$\sigma_{r4}=\frac{\sqrt{M^2+0.75T^2}}{W_z}\leqslant[\sigma] \tag{6-28}$$

以上两式是圆轴弯曲和扭转组合变形时，按第三和第四强度理论计算的强度条件，并不适用于非圆截面杆。

【例 6-7】卷扬机结构尺寸如图 6–21（a）所示，l=800mm，R=180mm，AB 轴径 d=30mm。已知电动机的功率 P=2.2kW，轴 AB 的转速 n=150 r/min，轴材料的许用应力 $[\sigma]=90$ MPa，试按第三强度理论、第四强度理论分别校核 AB 轴的强度。

解　（1）外力分析

由功率 P 和转速 n 可计算出电动机输入的力偶矩：

$$M_0=9550\frac{P}{n}=9550\times\frac{2.2}{150}\text{N}\cdot\text{m}=140\,\text{N}\cdot\text{m}$$

于是卷扬机的最大起重量为

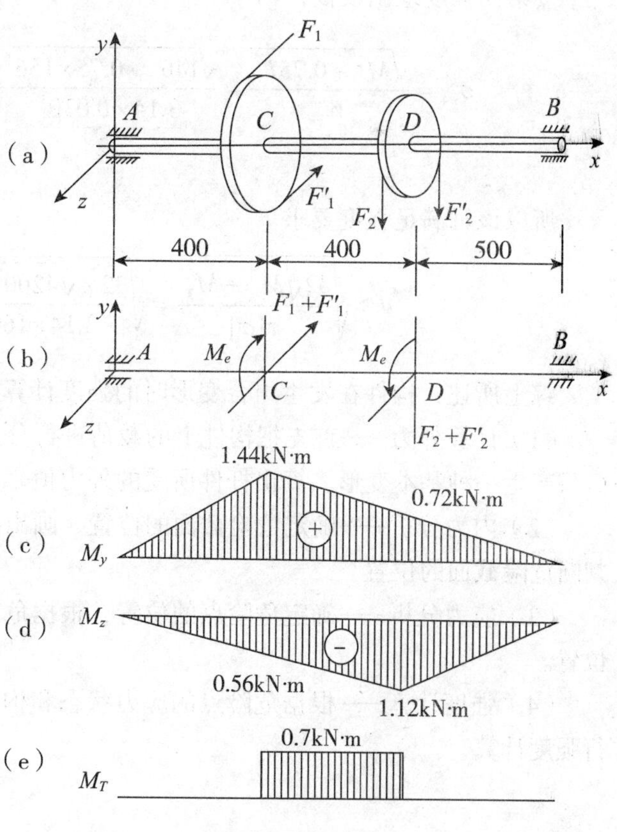

图 6–21　例 6–7 图

$$W=\frac{M_0}{R}=\frac{140}{0.180}\text{N}=778\text{N}$$

将重力 W 向轴线简化，得一平移力 G' 和一力偶矩为 GR 的力偶。轴的计算简图如图 6-21（b）所示。

（2）内力分析，确定危险截面的位置

作出轴的扭矩图和弯矩图，如图 6-21（c）和（d）所示，由内力图可以看出 C 截面为危险截面，其上的内力为

$$T=M_0=140\ \text{N}\cdot\text{m}$$

$$M=\frac{1}{4}Wl=\frac{1}{4}\times 778\times 0.800\ \text{N}\cdot\text{m}=156\ \text{N}\cdot\text{m}$$

（3）强度计算

按第三强度理论校核，则

$$\sigma_{r3}=\frac{\sqrt{M^2+T^2}}{W_z}=\frac{\sqrt{140^2+156^2}}{\dfrac{3.14\times 0.030^3}{32}}\text{Pa}=79.1\text{MPa}<[\sigma]=90\text{MPa}$$

按第四强度理论校核，则

$$\sigma_{r4}=\frac{\sqrt{M^2+0.75T^2}}{W_z}=\frac{\sqrt{140^2+0.75\times 156^2}}{\dfrac{3.14\times 0.030^3}{32}}\text{Pa}=73.4\text{MPa}<[\sigma]=90\text{MPa}$$

所以该轴满足强度要求。

$$d\geqslant\sqrt[3]{\frac{32\sqrt{M^2+M_T^2}}{\pi[\sigma]}}=\sqrt[3]{\frac{32\times\sqrt{4200^2+1500^2}}{3.14\times 160\times 10^6}}\text{m}=65.7\text{mm}$$

综上所述，构件在发生组合变形时的强度计算方法可归纳为如下步骤：

（1）计算外力——首先把构件上的载荷进行分解或简化，使分解或简化后的每一种载荷只产生一种基本变形。算出杆件所受的外力值。

（2）内力分析——确定危险截面的位置，画出每一种载荷引起的内力图，根据内力图判断危险截面的位置。

（3）应力分析——确定危险点的位置，根据危险截面的应力分布规律，判断危险点的位置。

（4）强度计算——根据危险点的应力状态和构件的材料特性，选择合适的强度理论进行强度计算。

习　　题

1. 求图 6-22 所示单元体 $m-m$ 斜截面上的正应力和切应力。

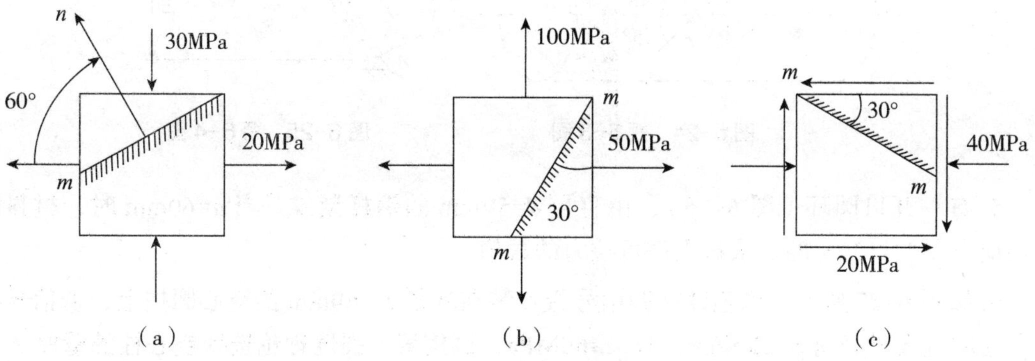

图 6-22　题 6-1 图

2. 试求图 6-23 所示各单元体内主应力的大小及方向。

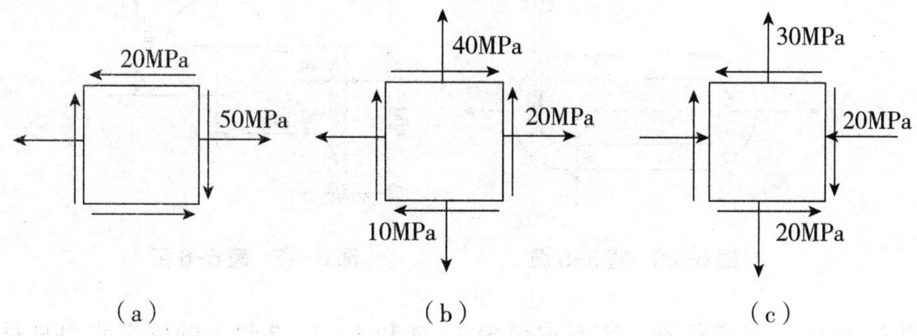

图 6-23　题 6-2 图

3. 如图 6-24 所示，圆轴直径为 200mm，今在轴上某点与轴的母线成 45° 角的 *aa* 及 *bb* 方向贴有电阻应变片。在外力偶的作用下，圆轴发生扭转。现分别测得在 *aa* 及 *bb* 方向的线应变为 $\varepsilon_1 = 4.25\times10^{-4}$ 及 $\varepsilon_2 = -4.25\times10^{-4}$，已知材料的 E=207GPa，μ=0.3，求该轴所受的外力偶矩 M_e 等于多少？

4. 有一斜梁 *AB*，如图 6-25 所示，其横截面为正方形，边长为 100mm，若 F=3kN，试求最大拉应力和最大压应力。

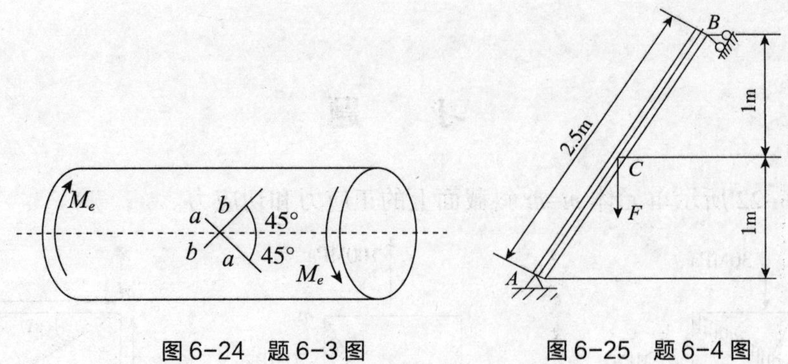

图 6–24　题 6–3 图　　图 6–25　题 6–4 图

5. 有一开口圆环（图 6–26），由直径 d=50mm 的钢杆制成。当 a=60mm 时，材料的许用应力 $[\sigma]$ =120MPa。求最大许可拉力的数值。

6. 如图 6–27 所示，铁道路标圆信号板安装在外径 D=60mm 的空心圆柱上，若信号板上所受的最大风载荷 p=2kN/m²，$[\sigma]$ =60MPa，试按第三强度理论选择空心柱的壁厚。

7. 图 6–28 为手摇绞车，已知 d=3mm，卷筒直径 D=360mm，l=1000m，轴的 $[\sigma]$ =80MPa，试按第三强度理论计算绞车能起吊的最大安全载荷 P（忽略 P 引起的弯曲影响）。

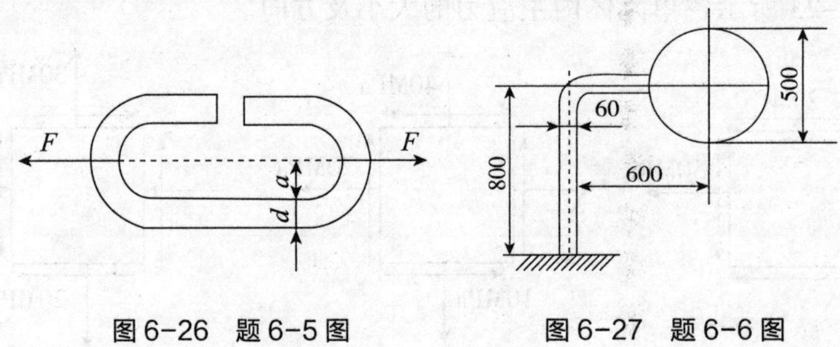

图 6–26　题 6–5 图　　图 6–27　题 6–6 图

8. 图 6–29 为一皮带轮轴，装有皮带轮 1、2 和 3。1、2 轮上的皮带张力是垂直方向的，而 3 轮上的皮带张力是水平方向的。已知皮带张力 $F_{T1}=F_{T2}$=1.5kN。1、2 轮的直径均为 300mm，3 轮的直径为 450mm，轴的直径为 60mm。若许用应力 $[\sigma]$ =80MPa，试按第三强度理论和第四强度理论校核轴的强度。

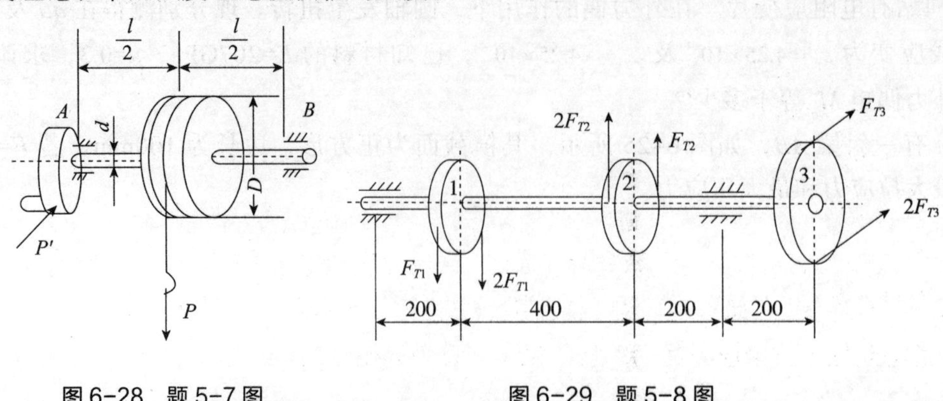

图 6–28　题 5–7 图　　图 6–29　题 5–8 图

第二篇　化工设备材料

正确选择和使用材料是化工容器与设备机械设计的重要环节。本篇由材料基础知识、化工设备材料及选择、腐蚀及防腐 3 章组成。

1. 本篇主要介绍了钢材生产的一些基础知识，讲述了材料的主要性能，包括力学性能、物理性能、化学性能及加工工艺性能等。

2. 本篇详细地介绍了按照我国最新标准对金属材料的分类及牌号；普通碳素钢、优质碳素钢和铸铁的牌号、性能及选用；化工设备应用最广泛的低合金钢和化工设备用的特种钢，如锅炉钢、不锈钢、耐热钢低温用钢等。

3. 本篇简要介绍了铝、铜、铅、钛及其合金；无机、有机非金属材料的种类及应用。

4. 本篇讲述了化工设备的腐蚀与防护措施，着重介绍氢腐蚀、晶间腐蚀、应力腐蚀的机理及防止这些腐蚀的措施。

学习本篇内容，可以使大家学会初步正确、合理地选用中、低压化工容器和设备材料。

炼钢过程蕴涵着大量的人生哲理，学生们在了解钢铁是怎样炼成的同时，也要懂得人的钢铁意志是怎么炼成的，理解面对新时代的使命与担当时该如何抉择“脱、去、调整”，即如何脱掉稚嫩，去掉浮躁，调整心态，磨炼自己钢铁般的意志，最终完成蜕变与成长。同时金属中的多种元素也都存在着利害的辩证关系，通过这种辩证关系，钢铁中包含的元素及其对钢铁性能的影响，能够鲜明地反映唯物辩证法中辩证统一的关系，让学生懂得在学习、生活和工作中，遇到问题都要辩证地看待错与对、利与害、得与失，引导学生树立正确的世界观、人生观、价值观。坚持两点论、两分法来看待问题，寻找解决问题的办法，在进行设备选材时，就要根据反应及介质特点，选取恰当的材料作为主要设备材料，同时还可以配合内衬等对设备加以保护，可使学生懂得人无完人，金无足赤，正确认识自己，学会取他人之长，补自己之短，并培养团队协作能力。

第七章　材料基础知识

1. 本章的能力要素

本章介绍材料生产的基本知识和金属材料的基本性能。具体要求包括：

（1）了解炼钢的基本工艺和相关术语；

（2）掌握材料的力学性能和化学性能；

（3）理解材料的物理性能和加工工艺性能。

2. 本章的知识结构图

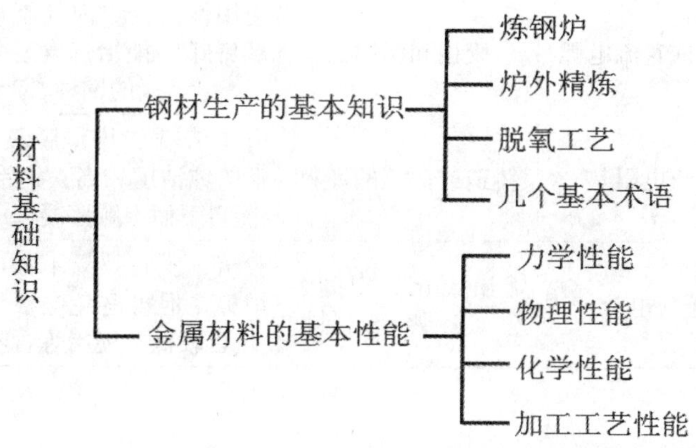

第一节　钢材生产基本知识

目前，炼钢主要有两条工艺路线，即转炉炼钢流程和电炉炼钢流程。通常将转炉炼钢流程称为长流程，一般是：高炉炼铁→铁水预处理→氧气转炉炼钢→炉外精炼→连铸（模铸）→钢坯热装热送（钢锭）→连轧（轧制）→（热处理）；电炉炼钢的生产流程称为短流程，一般是：电炉炼钢→炉外精炼→连铸（模铸）→钢坯热装热送（钢锭）→连轧（轧制）→（热处理）。短流程无须庞杂的铁前系统和高炉炼铁，因而工艺简单、投资低、建设周期短。但短流程生产规模相对较小，生产品种范围相对较窄，生产成本相对较高。

炼钢的基本原料是生铁和废铁，根据工艺要求，还需加入各种铁合金或金属材料，以及各种添加剂和辅助材料。钢的质量和性能除受原材料优劣的影响外，还受炼钢设备和冶炼工艺的直接影响。所以不同的钢种、不同质量要求的钢材，需要正确地选择炼钢炉和相应的冶炼工艺。

一、炼钢炉

当今世界用于大规模生产的炼钢炉主要有氧气转炉、高功率或超高功率电弧炉，以及满足特殊需要的电渣炉、感应炉等，几种主要炼钢炉的特点见表 7-1 所列。

现代炼钢工艺中，上述几种主要炼钢炉只是作为初炼炉，主要作用是完成熔化和粗调钢液成分及温度，而钢的精炼与合金化工作将在之后的炉外精炼设备中完成。

表7-1　几种主要炼钢炉的特点

炼钢炉	主要热源	主要原料	主要特点
氧气转炉	钢液中碳、硅、锰、磷等元素氧化产生的化学热	炼钢生铁（液态）和废钢	氧化熔炼，吹炼速度快，生产效率高，有不同的吹炼方法
电弧炉	交流或直流电弧	废钢和海绵铁	通用性大，炉内气氛可以控制，钢水脱氧良好，能冶炼含易氧化元素和难熔金属的钢种，产品多样化
电渣炉	电渣电阻热	铸造或锻压的坯料	由于渣洗作用，脱氧、脱硫效果显著，钢的纯洁度较高，钢锭致密、偏析减少，能自下而上顺序凝固，能改善加工性能
感应炉（真空感应炉）	感应电流	优质废钢、中间合金（工业纯金属料）	脱硫、脱磷效果不如电弧炉，要用优质炉料，但可避免电极增碳，钢中的氮含量也较低，能冶炼含易氧化元素的钢种

二、炉外精炼

炉外精炼是将在转炉或电炉中初炼过的钢液移至另一个容器中进行精炼的冶金过程，也称“二次炼钢”。精炼是将初炼的钢液在真空、惰性气体或还原性气氛的容器中进行脱气、脱氧、脱硫，去除夹杂物和成分微调等，可提高钢的质量，缩短冶炼时间，优化工艺过程并降低生产成本，现主要有钢包脱气技术、真空吹氧脱碳法（VOD）、氩氧脱碳法（AOD）以及具有电弧加热、氩气搅拌功能的钢包精炼技术等。炉外精炼技术按功能大致可分为六类。

（1）精炼脱碳技术。采用强搅拌，在真空下碳的质量分数可降至 0.05% 以下。例如，钢包脱气处理 250t 钢水，碳的质量分数可降至 0.002% 以下，50t 的 VOD 精炼 30Cr-2Mo 不锈钢，碳的质量分数可降至 9×10^{-4}%。

（2）精炼脱硫技术。钢包加顶渣脱硫，可使硫的质量分数从 0.0035% 降至 0.0007%；采用带加热设备的则降至 0.0001%；用钙系粉剂处理，可降至 0.002% 以下。

（3）精炼脱磷技术。在铁水脱硅的同时，采用钢水脱磷技术，例如，超低磷钢的生产流程可概括为：铁水脱硫→喷粉脱磷→转炉吹炼→炉外精炼脱磷。

（4）精炼脱氮技术。如氮气或氩气，在转炉吹炼终点，氮含量可达到 20ppm，电炉中的氮含量更高。由于氮、硫和氧一样属于一种表面活性元素，因此在真空处理期间，超低硫含量和氧含量是大量去氮的先决条件。在真空处理之前，氮含量为 50ppm，经真空处理后，氮含量能够达到 30ppm。在其他条件相同的情况下，初始氮含量较高（90ppm），真空处理后氮含量可达到 40ppm。

（5）提高纯洁度和夹杂物变性技术。钢中的氧、硫含量是钢的纯洁度的重要参量，采用各种工艺方法使其降至最低值，工业上普遍采用钙处理使夹杂物变性。用喷枪将含钙材料 CaSi 吹入炉内，或以芯线的形式添加到炉内。夹杂物开始是残余的脱氧产物 Al_2O_3，加入钙后的夹杂物由 Al_2O_3 转变为 CaO。如果硫含量高，除了脱氧产物 Al_2O_3 转变为液态铝酸钙之外，还生成 CaS 夹杂物。

（6）微量有害杂质去除技术。向不锈钢中喷吹 CaC_2，微量有害杂质的脱除率分别为 As，85%~95%；Se，87%~95%；S，79%~94%；Pb，50%~88%。

三、脱氧工艺

在脱氧工艺中，钢的凝固结构、钢材性能和质量都会影响钢水的脱氧程度。按炼钢时脱氧情况和锭模形式的不同，钢可分为沸腾钢、半镇静钢和镇静钢。

镇静钢在浇注前用 Si、Al 等元素对钢液进行完全脱氧，把 FeO 中的氧还原出来，生成 SiO_2 和 Al_2O_3，使钢中含氧量不超过 0.01%（通常是 0.002%~0.003%）。钢锭模上大下小，浇注后钢液从底部向上、向中心顺序地凝固，在钢锭上部形成集中缩孔，锻压时将这一部分截去，因而成材率较低，成本较高。但这种方法铸成的钢锭内部紧密坚实，因此有重要用途的优质碳钢和合金钢大都是镇静钢，化工压力容器一般都要选用镇静钢。

沸腾钢冶炼时采用弱脱氧剂 Mn 脱氧，是脱氧不完全的钢，含氧量为 0.03%~0.07%，其锭模上小下大，浇注后钢液在锭模中发生自脱氧反应：[FeO]+[C]=CO+[Fe]，放出大量的 CO 气体，出现沸腾现象。沸腾钢锭没缩孔，凝固收缩后气体分散为形状不同的很多气泡，布满全锭，因而内部结构疏松。这个缺点通过碾压时的压合作用可以得到改善。沸腾钢锭没有缩孔处的废弃部分，所以成材率高，成本低。但沸腾钢的钢锭含碳量常有一些偏析（组成元素在结晶时分布不均匀的现象）。

半镇静钢介于镇静钢与沸腾钢之间，浇注前在盛钢桶内或钢锭模内加入脱氧剂，锭模也是上小下大，钢锭的特征是具有薄的紧密外壳，头部还有缩孔，钢锭内部结构下半部像沸腾钢，上半部像镇静钢。由于此种钢经部分脱氧，能在早期消除模内沸腾，所以钢锭的偏析发展较弱，同时这种钢锭头部切除较小，成材率也较高。

四、几个基本术语

钢锭：将熔融的钢水注入模型内，待钢水凝固脱模后所得到的具有一定形状的铸钢件。

毛坯：用于制作某种钢件的坯料。

钢坯：用于轧（压）制钢材的坯料。

板坯：用于轧制钢板的坯料。

原轧制钢板：由一块（个）钢坯或板坯（钢锭）轧制而形成的一张钢板，由于运输时尺寸限制或其他原因，最终交货时可能裁剪成几张钢板，但仍为同一张原轧制钢板。

钢号：钢铁产品牌号。用汉语拼音、化学符号和阿拉伯数字表示钢材产品名称、用途、冶炼和浇铸方法及分类，强度等级，主要化学成分和含量。

炉号：炼钢炉次的编号。同一炉号的钢材具有基本相同的化学成分。

批号：钢厂按有关规定，将同一钢号的钢材组成一个供货批次的编号。通常应以同一钢号、同一炉号、同一轧制和热处理制度的钢板为一批，有时同一批钢材还受重量（如钢板）或根数（如钢管）的限制。

第二节　金属材料的基本性能

金属材料是化工设备最常用的一种材料，其基本性能主要包括力学性能、物理性能、化学性能和加工工艺性能等。

一、力学性能

构件在使用过程中受力（载荷）超过某一限度时，会发生变形，甚至断裂失效。我们把材料在外力（或外加能量）的作用下所表现的特性叫材料的力学性能，通常用强度、塑性、硬度和韧性等特征指标来衡量。

（一）强度

强度是固体材料在外力作用下抵抗产生塑性变形和断裂的特性。常用的强度指标有屈服极限和抗拉强度等。

1. 屈服极限（σ_s）

当外加载荷不再增加或缓慢增加时，金属材料仍继续发生明显的塑性变形的现象，称为“屈服”。发生屈服现象时的应力，即开始出现塑性变形时的应力，称为屈服极限，用 σ_s（MPa）表示，它代表金属材料抵抗产生塑性变形的能力。

除退火的或热轧的低碳钢和中碳钢等少数合金有明显的屈服点外，大多数金属合金没有明显的屈服点。因此，工程中规定发生 0.2% 残余伸长时的应力为名义屈服强度，以 $\sigma_{0.2}$（MPa）表示。

2. 抗拉强度（σ_b）

金属材料在拉伸条件下，从开始加载到发生断裂能承受的最大应力值，叫抗拉强度。由于外力形式的不同，有抗拉强度、抗压强度、抗弯强度和抗剪切强度等，其中，抗拉强度是压力容器设计中常用的性能指标，它是试件拉断前最大载荷下的应力，即强度极限，以 σ_b（MPa）表示。

屈服极限和抗拉强度是压力容器设计中两个非常重要的强度指标。工程上所用的金属材料，不仅希望具有高的 σ_s 值，还希望具有一定的屈强比（σ_s/σ_b）。屈强比愈小，材料的塑性储备就愈大，愈不容易发生危险的脆性破坏。但是，屈强比太小，材料的强度水平就不能充分发挥。反之，屈强比愈大，材料的强度水平就愈能得到充分发挥，但其塑性储备就愈小，容易发生脆性破坏。实际上，一般还是希望屈强比大一些。

3. 蠕变极限（σ_n）

高温下材料的屈服极限、抗拉强度、塑性及弹性模量等性能均发生显著的变化。通常，随着温度的升高，金属材料的强度降低，塑性提高。除此之外，金属材料在高温下还有一个重要特性，即“蠕变”。所谓蠕变，是指在高温时，在一定的应力下，应变随时间而增加的现象，或者金属在高温和存在内应力的情况下逐渐产生塑性变形的现象。

对某些金属，如铅、锡等，在室温下也有蠕变现象。钢铁和许多有色金属，只有当温度超过一定值以后才会发生蠕变。例如，碳素钢和普通低合金钢在温度超过 350~400℃时，低合金铬钼钢在温度超过 450℃时，高合金钢在温度超过 550℃时，才发生蠕变。

在实际生产中，由于金属材料的蠕变而造成的破坏事例并不少见。例如，由于存在蠕变，高温高压的蒸汽管道的管径随时间的增加而不断增大，厚度随之减小，最后可能导致管道破裂。

材料在高温条件下抵抗发生缓慢塑性变形的能力，用蠕变极限 σ_n（MPa）表示。常用的蠕变极限有两种：一种是在工作温度下引起的规定变形速度 [如 $\nu=1\times10^{-5}$m/（mm·h）或 $\nu=1\times10^{-4}$mm/（mm·h）] 的应力值；另一种是在一定工作温度下，在规定的使用时间内，使试件发生一定量的总变形的应力值。如在某一温度下，在 1 万小时或 10 万小时内产生的总变形量为 1% 时的最大应力。

所以，材料的蠕变极限与温度、蠕变速度有关。

4. 持久强度（σ_D）

在给定温度下，促使试样或工件经过一定时间发生断裂的应力叫持久强度，以 σ_D（MPa）表示。在化工容器用钢中，设备的设计寿命一般为 10 万小时，以 σ_{10^5}（σ_D）表示试件经 10 万小时发生断裂的应力。

持久强度是一定温度和应力下材料抵抗断裂的能力。在相同条件下，能持续的时间越久，则该材料抵抗断裂的能力越强。

5. 疲劳强度（σ_{-1}）

很多构件与零件，经常受到大小及方向变化的交变载荷，这种交变载荷，使金属材料在应力远低于屈服点时就发生断裂，这种现象称为疲劳。金属在无数次交变载荷作用下，不致引起断裂的最大应力，称为疲劳极限。

实际上不可能进行无数次试验，而是把经 10^6~10^8 次循环试验不发生断裂的最大应力作为疲劳极限，又称疲劳强度。如钢在纯弯曲交变载荷下循环试验 5×10^6 次时，所测得不发生断裂的最大应力，即算作它的弯曲疲劳强度，用 σ_{-1}（MPa）表示。一般钢铁的弯曲疲劳强度只是抗拉强度的一半，甚至还低一些。

金属的疲劳强度与很多因素有关，如合金成分、表面状态、组织结构、夹杂物的多少与分布状况以及应力集中情况等。

（二）塑性

塑性是金属材料在外力作用下产生塑性变形而不被破坏的能力。常用的塑性指标有断后伸长率（δ）和断面收缩率（ψ）。

1. 断后伸长率（δ）

断后伸长率 δ 的大小与试件尺寸有关。为了便于比较，试件必须标准化。常用的试件计算长度规定为试件直径的 5 倍或 10 倍，其延伸率分别用 δ_5 或 δ_{10} 表示。一般情况下，$\delta_5 \approx 1.2\delta_{10}$。工程中应用的主要塑性指标是 δ_5，对于厚度低于 6mm 的钢板，也可用 δ_{10}。

2. 断面收缩率（ψ）

断面收缩率 ψ 与试件尺寸无关，它能更可靠、更灵敏地反映材料塑性的变化。

断后伸长率和断面收缩率都是用来衡量金属材料塑性大小的，断后伸长率和断面收缩率愈大，表示金属材料的塑性愈好。如纯铁的断后伸长率几乎为 50%，而普通铸铁的不到 1%，因此，纯铁的塑性远比普通铸铁好。

3. 冷弯（角）

冷弯角也是衡量金属材料和焊缝塑性的指标之一，它是由冷弯试验测定的。金属材料和焊接接头在室温下以一定的内半径进行弯曲，在试样被弯曲受拉面出现第一条裂纹前，金属材料的变形越大，其塑性就越好。焊接接头的冷弯试验常以一定的弯曲角度（a=120° 或 a=180°）下是否出现裂纹为评定标准。

冷弯试验不但是对压力容器用材的一项验收指标，而且在容器制造过程中，对焊接工艺和产品试板均需做冷弯试验。

上述塑性指标在工程技术中具有重要的实际意义。首先，良好的塑性可顺利地进行某些成型工艺，如弯卷、锻压、冷冲、焊接等；其次，良好的塑性使零件在使用中能由于塑性变形而避免突然断裂，故在静载荷下使用的容器和构件，都需要具有一定的塑性。当然，塑性过高，材料的强度必然很低，这是不利的。

（三）硬度

硬度是指金属材料抵抗其他更硬物体压入表面发生变形或破裂的能力，它是衡量材料软硬程度的指标，不是一个单纯的物理量。硬度是反映材料弹性、强度、塑性和韧性等的综合性能指标。

常用的硬度测量方法是用一定的载荷（压力）把一定的压头（也称压陷器）压入金属表面，然后测定压痕的面积或深度。当压头和压力一定时，压痕愈深或面积愈大，硬度就愈低。根据压头和压力的不同，常用的硬度指标可分为布氏硬度（*HBS*、*HBW*），洛氏硬度（*HRA*、*HRB*、*HRC*），维氏硬度（*HV*）和肖氏硬度（*HS*）等。

1. 布氏硬度

布氏硬度测量方法是以直径为 D 的钢球作为压头，在载荷 F 下压入金属表面，如图 7-1 所示。经规定保压时间后卸载，根据试件表面压痕直径 d 得到压痕表面积，除以载

荷 F，所得的数值就是材料的布氏硬度，用 HB 表示。凹印越小，硬度值越高，说明材料越硬。

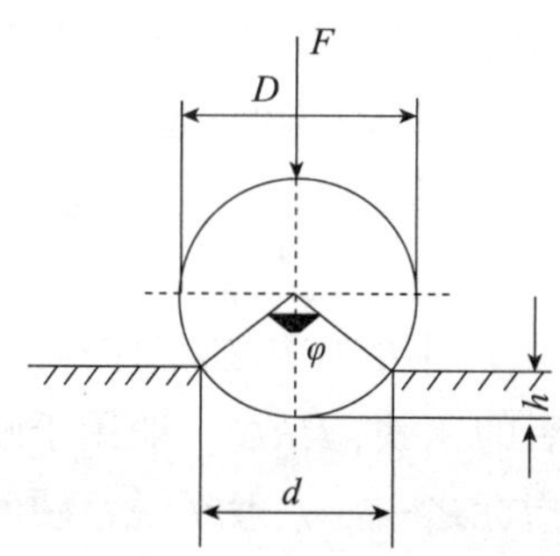

图 7-1　布氏硬度测定

试验中，如果材料布氏硬度小于 450，采用钢球压头，用 HBS 表示；在 450~650 之间，则采用硬质合金球压头，用 HBW 表示。若超过 HBW650，则测量结果不准确，须改用洛氏硬度测量方法。

布氏硬度比较准确，用途较广，在压力容器行业中，多采用布氏硬度。但布氏硬度不能测硬度更高的金属，也不能测太薄的试样，而且布氏硬度压痕较大，易损坏材料表面。

2. 洛式硬度

洛式硬度是以压痕塑性变形深度来确定硬度的一种方法。将一个顶角为 120° 的金刚石圆锥体或直径为 1.59mm、3.18mm 的钢球，在一定载荷下压入被测材料表面，由压痕的深度求出材料的硬度。根据试验材料硬度的不同，洛式硬度分为三种不同的表示方法。

HRA：采用 588.4N（60kgf）载荷和钻石锥压入器求得的硬度，用于像硬质合金等硬度极高的材料。

HRB：采用 980.7N（100kgf）载荷和直径 1.59mm 淬硬的钢球求得的硬度，用于如退火钢、铸铁等硬度较低的材料。

HRC：采用 1471.1N（150kgf）载荷和钻石锥压入器求得的硬度，用于淬火钢等硬度很高的材料。

3. 维氏硬度

维氏硬度采用正四棱锥体金刚石压头，在一定载荷下压入被测试样表面，由试样表面压痕对角线长度求出材料的硬度，用 HV 表示。维氏硬度值与压头大小、负荷值无关，无须根据材料软硬变换压头，测量准确、重复性好。维氏硬度计测量范围宽广，几乎可以测量目前工业上所用到的全部金属材料。但维氏硬度试验效率低，要求较高的试验技术，对试样表面的光洁度要求较高，通常需要制作专门的试样，操作麻烦费时，只在实验室中使用。

4. 肖氏硬度

肖氏硬度是将规定形状、质量的金刚石冲头，从固定的高度 h_0 落在试样表面上，冲

头弹起一定高度 h，用 h 与 h_0 的比值来计算，肖氏硬度没有单位，用 HS 表示。

肖氏硬度试验是一种动态力试验，与布、洛、维等静态力试验法相比，准确度稍差，受测试时的垂直性、试样表面光洁等因素的影响，数据分散性较大，其测试结果的比较只限于弹性模量相同的材料。它对试样的厚度和重量都有一定要求，不适于较薄和较小试样，但是肖氏硬度计是一种轻便的手提式仪器，便于现场测试，其结构简单，便于操作，测试效率高。

硬度指标中，HRC 和 HB 在生产中的应用都很广泛。HB 一般用于材料较软的时候，如有色金属、热处理之前或退火后的钢铁；HRC 一般用于硬度较高的材料，如热处理后的钢铁等。硬度是材料的重要性能指标之一。一般来说，硬度高的材料强度也高，耐磨性也好。大部分金属硬度和强度之间有一定的关系，因而可以用硬度近似地估计抗拉强度。根据经验，它们的关系为（应力均以 MPa 计）：

对于碳钢，当 $HBS \leqslant 140$ 时，$\sigma_b \approx (3.68\sim3.76)\,HBS$；当 $140<HBS \leqslant 450$ 时，$\sigma_b \approx (3.40\sim3.51)\,HBS$；

对于碳钢及低合金钢，当 $450<HBW \leqslant 650$ 时，$\sigma_b \approx (3.36\sim4.08)\,HBW$。

（四）冲击韧性

冲击韧性是衡量材料韧性的一个指标，是指材料在冲击载荷作用下吸收塑性变形功和断裂功的能力，常以标准试样的冲击吸收功 A 表示。目前，工程技术上常用一次摆锤冲击弯曲试验来测定金属承受冲击载荷的能力。其试验原理如图 7–2 所示。

将欲测定的材料加工成标准试样（图 7–3），放在试验机的机座上，将重量为 G 的摆锤举至一定的高度 H_1，使其获得一定的位能（GH_1），将其释放，冲断试样，摆锤的剩余能量为 GH_2。摆锤在冲断试样过程中所失去的位能，即冲击负荷使试样断裂所做的功，称为冲击吸收功，以 A_k 表示，即 $A_k=GH_1-GH_2=G(H_1-H_2)$，单位是 N·m（J）。冲击试样缺口底部单位横截面积上的冲击吸收功，称为冲击韧度（a_k）。

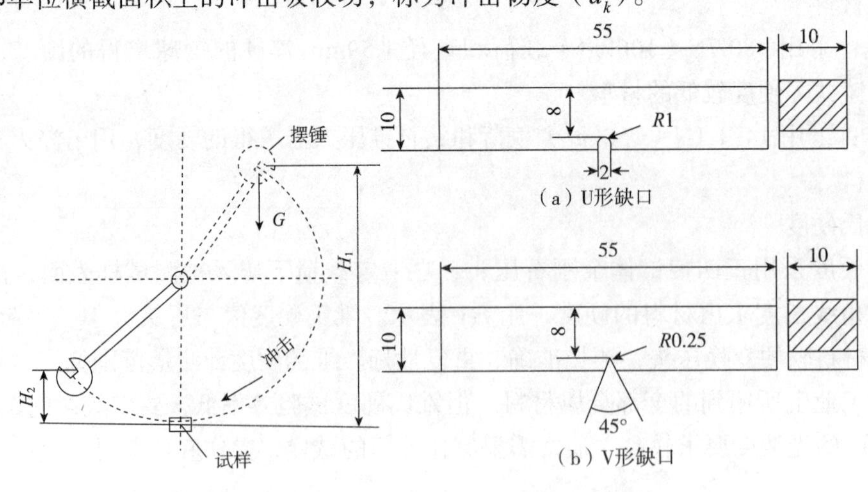

图 7–2 冲击试验原理

图 7–3 冲击试验试样

冲击试样在受到摆锤突然冲击发生断裂时，它的断裂过程是一个裂纹发生和扩展的过程，在裂纹向前扩展的过程中，如果塑性变形能发生在裂纹扩展之前，就可以制止裂纹的长驱直入。它要继续扩展，就需另找途径，这样就能消耗更多的能量。因此，冲击吸收功的大小，取决于材料有无迅速塑性变形的能力。

根据上述断裂机理，我们对韧性可以这样理解：韧性是材料在外加动载荷突然袭击时的一种及时和迅速塑性变形的能力。韧性高的材料，一般都有较高的塑性指标；但塑性较高的材料，却不一定都有高的韧性。之所以如此，是因为在静载荷下能够缓慢塑性变形的材料，在动载荷下不一定能迅速塑性变形。

（五）缺口敏感性

缺口敏感性是指在带有一定应力集中的缺口条件下，材料抵抗裂纹扩展的能力，属于材料的韧性范畴。但它和材料的冲击韧性不同，缺口敏感性是在静载荷下抵抗裂纹扩展的性能，而冲击韧性是指材料承受动载荷时抵抗裂纹扩展的能力。

一种常用缺口敏感性试验方法是从垂直钢材轧制面方向开出带有 60° 角的 V 形缺口，缺口深度为 2mm，在油压机上进行弯曲试验，弯曲时支点的跨距为 40mm，求得载荷 F 与挠度的关系曲线，根据曲线的陡降程度判定缺口敏感性是否合格。

二、物理性能

金属材料的物理性能包括密度、熔点、比热容、导热系数、线膨胀系数、电阻率、磁导率、弹性模量及泊松比等。材料在不同的使用场合，对其物理性能的要求也不相同。

（一）线膨胀系数

金属及合金受热时，体积一般都要膨胀（几何尺寸要伸长），这一特性称为热膨胀性。通常应用线膨胀系数来定量，线膨胀系数是指材料在温度变化 1℃ 时单位长度的伸缩变化量。

异种钢的焊接，要考虑到它们的线膨胀系数是否接近，以避免因膨胀量不等而使构件变形或损坏。设备的衬里及组合件的选择，也要注意材料的线膨胀系数应和基体材料相同或接近，以防止受热后因膨胀量不同而松动或破坏。

（二）导热系数

当温度梯度为 1℃/m 时，每小时通过单位传热面积的热量称为导热系数，单位为 $W/(m \cdot K)$，其值可从机械设计手册中查取。导热系数越大表示材料的导热性能越好。对材料的导热系数在不同的场合有不同的要求，换热器应选用导热系数大的材料，反之用于设备保温，应选用导热系数较小的材料。

（三）弹性模量与泊松比

弹性模量是金属材料对弹性变形抗力的指标，是衡量材料产生弹性变形难易程度的。材料的弹性模量越大，使它产生定量弹性变形所需的应力也越大。金属的弹性模量主要取决于金属原子结构、结晶点阵和温度等因素，而合金化、热处理和冷热加工等因素对它的影响很小，因此，弹性模量是金属材料最稳定的性能之一。对同一种材料，弹性模量 E 随温度的升高而降低。

泊松比是拉伸试验中试件单位横向收缩与单位纵向伸长之比，以 μ 表示。对于各种钢材，它近乎为一个常数，即 $\mu=0.3$。

三、化学性能

金属材料的化学性能是指材料在所处介质中的化学稳定性，即材料是否会与介质发生化学和电化学作用而引起腐蚀。金属的化学性主要包括耐腐蚀性和抗氧化性。

（一）耐腐蚀性

金属和合金对周围介质，如大气、水汽、各种电解液对其腐蚀破坏的抵抗能力叫耐腐蚀性。耐腐蚀性不是材料固有不变的特性，它随材料的工作条件而改变。例如，碳钢在稀硫酸中不耐腐蚀，但在浓硫酸中则耐腐蚀；总的来讲，不锈钢具有较高的耐腐蚀性，但在盐酸中其耐腐蚀性却较差。介质的耐腐蚀性能是选材的一个重要依据。

（二）抗氧化性

金属材料在高温时抵抗氧化性气氛腐蚀作用的能力称为抗氧化性。现代工业生产中的许多设备，如各种工业锅炉、热加工机械、汽轮机及各种高温化工设备等，它们在高温工作条件下，不仅有自由氧的氧化腐蚀过程，生成容易脱落的氧化皮，还有其他气体介质，如水蒸气、CO_2、SO_2 等产生高温氧化和脱碳作用，使其力学性能降低。因此，高温设备必须选用抗氧化性材料。

四、加工工艺性能

材料要经过各种加工后，才能做成设备或机器的零件。金属和合金的加工工艺性能是指材料在加工方面的物理、化学和机械性能的综合表现。金属材料的加工工艺性能主要有：铸造性能、锻造性能、焊接性能、切削加工性能、热处理性能等。这些性能直接影响化工设备和零部件的制造工艺方法，也是选择材料时必须考虑的因素。

选材时必须同时考虑材料的使用与加工两方面的性能。从使用角度来看，材料的物理、化学和机械性能即使比较合适，但是如果在加工制造过程中，材料缺乏某一必备的工艺性能，那么这种材料也是无法采用的。

（一）可焊性

将两个分离的金属（或非金属）进行局部加热、使之熔融后产生结晶的过程称为焊接。材料的可焊性是指金属材料在一定条件下，通过焊接形成优质接头的可能性。化工设备广泛采用焊接结构，因此材料的焊接性是一个重要的工艺性能。焊接性好的材料易于用一般焊接方法与工艺进行焊接，且不形成裂纹、气孔、夹渣等缺陷，焊接接头强度与母材相当。比如低碳钢具有优良的焊接性，而铸铁、铝合金等的焊接性较差。

（二）可锻性

可锻性是指金属承受压力加工（锻造）而变形的能力。金属的可锻性取决于材料的化学组成与组织结构，同时也与加工条件有关。通常塑性好的材料，锻压所需外力小，可锻性好。

（三）可铸性

可铸性是指液体金属的流动性和凝固过程中的收缩和偏析倾向。流动性好的金属不仅能充满铸型，而且能浇铸形状复杂的和较薄的铸件，同时铸件各部位成分较均匀。常用金属材料中，灰铸铁和锡青铜的铸造性能较好，合金钢和高碳钢比低碳钢偏析倾向大，铸造后要用热处理方法消除偏析。

（四）切削性

材料在切削加工时所表现的性能叫作切削性。切削性好的材料，切屑易于折断脱落，加工刀具寿命长，且切削后材料表面光洁。灰铸铁、碳钢都具有较好的切削性。

（五）成型工艺性

成型就是金属在热态或冷态下，经外力作用产生塑性变形而成为所需要形状的过程。在容器和设备的制造过程中，封头的冲压、筒体的弯卷和管子的弯曲都属成型工艺。良好的成型工艺性能要求材料具有较好的塑性。

（六）热处理性能

热处理用于改善钢材的某些性能。材料适用于哪种热处理操作，主要取决于材料的化学组成。

习　　题

1. 炉外精炼技术按功能大致可分为哪几类?
2. 金属常用的塑性指标是什么?
3. 金属的脱氧工艺有哪些？有何区别?
4. 材料的强度由哪些指标来衡量？
5. 衡量材料韧性的指标有哪些？
6. 什么是金属的化学性能？
7. 材料的主要工艺性能有哪些？
8. 材料切削加工性能的好坏，应根据什么来判断？

第八章　化工设备材料及选择

1. 本章的能力要素

本章介绍钢材的分类及编号，碳钢与铸铁、合金钢、有色金属材料和非金属材料的表示方法与特点。具体要求包括：

（1）了解钢材的分类及编号方法；

（2）掌握铁碳合金的组织结构及钢的热处理方法；

（3）了解合金钢的分类与编号及合金元素对钢性能的影响；

（4）掌握几种特殊用途钢材的特点；

（5）掌握常见金属及其合金的特点；

（6）了解常见的非金属材料类型及特点。

2. 本章的知识结构图

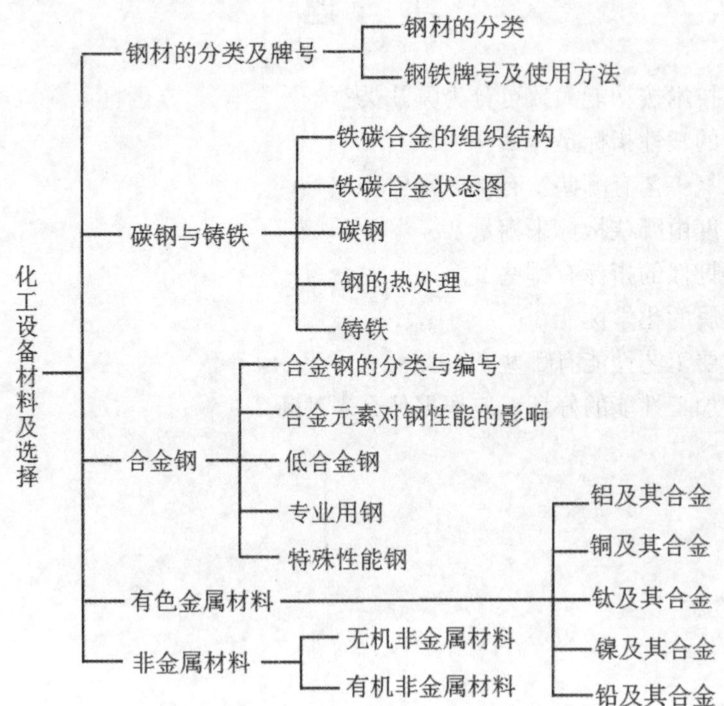

化学工业属于多品种的基础工业，为了适应生产的多种需要，化工设备不仅种类多，其操作条件也比较复杂。对于某些具体设备来说，有时既有温度、压力要求，又有耐腐蚀

要求，而且这些要求有时还互相矛盾，有时某些条件还经常变化。这些多样性的操作特点，给化工设备材料的选择带来了难度，因此合理选用化工设备材料是设计化工设备的重要环节，在选择材料时，必须根据材料的各种性能及其应用范围，综合考虑具体的操作条件，抓主要矛盾的同时，遵循适用、安全、经济的原则。

选用材料的一般要求是：

（1）材料品种应符合我国资源和供应情况；

（2）材质可靠，能保证设备的使用寿命；

（3）材料要有足够的强度，良好的塑性和韧性，能耐腐蚀性介质的腐蚀；

（4）便于制造加工，焊接性能良好；

（5）经济上合算。

例如，对于钢制压力容器来说，经常在有腐蚀性介质的条件下工作，除了承受较高的介质内压力（或外压力）以外，有时还会受到冲击载荷的作用；在制造过程中，还要经过各种冷、热加工（如下料、卷板、焊接、热处理等）使之成型，因此，我们对压力容器所用的钢板有较高的要求：除随介质的不同要能耐腐蚀以外，还应有较高的强度，良好的塑性、韧性和冷弯性能，同时要求缺口的敏感性低，加工和焊接性能良好。对于低合金钢板，要注意是否有分层、夹渣、白点和裂纹等缺陷，白点和裂纹是绝对不允许存在的。对于中、高温容器，由于钢材在中、高温的长期作用下，金相组织和力学性能等将发生明显的变化，又由于化工用的中、高温容器往往都要承受一定的介质压力，因此，选择中、高温容器用钢时，还必须考虑到材料的组织稳定性和在中、高温下的力学性能。对于低温容器用钢，要着重考虑容器在低温下的脆性破裂问题。

第一节　钢材的分类及牌号

一、钢材的分类

我国常用的钢材分类方法有五种。

按化学成分分类：碳素钢、合金钢。合金钢又分为低合金钢（合金元素总量在 5% 以下），中合金钢（合金元素总量为 5%~10%）和高合金钢（合金元素总量大于 10%）；也有将合金钢分为低合金钢（合金元素总量在 10% 以下）和高合金钢（合金元素总量大于 10%）。

按品质分类：普通钢、优质钢、高级优质钢和特级优质钢。

GB/T 699—1999《优质碳素结构钢》中规定，优质钢的 $P \leqslant 0.035\%$，$S \leqslant 0.035\%$；高级优质钢的（钢号后面加 A）$P \leqslant 0.030\%$，$S \leqslant 0.030\%$；特级优质钢的（钢号后面加 E）$P \leqslant 0.025\%$，$S \leqslant 0.025\%$。

GB/T 3077—1999《合金结构钢》中规定，优质钢的 $P \leqslant 0.035\%$，$S \leqslant 0.035\%$；高级优质钢的（钢号后面加 A）$P \leqslant 0.025\%$，$S \leqslant 0.025\%$；特级优质钢的（钢号后面加 E）$P \leqslant 0.025\%$，$S \leqslant 0.015\%$。

按冶炼方法分类：可按炉别（如氧气转炉钢和电炉钢），脱氧程度（如镇静钢、半镇静钢和沸腾钢）和浇注制度（如连铸钢和模铸钢）分类。

按金相组织分类：可按退火状态的钢、正火状态的钢等进一步分类。即对钢材的金相组织有一定要求的钢，例如，低温压力容器用低合金钢 16MnDR 就是要求使用正火状态的钢，其金相组织应是铁素体加珠光体的组织。

按用途分类：可分为建筑及工程用钢、结构钢、工具钢、殊性能钢、专业用钢（如压力容器用钢）。

1991 年，我国颁布了 GB/T 13304—1991《钢分类》标准，它是参照国际标准（ISO 4948/1，4948/2）制定的。钢的分类分为两部分：第一部分按化学成分分类；第二部分按主要质量等级、主要性能和使用特性分类。

（1）按化学成分分类。根据各种合金元素规定含量的界限值，钢分为非合金钢、低合金钢和合金钢三大类。通常，对于低合金钢（一种或数种主要合金元素在规定范围内）和非合金钢，较容易区分；而对于低合金钢和合金钢，还要看 Cr、Ni、Mo 和 Cu 四种元素，如果在低合金钢中同时存在这些元素的两者以上，就应当考虑这些元素的规定量总和。如果钢中这些元素的规定量总和大于所规定的每种元素的最高界限值总和的 70%，就应当划为合金钢。

（2）按主要质量等级、主要性能及使用特性分类。按主要质量等级、主要性能及使用特性分类的方法详见标准 GB/T 13304—1991。

在 GB 150—1988 中，我国的压力容器用钢按所引用的钢材标准分为碳素钢，低合金钢（包括低合金高强度钢、低温用钢、中温抗氢钢和低合金耐蚀钢）和高合金钢（不锈钢和耐热钢）。实际上，我国的压力容器用钢根据化学成分分为两大类，在低合金钢（合金元素含量不超过 10%）和高合金钢（合金元素含量超过 10%）中又根据使用特点分为四类和二类，这样在 GB 150—1988 中使用起来既简明又方便。

二、钢铁牌号及表示方法

（一）牌号的表示原则

根据国家标准（GB/T 221—2008《钢铁产品牌号表示方法》）的规定，钢铁产品牌号通常采用大写汉语拼音字母、化学元素符号和阿拉伯数字相结合的方法表示。为了便于国际交流与贸易，钢铁产品牌号也可采用大写英文字母或国际惯例表示符号。

（二）牌号表示法

1. 碳素结构钢和低合金结构钢

碳素结构钢和低合金结构钢牌号通常由四部分组成。

第一部分：前缀符号 + 强度值，例如，通用结构钢前缀符号为“Q”；

第二部分：钢的质量等级，用英文字母 A、B、C、D、E……表示；

第三部分：脱氧方式表示符号，即沸腾钢“F”、半镇静钢“b”、镇静钢“z”（通常省略）；

第四部分：产品用途、特性和工艺方法表示符号，如锅炉压力容器用钢“R”、低温压力容器用钢“DR”。

牌号示例见表 8-1 所列。

表8-1　碳素结构钢和低合金结构钢牌号表示法示例

产品名称	第一部分	第二部分	第三部分	第四部分	牌号示例
碳素结构钢	最小屈服强度 245N/mm²	A 级	沸腾钢		Q235AF
低合金高强结构钢	最小屈服强度 345N/mm²	D 级	特殊镇静钢		Q345D
锅炉和压力容器用钢	最小屈服强度 345N/mm²		特殊镇静钢	压力容器“R”	Q345R
焊接气瓶用钢	最小屈服强度 345N/mm²				HP345

2. 优质碳素结构钢和优质碳素弹簧钢

优质碳素结构钢和优质碳素弹簧钢牌号由五部分组成。

第一部分：以两位阿拉伯数字表示平均碳含量（以万分之几计）；

第二部分：较高含锰量的优质碳素结构钢，加锰元素符号 Mn；

第三部分：钢材冶金质量，高级优质钢用“A”表示，特级优质钢用“E”表示；

第四部分：脱氧方式表示符号；

第五部分：产品用途、特性或工艺方法表示符号。

牌号示例见表 8-2 所列。

表8-2　优质碳素结构钢和优质碳素弹簧钢牌号表示法示例

产品名称	第一部分（碳含量）	第二部分（锰含量）	第三部分	第四部分	第五部分	牌号示例
优质碳素结构钢	0.05%~0.11%	0.25%~0.50%	优质钢	沸腾钢		08F
优质碳素结构钢	0.47%~0.55%	0.50%~0.80%	高级优质钢	镇静钢		50A
优质碳素弹簧钢	0.62%~0.70%	0.9%~1.20%	优质钢	镇静钢		65Mn

3. 合金结构钢

合金结构钢牌号由四部分组成。

第一部分：以两位阿拉伯数字表示平均碳含量（以万分之几计）；

第二部分：合金元素含量，用化学元素符号及阿拉伯数字表示；

第三部分：钢材冶金质量，高级优质钢用“A”表示，特级优质钢用“E”表示，优质钢省略；

第四部分：产品用途、特性或工艺方法表示符号。

不锈钢和耐热钢牌号由化学元素符号和表示各元素含量的阿拉伯数字表示。其中碳含量用两位或三位阿拉伯数字表示碳含量最佳控制值（以万分之几或十万分之几计）。合金元素含量以化学元素符号及阿拉伯数字表示。例如，碳含量不大于 0.08%，铬含量为 18%~20%，镍含量为 8%~11% 的不锈钢牌号为 06Cr19Ni10；碳含量不大于 0.03%，铬含量为 16%~19%，钛含量为 0.1%~1% 的不锈钢牌号为 022Cr8Ti。

（三）铸铁、铸钢牌号表示方法

铸铁、铸钢牌号表示方法见表 8-3 所列。

表8-3　铸铁（GB 5612—2008）、铸钢（GB/T 5613—2014）牌号表示方法

名称	牌号举例	说明
灰铸铁（HT）	HT 150—330 HT 200—400 HT 300—540	HT 后第一组数字为抗拉强度，数字单位为 N/mm² 即 MPa，以下同；第二组数字为抗弯强度
球墨铸铁（QT）	QT 450—1 QT 400—15 QT 600—2	QT 后第一组数字为抗拉强度；第二组数字为断后伸长率
铸钢（ZG）	ZG 200—400	ZG 成分标注方法与碳素结构钢、合金结构钢相同，第一组数字为铸钢屈服极限（MPa），第二组数字为抗拉强度
	ZG15CrlMolV	15：碳的万分含量，Crl、Mol：合金元素后面的数字分别为 Cr、Mo 的百分含量，V：V 含量小于 0.9%
	ZG20Cr13	20：碳的万分含量，13：Cr 的百分含量

第二节　碳钢与铸铁

工程上广泛应用的金属材料是钢和铸铁，它们的总产量要比其他所有金属产量的总和还要多几百倍。钢和铸铁由 95% 以上的铁和 0.5%~4% 的碳及 1% 左右的其他杂质元素

组成，因此钢和铸铁又称为“铁碳合金”。一般含碳量在 0.02%~2% 的称为钢；含碳量大于 2% 的称为铸铁；含碳量小于 0.02% 的称为工程纯铁，极少使用；含碳量大于 4.3% 的铸铁太脆，没有实际应用价值。

一、铁碳合金的组织结构

（一）金属的组织与结构

工业上作为结构使用的金属材料是固态的，固态金属都属于晶体物质。各种铁碳合金表面上看来似乎一样，但其内部微观情况却有着很大的差别。用金相分析的方法可以在金相显微镜下看到它们的差异。通常在低于 1500 倍的显微镜下观察到的金属的晶粒，称为金属的显微组织，简称组织，如图 8-1 所示。如果用 X 光和电子显微镜则可以观察到金属原子的各种规则排列，称为金属的晶体结构，简称结构。

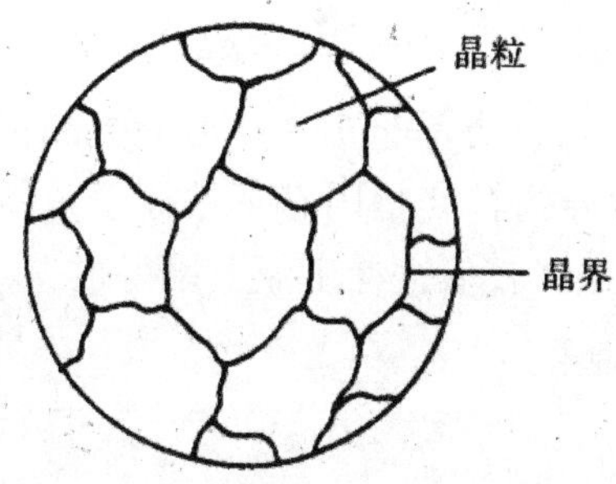

图 8-1　金属的显微组织

这种金属内部的微观组织和结构形式的不同，影响金属材料的性质。图 8-2 为灰铸铁中石墨的不同组织形式，其中球状石墨的铸铁强度最好，细片状石墨次之，粗片状石墨最差。

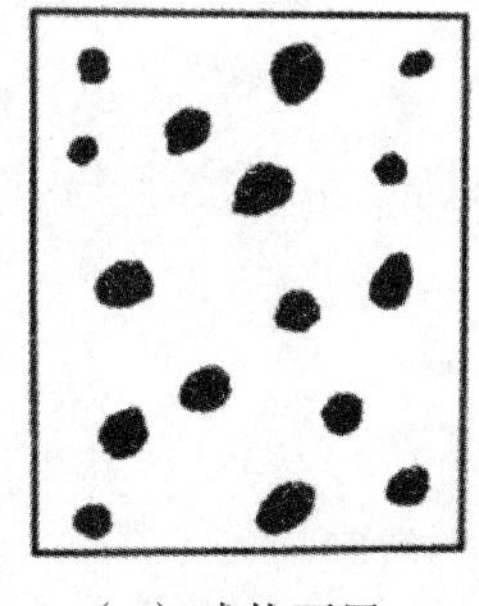

（a）球状石墨

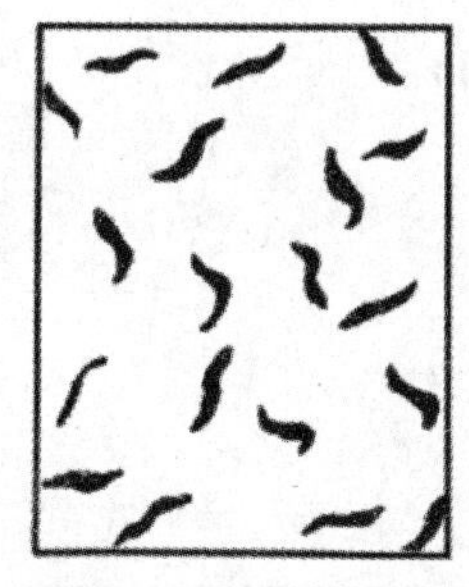

（b）细片状石墨

（c）粗片状石墨

图 8-2　灰铸铁中石墨存在的形式与分布

图 8-3 为纯铁在不同温度下的晶体结构。其中，图 8-3（a）为面心立方晶格，图 8-3（b）为体心立方晶格，前者的塑性好于后者，而后者的强度高于前者。

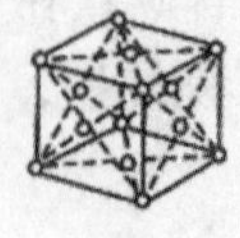

（a）面心立方晶格（γ–Fe）

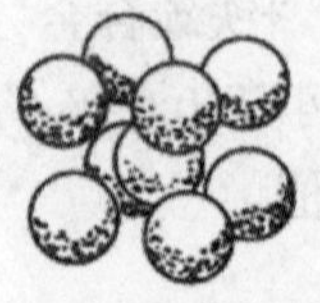
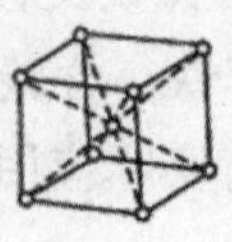

（b）体心立方晶格（α–Fe）

图 8–3　纯铁的晶体结构

（二）纯铁的同素异构转变

上述体心立方晶格的纯铁称为 α–Fe，而面心立方晶格的纯铁称为 γ–Fe。

α–Fe 经加热可转变为 γ–Fe，反之，高温下的 γ–Fe 冷可转变为 α–Fe。这种在固态下晶体结构随温度变化的现象，称为“同素异构转变”。这一同素异构转变是在 910℃ 下恒温完成的。

$$\gamma-\mathrm{Fe} \xrightleftharpoons{910℃} \alpha-\mathrm{Fe}$$

（面心立方晶格）（体心立方晶格）

如图 8–4 所示，铁的同素异构转变是固态下铁原子重新排列的过程，实质上也是一种结晶过程，纯铁塑性较好，强度较低，在工业上用得很少，常用的是铁碳合金。

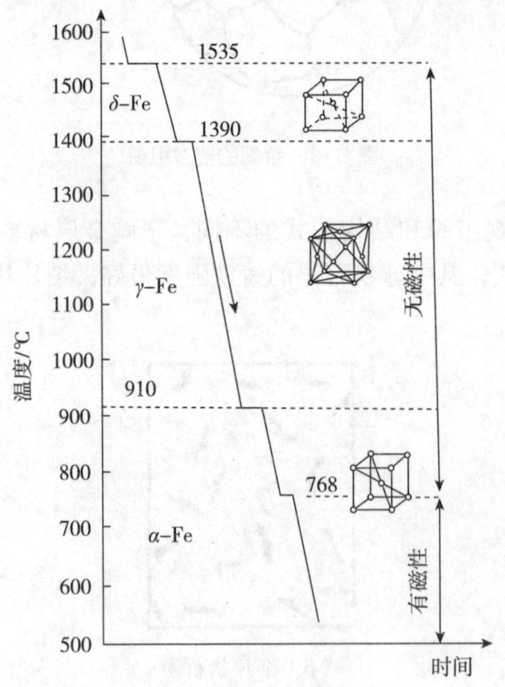

图 8–4　铁的同素异构转变

（三）铁与碳的相互关系和碳钢的基本组织

碳对铁碳合金性能的影响极大，铁中加入少量的碳以后，强度显著增加，这是由于碳的加入引起了内部组织的改变。

两种物质的相互关系基本上可以分为溶解、化合与混合几种，而铁和碳的关系也遵循这一普遍原则。碳在铁中的存在形式有固溶体（两种或两种以上元素在固态下互相溶解，而仍然保持溶剂晶格原来形式的物体叫固溶体）、化合物和混合物。下面具体介绍铁和碳溶解、化合和混合所形成的各种基本组织。

1. 铁素体（F）

碳溶解在 α–Fe 中所形成的固溶体叫铁素体，以 F 表示，如图 8–5 所示。由于 α–Fe 的原子间隙很小，所以溶碳能力极低，在室温下仅能溶解 0.006% 的碳。所以铁素体的强度和硬度都较低，但塑性和韧性很好。因而含铁素体的钢（如低碳钢）就表现出软而韧的特性。

2. 奥氏体（A）

碳溶解在 γ–Fe 中所形成的固溶体叫奥氏体，以 A 表示，如图 8–6 所示。由于 γ–Fe 的原子间隙较大，所以碳在 γ–Fe 铁中的溶解度比在 α–Fe 中大得多。如在 727℃ 时可溶解 0.77%, 在 1148℃ 时可达最大值 2.11%。碳钢只有加热到 727℃（称为临界点）以上，组织发生转变时才存在奥氏体。奥氏体的性能特点是强度、硬度高，塑性低，韧性好，且没有磁性。

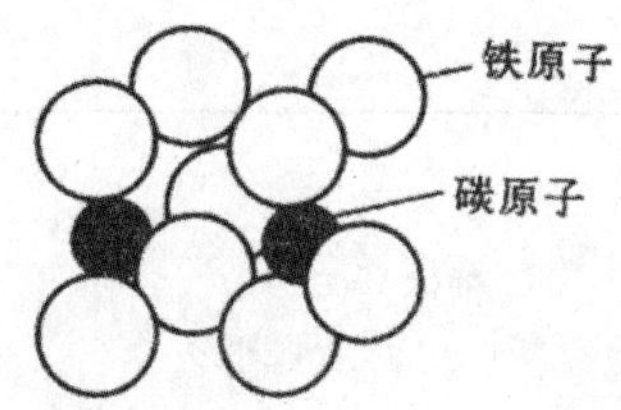

图 8–5　碳溶于 α–Fe 中的示意图

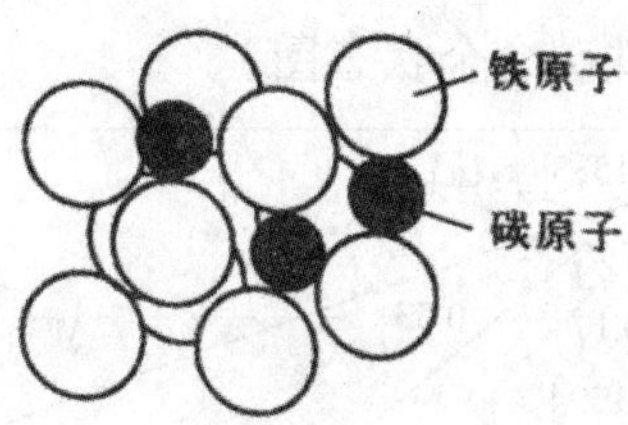

图 8–6　碳溶于 γ–Fe 中的示意图

3. 渗碳体（C）

铁和碳以化合物形态出现的碳化铁，称为渗碳体，以 C 表示。其中铁原子与碳原子之比为 3 ： 1，即 Fe_3C，其含碳量高达 6.69%。Fe_3C 的性能既不同于铁，也不同于碳。其硬度高（*HBW* 为 784），塑性几乎为零，熔点约为 1600℃。由于 Fe_3C 又硬又脆，纯粹的 Fe_3C 在工业上并无用处。Fe_3C 以不同的大小、形状与分布出现在组织中，对钢的组织与性能影响很大。

渗碳体在一定条件下可以分解为铁和碳，这种游离的碳是以石墨形式存在的。铁碳合金中碳的含量小于 2% 时，其组织是在铁素体中散布着渗碳体，这就是碳素钢；当碳的含量大于 2% 时，部分碳就以游离石墨的形式存在于合金中，这就是铸铁。石墨本身质软，强度低，其分布在铸铁中相当于对铸铁挖了许多孔洞，因而铸铁的抗拉强度和塑性都比钢的低。

4. 珠光体（P）

珠光体是铁素体和渗碳体二者组成的机械混合物，以 P 表示。碳素钢中，珠光体组织的平均含碳量约为 0.77%。它的力学性能介于铁素体和渗碳体之间，即其强度、硬度比铁素体显著增高，塑性、韧性比铁素体要差，但比渗碳体要好得多。

5. 莱氏体（L）

莱氏体是珠光体和初次渗碳体共晶混合物，以 L 表示。它存在于高碳钢和白口铁中。莱氏体具有较高的硬度（*HBW*>686），是一种粗而硬的组织。

6. 马氏体（M）

钢和铁从高温奥氏体状态急冷（淬火）下来，得到一种碳原子在 α-Fe 铁中过饱和的固溶体，称为马氏体，以 M 表示。马氏体组织的硬度很高，而且硬度随着含碳量的增大而提高。但马氏体很脆，延展性很低，几乎不能承受冲击载荷。马氏体由于碳原子过饱和，所以不稳定，加热后容易分解或转变为其他组织。

二、铁碳合金状态图

铁碳合金状态图又称铁碳合金相图，它是描绘铁碳合金内部组织、成分（含碳量）与温度关系的图形。它能显示出不同含碳量的钢和铸铁在缓慢加热或冷却过程中的组织变化规律，是研究钢铁组织和性能的基础，对于钢铁的各种热加工工艺，也具有重要的指导意义。

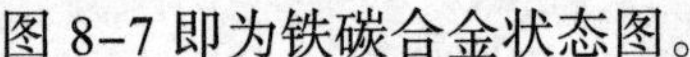

图 8-7 即为铁碳合金状态图。

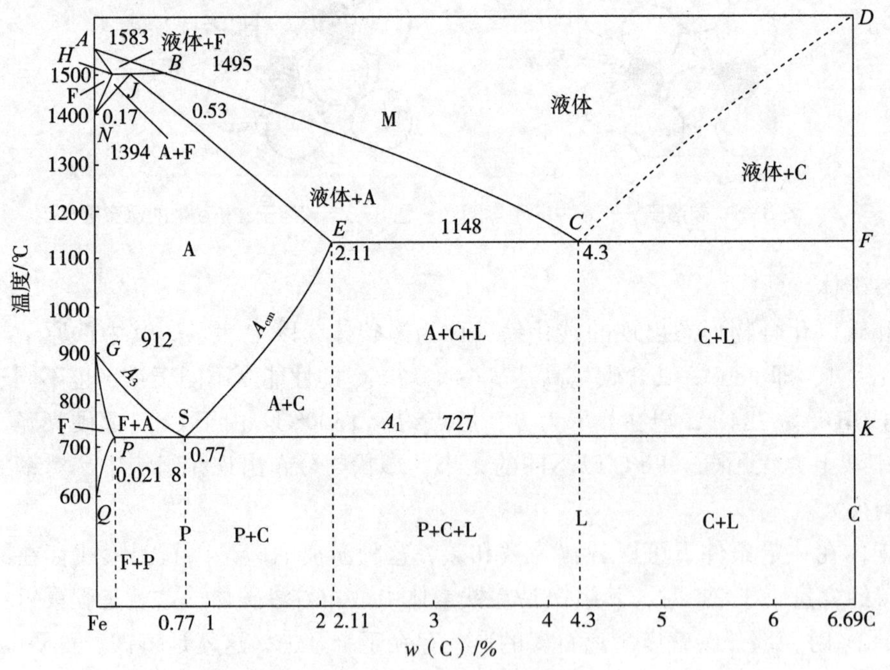

图 8-7　铁碳合金状态图

（一）碳钢在常温下的组织

由图 8-7 可以看出，含碳量为 0.77% 的钢，由单一的珠光体组成，称为共析钢；含碳量小于 0.77% 的钢，由铁素体加珠光体组成，称为亚共析钢；含碳量大于 0.77% 而小于 2.11% 的钢，由珠光体加渗碳体组成，称为过共析钢。含碳量为 2.11%~4.3% 的铸铁，由珠光体加渗碳体加莱氏体组成；含碳量为 4.3% 的铸铁为单一的莱氏体组织；含碳量在 4.3% 以上的铸铁的平衡组织，则由莱氏体加渗碳体所组成。

（二）临界点及其意义

钢在加热或冷却过程中，其内部组织发生转变的温度叫临界温度，或称临界点。在状态图中的临界点有 A_1（*PSK* 线）、A_3（*GS* 线）和 A_{cm}（*ES* 线），各临界点的组织转变情况如下。

A_1 在图中是一条水平线，温度为 727℃，它表示各种钢在加热到 727℃ 以上时，珠光体开始转变成奥氏体。反之，高温冷却至 727℃ 以下时，奥氏体转变为珠光体。

A_3 表示亚共析钢加热到 A_3 以上时，其组织中的铁素体全部转变为奥氏体。反之，从高温冷却到 A_3 时，奥氏体开始转变为铁素体。

A_{cm} 表示过共析钢加热到 A_{cm} 以上时，其组织中的渗碳体全部溶解到奥氏体中。反之，当冷却到 A_{cm} 时，奥氏体开始析出渗碳体。A_{cm} 和 A_3 点一样，都随着含碳量的变化而变化。

状态图中的 *ACD* 线为液相线，即液态合金开始结晶时温度的连线。*AECF* 线为固相线，即液态合金结晶终了时温度的连线。

通对铁碳合金状态图的分析可知，碳钢的组织主要取决于含碳量的多少。当含碳量极低时（<0.006%），碳原子全部溶解到铁中，通常组成单一的铁素体组织。随着含碳量的增加，珠光体量逐渐增加，而铁素体量逐渐减少。当含碳量达到 0.77% 时，碳钢组织全部为珠光体。含碳量超过 0.77%，碳钢组织中除珠光体外，开始出现渗碳体。随着含碳量的增加，渗碳体量不断增多且呈网状分布在晶界上，正是由于上述组织的变化，引起钢的性能随含碳量不同而变化。如果珠光体量不断增加，则钢的强度和硬度不断提高，而塑性和韧性有所降低，当网状渗碳体出现时，强度略有降低。

三、碳钢

目前，工业上使用的钢铁材料中，碳钢占有很重要的地位。碳钢不仅价格低廉，而且在许多情况下，其性能已能够满足使用要求。普通碳素钢除含碳以外，还含有少量锰、硅、硫、磷、氧、氮、氢等元素。这些元素往往并非为改善钢材质量而有意加入的，而是由于矿石及冶炼等原因引入钢中的，通称为杂质，它们对碳钢的性能有一定的影响。

（一）锰（Mn）的影响

锰的含量在 0.8% 以下时，一般认为是常存的杂质；含量在 0.8% 以上时，可认为是合金元素。前者是冶炼中引入的，可脱氧和减轻硫的有害作用，是一种有益元素。后者当锰含量较高时，锰能溶解于铁素体，起到强化铁素体的作用。按技术条件规定，在优质碳素结构钢中，含锰量是 0.5%~0.8%，而在较高含锰量碳钢中，含锰量可达 0.7%~1.2%。

（二）硅（Si）的影响

硅的含量少于 0.5% 时，认为是常存杂质，它也是炼钢过程中为了脱氧而引入的。脱氧不完全的钢（如沸腾钢），其中的硅含量小于 0.3%。硅在钢中或者溶于铁素体内，或者

以脱氧生成物 SiO_2 的形式残存于钢中。溶于铁素体的硅，可提高钢的强度、硬度，算是一种有益元素。

（三）硫（S）的影响

碳钢中的硫来源于矿石和冶炼中的焦炭，硫以硫化亚铁（FeS）的形态存在于钢中，FeS 和 Fe 能形成低熔点的化合物（熔点为 985℃），其熔点低于钢材热加工的开始温度（1150~1200℃）。在热加工时，低熔点化合物过早熔化而导致工件开裂，这种现象称为“热脆性”。含硫量愈高，热脆性就愈严重。所以硫是一种有害元素，钢中的硫含量应控制在 0.07% 以下。

（四）磷（P）的影响

磷来源于矿石。磷在钢中能溶于铁素体内，使铁素体在室温时的强度提高，而塑性和韧性下降，即产生所谓“冷脆性”，使钢的冷加工及焊接性能变坏，所以磷也是一种有害元素。含磷量愈高，冷脆性愈强，故钢中磷含量应严格控制，一般应小于 0.06%。

（五）氧（O）的影响

炼钢以后，氧在钢中常以 MnO、SiO_2、FeO、Al_2O_3 等夹杂物的形式存在，它们的熔点高，并以颗粒状存在于钢中，破坏了钢基体的连续性，从而降低了钢的力学性能，如冲击韧性、疲劳强度等。

（六）氮（N）的影响

铁素体的溶氮能力很低。当钢中溶有过量的氮，加热至 200~250℃时，析出氮化物，这种现象称为“时效”，会使钢的硬度和强度提高，塑性下降。

在钢液中加入 Al、Ti 进行固氮处理，使氮固定在 AlN 和 TiN 中，就可消除钢的“时效”倾向。

（七）氢（H）的影响

氢的严重危害是在钢中造成“白点”。它常存在于轧制的厚钢板或大锻件中，在纵断面中可看到圆形或椭圆形的银白色斑点，在横断面上则表现为细长的发丝状裂纹。锻件中有了“白点”，使用时会突然断裂，造成事故。因此，化工压力容器用钢不允许存在“白点”。

氢产生“白点”冷裂，主要是因为钢由高温奥氏体冷却至较低温度时，氢在钢中的溶解度急剧下降。当冷却较快时，氢原子来不及扩散到钢的表面并逸出，留在钢中一些缺陷处，由原子状态氢变成分子状态氢。氢分子不能扩散，在积聚的局部地区产生几百个大气压的巨大压力，使该处局部应力超过了钢的抗拉强度而形成“白点”裂纹源。

四、钢的热处理

钢铁在固态下通过加热、保温和不同的冷却方式，以改变其组织，满足所要求的物理、化学与力学性能，这样的加工工艺称为热处理。热处理工艺不仅应用于钢和铸铁，亦广泛应用于其他金属材料。

设备和零件经过热处理，可使其材料的各种性能按照要求得到改善和提高，充分发挥合金元素的作用和材料潜力，延长使用寿命，并减少金属材料的消耗。廉价的普通碳素钢，经过专门的热处理以后，其性能有时并不比合金钢差。

钢的常规热处理工艺一般分为退火、正火、淬火和回火等。

（一）退火与正火

退火是把工件加热到一定温度，保温一段时间，然后随炉一起缓慢冷却下来，以得到接近平衡状态组织的一种热处理方法。正火是将工件加热至临界点以上 30~50℃，并保温一段时间，然后将工件从炉中取出置于空气中冷却下来。正火的冷却速度要比退火的快一些，因而晶粒更细化。

退火和正火的作用相似，可以降低材料硬度，提高塑性；调整组织，使组织均匀化，消除部分内应力，改善力学性能。

（二）淬火与回火

淬火是将钢加热至淬火温度——临界点以上 30~50℃，并保温一定时间，然后在淬火剂中冷却以得到马氏体组织的一种热处理工艺。淬火剂的冷却能力按以下次序递增：空气、油、水、盐水。合金钢导热性比碳钢差，为防止产生过高应力，合金钢一般都在油中淬火；碳钢可在水和盐水中淬火。淬火可以增加工件的硬度、强度和耐磨性。淬火时冷却速度太快，容易引起变形和裂纹；冷却速度太慢，又达不到技术要求，因此，淬火常常是产品质量的关键所在。

回火是在零件淬火后再进行一次较低温度（A_1 以下的某一温度）的加热与冷却处理工艺。回火可以降低或消除工件淬火后的内应力，使组织趋于稳定，并获得技术上所需要的性能。回火处理有以下几种：

（1）低温回火。零件经淬火后，再加热至 150~250℃，保温 1~3h，然后在空气中冷却，得到一种叫回火马氏体的组织，硬度比淬火马氏体稍低，但残余应力得到部分消除，脆性有所降低。一般对需要硬度高、强度大、耐磨的零件进行低温回火处理。

（2）中温回火。要求零件具有较高的韧性、弹性和屈服强度时，可采用中温回火，中温回火加热温度为 350~500℃。

（3）高温回火。要求零件的强度、韧性、塑性都较好时，采用高温回火。高温回火的加热温度为 500~650℃。这种淬火加高温回火的操作，习惯上称为“调质处理”，它可以大大改善零件的力学性能。调质处理广泛地应用于各种重要的零件。

（三）化学热处理

将零件放在某种化学介质中，通过加热、保温、冷却等过程，使介质中的某些元素渗入零件表面，改变表面层的化学成分和组织结构，从而使零件表面具有某些特殊性能。常见的化学热处理有：渗碳、渗氮、渗铬、渗硅、渗铝、氰化等。其中，渗碳或碳与氮共渗（氰化）可提高零件的耐磨性；渗铝可提高耐热抗氧化性；渗氮、渗铬可显著提高耐腐蚀性；渗硅可提高耐腐蚀性。

五、铸铁

工业上常用的铸铁一般含碳量为 2.5%~4.0%，此外尚有 Si、Mn、S、P 等杂质。

铸铁是一种脆性材料，抗拉强度低，但耐磨性、铸造性、减振性和切削加工性能都很好。铸铁在一些特殊介质（浓硫酸、醋酸盐溶液、有机剂等）中还具有相当好的耐腐蚀性能。另外，铸铁的价格低廉，因此在工业中大量应用。

铸铁分为灰铸铁、可锻铸铁、球墨铸铁、高硅耐腐蚀铸铁及合金铸铁等。

表 8-4 给出了 45 钢、球墨铸铁和灰铸铁的力学性能比较，可见球墨铸铁的一些力学性能指标接近 45 钢，但远高于灰铸铁。

表8-4　45钢、球墨铸铁、灰铸铁的力学性能比较

材料	σ_b/MP	σ_s/MPa	δ/%	***HBS***
45（正火）	610	360	16	≤ 240
球墨铸铁	400~900	250~600	2~18	130~360
灰铸铁	150~400	—	—	140~270

球墨铸铁的牌号分为单铸试块和附铸试块两类，单铸试块按力学性能分为 8 个牌号，表 8-5 为球墨铸铁单铸试块的力学性能。附铸试块按力学性能分为 5 个牌号，其牌号为在第二组数字后面加上 A，如 QT 400—18A。

高硅耐蚀铸铁的牌号分为 STSi11Cu2CrR、STSil5R、STSil5Mo3R、STSi15Cr4R、STSi17R 等 5 个牌号，其中，Si15 表示平均含硅量为 15%。

表 8-6 为高硅耐蚀铸铁的力学性能。

表8-6　球墨铸铁单铸试块的力学性能

牌号	σ_b/MP	$\sigma_{0.2}$/MPa	δ/%	布氏硬度（*HBS*）	主要金相组织
	最小值				
QT 400—18	400	250	18	130~180	铁素体
QT 400—15	400	250	15	130~180	铁素体
QT 450—10	450	310	10	160~210	铁素体

续 表

牌号	σ_b/MP	$\sigma_{0.2}$/MPa	δ/%	布氏硬度（*HBS*）	主要金相组织
	最小值				
QT 500—7	500	320	7	170~230	铁素体＋珠光体
QT 600—3	600	370	3	190~270	珠光体＋铁素体
QT 700—2	700	420	2	225~305	珠光体
QT 800—2	800	480	2	245~335	珠光体或回火组织
QT 900—2	900	600	2	280~360	莱氏体或回火马氏体

表8-6　高硅耐蚀铸铁的力学性能

牌号	最小抗弯强度 /MPa	最小挠度 /mm	最大硬度（*HRC*）
STSi11Cu2CrR	190	0.80	42
STSil5R	140	0.66	48
STSil5Mo3R	130	0.66	48
STSil5Cr4R	130	0.66	48
STSil7R	130	0.66	48

由于高硅耐蚀铸铁具有优良的耐腐蚀性能，在化工设备中应用较广，但由于它只能铸造，所以应用受到一定的限制。

第三节　合　金　钢

随着现代工业和科学技术的不断发展，我们对设备及零件的强度、硬度、韧性、塑性、耐磨性、耐腐蚀性以及各种物理、化学性能的要求也愈来愈高。碳钢与合金钢相比，有强度与屈强比低、淬透性差、高温强度低、化学性能差等缺点，已不能完全满足要求，故只有各种合金钢才能胜任。合金钢是为得到或改善某些性能，在碳钢中添加适量的一种或多种合金元素而制成的钢。

一、合金钢的分类与编号

合金钢的种类较多，通常按合金元素总含量分为低合金钢（合金元素含量小于 5%）、中合金铜（合金元素含量为 5%~10%）和高合金钢（合金元素含量大于 10%）；按用途分为合金结构钢、合金工具钢和特殊性能钢等。合金结构钢又分为调质结构钢、表面硬化钢、低碳马氏体钢、非调质结构钢等。特殊性能钢分为不锈钢和耐热钢等。

我国国家标准规定，合金钢牌号的表示方法有两种，一种是用汉字牌号，如 35 铬钼；另一种是用国际化学符号，如 35CrMo。前面数字表示平均含碳量的万分之几，合金元素符号后面的数字表示合金元素含量，含量小于 1.5% 时可不标，如 35CrMo 表示这种钢的含碳量平均为 0.35%，含 Cr、Mo 在 1% 左右。但在特殊情况下易混淆者，在元素符号后也可标数字“1”，当平均含量大于或等于 1.5%、2.5%、3.5% 时，在元素符号后面应相应标出 2、3、4，如 36Mn2Si。

二、合金元素对钢性能的影响

目前在合金钢中常用的合金元素有：铬（Cr）、锰（Mn）、镍（Ni）、硅（Si）、硼（B）、钨（W）、铝（Al）、钼（Mo）、钒（V）、钛（Ti）和稀土元素（Re）等。

铬是合金钢主加元素之一，在化学性能方面，它不仅能提高金属耐腐蚀性能，而且能提高其抗氧化性能。如果铬含量达到 13%，则钢的耐腐蚀能力显著提高。铬能提高钢的淬透性，显著提高钢的强度、硬度和耐磨性，但它使钢的塑性和韧性降低。

锰可提高钢的强度，增加锰含量有利于提高低温冲击韧性。

镍可提高钢铁的性能。它能提高淬透性，在保持良好的塑性和韧性时使钢具有很高的强度。镍还能提高耐腐蚀性和低温冲韧性。镍基合金具有更高的热强性能，因此镍被广泛应用于不锈钢和耐热钢中。

硅可提高钢的强度、高温疲劳强度、耐热性及耐 H_2S 等介质的腐蚀性，但硅含量增加会降低钢的塑性和冲击韧性。

铝为强脱氧剂，能显著细化晶粒，提高钢的冲击韧性，降低冷脆性。铝还能提高钢的抗氧化性和耐热性，对抵抗 H_2S 介质腐蚀有良好作用。因为铝的价格比较便宜，所以在耐热合金钢中常以它来代替铬。

钼能提高钢的高温强度、硬度，细化晶粒，防止回火脆性。含钼量小于 0.6% 时，钢的塑性提高，同时钼能抗氢的腐蚀。

钒可提高钢的高温强度，细化晶粒，提高淬透性。铬钢中加一点钒，在保持钢的强度的同时，还能改善钢的塑性。

钛为强脱氧剂，可提高钢的强度，细化晶粒，提高韧性，减少铸锭缩孔和焊缝裂纹等倾向。在不锈钢中，钛减少铬与碳化合的机会，起稳定碳的作用，防止晶间腐蚀，还可提高耐热性。

稀土元素可提高钢的强度，改善塑性、低温脆性、耐腐蚀性及焊接性能。

上述合金元素对钢性能的影响总结于表 8-7。

表8-7　部分常用合金元素对钢性能的影响

元素	对组织结构的影响			对性能的影响						
	形成碳化物	强化铁素体	细化晶粒	淬透性	强度	塑性	硬度、耐磨性	韧性	耐热性	耐腐蚀性
Cr	中等	小	小	大	↑	↓	↑	↓	↑	↑
Ni	—	小	小	中等	↑	保持良好	—	保持良好	↑	↑
Mn	小	大	中等	大	↑	—	—	↑	↑	—
Si	石墨化	最大	—	小	↑	↓	↑	↓	↑	↑（H_2S）
Al	—	—	大	很小	↓	↑	↓	↑	↑	↑（H_2S）
Mo	大	小	中等	大	↑（高温）	↑（含量<0.6%）	↑	—	↑	↑抗 H 腐蚀
V	大	小	大	大	↑（高温）	↑	—	—	↑	—
Ti	大	大	最大	—	↑	—	—	↑	↑	↑抗晶间腐蚀
W	较大	小	中等	中等	—	—	—	—	↑	—

注：表中的大、中等、小表示影响作用的大小；↑、↓表示提高和降低；—表示没有影响或影响甚微。

三、低合金钢

低合金钢，亦称低合金高强度钢，是在碳素钢的基础上加入少量 Si、Mn、Cu、Ti、V、Nb、P 等合金元素构成的，它的含碳量较低，多数均小于 0.2%，其组织多数仍为铁素体和珠光体组织。少量合金元素的加入可以大大提高钢材的强度，并改善钢材的耐腐蚀性能和低温性能。

低合金钢可轧制成各种钢材，如板材、管材、棒材和型材等。它广泛用于制造远洋轮船、大跨度桥梁、高压锅炉、大型容器、汽车、矿山机械及农业机械等。采用 16MnR 制造的大型化工容器，其重量比采用碳钢制造的轻 1/3，用 15MnVR 制造的球形贮罐，与碳钢制造的相比可节省钢材 45%，用 15MnTi 代替 20g 制造氨合成塔，每台可节省 30~40t

钢材。低合金钢具有耐低温性能，这对北方高寒地区使用的车辆、桥梁、容器等具有十分重要的意义。

四、专业用钢

为适应各种条件用钢的特殊要求，我们对低合金钢的成分、工艺及性能进行了相应的调整和补充，发展了许多专门用途的钢材，如锅炉用钢、压力容器用钢、焊接气瓶用钢等。这类钢质地均匀、杂质含量低，能满足某些力学性能的特殊检验项目要求。

在锅炉和化工压力容器制造中，经常采用专门用途的锅炉钢和容器钢，在钢号后面分别以 g 和 R 表示，如 20g、22g、16Mng 和 20R、16MnR 等。锅炉钢和容器钢都是采用优质碳素钢，且要求钢的质地均匀，无时效倾向，因此选用杂质及有害气体含量较低的低碳镇静钢。锅炉钢和容器钢都有板材和管材，这里主要介绍制造锅炉和压力容器壳体等承压构件的钢板。

锅炉钢板常用于锅炉和其他压力容器的壳体等承压构件。锅炉钢板常处于中温（350℃以下）、高压状态下工作，它除承受较高内压外，还要承受冲击、疲劳载荷及蒸汽介质的腐蚀作用。

与锅炉相比，压力容器的使用工况，如压力、温度、介质特性（主要是腐蚀性）和操作特点等，范围更广，差别更大，情况也更复杂。

锅炉和压力容器的安全运行与很多因素有关，其中材料性能是最重要的因素之一。为了确保锅炉和压力容器的使用安全，锅炉和压力容器在制造技术要求上也极为严格。综合以上诸多因素，对锅炉钢板和压力容器钢板都提出了较高的要求，主要是：

（1）中、常温容器材料应具有较高的工作温度强度及室温强度，高温容器材料应具有足够的蠕变强度和持久强度，承受疲劳载荷的容器材料应具有足够的疲劳强度；

（2）良好的塑性、韧性和冷弯性能；

（3）较低的缺口敏感性；

（4）良好的焊接性能和其他加工工艺性能；

（5）良好的冶金质量，要求钢板有良好的低倍组织，要求钢的分层、非金属夹杂物、疏松等缺陷尽可能少，不允许有白点和裂纹。

五、特殊性能钢

特殊性能钢是指具有特殊物理性能或化学性能的钢，这里主要介绍不锈钢、耐热钢、高温合金及低温用钢。

（一）不锈耐酸钢

不锈耐酸钢是不锈钢和耐酸钢的总称。严格来讲，不锈钢是指耐大气腐蚀的钢；耐酸钢是指能抵抗酸和其他强腐蚀性介质腐蚀的钢。耐酸钢一般都具有不锈的性能。

不锈钢中同时加入铬和镍，可形成单一的奥氏体组织。

根据所含主要合金元素的不同，不锈钢常分为以铬为主的铬不锈钢和以铬、镍为主的铬镍不锈钢，以及我国自行研制的节镍（无镍）不锈钢。

1. 铬不锈钢

在铬不锈钢中，铬是起耐腐蚀作用的主要元素，铬能固溶于铁的晶格中，从而形成固溶体。在氧化性介质中，铬能生成一层稳定而致密的氧化膜，对钢材起保护作用。但这种耐腐蚀作用的强弱常与钢中的碳和铬的含量有关。当铬含量大于 11.7% 时，钢的耐蚀性就显著地提高，而且铬含量愈多愈耐腐蚀。但由于碳是其中必须存在的元素，它能与铬形成铬的碳化物（如 $Cr_{23}C_6$ 等），因而可能消耗大量的铬，致使铁固溶体中的有效铬含量减少，使钢的耐蚀性降低，故不锈钢中含碳量愈少愈耐腐蚀。为了使铁固溶体中的铬含量不低于 11.7%，以保证耐腐蚀性能，就要将不锈钢的铬含量适当地提高，所以实际应用的不锈钢，其铬含量都在 13% 以上。常用的铬不锈钢有：

（1）1Cr13（含碳量≤ 0.15%）和 2Cr13（平均含碳量为 0.2%）等钢种。经调质后有较高的强度与韧性，在温度低于 30℃时，对弱腐蚀性介质（如盐水溶液、硝酸、浓度不高的某些有机酸等）有良好的耐腐蚀性。在淡水、海水、蒸汽、潮湿大气条件下，也具有足够的耐腐蚀性，但在硫酸、盐酸、热硝酸、熔融中耐腐蚀性低，故多用作化工设备中受力大的耐腐蚀零件，如轴、活塞杆、阀件、螺栓、浮阀（塔盘零件）等。

（2）0Cr13 和 Cr17Ti 等钢种。因其含形成奥氏体的碳元素量少（都小于 0.1），含铬量多，且铬、钛（少量）都是形成铁素体的元素，故在高温与常温下都是铁素体组织，因而常在退火状态下使用。它们具有较好的塑性，而且耐氧化性酸（如稀硝酸）和硫化氢气体的腐蚀，故在化工设备上常用来部分代替高铬镍 18–8 型不锈钢，如用于维尼纶生产中耐冷醋酸和防铁锈污染产品的耐腐蚀设备上。

2. 铬镍不锈钢

铬镍不锈钢的典型钢号是 0Cr18Ni9，其中，含碳量≤ 0.08%，含铬量在 17%~19%，含镍量在 8%~11%，故常以其 Cr、Ni 的平均含量“18–8”来表示这种钢的代号。因这种钢中含有较多的形成奥氏体的镍元素，故 18–8 钢加热至 1100~1150℃，并在水中淬火后，常温下也能得到单一的奥氏体组织，钢中的 C、Cr、Ni 全部都固溶于奥氏体晶格中。经过这种热处理后，奥氏体 18–8 不锈钢具有较高的抗拉强度，较低的屈服点，极好的塑性和韧性，其焊接性能和冷弯成型等工艺性能也很好，是目前用来制造各种贮槽、塔器、反应釜、阀件等化工设备的最广泛的一类不锈钢。

18–8 钢，除具有铬不锈钢的氧化铬薄膜的保护作用外，还因镍能使钢得到单一的奥氏体，故在很多介质中比铬不锈钢具有更高的耐腐蚀性。18–8 钢对浓度 65% 以下、温度低于 70℃或浓度 60% 以下、温度低于 100℃的硝酸，以及苛性碱（熔融碱除外）、硫酸盐、硝酸盐、硫化氢、醋酸等都很耐腐蚀的，并且有良好的抗氢、氮性能，但对还原性介质，如盐酸、稀硫酸等则是不耐腐蚀的。18–8 钢在含有氯离子的溶液中易遭受腐蚀，严重时往往引起钢板穿孔腐蚀。

另外，18–8 钢容易产生晶间腐蚀现象。当 18–8 钢加热到 400~850℃，或自高温缓慢冷却（如焊接）时，碳会从过饱和奥氏体中以碳化铬（$Cr_{23}C_6$）的形式沿晶界析出，使奥氏体晶界附近的含铬量降低至不锈钢耐腐蚀所需要的最低含量（12%）以下，从而使腐蚀集中在晶界附近的贫铬区，这种沿晶界附近产生的腐蚀现象，称为晶间腐蚀。

（二）耐热钢

在原油加热、裂解、催化设备中，常用到许多能耐高温的钢材，如裂解炉管，在工作时就要求能承受650~800℃的高温。在这样高的温度下，一般碳钢是无法承受的，必须采用耐热钢。这是因为一般碳钢在较高的温度下，抗氧化腐蚀性能和强度变得很差。如20号钢在高于540℃时，在氧化性的气体中，钢的表面就会被氧腐蚀而生成氧化皮，并层层剥落。在强度方面，20号钢在500℃时的屈服点只有50MPa，比在室温时低得多。这是因为20号钢在480~500℃时，钢中的Fe_3C开始分解出石墨碳（此过程称为石墨化过程），而石墨的强度是极低的。另外，钢在再结晶温度（20号钢约为400℃）以上受力变形时，没有进行冷作硬化，因而钢变得很软，其强度很低，塑性极好，抗蠕变性能很差。

耐热钢是指高温下具有较高的强度和良好的化学稳定性的合金钢。耐热钢的主要合金元素有铬（Cr）、铝（Al）、硅（Si）、镍（Ni）、锰（Mn）、钒（V）、钛（Ti）、铌（Nb）、碳（C）、氮（N）、硼（B）和稀土元素铼（Re）等。Cr、Al、Si是铁素体形成元素，可以被高温气体（对耐热钢而言，主要是氧气）氧化后生成一种致密的氧化膜，保护钢的表面，防止氧的继续侵蚀，从而得到较好的化学稳定性；Ni、Mn是奥氏体形成元素，能提高钢的高温强度和改善抗渗碳性；V、Ti、Nb是强碳化物形成元素，可以提高钢的高温强度；C和N可以扩大和稳定奥氏体，提高钢的高温强度；B和Re均为耐热钢中添加的微量元素，可以显著提高钢材的抗氧化性，并改善其热塑性。

耐热钢按特性和用途可分为抗氧化钢（又称高温不起皮钢）和热强钢。抗氧化钢是指高温下具有较好的抗氧化性，并有适当强度的钢种，多数用来制造炉用零件和热交换器。热强钢在高温下有较好的抗氧化性和耐腐蚀能力，且有较高的强度，常用来制造高温下工作的汽缸、螺栓及锅炉的过热器等。常用耐热钢的特性与用途列于表8-8中。

表8-8　常用耐热钢特性与用途

钢号	主要特性	用途举例
1Cr25Ni20Si2	奥氏体钢，有良好的抗氧化性、加工性和焊接性，由于含镍高，组织较稳定，一般经固溶处理	高温炉管、加热炉辊，最高温度可用到1200℃
3Cr18Mn12Si2N	节镍奥氏体钢，按其抗氧化性可用于900℃左右的耐热零件，其加工性不如铬镍奥氏体钢，目前使用不多	锅炉吊架及其他炉用零件
2Cr20Mn9Ni2Si2N	性能同3Cr18Mn12Si2N，由于含铬量高、含碳量低和含少量的镍，使用温度可稍高，工艺性能也较3Cr18Mn12Si2N稍好	锅炉吊架及炉用零件，长期可用于950℃，短期可用于1000~1050℃
1Cr5Mo	600℃以下有一定强度，650℃以下有较好的抗氧化性和抗石油裂化过程中的腐蚀	锅炉管架、高压加氢设备零件、紧固件等

一般耐热钢工作温度都在 700℃ 以下，如果工作温度在 700~1000℃ 范围内，耐热钢就不能胜任，要采用高温合金。高温合金有三个主要类型：铁基合金、镍基合金、钴基合金。铁基耐热合金的工作温度在 700℃ 以下，含有相当高的铬、镍成分和其他强化元素。镍基耐热合金是目前在 700~900℃ 范围内使用最广泛的一种高温合金，这类合金的含镍量通常在 50% 以上。钴基耐热合金的高温强度主要靠固溶强化获得，钴价格昂贵，应用受到很大的限制，一般在 1000℃ 以上才使用。

（三）低温用钢

在化工生产中，有些设备 [如深冷分离、空气分离润滑油脱脂、液化天然气、液化石油气、液氢（–252.8℃）、液氦（–269℃）和液体 CO_2（–78.5℃）等的贮存] 常在低温状态下工作，因而其零部件必须采用能承受低温的金属材料制造。普通碳钢在低温下（–20℃ 以下）变脆，冲击韧性显著下降，往往容易引起低温脆断，造成严重后果。

因此，对低温用钢的基本要求是：具有良好的韧性（包括低温韧性），良好的加工工艺性和可焊性。为了保证这些性能，低温钢的含碳量应尽可能降低，其平均含碳量为 0.08%~0.18%，以形成单相铁素体组织，再加入适量的 Mn、Al、Ti、Nb、Cu、V、N 等元素以改善钢的综合力学性能。但在深冷条件下，铁素体低温钢还不能满足上述基本要求，而单相奥氏体组织可以满足这些要求。

目前，国外低温设备用的钢材主要以高铬镍钢为主，也有使用镍钢、铜和铝等。目前，国外低温设备所用的钢材主要以高铬镍钢为主，次要使用镍钢、铜、铝等。我国根据资源情况，自行研制了无铬镍的低温钢材系列，并应用在生产中。例如，使用温度为 –40~–110℃ 的低温钢都属于低合金钢，这些低温钢的组织均为铁素体；使用温度为 –196~–253℃ 的低温钢是 Fe–Mn–Al 系新钢种，是单相奥氏体组织。

表 8–9 列出了几种常用的低温用钢的牌号、使用状态等。

表8–9 几种常用的低温用钢

钢号	钢板状态	厚度 /mm	屈服强度 /MPa	最低冲击试验温度 /℃
16MnDR	正火	6~100	255~315	–30~40
07MnNiCrMoVDR	调质	16~50	490	–40
15MnNiDR	正火，正火加回火	6~60	290~325	–45
09MnNiDR	正火，正火加回火	6~100	260~300	–70
20R	正火	6~36	205~245	–20
15MnNbR	正火	10~60	350~370	–20

注：表中 D 代表低温用钢，R 代表容器用钢。

第四节　有色金属材料

铁以外的金属称非铁金属，也称有色金属。有色金属及其合金的种类很多，常用的有铝、铜、铅、钛等。

在石油、化工生产中，由于腐蚀、低温、高温、高压等特殊工艺条件，许多化工设备及其零部件经常用有色金属及其合金制造。

有色金属有很多优越的特殊性能。例如，铜有良好的导电性和低温韧性；铝的相对密度小，耐硝酸腐蚀；铅能防辐射，耐稀硫酸等多种介质的腐蚀。本节只简要介绍几种常用的有色金属及其合金的性能和用途。

一、铝及其合金

铝是一种银白色金属，密度小（$2.7g/cm^3$），约为铁的 1/3，属于轻金属。铝的导电性、导热性能好，仅次于金、银和铜；塑性好、强度低，可承受各种压力加工，并可进行焊接和切削。铝在氧化性介质中易形成 Al_2O_3 保护膜，因此在干燥或潮湿的大气中，在氧化剂的盐溶液中，在浓硝酸以及干氯化氢、氨气中，都是耐腐蚀的，但含有卤素离子的盐类、氢氟酸以及碱溶液都会破坏铝表面的氧化膜，所以铝不宜在这些介质中使用。铝无低温脆性、无磁性、对光和热的反射能力强、耐辐射、冲击不产生火花。

铝在化工生产中有许多特殊的用途。例如，铝不会产生火花，故常用于制作含易挥发性介质的容器；铝不会使食物中毒，不沾污物品，不改变物品颜色。因此，在食品工业中铝可代替不锈钢制作有关设备。铝的导热性能好，适合于制作换热设备。

铝合金种类很多，根据生产方法的不同可分为变形铝合金和铸造铝合金。变形铝合金包括工业纯铝和防锈铝。

（一）变形铝合金

1. 工业纯铝

工业高纯铝，牌号为 1A85、1A9 等，可用来制造对耐腐蚀要求较高的浓硝酸设备，如高压釜、槽车、储槽、阀门、泵等。工业纯铝，牌号如 8A06，用于制造含硫石油工业设备、橡胶硫化设备及含硫药剂生产设备，同时也大量用于食品工业和制药工业中要求耐腐蚀、防污染而不要求强度的设备，如反应器、热交换器、深冷设备、塔器等。

2. 防锈铝

防锈铝是由铝锰或铝镁组成的铝合金，牌号有 5A02、5A03、5A05、5A06 等。防锈铝能耐潮湿大气的腐蚀，有足够的塑性，强度比纯铝高得多，常用来制造各式容器、分馏塔、热交换器等。5A02、5A03 用于制造中等强度的零件或设备；5A05 用于制造油箱、管道、低压容器、铆钉；5A06 用于制造受力零件及焊制容器。由于熔焊的铝材的冲击韧性在低温（0~−196℃）下不下降，因此，很适合制作低温设备。

（二）铸造铝合金

铸造铝合金是铝硅合金，分为四类：

（1）Al–Si 系，俗称硅铝明，典型牌号为 ZAlSi7Mg，合金号为 ZL101；

（2）Al–Cu 系，这是工业上应用最早的铸造铝合金，特点是热强性比其他铸造铝合金都高，使用温度可达 300℃，它的密度较大，耐腐蚀性较差，典型牌号为 ZAlCu5Mn，合金号为 ZL201；

（3）A–Mg 系，室温力学性能高，密度小，耐腐蚀性能好，但热强性低，铸造性能差，因而使用受到限制，典型牌号为 ZAIMg10，合金号为 ZL301；

（4）Al–Zn 系，Zn 在 Al 中的溶解度大，再加入硅及少量镁、铬等元素，具有良好的综合性能，典型牌号为 ZAlZn11Si17，合金号为 ZL401。

铸造铝合金的铸造性、流动性好，铸造时收缩率和生成裂纹的倾向性都很小。由于表面生成 Al_2O_3、SiO_2 保护膜，故铸造铝合金的耐腐蚀性好，且密度小，广泛用来铸造形状复杂的耐腐蚀零件，如管件、泵、阀门、汽缸、活塞等。

二、铜及其合金

铜属于半贵重金属，密度为 8.94g/cm³，铜及其合金具有高的导电性和导热性，较好的塑性、韧性及低温力学性能，在许多介质中有较高的耐腐蚀性，因此在化工生产中得到广泛应用。

（一）纯铜

纯铜呈紫红色，又称紫铜。纯铜有良好的导电、导热和耐腐蚀性，也有良好的塑性，在低温时可保持较高的塑性和冲击韧性，用于制作深冷设备和高压设备的垫片。

铜耐稀硫酸、亚硫酸、稀的和中等浓度的盐酸、乙酸、氢氟酸及其他非氧化性酸等介质的腐蚀，对淡水、大气、碱类溶液的耐腐蚀能力很好。铜不耐各种浓度的硝酸、氨和铵盐溶液的腐蚀，因其在氨和铵盐溶液中，会形成可溶性的铜氨离子 $[Cu(NH_4)_3]^{2+}$。

纯铜的牌号有 T1、T2、T3、TU1、TU2、TP1、TP2 等。T1、T2 是高纯度铜，用于制造电线，配制高纯度合金。T3 杂质含量和氧含量比 T1 和 T2 高，主要用于制造一般材料，如垫片、铆钉等。TU1、TU2 为无氧铜，纯度高，主要用于制造真空器件。TP1、TP2 为磷脱氧铜，多以管材供应，主要用于制造冷凝器、蒸发器、换热器、热交换器的零件等。

（二）铜合金

铜合金是指以铜为基体加入其他元素所组成的合金。传统上将铜合金分为黄铜、白铜、青铜三大类。

1. 黄铜

铜与锌的合金称黄铜。它的铸造性能良好，力学性能比纯铜高，耐腐蚀性与纯铜相似，在大气中耐腐蚀性比纯铜好，价格也便宜，在化工上应用较广。

在黄铜中加入锡、铝、硅、锰等元素，所形成的合金称特种黄铜。其中，锰、铝能提高黄铜的强度；铝、锰和硅能提高黄铜的抗腐蚀性和减磨性；铝能改善切削加工性。

化工上常用的黄铜牌号有 H80、H68、H62 等（数字表示合金内铜平均含量的质量分数）。H80 在大气、淡水及海水中有较高的耐腐蚀性，加工性能优良，可制作薄壁管和波纹管。H68 的塑性好，可在常温下冲压成型，用于制作容器的零件，如散热器外壳、导管等。在室温下，H62 的塑性较差，但有较高的机械强度，易焊接，价格低廉，可制作深冷设备的筒体、管板、法兰及螺母等。

锡黄铜 HSn70–1 含有 1% 的锡，能提高其在海水中的耐腐蚀性，由于它主要应用于舰船，故称海军黄铜。

2. 白铜

镍的质量分数低于 50% 的铜镍合金称为简单（普通）白铜，再加入锰、铁、锌或铝等元素的白铜称为复杂（特殊）白铜。白铜是工业铜合金中耐腐蚀性能的最优者，抗冲击腐蚀、应力腐蚀性能也良好，是海水冷凝管的理想材料。

3. 青铜

除黄铜、白铜外，其余的铜合金均称为青铜。铜与锡的合金称为锡青铜；铜与铝、硅、铅、铍、锰等组成的合金称为无锡青铜。

锡青铜分铸造锡青铜和压力加工锡青铜两种，其中，以铸造锡青铜应用得最多。

典型牌号 ZQSn10–1 的锡青铜具有较高的强度和硬度，能承受冲击载荷，耐磨性很好，具有优良的铸造性，在许多介质中比纯铜耐腐蚀。锡青铜主要用来铸造耐腐蚀和耐磨零件，如泵壳、阀门、轴承、蜗轮、齿轮、旋塞等。

无锡青铜（如铝青铜）的力学性能比黄铜、锡青铜好，具有耐磨、耐腐蚀特点，无铁磁性，冲击时不产生火花，主要用于加工成板材、带材、棒材和线材等。

三、钛及其合金

钛的密度小（4.507g/cm³）、强度高、耐腐蚀性好、熔点高。这些特点使钛在军工、航空、化工领域中日益得到广泛应用。

典型的工业纯钛牌号有 TAO、TA2、TA3（编号越大、杂质含量越多）。纯钛塑性好，易于加工成型，冲压、焊接、切削加工性能良好；在大气、海水和大多数酸、碱、盐中有良好的耐蚀性，钛也是很好的耐热材料。它常用于制造飞机骨架、耐海水腐蚀的管道、阀门、泵体、热交换器、蒸馏塔及海水淡化系统装置与零部件。在钛中添加锰、铝或铬、钼等元素，可获得性能优良的钛合金。

四、镍及其合金

镍是稀有贵重金属，密度为 8.93g/cm³，具有很高的强度和塑性，有良好的延伸性和可锻性。镍具有很好的耐腐蚀性，在高温碱溶液或熔融碱中都很稳定，故镍主要应用在制碱工业中，用于制造处理碱介质的化工设备。

在镍合金中，以牌号为 NCu28-2.5-1.5 的蒙乃尔耐腐蚀合金应用最广。蒙乃尔合金能在 500℃ 时保持高的力学性能，能在 750℃ 以下抗氧化，在非氧化性酸、盐和有机溶液中比纯镍、纯铜更具耐腐蚀性。

五、铅及其合金

铅是重金属，密度为 11.34g/cm³，硬度低、强度小，不宜单独作为设备材料，只适于制作设备的衬里。铅的热导率小，不适合制作换热设备；纯铅不耐磨，非常软，但在许多介质中，特别是在硫酸（80% 的热硫酸及 92% 的冷硫酸）中具有很高的耐腐蚀性。

铅与锑合金称为硬铅，它的硬度、强度都比纯铅高，在硫酸中的稳定性也比纯铅好。硬铅的主要牌号有 PbSb4、PbSb6、PbSb8 和 PbSb10 。

铅和硬铅在硫酸、化肥、化纤、农药、电气设备中可用来制作加料管、鼓泡器、耐酸泵和阀门等零件。由于铅具有耐辐射的特点，在工业上可作为 X 射线和 γ 射线的防护材料。铅合金的自润性、磨合性和减振性好，用它制成的零部件运转时的噪声小，是良好的轴承合金。铅合金还用于铅蓄电池极板、铸铁管口、电缆封头的铅封等。

第五节　非金属材料

非金属材料具有优良的耐腐蚀性能，原料来源丰富，品种多样，适于因地制宜，就地取材，是一种有着广阔发展前途的化工材料。非金属材料既能用作单独的结构材料，又能用作金属设备的保护衬里、涂层，还能用作设备的密封材料、保温材料和耐火材料。

应用非金属材料制作化工设备，除要求非金属材料有良好的耐腐蚀性外，还应有足够的强度，渗透性、孔隙及吸水性要小，热稳定性好，加工制造容易，成本低以及来源广泛。

非金属材料分为无机非金属材料（陶瓷、搪瓷、岩石、玻璃等）和有机非金属材料（塑料、涂料、不透性石墨等）两大类。

一、无机非金属材料

（一）化工陶瓷

化工陶瓷具有良好的耐腐蚀性能、耐热性和一定的机械强度，但陶瓷性脆易裂，导热性差。其主要原料是黏土、瘠性材料和助熔剂，用水混合后经过干燥和高温焙烧，形成表面光滑、断面像细密石质的材料。

目前在化工生产中，化工陶瓷设备与管道应用得很多。化工陶瓷可用来制造接触强腐蚀性介质的塔、贮槽、容器、泵、阀门、旋塞、反应器、搅拌器和管道、管件等。

（二）化工搪瓷

化工搪瓷由硅含量高的瓷釉经过 900℃ 左右的高温煅烧，使瓷釉附着在金属胎表面而形成。化工搪瓷具有优良的耐腐蚀性能和电绝缘性能，但易碎裂。

搪瓷的导热系数不到钢的1/4，热膨胀系数较小，故搪瓷设备不能直接用火焰加热，以免损坏搪瓷面，可以用蒸气或油浴缓慢加热，使用温度为-30~270℃。

目前，我国生产的搪瓷设备有反应釜、贮罐、换热器、蒸发器、塔和阀门等。

（三）辉绿岩铸石

辉绿岩铸石是用辉绿岩熔融后铸成的，可制成板、砖等材料，用来制作设备衬里，也可用来制作管材。铸石除对氢氟酸和熔融碱不耐腐蚀外，对其他各种酸、碱、盐均具有良好的耐腐蚀性能。

（四）玻璃

化工上用的玻璃不是一般的钠钙玻璃，而是硼玻璃（耐热玻璃）或高铝玻璃，它们有良好的热稳定性和耐腐蚀性。

玻璃在化工生产上用来制作管道或管件，也可以用来制作容器、反应器、泵、热交换器、隔膜阀等。

玻璃虽然有耐腐蚀、清洁、透明、阻力小、价格低等特点，但是具有质脆、耐温度急变性差、不耐冲击和振动等缺点。目前，已成功地采用在金属管内衬玻璃或用玻璃钢加强玻璃管道等方法来弥补其不足。

二、有机非金属材料

（一）工程塑料

以用高分子合成树脂为主要原料，在一定条件下制成的型材或产品（泵、阀等），统称为塑料。在工业生产中，广泛应用的塑料即为“工程塑料”。

一般塑料以合成树脂为主，加入添加剂以改善产品性能。一般添加剂有：

（1）填料，提高塑料的力学性能。

（2）增塑剂，降低材料的脆性和硬度，使材料具有可塑性。

（3）稳定剂，延缓塑料的老化。

（4）固化剂，加快固化速度，使固化后的树脂具有优良的机械强度。

塑料的品种较多，根据受热后的变化和性能的不同，可分为热塑性和热固性两大类。

热塑性塑料是以可经受反复受热软化（或熔化）和冷却凝固的树脂为基本成分制成的塑料，如聚氯乙烯、聚乙烯等。热固性塑料是以经加热转化（或熔化）和冷却凝固后变成不溶状态的树脂为基本成分制成的，如酚醛树脂、氨基树脂等。

塑料一般具有良好的耐腐蚀性能，一定的机械强度，相对密度不大，价格较低等特点，因此在化工生产中得到广泛应用。

1. 硬聚氯乙烯塑料

硬聚氯乙烯塑料具有良好的耐腐蚀性能，能耐稀硝酸、稀硫酸、盐酸、碱、盐等腐蚀，并有一定的强度，加工成型方便，焊接性能较好等特点。导热系数小、冲击韧性低、耐热性较差是它的缺点。硬聚氯乙烯塑料的使用温度为-15~60℃；当温度在60~90℃时，其强度显著下降。

硬聚氯乙烯塑料广泛地用于制作各种化工设备，如塔、贮槽、容器、尾气烟囱、离心泵、通风机、管道、管件、阀门等。

2. 聚乙烯塑料

它是乙烯的高分子聚合物，有优良的电绝缘性、防水性、化学稳定性。在室温下，除硝酸外，其对各种酸、碱、盐溶液均稳定，对氢氟酸特别稳定。

聚乙烯塑料可用来制作管道、管件、阀门、泵等，也可用来制作设备衬里，还可涂在金属表面，以作为防腐涂层。

3. 耐酸酚醛塑料

它是以酚醛树脂为黏结剂，以耐酸材料（石棉、石墨、玻璃纤维等）为填料的一种热固性塑料。它有良好的耐腐蚀性和耐热性，能耐多种酸、盐和有机溶剂的腐蚀。

耐酸酚醛塑料可用来制作管道、阀门、泵、塔节、容器、贮槽、搅拌器，也可用来制作设备衬里，目前，在氯碱、染料、农药等工业中应用得较多，使用温度为 –30~130℃。这种塑料性质较脆，冲击韧性较低。

4. 聚四氟乙烯塑料

这种塑料具有优异的耐腐蚀性，能耐强腐蚀性介质（硝酸、浓硫酸、王水、盐酸、苛性碱等）腐蚀，耐腐蚀性甚至超过贵重金属，有塑料王之称，使用温度范围为 –100~250℃。

聚四氟乙烯塑料常用来制作耐腐蚀、耐高温的密封元件和管道等。由于聚四氟乙烯塑料有良好的自润滑性，还用来制作无油润滑的活塞环。

5. 玻璃钢

用玻璃钢纤维增强的塑料又称玻璃钢。它以合成树脂为黏结剂，以玻璃纤维为增强材料，按一定成型方法制成。玻璃钢是一种新型的非金属防腐蚀材料，强度高，具有优良的耐腐蚀性能和良好的工艺性能等，在化工生产中应用得广泛。

根据所用树脂的不同，玻璃钢的性能差异很大。目前，应用在化工防腐蚀方面的有：环氧玻璃钢、酚醛玻璃钢（耐酸性好）、呋喃玻璃钢（耐腐蚀性好）、聚酯玻璃钢（施工方便）等。

玻璃钢在化工生产中可用来制作容器、贮槽、塔、鼓风机、槽车、搅拌器、泵、管道、阀门等多种设备。

（二）涂料

涂料是一种高分子胶体的混合物溶液。将其涂在物体表面，即可固化而形成薄涂层，保护物体免遭大气及酸、碱等介质的腐蚀。涂料多数情况下用于涂刷设备、管道的外表面，也常用作设备内壁的防腐蚀涂层。

采用涂料防腐的特点是：涂料品种多，选择范围广，适应性强，使用方便，价格低，便于现场施工等。但是，由于涂层较薄，在有冲击、磨蚀作用以及强腐蚀介质的情况下，涂层容易脱落，这限制了涂料在设备内壁防腐蚀方面的应用。

常用的防腐蚀涂料有防锈漆、底漆、大漆、酚醛树脂漆、环氧树脂漆等以及某些塑料涂料，如聚乙烯涂料、聚氯乙烯涂料等。

（三）不透性石墨

不透性石墨是由各种树脂浸渍石墨消除孔隙而得到的。它具有较高的化学稳定性和良好的导热性，热膨胀系数小，耐温度急变性好；不污染介质，能保证产品纯度；加工性能良好和相对密度小等优点。它的主要缺点是机械强度较低，性脆。

不透性石墨的耐腐蚀性主要取决于浸渍树脂的腐蚀性。由于其耐腐蚀性强和导热性好，常用来制作腐蚀性强的介质的换热器，如氯碱生产中应用的换热器和盐酸合成炉，也可以用来制作泵、管道和机械密封中的密封环和压力容器用的安全爆破片等。

习　题

1. 化工设备对材料有哪些基本要求？
2. 从组织结构与性能特点的角度来说明碳钢与铸铁的不同。
3. 下列钢号各代表何种钢？符号中的数字各有什么意义？

Q215A、Q235AF、45、15Mn、12Cr13、15Mn24A14、Q245R、16MnDR、15MnNiDR、15CrMoR、06Cr19Ni10、25Cr2MoVA、12Cr18Ni9、022Cr17Ni12Mo2、07Cr17Ni7Al

4. 铁碳合金的基本组织有哪些，它们的结构和性能有什么区别？
5. 与碳钢比较，合金钢有哪些优越性能？
6. 铜、铝、铅、镍及其合金的主要性能特点是什么？它们主要用在何处？
7. 非金属材料按化学性质分几种？
8. 化工生产中最常用的工程塑料有哪些？各适用于制造哪些化工设备？
9. 化工生产中最常用的无机非金属材料有哪些？
10. 含碳量对碳钢的力学性能有何影响？
11. 钢中的硫和磷对其性能有何影响？锰在钢中起何作用？
12. 什么是淬火、回火？各达到什么目的？
13. 正火与退火有什么不同？能否互相代用？
14. 不锈钢为什么含碳量都很低？

第九章　化工设备的腐蚀及防腐措施

1. 本章的能力要素

本章介绍金属腐蚀的类型、破坏的形式及常见的防腐措施。具体要求包括：

（1）掌握化学腐蚀和电化学腐蚀的特点与区别；

（2）理解晶间腐蚀和应力腐蚀的特点；

（3）了解金属腐蚀破坏的形式；

（4）掌握金属设备的防腐措施。

2. 本章的知识结构图

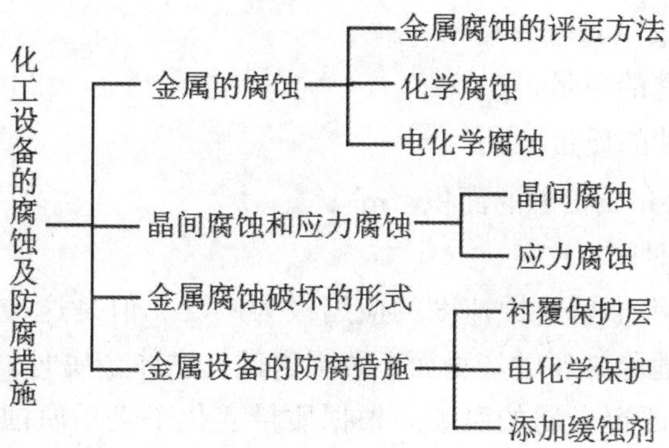

腐蚀是影响金属设备及其构件使用寿命的主要因素之一。化工与石油化工以及轻工、能源等领域，约有 60% 的设备失效与腐蚀有关。

在化学工业中，金属（特别是黑色金属）是设备制造的主要材料，由于其经常要和强烈的腐蚀性介质如各种酸、碱、盐、有机溶剂及腐蚀性气体等接触，不可避免地会发生腐蚀，因此要求设备材料具有较好的耐腐蚀性。腐蚀不仅造成金属和合金材料的巨大损失，影响设备的使用寿命，而且会使设备的检修周期缩短，增加非生产时间的投入和修理费用；腐蚀还会使设备及管道的跑、冒、滴、漏现象更为严重，不仅造成原料和成品的大量损失，而且还会影响产品质量，污染环境，危害人类健康；腐蚀还会引起设备爆炸、火灾等事故，使设备遭到破坏而停止生产，造成巨大的经济损失甚至危及人的生命。因此，对于化工设备，正确地选材和采取有效的防腐蚀措施，使之不受腐蚀或减少腐蚀，以保证设备的正常运转，延长其使用寿命，对促进化学工业的迅速发展有着十分重大的意义。

第一节　金属的腐蚀

金属与周围介质之间发生化学或电化学作用而引起的破坏称为腐蚀，如金属设备在大气中生锈，钢铁在酸中溶解及高温下的氧化等。金属的腐蚀有两种：化学腐蚀与电化学腐蚀。

一、金属腐蚀的评定方法

金属腐蚀的评定方法很多，对于均匀腐蚀，工程设计中常用的评定方法有以下两种。

（1）根据质量变化评定金属的腐蚀。这种评价是通过实验的方法，测出金属试件在单位表面积、单位时间内因腐蚀而引起的质量变化。当测定试件在腐蚀前后的质量减少时，可用下式表示腐蚀速度：

$$K=\frac{m_0-m_1}{Ft} \tag{9-1}$$

式中，K——腐蚀速度，g/（m^2·h）；

m_0——腐蚀前试件的质量，g；

m_1——腐蚀后试件的质量，g；

F——试件与腐蚀介质接触的面积，m^2；

t——腐蚀作用的时间，h。

根据质量变化来表示金属腐蚀速度的应用极为广泛，但是这种方法只能用于均匀腐蚀，并且只有当能很好地除去腐蚀产物而不致损害试件主体金属时，结果才准确。

（2）根据腐蚀深度评定金属的腐蚀。根据质量变化来表示腐蚀速度时，我们没有考虑金属的相对密度。当质量减少相同时，相对密度不同的金属其截面尺寸的减小则不同。为了表示腐蚀前后截面尺寸的变化，常用金属厚度的减少量，即腐蚀深度来表示腐蚀速度，由式（9-1）导出：

$$K_a=\frac{24\times 365K}{1000\rho}=8.76\frac{K}{\rho} \tag{9-2}$$

式中，K——用每年金属厚度的减少量表示的腐蚀速度，mm/a；

ρ——金属的相对密度，g/cm^3。

按腐蚀深度评定金属的耐腐蚀性能有三级标准，见表 9-1 所列。

表9-1　金属耐腐蚀性能的三级标准

耐腐蚀性能	腐蚀速度 /（mm/a）	耐腐蚀级别
耐蚀	<0.1	1

续 表

耐腐蚀性能	腐蚀速度 /（mm/a）	耐腐蚀级别
可用	0.1~1.0	2
不可用	>1.0	3

二、化学腐蚀

金属遇到干燥的气体或非电解质溶液发生化学作用而引起的腐蚀叫作化学腐蚀。化学腐蚀的产物在金属的表面上，腐蚀过程中没有电流产生。

如果化学腐蚀生成的化合物很稳定，即不易挥发或溶解，且组织致密，与金属本体结合牢固，那么，这种腐蚀产物附着在金属表面上，有钝化腐蚀的作用，称钝化作用，其腐蚀产物称为“钝化膜”，对主体材料起保护作用。

如果化学腐蚀生成的化合物不稳定，即易挥发或溶解，且与金属结合不牢固，腐蚀产物就会一层层脱落（氧化皮即属此类），这种腐蚀产物不能保护金属不再继续受到腐蚀，这种作用称为“活化作用”。

（一）金属的高温氧化及脱碳

在化工生产中，很多设备是在高温条件下操作的，如氨合成塔、硫酸氧化炉、石油气制氢转化炉等。金属的高温氧化及脱碳是一种高温下的气体腐蚀，是化工设备中常见的化学腐蚀之一。

当温度高于 300℃ 时，钢和铸铁表面就会出现可见的氧化皮，随着温度的升高，钢铁的氧化速度大大增加。在 570℃ 以下氧化时，形成的氧化物中不含 FeO，其氧化层主要由 Fe_3O_4 和 Fe_2O_3 构成。这两种氧化物的组织致密、稳定，附着在铁的表面上不易脱落，起到了保护膜的作用。在 570℃ 以上氧化时，形成的氧化物除了前两种外，还有 FeO，其厚度比约为 $d(Fe_2O_3):d(Fe_3O_4):d(FeO)=1:10:100$，此时氧化层的主要成分是 FeO，其结构疏松，容易脱落，即常见的氧化皮。

为了提高钢的高温抗氧化能力，必须设法阻止或减弱 FeO 的形成。冶金工业中，常在钢里加入适量的合金元素，如铬、硅或铝，这是冶炼抗氧化、不起氧化皮的有效方法。

在高温（700℃ 以上）氧化的同时，钢还发生脱碳作用。脱碳作用的化学反应式如下：

$$Fe_3C+O_2 \xlongequal{} 3Fe+O_2$$

$$Fe_3C+CO_2 \xlongequal{} 3Fe+2CO$$

$$Fe_3C+H_2O \xlongequal{} 3Fe+CO+H_2$$

脱碳作用使钢的力学性能下降，特别是降低了表面硬度和抗疲劳强度，因而高温工作的零件要注意这一问题。

（二）氢腐蚀

在合成氨、石油加氢及其他一些化工工艺中，常遇到反应介质是氢占很大比例的混合气体的情况，而且这些过程又多是在高温高压下进行的，例如，合成氨的压力常采用31.4MPa，温度一般为470~500℃。

通常，氢气在较低温度和压力（≤ 200℃，≤ 5.0MPa）下对普通碳钢及低合金钢不会有明显的腐蚀，但是在高温高压下则会产生腐蚀，使材料的强度和塑性显著降低，甚至损坏材料，这种现象常称为“氢腐蚀”。铁碳合金在高温高压下的氢腐蚀过程可分为氢脆阶段和氢侵蚀阶段。

第一阶段为氢脆阶段。氢与钢材直接接触时被吸附在钢材表面，并以原子状态向其内部扩散，溶解在铁素体中形成固溶体。在此阶段，溶在钢中的氢并未与钢材发生化学反应，也未改变钢材的组织，钢材的抗拉强度和屈服点无显著改变，同时在显微镜下也观察不到裂纹。但是溶在钢中的氢使钢材显著变脆，塑性减小，这种脆性与氢在钢中的溶解度成正比。

第二阶段为氢侵蚀阶段。溶解在钢材中的氢与钢中的渗碳体发生化学反应，生成甲烷，从而改变了钢材的组织。其化学反应式为

$$Fe_3C+2H_2 = 3Fe+CH_4$$

这一化学反应常发生在晶界处，生成的甲烷气体聚集在晶界原有的微观孔隙内，形成局部高压，引起应力集中，使晶界变宽，产生更大的裂纹，或在钢材表层夹杂等缺陷中聚集形成鼓泡，使钢材力学性能降低。另外，由于渗碳体还原为铁素体时，体积减小，由此产生的组织应力与前述内应力叠加在一起，使裂纹扩展，而裂纹扩展又为氢和碳的扩散提供了有利条件。这样反复不断地进行下去，最后使钢材完全脱碳，裂纹形成网格，严重地降低了钢材的力学性能，甚至使材料遭到破坏。

铁碳合金的氢腐蚀随着压力和温度的升高而加剧，因为高压有利于氢气在钢中的溶解，而高温则增加氢气在钢中的扩散速度及脱碳反应的速度。通常，铁碳合金产生氢腐蚀时有一开始温度和开始压力，它是衡量钢材抵抗氢腐蚀能力的一个重要指标。

为了防止氢腐蚀的发生，可以降低钢中的含碳量，使其没有碳化物（Fe_3C）析出。此外，在钢中加入合金元素，如铬、钛、钼、钨、钒等，形成不易与氢作用的碳化物，可以有效地避免氢腐蚀。

三、电化学腐蚀

电化学腐蚀是指金属与电解质溶液相接触产生电化学作用而引起的破坏。电化学腐蚀过程是一种原电池工作的过程，腐蚀过程中有电流产生，使其中电位较负的部分（阳极）失去电子而遭受腐蚀。电化学腐蚀过程由以下三个环节组成（图 9–1），它至少包括一个阳极反应和一个阴极反应。

（1）阳极反应。金属溶解，即金属中的金属离子转移到介质中并放出电子的氧化过程。

（2）电子流动。阳极的过剩电子流向阴极。

（3）阴极反应。介质中的氧化剂组分来自阳极的电子的还原过程。

以上三个环节缺一不可，其中，阻力较大的环节决定着整个腐蚀过程的快慢。

电化学腐蚀是一种极为普遍的腐蚀现象，如金属在酸、碱、盐溶液，水和海水中的腐蚀，金属在潮湿空气中的大气腐蚀以及地下金属管线的腐蚀等均属于电化学腐蚀。

电化学腐蚀进行的过程中必须具备三个条件：

①同一金属上有不同电位的部分之间存在电位差（图 9–2 中的微电池），或不同金属之间存在电位差（图 9–2 中的大电池）；②阳极和阴极互相连接；③阳极和阴极处在相互连通的电解质溶液中。

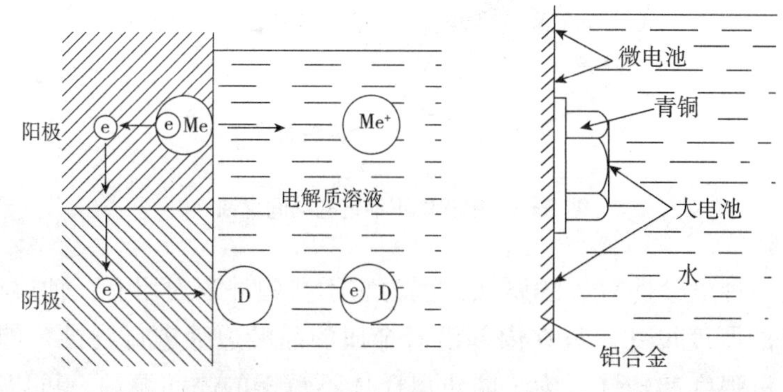

图 9–1　电化学腐蚀过程原理　　图 9–2　微电池与大电池联合示意图

注：Me 为金属；Me^+ 为金属阳离子；e 为电子；D 为能吸收电子的物质。

第二节　晶间腐蚀和应力腐蚀

一、晶间腐蚀

晶间腐蚀是一种局部的、选择性的腐蚀破坏。这种腐蚀发生在晶粒边界处，并沿金属晶粒的边缘向深处发展，破坏了金属晶粒间的连接，降低了其结合力，使材料的强度和塑性几乎完全丧失。发生晶间腐蚀的金属从表面上看不出异样，但内部已经瓦解，严重时用锤轻轻敲击就会破坏，甚至碎成粉末。因此，晶间腐蚀是一种极其危险的腐蚀，如果不能及早发现，往往就会造成灾难性的事故。

在黑色金属中，只有部分铁素体不锈钢和奥氏体不锈钢才有可能产生晶间腐蚀。如果奥氏体不锈钢中含有少量的碳，在高温（1050℃）时，碳可以完全分布在整个合金中，但在 450~850℃ 的范围内加热或缓慢冷却时，C 就与 Cr 和 Fe 生成复杂的碳化物

$(Cr\cdot Fe)_{23}C_6$ 沿晶界析出，如图 9-3 所示。此时，这种钢就有晶间腐蚀的敏感性，该温度范围称为“敏化温度”。在敏化温度内，奥氏体不锈钢中的碳很快向晶界处扩散，并优先与铬化合，形成上述的碳化物析出。由于铬的扩散速度比较慢，碳化物中的铬主要从晶界附近获取，于是便形成晶界附近一带铬含量减少的贫铬区（图 9-3）。如果铬含量降低至钝化所需的极限（如 12.5%）以下，则贫铬区便处于活化状态，也就是在电化学行为中，成为阳极区，此时晶粒本身为阴极（图 9-3），就会产生微电池作用，晶间腐蚀就会迅速进行。

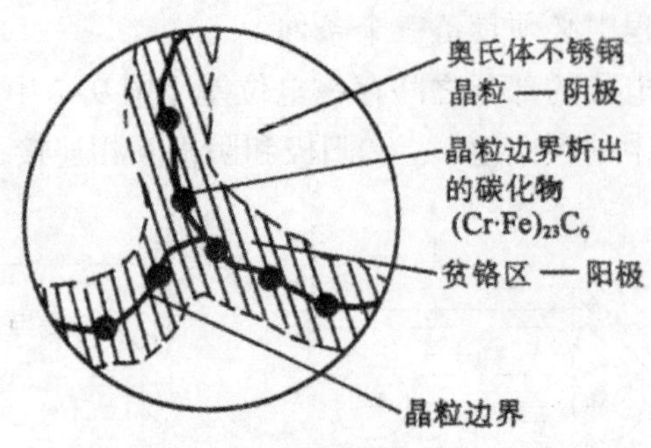

图 9-3　奥氏体不锈钢的晶间腐蚀

晶间腐蚀是一种危险性较大的腐蚀，因为它不在构件表面留有任何腐蚀的宏观迹象，也不会减少构件的厚度尺寸，只在内部沿着金属的晶粒边缘进行腐蚀，即从内部瓦解材料，使其完全失去强度和塑性。为了防止奥氏体不锈钢的晶间腐蚀，可以在钢中加 Ti 和 Nb 元素，这两种元素都有较好的固定碳的作用，从而难以在晶间生成铬的碳化物。最有效地防止奥氏体不锈钢晶间腐蚀的方法是采用低碳、超低碳的奥氏体不锈钢。

二、应力腐蚀

应力腐蚀是金属在腐蚀性介质和拉应力的联合作用下产生的一种破坏形式。在应力腐蚀过程中，腐蚀和拉应力互相促进。一方面腐蚀减小金属的有效截面积，形成表面缺口，产生应力集中；另一方面拉应力加速腐蚀进程，使表面缺口向深处扩展，最后导致断裂。因此，应力腐蚀可使金属在平均应力低于其屈服点的情况下发生破坏。

因为化工与石油化工生产中的压力容器一般都承受着较大的拉应力，在结构上又难以避免不同程度的应力集中的存在，同时容器的工作介质又常具有腐蚀性，这就具备了应力腐蚀发生的条件。在压力容器的腐蚀破坏形式中，应力腐蚀破坏是较常见的，也是最危险的。

金属的应力腐蚀过程，可以分为三个阶段。

（一）孕育阶段

金属表面由于腐蚀和拉应力集中的联合作用，逐渐形成最初的腐蚀——机械性裂纹。金属表面的应力集中由不均匀的内应力、机械擦伤、裂纹、加工纹路、夹层等表面缺陷和结构形状的不连续等引起。如果局部集中应力在开始时还不足以形成裂纹，则这一阶段就延长下去，直至金属表面某处的局部腐蚀形成薄弱区域，并在该区域内局部应力集中达到能产生最初的机械性裂纹为止。

（二）腐蚀裂纹扩展阶段

在腐蚀性介质的电化学作用和金属内的主要拉应力的共同作用下，机械性裂纹进一步扩展。裂纹扩展的总方向一般是和主拉应力的方向垂直的。应力腐蚀的机理可借助图9-4 解释：原始裂纹两侧是一层保护膜，构成了腐蚀电池的阴极，裂纹尖端构成腐蚀电池的阳极，在主要拉应力的作用下，裂纹尖端前面的区域是金属局部应力最大的地方，也是裂纹将扩展的区域。由于在裂纹尖端高度集中的局部应力与大面积的阴极和小面积的阳极的电化学腐蚀的联合作用，裂纹扩展的速度很快，可以达到每小时毫米级甚至厘米级。

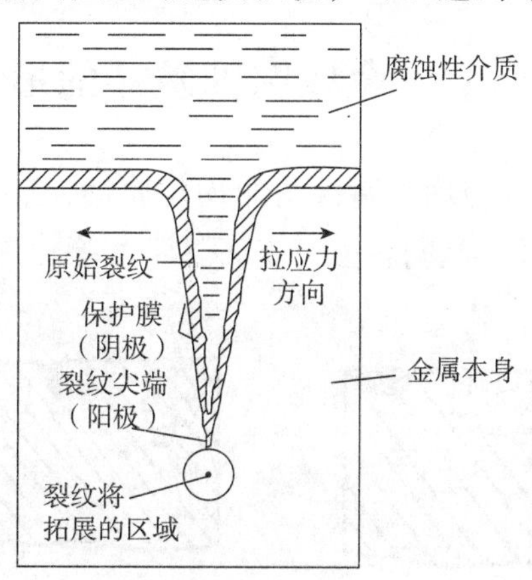

图 9-4　应力腐蚀的裂纹扩展

（三）最终破坏阶段

随着裂纹的进一步扩展，其中一条裂纹由于拉应力越来越大而比其他裂纹扩展得更快，最终它会排斥其他裂纹的扩展，主要拉应力都转移到这条裂纹上来，最终导致构件的断裂。在这一阶段，断裂是在机械因素起主导作用的情况下进行的，并且越到最后，机械因素作用越大。

应力腐蚀的断裂面大体上与主拉应力方向垂直，在断口附近常有许多与主断口平行的裂纹。应力腐蚀只有在拉应力状态下才会发生，在压应力状态下不会发生应力腐蚀。

产生应力腐蚀的材料与腐蚀性介质的匹配情况见表 9-2 所列。

表9-2　产生应力腐蚀的几种材料与腐蚀性介质的匹配情况

金属材料	腐蚀性介质
低碳钢	氢氧化钠溶液，硝酸盐溶液，（硅酸钠 + 硝酸钙）溶液
碳钢，低合金钢	42%$MgCl_2$ 溶液，氢氰酸

续 表

金属材料	腐蚀性介质
高铬钢	NaClO 溶液，海水，H_2S 溶液
奥氏体不锈钢	氯化物溶液，高温、高压蒸馏水
铜与铜合金	含氨蒸气，汞盐溶液，含 SO_2 的大气
铝与铝合金	熔融的 NaCl，NaCl 溶液，海水，水蒸气，含 SO_2 的大气
镍与镍合金	NaOH 溶液

第三节　金属腐蚀破坏的形式

金属腐蚀破坏的形式可分为均匀腐蚀与非均匀腐蚀，后者又称局部腐蚀。而局部腐蚀又可分为缝隙腐蚀、点腐蚀、晶间腐蚀、表面下腐蚀等。各种金属腐蚀破坏的形式如图 9-5 所示。

（a）均匀腐蚀

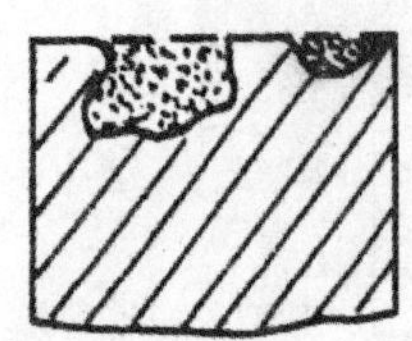
（b）缝隙腐蚀

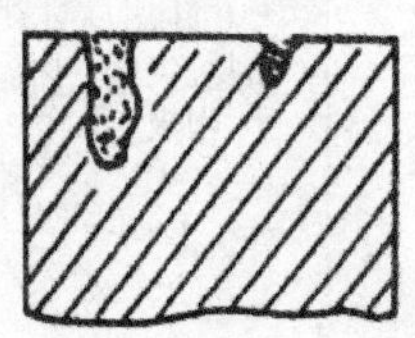
（c）点腐蚀

（d）晶间腐蚀

图 9-5　金属腐蚀破坏的形式

均匀腐蚀是在腐蚀性介质作用下，金属整个表面被腐蚀破坏，这是危险性较小的一种腐蚀，因为只要设备或零件具有一定厚度，其力学性能因腐蚀而引起的改变并不大。

当金属与金属或金属与非金属之间存在特别小的缝隙，使缝隙内的介质处于滞流状态，引起缝隙内金属的加速腐蚀，这种局部腐蚀就称为缝隙腐蚀。几乎所有的金属和合金都会产生缝隙腐蚀，如法兰的连接面间、螺母或铆钉头的底面、螺纹连接、设备底板与基础的接触面等。为了防止缝隙腐蚀，在设备、部件的结构设计上，应尽量避免形成缝隙，例如，采用对焊比采用铆接、螺栓连接或搭焊要好。为了避免容器底部与多孔性基础之间产生缝隙腐蚀，罐体不要直接坐在多孔性基础上，应安支座。另外，设计的容器要使液体能完全排净，尽量避免容器形成锐角和静滞区。

点腐蚀又叫点蚀、孔蚀、坑蚀，它只发生在金属表面的局部地区。粗糙表面由于不容易形成连续而完整的保护膜，在膜缺陷处，容易产生点蚀；加工过程中的机械表面的擦伤部位将最先发生点蚀。一旦形成了点蚀，如果存在力学因素的作用就会诱发应力腐蚀和疲劳腐蚀裂纹。当然，点蚀并不一定只在表面初始状态存在机械伤痕或缺陷处出现，对于点蚀敏感的材料，即使表面非常光滑同样也会发生点蚀。由于点蚀集中在某些点、坑上，具有很高的腐蚀速度；加之多数的孔很小，通常又易被腐蚀产物所遮盖，因此直至设备腐蚀穿孔后才被发现，所以点蚀是隐患性很大的腐蚀形态之一。

虽然局部腐蚀只是在金属表面的个别地方腐蚀，但是也不容忽略，因为整个设备或零件的强度是依据最弱的断面强度而定的，而局部腐蚀能使断面强度大大降低，尤其是点腐蚀常造成设备个别地方穿孔而引起渗漏。

第四节　金属设备的防腐措施

为了防止化工与石油化工的生产设备被腐蚀，除选择合适的耐腐蚀材料制造设备外，还可以采用多种防腐蚀措施对设备进行防腐。具体措施有以下几种。

一、衬覆保护层

（1）金属保护层。金属保护层是用耐腐蚀性能较强的金属或合金覆盖在耐腐蚀性能较弱的金属上。常见的有电镀法（镀铬、镀镍等），喷镀法及衬不锈钢衬里等。

（2）非金属保护层。常用的方法有在金属设备内部衬非金属衬里和涂防腐涂料。

在金属设备内部衬砖、板是行之有效的非金属防腐方法。

常用的砖、板衬里材料有：酚醛胶泥衬瓷板、瓷砖、不透性石墨板，水玻璃胶泥衬辉绿岩板、瓷板、瓷砖。

除砖、板衬里之外，橡胶衬里和塑料衬里也较常用。

二、电化学保护

（一）阴极保护

阴极保护又称牺牲阳极保护。近年来，阴极保护在我国已广泛应用到石油和化工生产中，主要用来保护受海水、河水腐蚀的冷却设备和各种输送管道，如卤化物结晶槽、制盐蒸发设备等。

如图 9-6 所示为阴极保护示意图，把盛有电解液的金属设备和一个直流电源的负极相连，电源正极和一个辅助阳极相连。当电路接通后，电源便给金属设备以阴极电流，使金属设备的电极电位向负方向移动，当电位降至腐蚀电池阳极的起始电位时，金属设备的腐蚀即可停止。

外加电流阴极保护的实质是整个金属设备被外加电流极化为阴极，而辅助电极为阳极，称为辅助阳极。辅助阳极的材料必须是良好的导电体，在腐蚀介质中耐腐蚀，常用的有石墨、硅铸铁、废钢铁等。

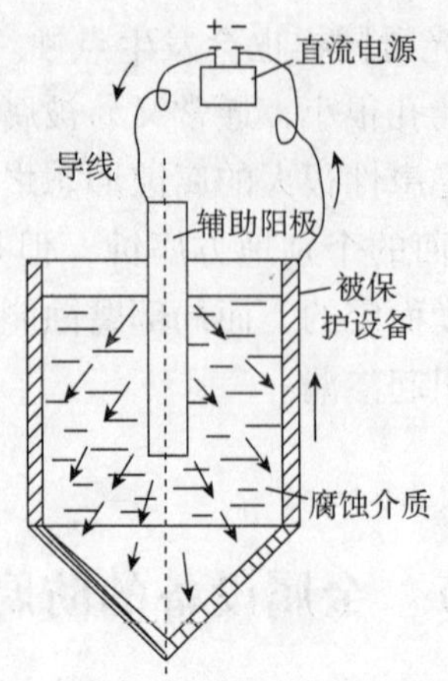

图 9-6　阴极保护示意图

（二）阳极保护

阳极保护是将被保护设备连接到阳极直流电源，使金属表面生成钝化膜而起保护作用。阳极保护只有当金属在介质中能钝化时才能应用，而且阳极保护的技术复杂，使用不多。

三、添加缓蚀剂

在腐蚀介质中加入少量物质，可以使金属的腐蚀速度降低甚至停止，这种物质称为缓蚀剂。加入的缓蚀剂不应该影响产品质量和化工工艺过程的进行。缓蚀剂要严格选择，一种缓蚀剂对某种介质能起缓蚀作用，而对另一种介质则可能无效，甚至有害。选择缓蚀剂的种类和用量，须根据设备的具体操作条件并通过试验来确定。

常见的缓蚀剂有重铬酸盐、过氧化氢、磷酸盐、亚硫酸钠、硫酸锌、硫酸氢钙等无机缓蚀剂和生物碱、有机胶体、氨基酸、酮类、醛类等有机缓蚀剂两大类。

按使用情况分三种：在酸性介质中常用硫脲、若丁（二邻甲苯硫脲）、乌洛托品（六亚甲基四胺）；在碱性介质中常用硝酸钠；在中性介质中常用重铬酸钠、亚硝酸钠、磷酸盐等。

习　题

1. 金属腐蚀的评定方法有哪些？
2. 化学腐蚀和电化学腐蚀有何区别？
3. 常见金属的化学腐蚀有哪些？
4. 铬镍不锈钢为什么加 Ti 或 Nb 后能防止晶间腐蚀？
5. 金属腐蚀破坏的形式有哪几种？
6. 常见金属设备的防腐方法有哪些？

第三篇　化工容器设计

化工容器广泛应用于国民经济生产的各个部门，并受到国家有关法规的严格管理。化工容器设计不仅涉及多学科的知识，还要了解容器的结构与组成、相关标准与法规、设计理论与方法，以及制造检测工艺等知识。

本篇由容器设计的基础知识、内压薄壁容器的应力分析、内压薄圆筒与封头的强度设计、外压圆筒与封头的设计、容器零部件等 6 章组成，是本教材的主体与核心部分。

（1）本篇介绍了容器设计的基本知识，包括压力容器的分类与结构；压力容器设计的基本要求；容器零部件的标准化；压力容器安全监察的意义和范围，以及我国现行的压力容器设计、制造、检验、运行常用法规与标准。

（2）本篇讲述了压力容器强度设计的基本理论即内压薄壁壳体的应力分析薄膜理论，列举了薄膜理论在圆筒壳、球壳、椭球壳、锥壳等回转壳体中的应用，从而奠定了容器设计的理论基础。

（3）本篇详细讲述了内压薄壁圆筒和球壳的强度设计。运用该设计理论，可以对容器进行强度校核和确定允许工作压力；系统地对各类封头进行了对比分析；在讲述外压失稳概念的基础上，详细介绍了外压圆筒与封头以及外压容器加强圈的工程设计。

（4）本篇介绍了容器的主要零部件即法兰、支座、开孔补强的分类、结构、标准及选用；介绍了人孔、手孔、凸缘、视镜、接管等容器附件标准的选用。

通过本篇的学习，读者可以具备独立进行中、低压内压容器和外压容器筒体和封头的强度与稳定性设计的能力；正确合理地选用法兰、卧式容器支座以及人孔、手孔等附件的标准，即完成容器的全部机械设计的理论基础。

本篇通过介绍当地化工企业的创业历程和发展等，将“家国情怀、社会责任、思变尚新、务实求真”融入教学内容中，使学生初步了解了相关化工生产的工艺和主要设备，为以后学习专业课程打下基础，同时提升学生爱国爱校的自信心和责任感，有利于培养学生理论联系实际的学风和能力，实现“知识传授”和“价值引领”的有效融合，以培养学生适应职业变化的能力以及与他人交往、合作、共处的社会适应能力。

第十章　容器设计的基本知识

1. 本章的能力要素

本章介绍容器的结构和分类、容器设计的基本要求、压力容器的标准化设计及安全监察。具体要求包括：

（1）掌握容器的结构特点和分类方式；

（2）理解容器设计的基本要求；

（3）掌握压力容器标准化设计的意义和标准化参数；

（4）了解压力容器安全监察的意义、范围、相关法规和标准。

2. 本章的知识结构图

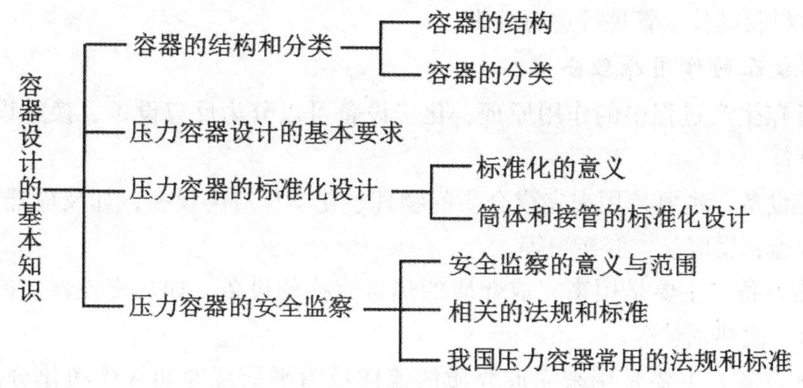

第一节　容器的结构和分类

一、容器的结构

化工厂和石油化工厂有各种各样的设备。这些设备虽然尺寸大小不一，形状结构不同，内部结构的形式更是多种多样，但它们都有一个外壳，这个外壳就叫容器。容器是化工生产所用的各种化工设备外部壳体的总称。容器设计也是所有化工设备设计的基础。

容器一般由几种壳体（如圆柱壳、球壳、圆锥壳、椭球壳等）组合而成，再加上连接法兰、支座、接口管、人孔、手孔、视镜等零部件。图 10–1 为一卧式容器的结构简图。

化工容器一般是在一定压力和温度下工作的，因此常称为压力容器。常压、低压化工设备通用的零部件大都已有标准，设计时可直接选用。

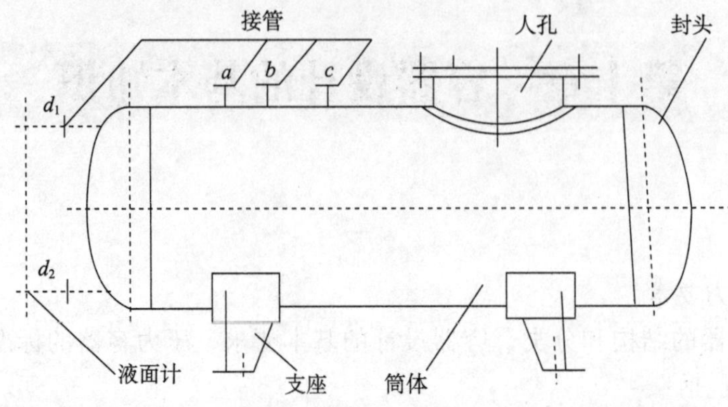

图 10-1 卧式容器的结构图

二、容器的分类

压力容器的分类方法有很多，通常可按其形状、厚度、承压性质、工作温度、支承形式、结构材料及其技术管理等进行分类。

（一）按容器的作用原理分类

按照设备在生产过程中的作用原理，化工设备可以分为反应设备、换热设备、分离设备和储运设备。

（1）反应设备，主要是用来完成介质的物理、化学反应的设备，如反应器、合成塔、发生器、聚合釜、反应釜、变换炉等。

（2）换热设备，主要是用来完成介质的热量交换的设备，如热交换器、冷凝器、冷却器、蒸发器、废热锅炉等。

（3）分离设备，主要是用来完成介质的流体压力平衡缓冲和气体净化分离的设备，如分离器、过滤器、洗涤器、吸收塔、干燥塔、汽提塔等。

（4）存储设备，主要是用来存储或者盛装气体、液体、液化气体等介质的设备，如各种形式的储罐。

（二）按容器形状分类

（1）方形和矩形容器，由平板焊成，制造简单，但承压能力差，只用作常压或低压小型储槽。

（2）球形容器，由数块弓形板拼焊而成，承压能力好，但由于不便安装内件和制造稍难，一般多用作储罐。

（3）圆筒形容器，由圆柱形筒体和各种回转壳形封头（半球形、椭球形、碟形、圆锥形）或平板形封头所组成。作为容器主体的圆柱形筒体，制造容易，安装内件方便，而且承压能力较好，所以这类容器应用最广。

（三）按容器厚度分类

压力容器按厚度可以分为薄壁容器和厚壁容器。通常，厚度与其最大截面圆的内径之比小于等于 0.1，即 $\delta/D_i \leqslant 0.1$ 或 $D_0/D_i \leqslant 1.2$（D_0 为容器的外径，D_i 为容器的内径，δ 为容器的厚度）的容器称为薄壁容器，超过这一范围的称为厚壁容器。

（四）按承压方式分类

压力容器按承压方式可以分为内压容器与外压容器两类。当容器的内部介质压力大于外部压力时，称为内压容器；反之，容器的内部压力小于外部压力时，称为外压容器。其中，内部压力小于一个绝对大气压（0.1MPa）的外压容器又叫真空容器。

内压容器按其设计压力 p 可分为常压、低压、中压、高压和超高压容器 5 类，其压力界线见表 10-1 所列。

表10-1　压力容器的压力等级分类

容器分类	常压容器	低压容器	中压容器	高压容器	超高压容器
设计压力 p/MPa	$p<0.1$	$0.1 \leqslant p<1.6$	$1.6 \leqslant p<10$	$10 \leqslant p<100$	$p \geqslant 100$

（五）按设计温度分类

根据工作时容器的壁温，压力容器可以分为常温容器、高温容器、中温容器和低温容器。

（1）常温容器，指在壁温为 -20~200℃ 条件下工作的容器。

（2）高温容器，指在壁温达到材料蠕变起始温度下工作的容器。碳素钢或低合金钢容器的壁温超过 420℃，其他合金钢制容器的壁温超过 450℃，奥氏体不锈钢制容器的壁温超过 550℃，均属高温容器。

（3）中温容器，指壁温介于常温和高温之间的容器。

（4）低温容器，指壁温低于 -20℃ 的碳素钢、低合金钢、双相不锈钢和铁素体不锈钢制容器，以及壁温低于 -196℃ 的奥氏体不锈钢制容器。

（六）按支承形式分类

容器按支承形式可以分为卧式容器和立式容器。

（七）按结构材料分类

从制造容器所用材料来看，容器有金属制的和非金属制的两类。

金属容器中，目前应用最多的是低碳钢和普通低合金钢制的压力容器。在腐蚀严重或产品纯度要求高的场合，使用不锈钢、不锈复合钢板或铝、银、钛等制的压力容器；在深冷操作中，可用铜或铜合金；而承压不大的塔节或容器可用铸铁。

非金属材料既可做容器的衬里，又可作独立的构件。常用的有硬聚乙烯、玻璃钢、不透性石墨、化工搪瓷、化工陶瓷、砖、板、花岗岩、橡胶衬里等。

压力容器的结构与尺寸、制造与施工在很大程度上取决于所选用的材料。不同材料的化工容器有不同的设计规定。本篇主要介绍钢制压力容器的设计。

（八）按安全技术管理分类

对于同时符合下列条件的容器：容器内的工作压力大于或者等于 0.1MPa；容器容积大于等于 30L 且内直径（非圆形截面指截面内边界最大几何尺寸）大于等于 150mm 的固定式容器；承装介质为气体、液化气体以及介质的最高工作温度高于或者等于其标准沸点的液体，按危险程度对压力容器进行分类监管，根据危险程度不同，将压力容器划分为三类（I 类、II 类和 III 类），由设计压力、容积和介质危害性三个因素决定压力容器的类别，利用设计压力 p（MPa）和容积 V（L）值在不同介质分组坐标图上查取相应的类别。

1. 介质分组

第一组介质，毒性程度为极度危害、高度危害的化学介质，易爆介质，液化气体。

第二组介质，除第一组以外的介质。

2. 介质危害性

介质危害性是指压力容器在生产过程中因事故致使介质与人体大量接触，发生爆炸或者因经常泄漏引起职业性慢性危害的严重程度，用介质毒性程度和爆炸危害程度表示。

毒性程度是综合考虑急性毒性、最高容许浓度和职业性慢性危害等因素，极度危害最高容许浓度小于 0.1mg/ m^3；高度危害最高容许浓度为 0.1~1.0mg/ m^3；中度危害最高容许浓度为 1.0~10mg/ m^3；轻度危害最高容许浓度大于或者等于 10mg/ m^3。

易爆介质是指气体或者液体的蒸汽、薄雾与空气混合形成的爆炸混合物，并且其爆炸下限小于 10%，或者爆炸上限和爆炸下限的差值大于或者等于 20% 的介质。

介质毒性危害程度和爆炸危险程度的确定按照 HG 20660—2017《压力容器中化学介质毒性危害和爆炸危险程度分类》确定。无规定时，介质组别由压力容器设计单位参照 GBZ 230—2010《职业性接触毒物危害程度分级》的原则决定。

3. 基本划分

压力容器类别的划分应当根据介质特性，按照以下要求选择类别划分图，再根据设计压力 p（MPa）和容积 V（L），标出坐标点，确定压力容器类别。

第一组介质，压力容器类别的划分如图 10-2 所示；

第二组介质，压力容器类别的划分如图 10-3 所示。

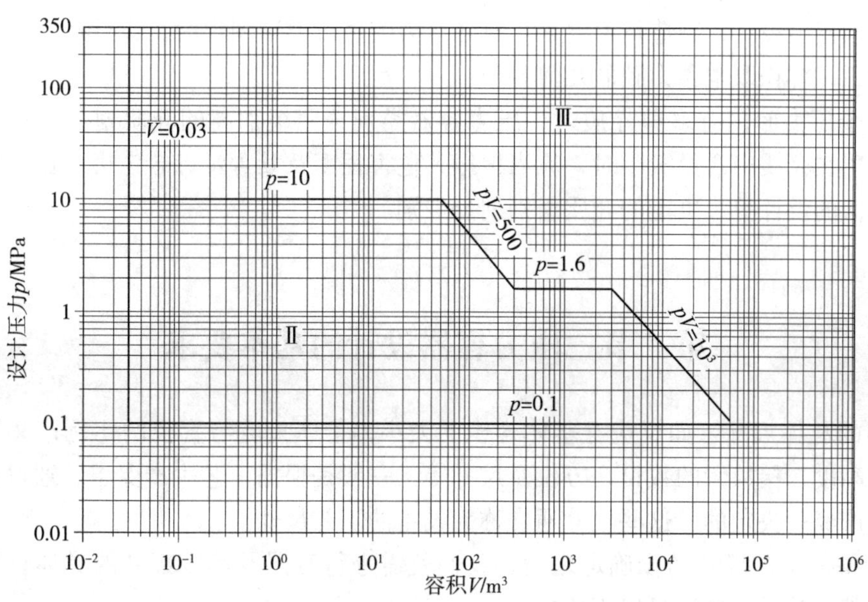

图 10–2　压力容器类别划分图第一组介质

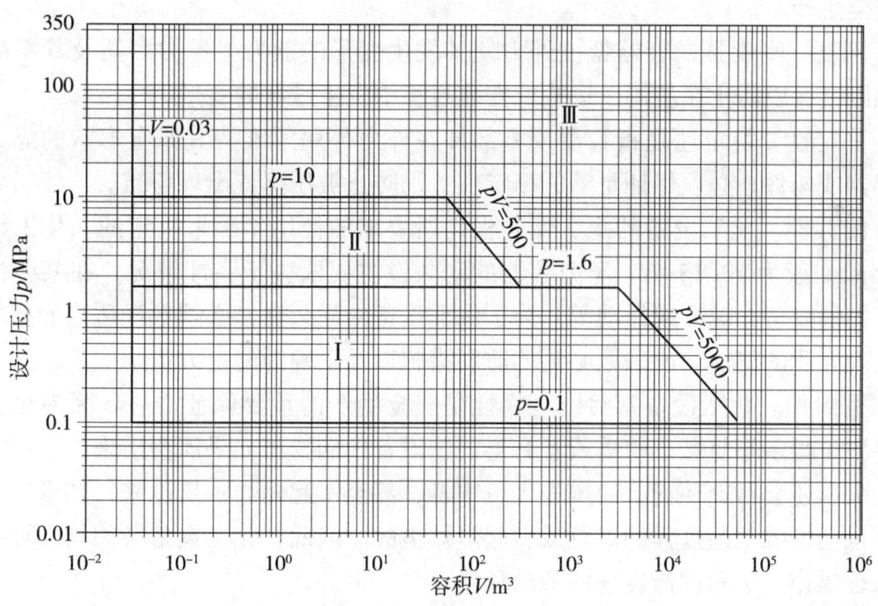

图 10–3　压力容器类别划分图第二组介质

当坐标点位于图 10–2 或者图 10–3 的分类线上时，压力容器类别按较高的类别划分。GBZ 230—2010 和 HG 20660—2017 两个标准中没有规定的介质，应当按其化学性质、危害程度和含量综合考虑，由压力容器设计单位决定介质组别。

多腔压力容器（如换热器的管程和壳程、夹套容器等）的类别划分，应按照类别高的压力腔作为该容器的类别并且按照该类别进行管理使用，但是应当按照每个压力腔各自的类别分别提出设计、制造技术要求。对各压力腔进行类别划定时，设计压力取本压力腔的设计压力，容积取本压力腔的几何容积。

当一个压力腔内有多种介质时，压力容器类别按照组别高的介质划分类别。当某一危害性物质在介质中含量极小时，应当根据其危害程度及其含量综合考虑，压力容器类别由压力容器的设计单位决定的介质组别划分类别。

第二节　压力容器设计的基本要求

容器的总体尺寸（如反应釜釜体容积的大小，釜体长度与直径的比例；又如蒸馏塔的直径与高度，接口管的数目、方位及尺寸等）一般是根据工艺生产要求，通过化工工艺计算和生产经验决定的，这些尺寸通常称为设备的工艺尺寸。

当设备的工艺尺寸初步确定之后，我们就需进行容器及其零部件的具体设计。压力容器及零部件的设计须满足以下要求。

（1）强度。强度指容器抵抗外力破坏的能力。压力容器及其零部件应有足够的强度，以保证安全生产。

（2）刚度。刚度是指容器抵抗外力使其发生变形的能力。压力容器及其零部件必须有足够的刚度，以防止在使用、运输或安装过程中发生过度的变形。

（3）稳定性。稳定性是指容器或零部件在外力作用下维持其原有形状的能力。承受压力的容器或构件，必须保证足够的稳定性，以防止被压瘪或出现褶皱。

（4）耐久性。化工设备的耐久性是根据所要求的使用年限来决定的。化工设备的设计使用年限一般为 10~15 年。压力容器的耐久性主要取决于腐蚀情况，在某些情况下还取决于容器的疲劳、蠕变或振动等。为了保证设备的耐久性，必须选择适当的材料，使其能耐所处理介质的腐蚀，或采取必要的防腐措施以及正确的施工方法。

（5）密封性。化工设备密封的可靠性是安全生产的重要保证之一。因为化工厂所处理的物料中，很多是易燃、易爆或者有毒的，设备内的物料如果泄漏出来，不但会造成生产上的损失，还会污染环境，使操作人员中毒，甚至引起爆炸；反过来，如果空气漏入负压设备，也会影响工艺过程的进行或引起爆炸事故。因此，化工设备必须具有可靠的密封性，以保证操作安全和创造良好的劳动环境。

（6）节省材料和便于制造。压力容器应尽可能在结构上降低材料消耗，尤其是贵重材料的消耗。在考虑结构的同时应使其便于制造，尽量减少或避免复杂的加工工序，以减少加工量。在设计时应尽量采用标准化设计和标准零部件。

（7）方便操作和便于运输。化工设备的结构应做到操作方便，安装、维护、检修方便。化工设备的尺寸和形状还应考虑到运输的方便性和可能性。

第三节　压力容器的标准化设计

一、标准化的意义

从产品的设计、制造、检验和维修等诸多方面来看，标准化是组织现代化生产的重要手段。实现标准化，有利于产品成批生产，缩短生产周期，降低成本，提高产品质量；实现标准化，可以增加零部件的互换性，有利于设计、制造、安装和维修，提高劳动生产率；标准化为组织专业化生产提供了有利条件，有利于合理地利用资源，节省原材料，能够有效地保障人员的安全与健康；采用国际性的标准化，可以消除贸易障碍，提高产品竞争能力。我国有关部门已经制定了一系列压力容器及其零部件的标准，如封头、法兰、支座、人孔、手孔和视镜等。

二、筒体和接管的标准化设计

压力容器的筒体和接管是最基本的构件，在进行容器及其零部件的设计时，应优先采用标准化参数，其中，最主要的是公称直径和公称压力。其目的是减少容器的直径规格，同时减少与之相配的标准件（如封头、法兰等）的数量，提高生产效率和经济性。

（一）公称直径

GB/T 9019—2015《压力容器公称直径》规定了圆筒形压力容器的公称直径系列尺寸。以内径为基准卷制筒体的公称直径见表 10–2 所列，以外径为基准的无缝钢管制筒体的公称直径见表 10–3 所列。公称直径以 *DN* 表示，如圆筒内径为 1200mm 的压力容器的公称直径表示为 *DN*1200，以外径为 273mm 的管子作筒体的压力容器，其公称直径表示为 *DN*273。

表10–2　以内径为基准的压力容器公称直径　　mm

300	350	400	450	500	550	600	650	700	750
800	850	900	950	1000	1100	1200	1300	1400	1500
1600	1700	1800	1900	2000	2100	2200	2300	2400	2500
2600	2700	2800	2900	3000	3100	3200	3300	3400	3500
3600	3700	3800	3900	4000	4100	4200	4300	4400	4500
4600	4700	4800	4900	5000	5100	5200	5300	5400	5500
5600	5700	5800	5900	6000					

表10-3　以外径为基准的压力容器公称直径　mm

159	219	273	325	377	426

压力容器接管所采用的钢管，分为 A、B 两个系列，A 系列为国际通用系列（俗称英制管），B 系列为国内沿用系列（俗称公制管），其公称直径 *DN* 与钢管外径的对应关系见表 10-4 所列。

表10-4　接管公称直径与钢管外径

公称直径 *DN*		10	15	20	25	32	40	50	65	80	100
钢管外径	A	17.2	21.3	26.9	33.7	42.4	48.3	60.3	76.1	88.9	114.3
	B	14	18	25	32	38	45	57	76	89	108
公称直径 *DN*		125	150	200	250	300	350	400	450	500	600
钢管外径	A	139.7	168.3	219.1	273	323.9	355.6	406.4	357	5.8	610
	B	138	159	219	273	325	377	426	480	530	630

（二）公称压力

公称压力是指规定温度下的最大工作压力，是压力容器或管道的标准化压力等级，即按标准化要求将工作压力划分为若干个压力等级。在容器设计选用零部件时，应选取与设计压力相近且又稍高一级的公称压力。当容器零部件设计温度升高且影响金属材料强度极限时，则要按更高一级的公称压力选取零部件。

国际通用的公称压力等级有两大系列，即 *PN* 系列和 *Class* 系列。欧洲的一些国家采用 PN 系列表示公称压力等级，如 *PN*2.5、*PN*40 等；美国等一些国家习惯采用 *Class* 系列表示公称压力等级，如 *Class* 150、*Class* 600 等。要注意的是，*PN* 和 *Class* 都是用来表示公称压力等级系列的符号，其本身并无量纲。*PN* 系列的公称压力等级有 2.5、6.0、10、16、25、40、63、100、160、250 等；*Class* 系列中常用的公称压力等级有 150、300、600、900、1500、2500 等。*PN* 和 *Class* 后面的数字并不代表法兰实际所能承受的工作压力，法兰的最大允许工作压力要根据法兰材料和工作温度，在相应法兰标准的压力温度额定值中查取。*PN* 系列与 *Class* 系列间的相互对应关系见表 10-5 所列。

表10-5　*PN*系列与*Class*系列公称压力的对照

PN	20	50	110	150	260	420
Class	150	300	600	900	1500	2500

选取标准管法兰时，我们先确定管法兰的类型和密封面形式，再根据接管公称直径、材料和工作温度确定公称压力等级，由公称压力和公称直径即可确定标准法兰各部分的尺寸。若零部件不是选用标准件，而是自行设计，则设计压力就不必符合规定的公称压力。

第四节　压力容器的安全监察

一、安全监察的意义与监察范围

由于压力容器应用的广泛性、特殊性以及事故率高、危害性大等特点，如何确保压力容器的安全运行，使之不发生事故，尤其是重大事故，便成为摆在我们面前的十分重要的问题。一旦压力容器使用不当或有缺陷没及时发现和处理，就可能导致介质泄漏甚至爆炸等事故，不仅威胁到操作人员的安全，而且危及周围设备和环境。如果发生易燃易爆介质的二次爆炸或有毒介质的大量扩散，则将造成更为严重甚至是灾难性的后果。因此，确保压力容器的安全与有效管理压力容器的意义重大。

随着科技水平和管理水平的提高，虽然压力容器的事故在逐渐减少，但压力容器的安全事故是一项极为艰难、复杂和重要的工作。它要求：

（1）所有从事压力容器工作及相关工作的人员，必须具有强烈的事业心和高度的责任感；

（2）所有从事压力容器工作及相关工作的人员，必须掌握必要的有关压力容器方面的基本理论知识，并具有一定的实践经验以及分析问题和解决问题的能力；

（3）必须掌握压力容器设计、制造、检验、操作与维修等方面的法律、法规、规范等，以及保证其实施的系统的、完善的、科学的管理监督体制和办法。因此，世界上几乎所有的工业国家都将压力容器作为特殊的设备进行专门的监察管理。

在化工与石油化工及国民经济其他领域中应用的压力容器分受安全监察与不受安全监察两种，其中，受安全监察的压力容器比较重要。根据我国《压力容器安全技术监察规程》的规定，目前我国纳入安全技术监察范围的压力容器是指同时具备下列三个条件的容器。

（1）最高工作压力 $p \geqslant 0.1\text{MPa}$（表压，不包括液柱静压力，以下同）；

（2）内直径（非圆形截面则指断面最大尺寸）$D_i \geqslant 150\text{mm}$，且容积 $V \geqslant 0.025\text{m}^3$；

（3）介质为气体、液化气体或最高工作温度高于标准沸点的液体。

核能容器、船舶专用容器和直接受火焰加热的容器，不在上述安全监察范围之内。如锅炉，它是一种直接受火焰加热而产生蒸汽的受压容器，在结构设计、选材、运行、维修等方面都有一些特殊要求，故不包括在一般的压力容器之内。又如真空容器，它属于外压容器，其内部不可能达到绝对真空，因而这类容器的外压总是小于 0.1MPa，也就不再受监察之列。工程上外部压力高于 0.1MPa 的外压壳体是常见的，但它的外部必须有一个保持压力高于 0.1MPa 的容器，如夹套，故这类容器应在安全监察范围之内。

二、相关的法规和标准

压力容器的特殊性，决定了其所要遵循的标准数量多，涉及面广，远远超过一般的工业产品。我国现有的与压力容器相关的标准与规定近 300 个。在压力容器的标准与规定中，一部分是技术性的标准，另一部分是法规性的规定，具有强制性，是压力容器设计、制造、使用中必须遵循的。法规性的规定由政府及其权力机关颁发，也是国家的压力容器监察机构和压力容器安全监察员对压力容器实行安全监察的依据。经检察发现，某台容器的某个方面不符合法规要求，这台容器就不允许投入使用。此类法规性的规定有：《特种设备安全监察条例》《压力容器安全技术监察规程》《钢制压力容器》等。

某些特殊结构和用途的压力容器还有各自的法规，如《气瓶安全监察规程》和《液化石油气槽车安全管理规定》等。还有对有关人员的资格考核等方面的法规，如《锅炉、压力容器焊工考试规则》《锅炉、压力容器无损检测人员资格考核规则》，以及《锅炉、压力容器事故报告办法》等。

技术性的标准和规定是衡量产品质量的尺度，是产品质量特性中一系列技术参数和产品质量要求的技术文件，规定相当具体，是产品加工、检验、质量分级等过程中必须遵循的。这类标准根据其规定对象的不同，又分为以下几个方面。

（1）材料标准、材料性能试验方法及材料验收标准；

（2）容器零部件标准，如法兰、支座、人孔、手孔、封头、密封件、安全附件（如安全阀和爆破片）等标准；

（3）一些产品的形式、参数，专用产品的标准，工艺技术标准等。

（4）有关化工与石油化工单元设备的标准。

三、我国压力容器常用法规和标准

（一）《特种设备安全监察条例》

该条例于 2003 年 2 月 19 日经国务院第 68 次常务会议通过，作为中华人民共和国国务院命令颁发，自 2003 年 6 月 1 日起施行。

该条例共分七章九十一条。七章分别为总则、特种设备的生产、特种设备的使用、检验检测、监督检查、法律责任、附则。条例总则中指出：为了加强特种设备的安全监察，防止和减少事故，保障人民群众生命和财产安全，促进经济发展，制定本条例；本条例所称的特种设备是指危险性较大的锅炉、压力容器（含气瓶）、压力管道、电梯、起重机械、客运索道、大型游乐设施。本条例对上述特种设备的生产、使用、检验检测、监督检查、法律责任等做了详细的规定。因该条例的公布实施，1982 年原劳动人事部颁布的应用了 20 多年的《锅炉压力容器安全监察暂行条例》及其《实施细则》取消了。

（二）《压力容器安全技术监察规程》

《压力容器安全技术监察规程》（简称《容规》）是国家质量技术监督局1999年颁布，2000年1月1日起实施的。《容规》是贯彻执行《锅炉压力容器安全监察暂行条例》的具体法规之一，属强制性法规。它对压力容器的材料、设计、制造、安装、使用、管理与修理、改造、检验和安全附件等方面的主要问题都做出了基本规定，并从安全技术方面提出了最基本的要求。压力容器制造和使用都必须遵守《容规》的要求，各单位必须满足《容规》中的具体要求，企业的标准不得低于《容规》。即《容规》是压力容器制造和使用中最低且必须执行的标准，也是压力容器安全监察机构和企业的主管部门对制造和使用压力容器的单位进行安全监察和检查的依据。

（三）《压力容器》

《压力容器》是国家标准（GB），它是2012年3月1日起实施的，全称为GB 150—2011《压力容器》。它是我国压力容器标准体系中的核心标准，包括正文、标准的附录和标准释义三部分，正文包括压力容器材料，压力容器受压元件（内压圆筒体和球壳、外压圆筒体和球壳、封头、开孔和开孔补强、法兰等）的设计计算，容器的制造、检验和验收等。从内容来看，《压力容器》基本上是一个综合产品标准，同时也是压力容器总的基础标准。根据中华人民共和国国家标准公告（2017年第7号），本标准自2017年3月23日转为推荐性标准，不再强制执行。

（四）《钢制化工容器制造技术条件》

《钢制化工容器制造技术条件》是针对石油化学工业压力容器的制造所提出的技术条件。其适宜性很强，基本上概括了压力容器制造技术条件中的一般性内容。实际上国内许多部门及行业都以此为基本技术条件来进行压力容器的设计和制造。

习　题

1. 容器零部件标准化的意义是什么？
2. 容器机械设计的基本要求有哪些？
3. 指出下列压力容器温度与压力分级范围。

温度分级	温度范围/℃	压力分级	压力范围/MPa
常温容器		低压容器	
中温容器		中压容器	
低温容器		高压容器	
高温容器		超高压容器	

4. 从安全管理的角度对下列容器进行分类。

序号	容器（设备）及条件	类别
1	设计容积为 $10m^3$，压力为 10MPa 的管壳式余热锅炉	
2	设计压力为 0.6MPa，容积为 $1m^3$ 的氯化氢气体储罐	
3	设计压力为 2.16MPa，容积为 $20m^3$ 的液氨储罐	
4	设计压力为 10MPa，容积为 800L 的乙烯储罐	
5	设计压力为 4MPa，体积为 $1m^3$ 的极度危害介质的容器	
6	设计容积为 $10m^3$，压力为 0.6MPa，介质为非易燃和无毒的换热器	

第十一章　内压薄壁容器的应力分析

1. 本章的能力要素

本章介绍薄膜应力理论的计算公式及在典型回转体中的应用，边缘应力的概念、特点及处理。具体要求包括：

（1）掌握薄膜应力理论的计算公式及应用范围；

（2）掌握薄膜应力理论在典型回转体中的应用；

（3）了解边缘应力的概念及特点；

（4）掌握对边缘应力的处理。

2. 本章的知识结构图

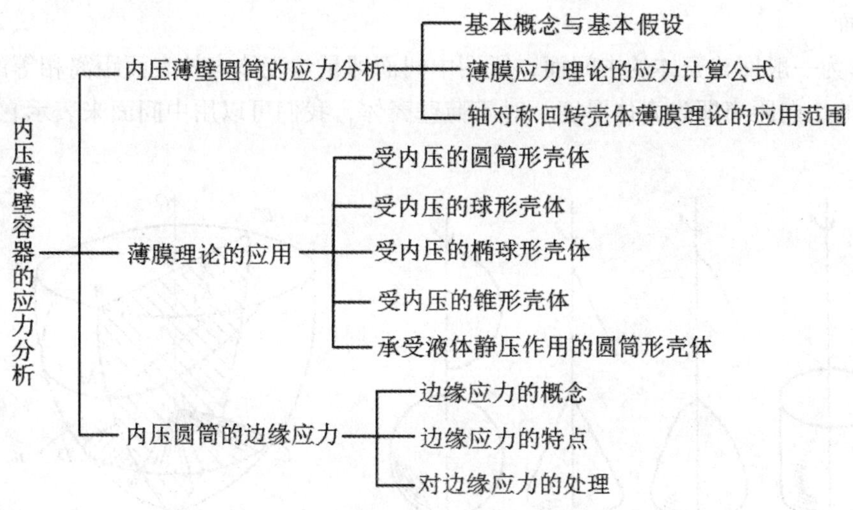

压力容器按厚度可分为薄壁容器和厚壁容器。在化学和石油化学工业中，应用最多的是薄壁容器，本书仅讨论薄壁容器的设计计算问题。

第一节　内压薄壁圆筒的应力分析

一、基本概念与基本假设

（一）基本概念

1. 回转壳体

回转壳体指壳体的中间面是由直线或平面曲线绕同平面内的固定轴线旋转一周而形成的壳体。平面曲线形状不同，所得到的回转壳体形状便不同。如图 11–1 所示，与回转轴平行的直线绕轴旋转一周形成圆柱壳；半圆形曲线绕直径旋转一周形成球壳；与回转轴相交的直线绕轴旋转一周形成圆锥壳等。

2. 轴对称

所谓轴对称问题是指壳体的几何形状、约束条件和所受外力都对称于回转轴的问题。化工容器就其整体而言，通常属于轴对称问题。

本章所讨论的壳体是满足轴对称条件的薄壁壳体。

3. 中间面

图 11–2 为一般回转壳体的中间面，所谓中间面即是与壳体内外表面距离相等的曲面。内外表面间的法向距离即为壳体厚度。对于薄壁壳体，我们可以用中间面来表示它的几何特性。

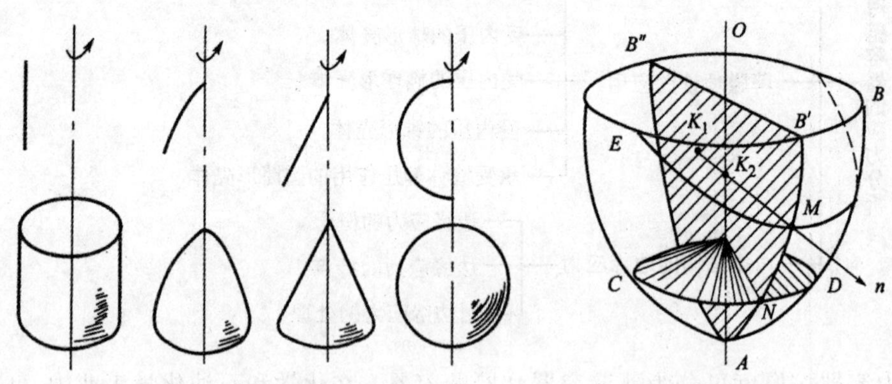

图 11–1　回转壳体　　　图 11–2　回转壳体的几何特性

4. 母线

如图 11–2 所示，回转壳体的中间面由平面曲线 AB 绕回转轴 OA 旋转一周而成，形成中间面的平面曲线 AB 称为“母线”。

5. 经线

通过回转轴作一纵截面与壳体曲面相交所得的交线（AB'、AB''）称为“经线”。显然，经线与母线的形状是完全相同的。

6. 法线

过经线上的一点 M 垂直于中间面的直线，称为中间面在该点的“法线”（n）。法线的延长线必与回转轴相交。

7. 纬线

如果以过 N 点的法线为母线作一与壳体中间面正交的圆锥面，得到的交线叫过 N 点的“纬线”。过 N 点作垂直于回转轴的平面，该平面与中间面相交形成的圆称为过 N 点的“平行圆”。显然，过 N 点的平行圆也即是过 N 点的纬线，如图 11-2 中的 CND 圆。

8. 第一曲率半径

中间面上的点 M 处经线的曲率半径称为该点的第一曲率半径，用 R_1 表示。$R_1=MK_1$，K_1 为第一曲率半径的中心，显然，K_1 必过 M 点的法线。

9. 第二曲率半径

通过经线上一点 M 的法线作垂直于经线的平面，其与中间面相交形成曲线 ME，此曲线在 M 点处的曲率半径称为该点的第二曲率半径，用 R_2 表示。第二曲率半径的中心 K_2 也必在过 M 点的法线上且必落在回转轴上，其长度等于法线段 MK_2，即 $R_2=MK_2$。

（二）基本假设

在这里所讨论的内容都是假定壳体是完全弹性的，材料具有连续性、均匀性和各向同性。此外，对于薄壁壳体，我们通常采用以下两点假设而使问题简化。

1. 直法线假设

壳体在变形前垂直于中间面的直线段，在变形后仍保持直线，并垂直于变形后的中间面，且变形前后直线段长度不变。由此假设可知，沿厚度各点的法向位移均相同，变形前后的壳体厚度不变。

2. 互不挤压假设

壳体的各层纤维在变形后均互不挤压。由此假设可知，壳壁的法向应力与壳壁的其他应力分量相比是可以忽略的微小量。

基于以上假设，可将三维的壳体转化为二维问题进行研究。

二、薄膜应力理论的应力计算公式

图 11-3 为一般回转壳体，设该回转壳体受有轴对称的内压 p，现在研究在内压 p 的作用下回转薄壳壳壁上的应力情况。显然，回转薄壳承受内压后，其经线和纬线方向都要发生伸长变形，因而在经线方向将产生径向应力 σ_m，在纬线方向产生环向应力（亦称周向应力）σ_θ。径向应力作用在锥截面上，环向应力作用在经线平面与壳体相截形成的纵向截面上。

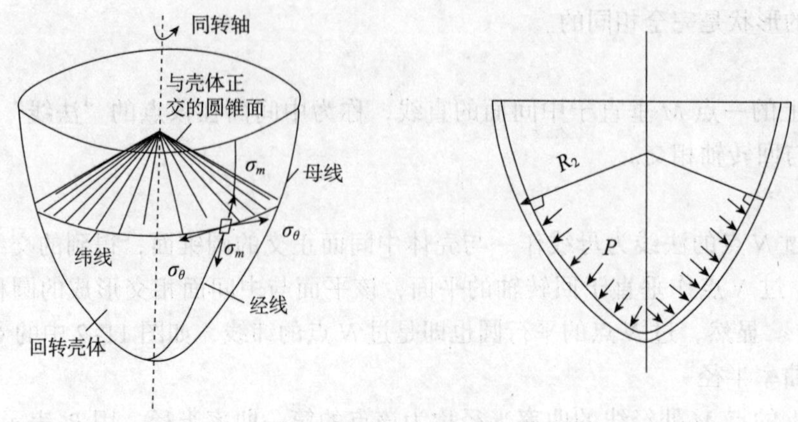

图 11–3　回转壳体上的应力

由于轴对称关系，在同一纬线上各点的径向应力 σ_m 均相等，各点的环向应力 σ_θ 也相等，但在不同的纬线上各点的 σ_m 和 σ_θ 也均不相等。

（一）径向应力计算公式

为了求得任一纬线上的径向应力，以该纬线为锥底作一圆锥面，其顶点在壳体轴线上，如图 11–4 所示。圆锥面将壳体分成两部分，取其下部分作为分离体（图 11–4）进行受力分析，并建立静力平衡方程。

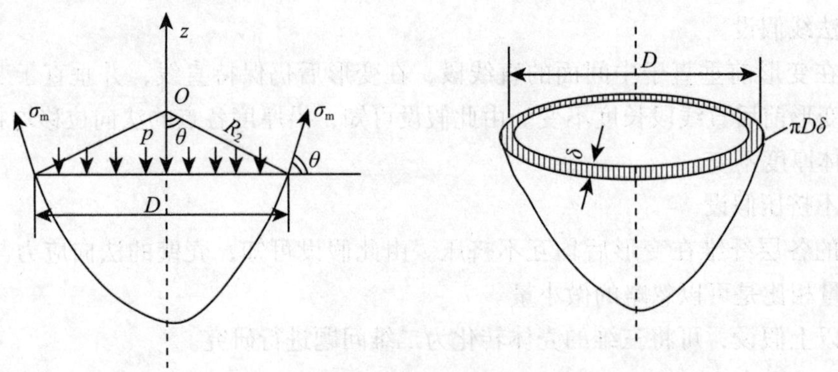

图 11–4　回转壳体的径向应力

假设作用在分离体上的外力（压力）在 z 轴方向上的合力为 F_z，则有

$$F_z = \frac{\pi}{4} D^2 p$$

令作用在该截面上应力的合力在 z 轴上的投影为 F_{N_z}，则

$$F_{N_z} = \sigma_m \pi D\delta \cdot \sin\theta$$

建立 z 轴方向的平衡条件：

$$F_{N_z} - F_z = 0$$

$$\frac{\pi}{4}D^2 p - \sigma_m \pi D\delta \cdot \sin\theta = 0$$

即

$$\sigma_m \pi D\delta \cdot \sin\theta - \frac{\pi}{4}D^2 p = 0$$

由图 11–4 可以看出

$$R_2 = \frac{D}{2\sin\theta}$$

$$D = 2R_2 \sin\theta$$

代入平衡条件，得到

$$\sigma_m = \frac{PR_2}{2\delta} \qquad (11\text{–}1)$$

式中，D——中间面平行圆的直径，mm；

δ——壳体厚度，mm；

R_2——壳体中间面在所求应力点的第二曲率半径，mm；

σ_m——径向应力，MPa。

式（11–1）即计算回转壳体在任意纬线上径向应力的一般公式。

（二）环向应力计算公式

我们在求环向应力时，可以从壳体中截取一个单元体，考察其平衡即可求得环向应力。微小单元体的取法如图 11–5 和图 11–6 所示，它由三对曲面截取而得：①壳体的内外表面；②两个相邻的，通过壳体轴线的经线平面；③两个相邻的，与壳体正交的圆锥面。由于单元体足够小，可以近似地认为其上的应力是均匀分布的。

图 11–7 是所截得的微元体的受力图，其中，图（a）为空间视图。在微元体的上下面上作用有径向应力 σ_m，在内表面上作用有内压 p，外表面不受力，另外两个侧面上作用有环向应力 σ_θ。

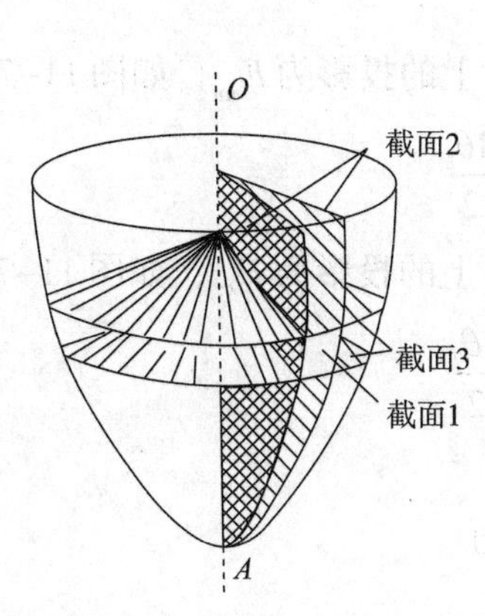

图 11–5　确定环向应力时单元体的取法

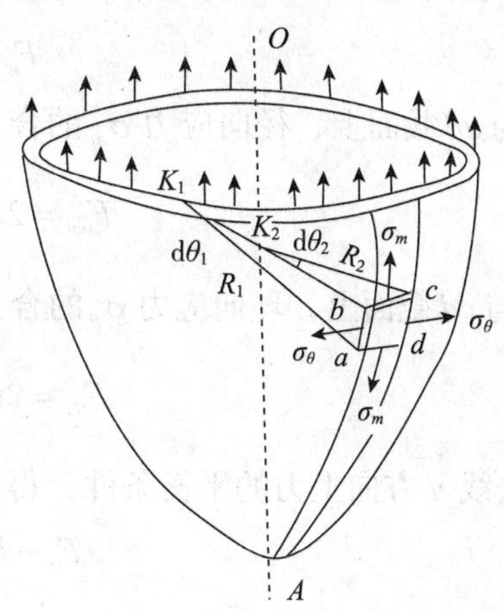

图 11–6　微元体的应力及几何参数

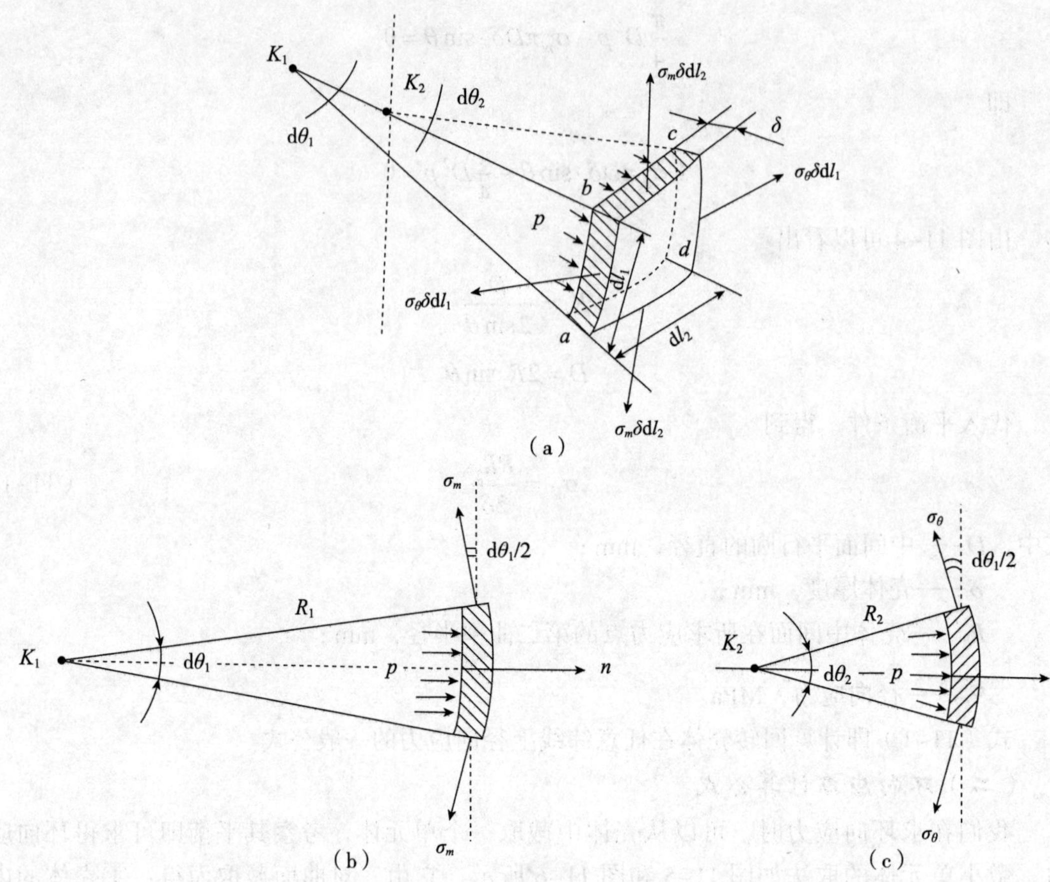

图 11-7 回转壳体的环向应力

因为 σ_m 可由式（11-1）求得，内压 p 为已知，所以考察微单元体的平衡，即可求得环向应力 σ_θ。

压力 p 在微元体 $abcd$ 面积上所产生的外力的合力在法线 n 上的投影 F_n 为

$$F_n = p\mathrm{d}l_1\mathrm{d}l_2$$

在 bc 与 ad 截面上，径向应力 σ_m 的合力在法线 n 上的投影为 F_{mn}，如图 11-7(b）所示：

$$F_{mn} = 2\sigma_m\delta\mathrm{d}l_2\sin\frac{\mathrm{d}\theta_1}{2}$$

在 ab 与 cd 截面上，环向应力 σ_θ 的合力在法线 n 上的投影为 $F_{\theta n}$，如图 11-7(c）所示：

$$F_{\theta n} = 2\sigma_\theta\delta\mathrm{d}l_1\sin\frac{\mathrm{d}\theta_2}{2}$$

建立法线 n 方向上力的平衡条件，得到

$$F_n - F_{mn} - F_{\theta n} = 0$$

即

$$p\mathrm{d}l_1\mathrm{d}l_2-2\sigma_m\delta\mathrm{d}l_2\sin\frac{\mathrm{d}\theta_1}{2}-2\sigma_\theta\delta\mathrm{d}l_1\sin\frac{\mathrm{d}\theta_2}{2}=0$$

因为微元体的夹角 $\mathrm{d}\theta_1$ 与 $\mathrm{d}\theta_2$ 很小，因此取

$$\sin\frac{\mathrm{d}\theta_1}{2}\approx\frac{\mathrm{d}\theta_1}{2}=\frac{\mathrm{d}l_1}{2R_1}$$

$$\sin\frac{\mathrm{d}\theta_2}{2}\approx\frac{\mathrm{d}\theta_2}{2}=\frac{\mathrm{d}l_2}{2R_2}$$

将上面两式代入平衡条件，并化简，整理得

$$\frac{\sigma_m}{R_1}+\frac{\sigma_\theta}{R_2}=\frac{P}{\delta} \tag{11-2}$$

式中，σ_θ——环向应力，MPa；

R_1——所求应力点的第一曲率半径，mm。

式（11-2）为计算回转壳体在内压力 p 作用下环向应力的一般公式。

对于第一曲率半径，即经线平面的曲率半径，如果经线的曲线方程为 $y=f(x)$，则 R_1 可由下式求得

$$R_1=\left|\frac{(1+y'^2)^{3/2}}{y''}\right|$$

以上对承受内压的回转壳体进行了应力分析，导出了计算回转壳体径向应力和环向应力的一般公式。这些分析和计算都是以应力沿壳体厚度方向均匀分布为前提的。该种应力状态与承受内压的薄膜非常相似，因此又称“薄膜理论”。

三、轴对称回转壳体薄膜理论的应用范围

薄膜应力是只有拉（压）应力、没有弯曲应力的一种二向应力状态，因而薄膜理论又称为“无力矩理论”。只有在没有（或不大的）弯曲变形情况下的轴对称回转壳体，薄膜理论的结果才是正确的。它适用的范围除壳体较薄这一条件外，还应满足下列条件。

（1）回转壳体曲面在几何上是轴对称的，壁厚无突变；曲率半径是连续变化的，材料是均匀连续且各向同性的。

（2）载荷在壳体曲面上的分布是轴对称和连续的，没有突变情况。因此，壳体上任何一处有集中力作用或壳体边缘处存在着边缘力和边缘力矩时，都将不可避免地有弯曲变形发生，薄膜理论在这些地方不适用。

（3）壳体边界应该是自由的，否则壳体边界上的变形将受到约束，在载荷作用下势必引起弯曲变形和弯曲应力，不再保持无力矩状态。

（4）壳体在边界上无横向剪力和弯矩。

当上述这些条件有一个不能满足时，就不能应用无力矩理论去分析发生弯曲时的应力状态。但是在远离壳体的连接边缘、载荷变化的分界面、容器的支座以及开孔接管等处，无力矩理论仍然有效。

第二节　薄膜理论的应用

一、受内压的圆筒形壳体

图 11-8 为一承受内压 p 作用的圆筒形薄壁容器。已知圆筒的平均直径为 D，厚度为 δ，试求圆筒上任一点 A 处的径向应力与环向应力。

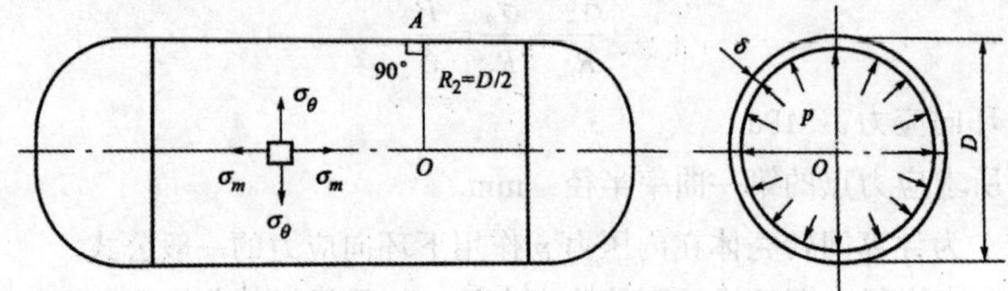

图 11-8　薄膜应用理论在圆筒壳上的应用

根据薄膜理论公式 $\sigma_m=\dfrac{PR_2}{2\delta}$ 及 $\dfrac{\sigma_m}{R_1}+\dfrac{\sigma_\theta}{R_2}=\dfrac{P}{\delta}$，要求任一点处的径向应力与环向应力，首先需确定该点的第一曲率半径和第二曲率半径。

对圆筒形壳体（简称圆筒壳）而言，由于其经线为直线，固有第一曲率半径 $R_1=\infty$，第二曲率半径 $R_2=D/2$，代入薄膜应力理论公式，可得

$$\sigma_m=\frac{PR_2}{2\delta}=\frac{PD}{4\delta} \tag{11-3}$$

$$\sigma_\theta=\frac{PR_2}{\delta}=\frac{PD}{2\delta} \tag{11-4}$$

由上面两式可以看出，在内压作用下，各应力正比于压力 P。当圆筒壳的平均直径一定时，厚度 δ 值越大，所产生的应力越小。另外，决定一个圆筒壳应力大小的是壳体厚度与平均直径之比，而不是壳体厚度的绝对值。

由上面两式不难得出，圆筒壳上的环向应力是径向应力的 2 倍，当薄壁圆筒由于超压爆破时，会出现平行于轴向的断口。因此，在圆筒上开设椭圆形孔时，应使椭圆的短轴与筒体轴线平行，尽量减小纵截面的削弱程度，如图 11-9 所示。

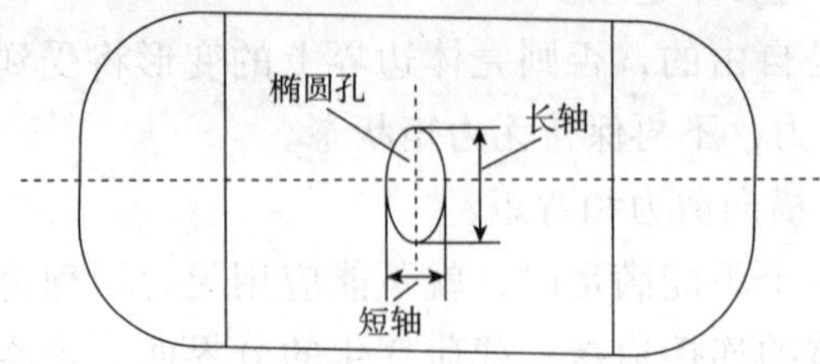

图 11-9　薄壁圆筒上开设椭圆形孔

二、受内压的球形壳体

化工设备中的球罐以及其他压力容器中的球形封头均属球形壳体（简称球壳），球形封头可视为半球壳，其中的应力除与其他部件（如圆筒）连接外，与球壳完全一样。

图 11-10 为一球形壳体，已知其平均直径为 D，厚度为 δ，内压为 p。对于球壳，其曲面上任一点的第一曲率半径 R_1 与第二曲率半径 R_2 相等，且等于球壳的平均半径，即 $R_1 = R_2 = D/2$。由薄膜应力理论可知，其径向应力与环向应力分别为

$$\sigma_m = \frac{PD}{4\delta} \tag{11-5}$$

$$\sigma_\theta = \frac{PD}{4\delta} \tag{11-6}$$

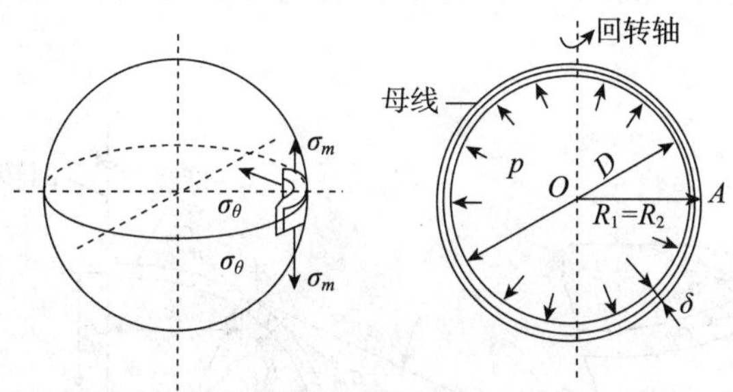

图 11-10　薄膜应力理论在球壳上的应用

式（11-5）、式（11-6）表明球壳上的各处应力相同，同时径向应力与环向应力也相等。对相同的内压，球壳的环向应力要比同直径、同厚度的圆筒壳的环向应力小一半，这是球壳显著的优点。

三、受内压的椭圆球形壳体

工程上，椭圆球形壳体（简称椭球壳）主要用作压力容器的椭圆形封头，它是由四分之一椭圆曲线作为母线绕回转轴旋转一周而形成的。椭球壳上的应力同样可以应用薄膜应力理论公式求得，但主要问题是要先确定第一曲率半径 R_1 和第二曲率半径 R_2。

（一）第一曲率半径 R_1

作为母线的椭圆曲线，其曲线方程为

$$\frac{x^2}{a^2} + \frac{y^2}{b^2} = 1$$

该曲线上的任一点 A（x，y）的曲率半径就是椭圆球在 A 点的第一曲率半径。

$$R_1 = \left| \frac{(1+y'^2)^{3/2}}{y''} \right|$$

$$y' = -\frac{b^2}{a^2}\frac{x}{y}, \quad y'' = -\frac{b^4}{a^2}\frac{1}{y^3}$$

于是得 $$R_1 = \left| \frac{\left(1 + y'^2\right)^{3/2}}{y''} \right| = \frac{\left(a^4 y^2 + b^4 x^2\right)^{3/2}}{a^4 b^4}$$

把 $y^2 = b^2 - \frac{b^2}{a^2}x^2$ 代入上式，得

$$R_1 = \frac{1}{a^4 b}\left[a^4 - x^2\left(a^2 - b^2\right)\right]^{3/2} \tag{11-7}$$

（二）第二曲率半径 R_2

如图 11-11 所示，自任意点 A（x，y）作经线的垂线，交回转轴于 O 点，则 OA 即为第二曲率半径 R_2。

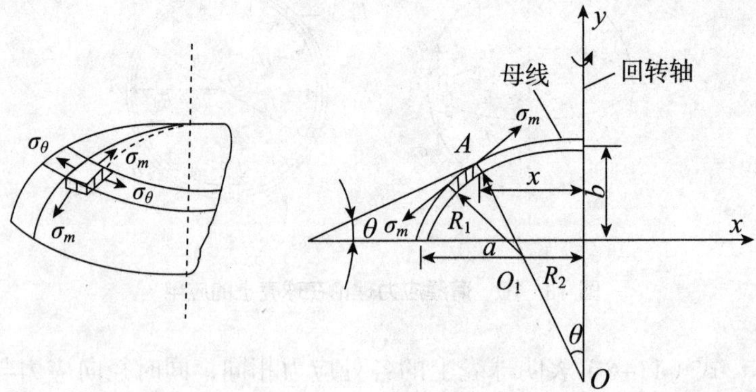

图 11-11　椭球形壳体

根据几何关系，有

$$R_2 = \frac{-x}{\sin\theta}$$

$$\sin\theta = \frac{\tan\theta}{\sqrt{1 + \tan\theta}}$$

$$\tan\theta = y' = -\frac{b^2}{a^2}\frac{x}{y}$$

$$R_2 = \frac{\left(a^4 y^2 + b^4 x^2\right)^{1/2}}{b^2} \tag{11-8}$$

（三）应力计算公式

将计算得到的第一曲率半径 R_1 和第二曲率半径 R_2 代入薄膜应力理论计算式（11-1）和式（11-2），得到椭球壳上任一点的径向应力与环向应力，分别为

$$\sigma_m = \frac{p}{2\delta b}\sqrt{a^4 - x^2\left(a^2 - b^2\right)} \tag{11-9}$$

$$\sigma_\theta = \frac{p}{2\delta b}\sqrt{a^4 - x^2\left(a^2 - b^2\right)}\left[2 - \frac{a^4}{a^4 - x^2\left(a^2 - b^2\right)}\right] \qquad (11\text{-}10)$$

式中，a、b——为椭球壳的长、短半径，mm；

x——椭球壳上的任意点离椭球壳中心轴的距离，mm。

其他符号意义与单位同前。

（四）椭圆形封头上的应力分布

由式（11-9）和式（11-10）可以得到

在 $x=0$ 处　$\sigma_m = \sigma_\theta = \dfrac{pa}{2\delta}\left(\dfrac{a}{b}\right)$

在 $x=a$ 处

$$\sigma_m = \frac{pa}{2\delta}$$

$$\sigma_\theta = \frac{pa}{2\delta}\left(2 - \frac{a^2}{b^2}\right)$$

分析上述各式，可得出下列结论。

（1）在椭圆形封头的中心（即 $x=0$ 处），径向应力 σ_m 和环向应力 σ_θ 相等。

（2）径向应力 σ_m 恒为正值，即拉应力。最大值在 $x=0$ 处，最小值在 $x=a$ 处，如图 11-12 所示。

（3）环向应力 σ_θ 在 $x=0$ 处，$\sigma_\theta>0$；在 $x=a$ 处，有三种情况，即

$a/b<\sqrt{2}$，$\sigma_\theta>0$；

$a/b=\sqrt{2}$，$\sigma_\theta=0$；

$a/b>\sqrt{2}$，$\sigma_\theta<0$。

$\sigma_\theta<0$，表明 σ_θ 为压应力；a/b 值越大，即封头成型越浅，$x=a$ 处的压应力越大。椭圆形封头的环向应力分布及其数值变化情况如图 11-13 所示。

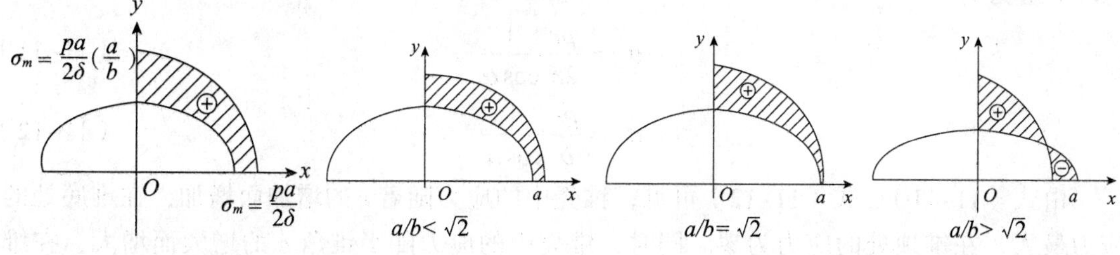

图 11-12　椭圆形封头的径向应力分布　　图 11-13　椭圆形封头的环向应力分布

（4）当 $a/b=2$ 时，椭圆形封头为标准椭圆形封头。在 $x=0$ 处，$\sigma_m=\sigma_\theta=\dfrac{pa}{\delta}$；在 $x=a$ 处，$\sigma_m=\dfrac{pa}{2\delta}$，$\sigma_\theta=-\dfrac{pa}{\delta}$。标准椭圆形封头的应力分布如图 11-14 所示。

化工设备上常用半个椭球壳作为容器的封头。从降低设备高度便于冲压制造考虑，封头的深度浅一些好，但这样封头 a/b 值的增大会导致封头应力的增加。当 a/b 值增大到 2 时，椭圆形封头中的最大薄膜应力的数值将与同直径、同厚度的圆柱壳体中的环向应力相等，所以从受力合理的观点来看，椭圆形封头的 a/b 值不应超过 2。

四、受内压的锥形壳体

单纯的锥形容器在工程上是很少见的。锥形壳体（简称锥壳）一般用作压力容器的封头或变径段，以逐渐改变气体或液体的速度，或者便于固体或黏性物料的卸出和收集。

图 11-15 为一锥壳，其受均匀内压 p 的作用。已知壳体厚度为 δ，半锥角为 α，从图 11-15 中可见，任一点 A 处的第一曲率半径 R_1 和第二曲率半径 R_2 分别为

$$R_1=\infty$$

$$R_2=\frac{r}{\cos\alpha}$$

式中，r 为所求应力点 A 到回转轴的垂直距离。

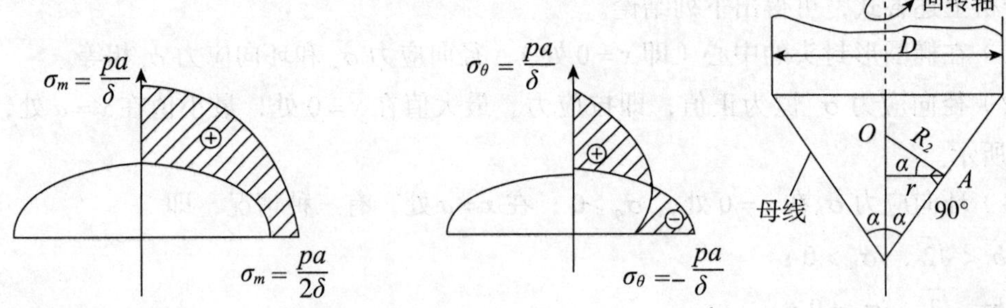

图 11-14　标准椭圆形封头应力分布　　图 11-15　锥形壳

将 R_1、R_2 分别代入薄膜应力式（11-1）和式（11-2），得到的锥形壳体的径向应力与环向应力为

$$\sigma_m=\frac{pr}{2\delta}\frac{1}{\cos\alpha}\tag{11-11}$$

$$\sigma_\theta=\frac{pr}{\delta}\frac{1}{\cos\alpha}\tag{11-12}$$

由式（11-11）、式（11-12）可见，锥壳中的应力随着 r 的增加而增加，在锥底处的应力最大，在锥顶处的应力为零。同时，锥壳中的应力随半锥角 α 的增大而增大。在维底处，r 等于与之相连的圆筒壳直径的一半，即 $r=D/2$，将其代入式（11-11）和式（11-12），得到的锥底各点的应力为

$$\sigma_m=\frac{pD}{4\delta}\frac{1}{\cos\alpha}\tag{11-13}$$

$$\sigma_\theta=\frac{pD}{2\delta}\frac{1}{\cos\alpha}\tag{11-14}$$

五、承受液体静压作用的圆筒形壳体

（一）沿底部边缘支承的圆筒

如图 11–16 所示，圆筒壁上各点所受的液体压力（静压）随液体深度而变，离液面越远，液体静压越大。设 p_0 为液体表面上的气压，则筒壁上任一点的压力为

$$p = p_0 + \rho g x$$

式中，ρ——液体的密度，kg/m³；

g——重力加速度，m/s²；

x——筒体所求应力点距液面的高度，m。

根据式（11–2）

$$\frac{\sigma_m}{\infty} + \frac{\sigma_\theta}{R} = \frac{p_0 + \rho g x}{\delta}$$

得到的环向应力为

$$\sigma_\theta = \frac{\left(p_0 + \rho g x\right)R}{\delta} = \frac{\left(p_0 + \rho g x\right)D}{2\delta} \tag{11–15}$$

对于底部支承，液体重量由支承直接传给基础，即圆筒壳不受轴向力，故筒壁中因液压引起的径向应力为零，只有气压 p_0 引起的径向应力，故

$$\sigma_m = \frac{p_0 R}{2\delta} = \frac{p_0 D}{4\delta} \tag{11–16}$$

若容器上方是开口的或无气体压力，则 $\sigma_m = 0$。

（二）沿顶部边缘支承的圆筒

图 11–17 为一沿上部边缘吊挂的薄壁圆筒，根据式（11–2）求 σ_θ，液体压力为 $p = \rho g x$，则

$$\frac{\sigma_m}{\infty} + \frac{\sigma_\theta}{R} = \frac{\rho g x}{\delta}$$

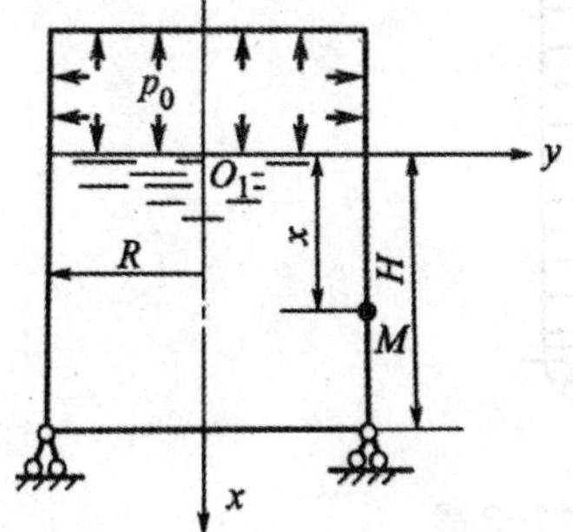

图 11–16　底边支承的圆筒

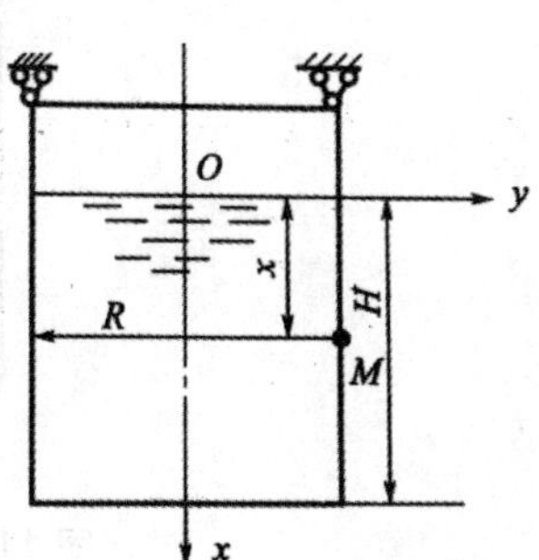

图 11–17　顶边支承的圆筒

$$\sigma_\theta = \frac{\rho gxR}{\delta} = \frac{\rho gxD}{2\delta} \quad (11\text{-}17)$$

最大环向应力在 $x = H$ 处（底部），则

$$\sigma_{\theta\max} = \frac{\rho gHR}{\delta} = \frac{\rho gHD}{2\delta}$$

作用于圆筒任何横截面上的轴向力均由液体总重量引起，作用于底部液体的重量经筒体传给悬挂支座，其大小为 $\pi R^2 Hg\rho$，列轴向平衡方程，可得径向应力 σ_m：

$$2\pi R\delta\sigma_m = \pi R^2 Hg\rho$$

$$\sigma_m = \frac{\rho gHR}{2\delta} = \frac{\rho gHD}{4\delta} \quad (11\text{-}18)$$

【例 11-1】有一外径为 219mm 的氧气瓶，最小厚度为 δ=6.5mm，工作压力为 15MPa，试求氧气瓶筒壁内的应力是多少？

解　氧气瓶筒体的平均直径为

$$D = D_0 - \delta = 219 - 6.5 = 212.5(\text{mm})$$

径向应力

$$\sigma_m = \frac{pD}{4\delta} = \frac{15\times 212.5}{4\times 6.5} = 122.6(\text{MPa})$$

环向应力

$$\sigma_\theta = \frac{pD}{2\delta} = \frac{15\times 212.5}{2\times 6.5} = 245.2(\text{MPa})$$

【例 11-2】有一圆筒形容器，两端为椭圆形封头，如图 11-18 所示，已知圆筒的平均直径为 D=2000mm，厚度为 δ =20mm，设计压力为 p=2MPa，试确定：

（1）求筒身上的径向应力 σ_m 和环向应力 σ_θ？

（2）如果椭圆形封头的 a/b 分别为 2、$\sqrt{2}$ 和 3 时，封头厚度为 20mm，分别确定封头上的最大径向应力与环向应力值及最大应力所在的位置。

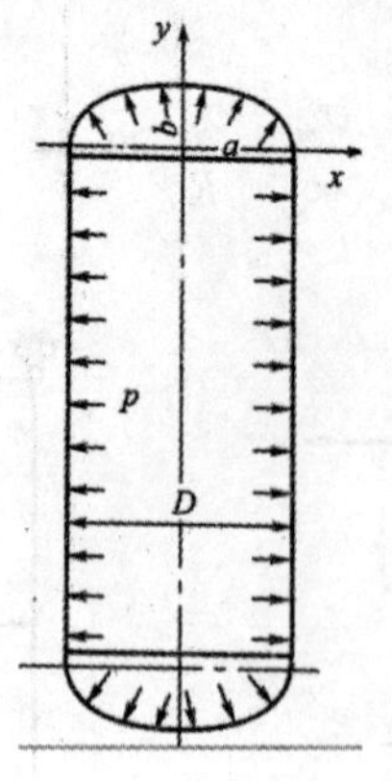

图 11-18　例 11-2 图

解　（1）求筒身应力

径向应力

$$\sigma_m = \frac{pD}{4\delta} = \frac{2\times 2000}{4\times 20} = 50(\text{MPa})$$

环向应力
$$\sigma_\theta = \frac{pD}{2\delta} = \frac{2\times 2000}{2\times 20} = 100(\text{MPa})$$

（2）求封头上最大应力：

当 $a/b=2$ 时，$a=1000\text{mm}$，$b=500\text{mm}$。

在 $x=0$ 处
$$\sigma_m = \sigma_\theta = \frac{pa}{2\delta}\frac{a}{b} = \frac{2\times 1000}{2\times 20}\times 2 = 100(\text{MPa})$$

在 $x=a$ 处
$$\sigma_m = \frac{pa}{2\delta} = \frac{2\times 1000}{2\times 20} = 50(\text{MPa})$$
$$\sigma_\theta = \frac{pa}{2\delta}(2-\frac{a^2}{b^2}) = \frac{2\times 1000}{2\times 20}\times(2-4) = -100(\text{MPa})$$

应力分布如图 11-19（a）所示，其最大应力有两处，一处在椭圆形封头的顶点，即 $x=0$ 处；一处在椭圆形的底边，即 $x=a$ 处。

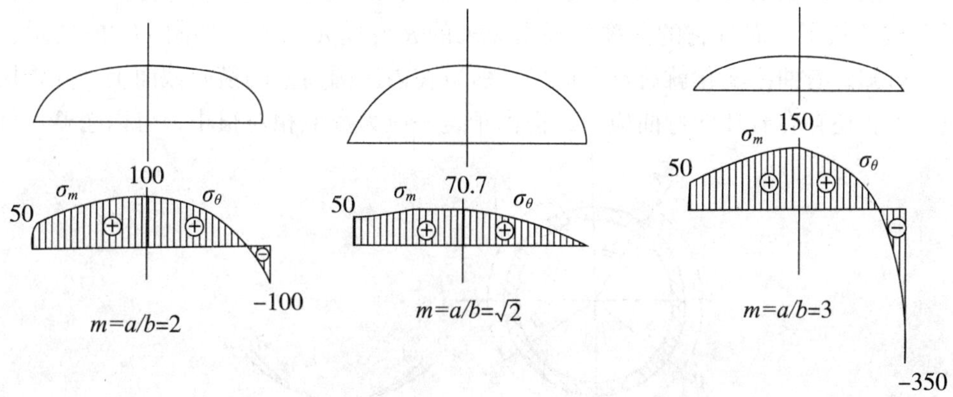

图 11-19　例 11-2 图

当 $a/b=\sqrt{2}$ 时，$a=1000\text{mm}$，$b=707\text{mm}$。

在 $x=0$ 处
$$\sigma_m = \sigma_\theta = \frac{pa}{2\delta}\frac{a}{b} = \frac{2\times 1000}{2\times 20}\times\sqrt{2} = 70.7(\text{MPa})$$

在 $x=a$ 处
$$\sigma_m = \frac{pa}{2\delta} = \frac{2\times 1000}{2\times 20} = 50(\text{MPa})$$
$$\sigma_\theta = \frac{pa}{2\delta}(2-\frac{a^2}{b^2}) = \frac{2\times 1000}{2\times 20}\times(2-2) = 0$$

因此，最大应力在 $x=0$ 处，应力分布如图 11-19（b）所示。

当 $a/b=3$ 时，$a=1000\text{mm}$，$b=333\text{mm}$。

在 $x=0$ 处
$$\sigma_m = \sigma_\theta = \frac{pa}{2\delta}\frac{a}{b} = \frac{2\times 1000}{2\times 20}\times 3 = 150(\text{MPa})$$

在 $x=a$ 处
$$\sigma_m = \frac{pa}{2\delta} = \frac{2\times 1000}{2\times 20} = 50(\text{MPa})$$

$$\sigma_\theta = \frac{pa}{2\delta}(2 - \frac{a^2}{b^2}) = \frac{2 \times 1000}{2 \times 20} \times (2 - 3^2) = -350(\text{MPa})$$

因此，最大应力在 $x = a$ 处，应力分布如图 11-19（c）所示。

第三节　内压圆筒的边缘应力

一、边缘应力的概念

在应用薄膜理论分析内压圆筒的变形与应力时，我们忽略了下述两种变形与应力。

（1）圆周方向的变形与弯曲应力。圆筒受内压作用直径增大时，筒壁金属的环向“纤维”不但被拉长了，而且它的曲率半径由原来的 R 变成 $R + \Delta R$，如图 11-20 所示。根据力学知识可知，有曲率变化就有弯曲应力。所以在内压圆筒壁的横向截面上，除作用有环向拉应力外，还存在着环向弯曲应力，但由于这一应力数值相对很小，可以忽略不计。

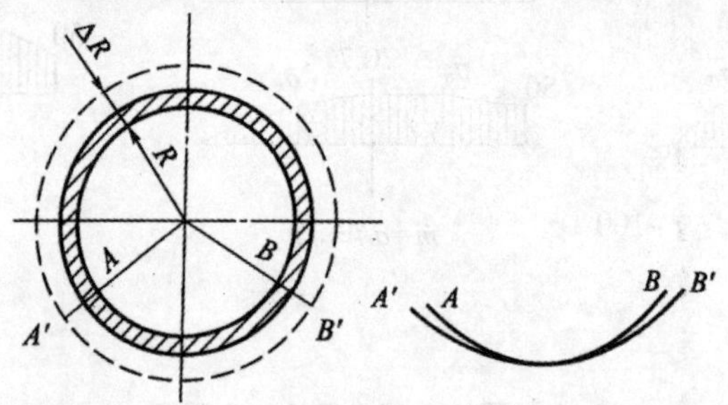

图 11-20　内压圆筒的环向应力弯曲变形

（2）连接边缘区的变形与应力。所谓连接边缘是指壳体一部分与另一部分相连接的边缘，通常是对连接处的平行圆而言，例如圆筒与封头、圆筒与法兰、不同厚度或不同材料的筒节、裙式支座与直立壳体相连接处的平行圆等。此外，当壳体经线曲率有突变或载荷沿轴向有突变处的平行圆，也应视作连接边缘，如图 11-21 所示。

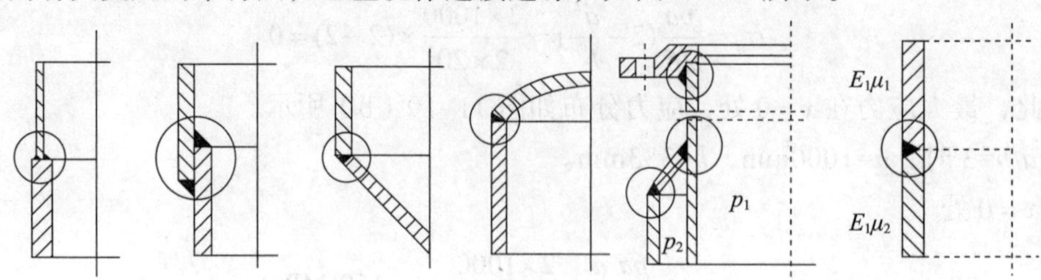

图 11-21　连接边缘

圆筒形容器受内压后，由于封头刚度大，不易变形，而筒体刚性小，容易变形，在连接处二者变形大小不同，会出现圆筒半径的增长值大于封头半径的增长值，如图 11–22（a）左侧虚线所示。如果让其自由变形，则必因两部分位移的不同而出现边界分离现象，这显然与实际情况不符。实际上由于边缘连接处并非自由，必然发生如图 11–22（a）右侧虚线所示的边缘弯曲现象，伴随着这种弯曲变形，也会产生弯曲应力。因此，连接边缘附近的横截面内，除作用有轴（经）向拉伸应力外，还存在着轴（经）向弯曲应力，这就改变了无力矩应力状态，无法用无力矩理论求解。

分析这种边缘弯曲的应力状态时，我们可将边缘弯曲现象看作是附加边缘力和弯矩作用的结果，如图 11–22（b）所示。在受薄膜应力之后，壳体两部分出现了边界分离，只有加上边缘力和弯矩使之协调，才能满足边缘连接的连续性。因此，连接边缘处的应力较大，如果能确定这种有力矩的应力状态，就可以简单地将薄膜应力与边缘弯曲应力叠加。

上述边缘弯曲应力的大小，与连接边缘的形状、尺寸以及材质等因素有关，有时可以达到很大值。图 11–22（b）中所示的边缘力 F_0 和边缘力矩 M_0，是一种轴对称的自平衡力系。边缘应力的求解方法，可参见相关参考文献。

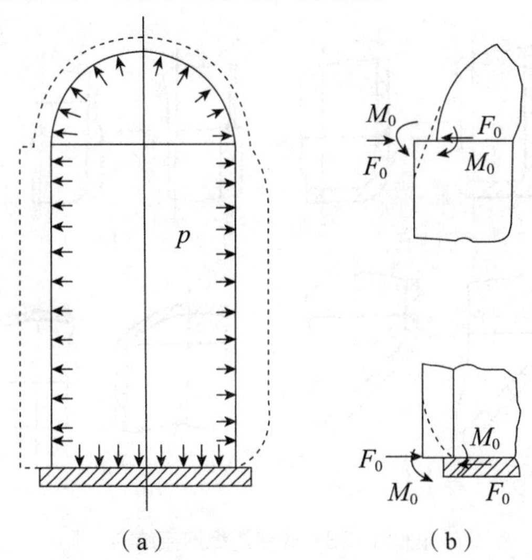

图 11–22　连接边缘的变形——边缘弯曲

二、边缘应力的特点

（一）局部性

不同性质的连接边缘会产生不同的边缘应力，但它们都有个明显的衰减波特性。以圆筒壳为例，其沿轴向的衰减经过一个周期之后，即离开边缘距离 $2.5\sqrt{R\delta}$（R 与 δ 分别为圆筒的半径与厚度）之处，边缘应力已经基本衰减至筒体的平均应力。

（二）自限性

发生边缘弯曲的原因是边缘两侧的变形不连续。当边缘两侧都发生弹性变形时，边缘两侧的弹性变形相互受到约束，必然产生边缘力和边缘弯矩，从而产生边缘应力。但是当边缘处的局部材料发生屈服进入塑性变形阶段时，上述这种弹性约束便开始缓解，因而原来不同的变形便趋于协调，于是边缘应力就自动得到限制。这就是边缘应力的自限性。

边缘应力与薄膜应力不同，它是由连接边缘两部分变形协调所引起的附加应力，它具有局部性和自限性。而薄膜应力是由介质压力引起的，随着介质压力的增大而增大，是非自限性的。通常把薄膜应力称为一次应力，边缘应力称为二次应力。根据强度设计准则，具有自限性的应力，一般使容器直接发生破坏的危险性较小。

三、对边缘应力的处理

（1）由于边缘应力具有局部性，在设计中可以在结构上只做局部处理。例如，改变连接边缘的结构；边缘应力区局部加强；保证边缘区内焊缝的质量；降低边缘区的残余应力（进行消除应力热处理）；避免边缘区附加局部应力或应力集中，如不在连接边缘区开孔等，如图 11–23 所示。

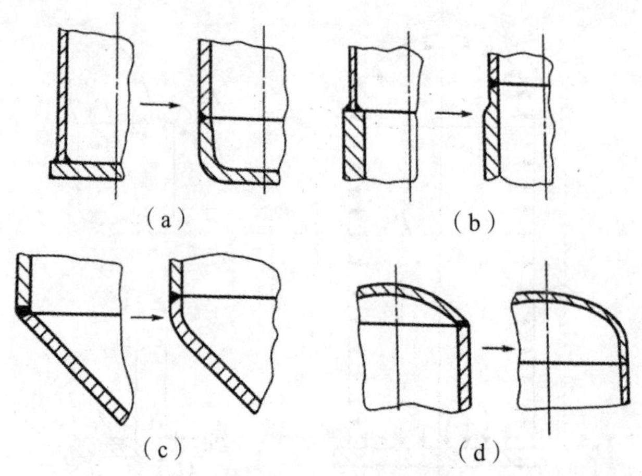

图 11–23　改变边缘连接结构

（2）只要是塑性材料，即使边缘局部某些点的应力达到或者超过材料的屈服强度，邻近尚未屈服的弹性区也能够抑制塑性变形的发展，使塑性区不再扩展，故大多数塑性较好的材料，如低碳钢、奥氏体不锈钢、铜、铝等制成的容器，当承受静载荷时，除结构上做某些处理外，一般不对边缘应力做特殊考虑。

但是，某些情况则不然，如塑性较差的高强度钢制的重要压力容器、低温下铁素体钢制的压力容器、受疲劳载荷作用的压力容器等。这些压力容器如果不注意控制边缘应力，则在边缘高应力区有可能导致脆性破坏或疲劳破坏，此时必须正确计算边缘应力。

（3）由于边缘应力具有自限性，属二次应力，它的危害性就没有薄膜应力大。当分清应力性质以后，在设计中考虑边缘应力可以不同于薄膜应力。例如，对于薄膜应力，许用应力一般取为（0.6~0.7）σ_s，而对边缘应力可取较大的许用应力，如某些设计规范规定一次应力与二次应力之和可控制在 2 σ_s 以下。

以上只是对设计中考虑边缘应力的一般说明。显然，无论设计中是否计算边缘应力，在边缘结构上做妥善处理都是必要的。

习　　题

1. 对回转壳体的四条线（母线、经线、纬线和法线）和两个半径（第一曲率半径和第二曲率半径）进行总结。

2. 试小结球壳、圆筒壳、椭球壳及锥壳在介质内压作用下，壳体上应力分布的特点，并指出最大应力的作用位置、作用截面及计算公式。

3. 试用图 11-24 中所注的尺寸符号写出各回转壳体中 A 和 A' 点的第一曲率半径和第二曲率半径。

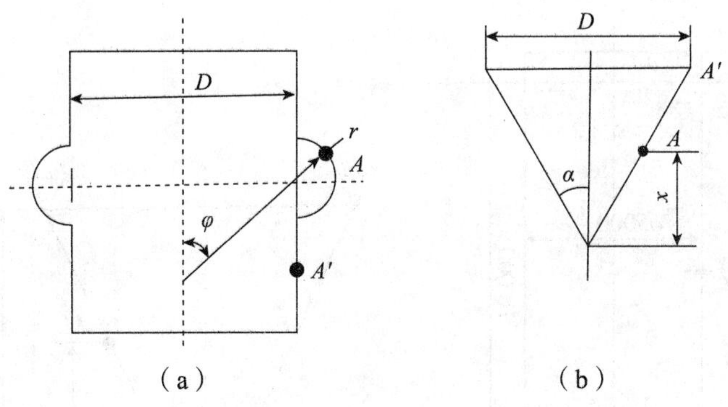

图 11-24　题 11-3 图

4. 计算图 11-25 所示的各种承受均匀内压作用的薄壁回转壳体上各点的径向应力 σ_m 和环向应力 σ_θ。

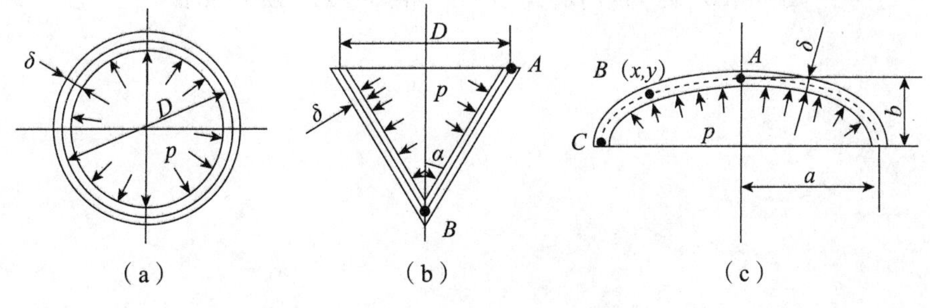

图 11-25　题 11-4 图

（1）球壳上的任一点。已知 p=2MPa，D=1000mm，δ=20mm。

（2）圆锥壳上的 A 点和 B 点。已知 p=0.5MPa，D=1000mm，δ=10mm，α=30°。

（3）椭球壳上的 A、B、C 点。已知 p=1MPa，a=1000mm，b=500mm，δ=10mm，B 点处的坐标 x=600mm。

5. 半顶角 α=30°、厚度为 10mm 的圆锥形壳体，所受内压 p=2MPa，试求在经线上距顶点为 100mm 处的径向应力 σ_m 和环向应力 σ_θ。

6. 某厂生产的锅炉汽包，其设计压力为 2.5MPa，汽包圆筒的平均直径为 810mm，厚度为 16mm，试求汽包圆筒壁内的薄膜应力 σ_m 和 σ_θ。

7. 有一立式圆筒形储油罐，如图 11-26 所示，罐体中径 D=5000mm，厚度 δ=10mm，油的液面离罐底高 H=18m，油的相对密度为 0.7，试求：

（1）当 p_0 =0 时，油罐筒体上 M 点的应力及最大应力。

（2）当 p_0 =0.1MPa 时，油罐筒体上 M 点的应力及最大应力。

8. 图 11-27 所示为一上部支承的敞口圆锥形壳体，内部充满水，H=3m，δ=5mm，2α=60°，壳体重量不计。试求：y=2m 处 M 点的环向应力和径向应力；壳体中最大环向应力和最大径向应力的大小和位置。

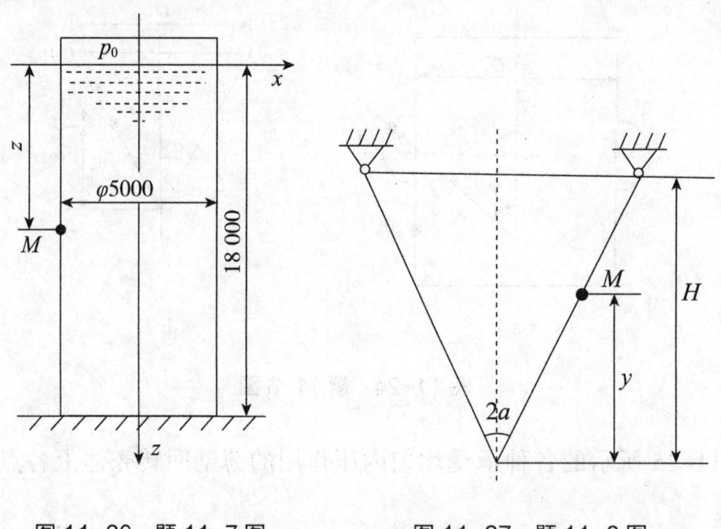

图 11-26　题 11-7 图　　　图 11-27　题 11-8 图

第十二章　内压薄壁容器的设计

1. 本章的能力要素

本章介绍内压薄壁圆筒和球壳的设计、容器的耐压试验和泄漏试验。具体要求包括：

（1）了解压力容器强度计算的内容；

（2）掌握内压薄壁圆筒和球壳的设计方法及确定参数的设计方法；

（3）了解容器耐压试验压力的确定和试验方法；

（4）掌握容器泄漏试验的目的。

2. 本章的知识结构图

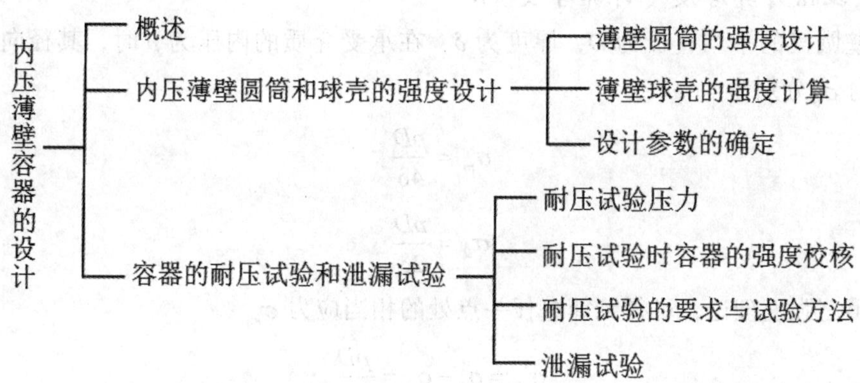

第一节　概　述

在压力容器的设计中，我们一般都是先根据工艺要求确定其内直径的。强度设计的任务就是根据给定的内直径、设计压力、设计温度以及介质腐蚀性等条件，设计出合适的容器厚度，以保证设备能在规定的使用寿命内安全可靠地运行。

压力容器强度计算的内容主要是对新容器的强度设计及在用容器的强度校核。

设计一台新的压力容器包括以下内容：确定设计参数（p、δ、D 等）；选择合适的使用材料；确定容器的结构形式；计算筒体与封头厚度；选取标准件；绘制设备图纸。本章主要讨论内压薄壁圆筒和球形容器的强度计算以及在强度计算中所涉及的参数确定、材料选用和结构设计方面的问题。

对于已投入使用的压力容器要实施定期检验制度，压力容器在使用一定年限后，筒体、封头、接管等均会因腐蚀等原因导致容器壁减薄。所以在每次检验时，应根据实测的厚度进行强度校核，其目的是：

（1）判定在下一个检验周期内或在剩余寿命期间内，容器是否还能在原设计条件下安全使用；

（2）当容器已被判定不能在原设计条件下使用时，应通过强度计算，提出容器监控使用的条件；

（3）当容器针对某一使用条件需要判废时，应提出判废依据。

第二节　内压薄壁圆筒和球壳的强度设计

一、薄壁圆筒的强度设计

（一）理论计算厚度（计算厚度）δ

设薄壁圆筒的平均直径为 D，厚度为 δ，在承受介质的内压为 p 时，其径向应力 σ_m 和环向应力 σ_θ分别为

$$\sigma_m = \frac{pD}{4\delta}$$

$$\sigma_\theta = \frac{pD}{2\delta}$$

根据第三强度理论，可得到筒壁任一点处的相当应力 σ_{r3}：

$$\sigma_{r3} = \sigma_1 - \sigma_2 = \frac{pD}{2\delta}$$

按照薄膜应力强度条件：

$$\sigma_{r3} = \frac{pD}{2\delta} \leqslant [\sigma]^t$$

式中，$[\sigma]^t$ 为钢板在设计温度下的许用应力。

容器的筒体大多是由钢板卷焊而成的。由于焊缝可能存在某些缺陷，或者在焊接加热过程中对焊缝周围的金属产生的不利影响，往往可能导致焊缝及其附近金属的强度低于钢板主体的强度。因此，上式中钢板的许用应力应该用强度较低的焊缝金属的许用应力代替，常用方法是将钢板的许用应力 $[\sigma]^t$ 乘以一个焊接接头系数 φ（$\varphi \leqslant 1$），于是上式可以写成

$$\frac{pD}{2\delta} \leqslant [\sigma]^t \varphi$$

一般通过工艺条件确定的是圆筒内径，在上述计算公式中，用内径 D_i 代替平均直径 D，可得

$$\frac{(pD_i+\delta)}{2\delta}\leqslant[\sigma]^t\varphi$$

上式取等号，可得到圆筒的计算厚度：

$$\delta=\frac{p_cD_i}{2[\sigma]^t\varphi-p_c} \tag{12-1}$$

式中，δ——圆筒的计算厚度，是保证容器强度、刚度和稳定性所必需的元件厚度，mm；

p_c——圆筒的计算压力，MPa；

D_i——圆筒的内径，mm；

$[\sigma]^t$——钢板在设计温度 t 下的许用应力，MPa；

φ——焊接接头系数，$\varphi\leqslant1$，查表 12-5。

（二）设计厚度 δ_d 与名义厚度 δ_n

按公式（12-1）得出的计算厚度不能直接作为选用钢板的依据，因为还有两个实际因素需要考虑。

1. 钢板的负偏差 C_1

钢板出厂时所标明的厚度是钢板的名义厚度，而钢板的实际厚度可能大于名义厚度（正偏差），也可能小于名义厚度（负偏差）。钢板的标准规定了允许的正、负偏差值。因此如果按计算厚度 δ 购置钢板，有可能购得实际厚度小于 δ 的钢板。为杜绝这种情况，在确定筒体厚度时，应在 δ 的基础上将钢板的负偏差 C_1 加上去。

2. 腐蚀裕量 C_2

制成的容器在使用时总要与介质接触，而介质对钢板的腐蚀是不可避免的。假设介质对钢板的年腐蚀速率为 λ（mm/a），容器的预计使用寿命为 n 年，则在容器使用期间，容器壁厚因遭受腐蚀而减薄的总量 $C_2=\lambda n$。为了保证容器的使用安全，腐蚀裕量 C_2 也应包括在容器的厚度之中。

为了将上述两个实际因素考虑进去，将计算厚度 δ 与腐蚀裕量 C_2 之和称为设计厚度，用 δ_d 表示，即

$$\delta_d=\delta+C_2=\frac{p_cD_i}{2[\sigma]^t\varphi-p_c}+C_2 \tag{12-2}$$

将设计厚度 δ_d 加上钢板负偏差 C_1 后，再向上圆整至钢板的标准规格的厚度称为圆筒的名义厚度，用 δ_n 表示，即

$$\delta_n=\delta_d+C_1+\Delta=\delta+C_1+C_2+\Delta \tag{12-3}$$

式中，δ_d——圆筒的设计厚度，mm；

C_1——钢板的负偏差，mm；

C_2——腐蚀裕量，mm。

式（12–3）中的Δ称为圆整值，因为设计厚度与负偏差之和在大多数情况下并不正好等于钢板的规格厚度，所以需要将其向上圆整至钢板的规格厚度，这一厚度一般为标注在设计图样中的厚度，也就是圆筒的名义厚度 δ_n。钢板的常见厚度系列见表 12–1 所列。

表12–1　钢板的常用厚度

2、3、4、（5）、6、8、10、12、14、16、18、20、22、25、28、30、32、34、36、38、
40、42、46、50、55、60、65、70、75、80、85、90、95、100、105、110、115、120

注：5mm 为不锈钢板常用厚度。

（三）有效厚度 δ_e

在构成名义厚度 δ_n 的四个量中，C_1 是钢板负偏差，很可能在购买钢板时就不存在，C_2 是随着容器使用逐渐减小的量。所以在设备整个使用期内，真正可以依赖其抵抗介质压力破坏的厚度，只有计算厚度 δ 和圆整值Δ，故将两者之和称为有效厚度，用 δ_e 表示，即

$$\delta_e = \delta + \Delta$$

或

$$\delta_e = \delta_n - C_1 - C_2$$

成形后厚度指制造厂考虑加工减薄量并按钢板厚度规格第二次向上圆整得到的坯板厚度，再减去实际加工减薄量后的厚度，也为出厂时容器的实际厚度。一般情况下，只要成形后厚度大于设计厚度就可满足强度要求。

各项厚度之间的关系如图 12–1 所示。

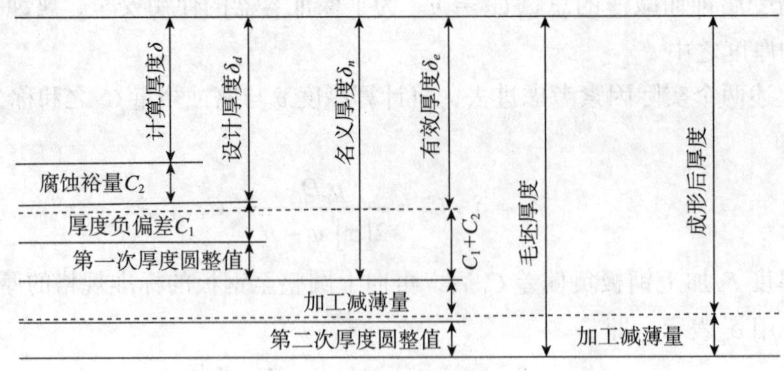

图 12–1　各项厚度之间的关系

（四）压力容器的最小厚度

按式（12–1）算出的内压圆筒厚度仅仅是从强度角度考虑得出的。当设计压力不太低时，由公式算出的筒体厚度可以满足使用要求，此时强度要求是决定容器厚度的主要考虑因素。但当设计压力很低时，按强度公式计算出的厚度就太小，不能满足制造、运输和安装的要求，为此需要规定不包括腐蚀裕量的最小厚度 δ_{min}。

对于碳素钢、低合金钢制容器，最小厚度不小于 3mm；对于高合金钢制容器，最小厚度不小于 2mm。

因此，设计温度下圆筒的计算应力为

$$\sigma^t = \frac{p_c(D_i + \delta_e)}{2\delta_e} \tag{12–4}$$

设计温度下圆筒的最大允许工作压力为

$$[p_w] = \frac{2\delta_e[\sigma]^t\varphi}{D_i + \delta_e} \tag{12–5}$$

二、薄壁球壳的强度计算

对于薄壁球壳，其主应力为

$$\sigma_1 = \sigma_2 = \frac{PD}{4\delta}$$

与薄壁圆筒的推导过程相似，因此可以得到球形容器的厚度设计计算公式：

计算厚度
$$\delta = \frac{p_cD_i}{4[\sigma]^t\varphi - p_c} \tag{12–6}$$

设计厚度
$$\delta_d = \frac{p_cD_i}{4[\sigma]^t\varphi - p_c} + C_2 \tag{12–7}$$

设计温度下球壳的计算应力为

$$\sigma^t = \frac{p_c(D_i + \delta_e)}{4\delta_e} \tag{12–8}$$

设计温度下球壳的最大允许工作压力为

$$[p_w] = \frac{4\delta_e[\sigma]^t\varphi}{D_i + \delta_e} \tag{12–9}$$

式中，D_i 为球形容器的内径，其他符号同前。

三、设计参数的确定

（一）设计压力 p

实际容器在工作中不仅受到内部介质压力的作用，还受到包括容器及其物料的重量、风载、地震载荷、温差载荷、附加外载荷等的作用。设计中一般以介质压力作为确定壁厚的基本载荷，然后校核在其他载荷下器壁中的应力，使容器具有足够的安全裕度。

设计压力是指设定的容器顶部的最高压力，其值不低于工作压力。而工作压力是指在正常工作的情况下，容器顶部可能达到的最高压力。根据具体条件不同，容器的设计压力可按如下规则确定。

（1）当容器装有安全阀时，根据容器的工作压力 p_w，确定安全阀的整定压力 p_z，一般来说，$p_z=(1.05\sim1.1)p_w$。当 $p_z<0.18$MPa 时，p_z 与 p_w 的比值可以适当提高。然后容器的设计压力 p 应等于或稍大于整定压力 p_z，即 $p \geqslant p_z$。

（2）当容器内装有爆炸介质，或由于化学反应引起压力波动较大时，须设置爆破片，设计压力 p 不小于设计爆破压力加上所选爆破片制造范围的上限。

（3）对于盛装液化气体的容器，如果具有可靠的保冷设施，在规定的装量系数范围内，设计压力应根据工作条件下容器内的介质可能达到的最高温度而确定。

（4）对于外压容器，如真空容器、埋地容器等，确定计算压力时应考虑正常的工作情况下可能出现的最大内外压力差。对于真空容器，当装有安全泄放装置时，设计压力取 1.25 倍的最大内外压力差和 0.1MPa 两者中的较小值；当没有安全泄放装置时，设计压力取 0.1MPa。

（5）对由 2 个或 2 个以上压力室组成的容器，如夹套容器，应分别确定各压力室的设计压力；确定公用元件的计算压力时，应考虑相邻室之间的最大压力差。

（二）计算压力 p_c

计算压力指在相应设计温度下，用于确定元件厚度的压力，包括液柱静压力等附加载荷。通常情况下，计算压力等于设计压力加上液柱静压力，当液柱静压力小于设计压力的 5% 时，可忽略不计。

（三）设计温度 t

设计温度指容器在正常工作情况下，设定的元件金属温度（沿元件金属表面的温度平均值）。设计温度与设计压力一起作为容器的基本设计载荷条件。通常设计温度不得低于元件金属在工作状态下可能达到的最高温度；对于 0°C 以下的金属温度，设计温度不得高于元件金属所能达到的最低温度；当容器各部分在工作情况下的金属温度不同时，可分别设定各部分的设计温度；对于具有不同工况的容器，可按最苛刻的工况设计，并应在设计文件或设计图样中注明各工况下的设计压力和设计温度值。

当金属温度无法用传热计算或是实测结果确定时，设计温度的确定参照以下规定。

（1）容器内壁与介质直接接触，且有外保温（或保冷）时，设计温度按表 12-2 的规定选取。

表12-2　容器设计温度选取

最高或最低工作温度 t_0/℃	容器的设计温度 t/℃
$t_0 \leqslant -20$	介质正常工作温度减 0~10 或取最低工作温度
$-20< t_0 \leqslant 15$	介质正常工作温度减 5~10 或取最低工作温度
$15<t_0 \leqslant 350$	介质正常工作温度加 15~30 或取最高工作温度
$t_0>350$	$t=t_0+$（15~5）

注：当最高（或最低）工作温度接近所选材料的允许使用温度界限时，应慎重选取设计温度的裕量，以免浪费材料或降低安全性。

（2）容器内的介质是用蒸汽直接加热或被内置加热元件（如加热盘管、电热元件等）间接加热时，设计温度可取介质的最高工作温度。

（3）容器的受压元件（如换热器的管板和换热管）两侧与不同温度的介质直接接触时，应以较苛刻一侧的工作温度（如高温或低温）为基准确定该元件的设计温度。

（四）许用应力

许用应力是压力容器设计的主要参数之一，它的选择是强度设计的关键，许用应力是以材料的极限应力 σ^0 为基础，并选择合理的安全因数 n 得到的，即

$$[\sigma]=\frac{\sigma^0}{n}$$

极限应力的选择取决于容器材料的判废标准。根据弹性失效的设计准则，对于塑性材料制造的容器，极限应力一般取决于容器是否产生过大的变形，以材料达到屈服极限作为判废标准，而不以破裂作为判废标准。所以采用屈服强度作为计算强度时的极限应力。但是在实际应用中还常常用强度极限作为极限应力来计算许用应力。这是由于有些有色金属材料（如铜）虽属塑性材料，但没有明显的屈服点。另外，采用抗拉强度作为极限应力已有较长历史，积累了比较丰富的经验。因此，为了保证容器在操作过程中不至于出现任何形式的破坏，对于常温容器，工程设计中采用的许用应力应取下列两式中的较小值：

$$\left.\begin{aligned}[\sigma]=\frac{\sigma_s}{n_s}\\ [\sigma]=\frac{\sigma_b}{n_b}\end{aligned}\right\}\tag{12-10}$$

式中，n_s、n_b 分别为对应于屈服强度和抗拉强度的安全因数。

随着温度的升高，金属材料的力学性能指标将发生变化。对铜、铝等有色金属而言，随着温度的升高，抗拉强度急剧下降，对铁基合金如碳钢而言，温度升高时，抗拉强度开始增大，当温度在 150~300°C 时达到最大，而以后很快随着温度的升高而下降。而屈服强度则随着温度升高一直下降。因此，对于中温容器，应根据设计温度下材料的强度极限或屈服极限来确定许用应力，取下列两式中的较小值：

$$\left.\begin{aligned}[\sigma]^t=\frac{\sigma_s^t}{n_s}\\ [\sigma]^t=\frac{\sigma_b^t}{n_b}\end{aligned}\right\}\tag{12-11}$$

在高温下，材料除了抗拉强度和屈服强度继续下降外，还将发生蠕变现象。因此，高温下容器的失效往往不仅由强度所决定，还可由蠕变所引起。在碳钢和低合金钢设计温度超过 420°C，其他合金钢（如铬钼钢）超过 450°C，奥氏体不锈钢超过 550°C 的情况下，还必须同时考虑持久强度和蠕变极限的许用应力。此时许用应力取下列各式中的较小值：

$$[\sigma]^t=\frac{\sigma_s^t}{n_s},\ [\sigma]^t=\frac{\sigma_b^t}{n_b},\ [\sigma]^t=\frac{\sigma_n^t}{n_n},\ [\sigma]^t=\frac{\sigma_D^t}{n_D}\tag{12-12}$$

式中，σ_b^t、σ_s^t——设计温度下材料的强度极限和屈服极限，MPa；

σ_D^t、σ_n^t——设计温度下材料的持久强度和蠕变极限，MPa；

n_b、n_s、n_D、n_n——对应强度极限、屈服极限、持久强度和蠕变极限的安全因数。

螺栓材料的许用应力取值可参见 GB/T 150.1—2011。

容器用碳钢和低合金钢钢板采用 GB/T 713—2008 标准钢板，其部分主要钢号在不同温度和使用状态下的许用应力由表 12-3 查取。容器用不锈钢钢板的部分主要钢号在不同温度下的许用应力从表 12-4 中查取。

表12-3　碳钢和低合金钢钢板的许用应力

钢号	钢板标准	使用状态	厚度 / mm	室温强度指标		在下列温度（℃）下的许用应力，MPa															
				σ_b/ MPa	σ_s/ MPa	≤ 20	100	150	200	250	300	350	400	425	450	475	500	525	550	575	600
Q245R	GB/T 713 — 2014	热轧 控轧 正火	3 ~ 16	400	245	148	147	140	131	117	108	98	91	85	61	41					
			> 16 ~ 36	400	235	148	140	133	124	111	102	93	86	84	61	41					
			> 36 ~ 60	400	225	148	133	127	119	107	98	89	82	80	61	41					
			> 60 ~ 100	390	205	137	123	117	109	98	90	82	75	73	61	41					
			> 100 ~ 150	380	185	123	112	107	100	90	80	73	70	67	61	41					
Q345R		热轧 控轧 正火	3 ~ 16	510	345	189	189	189	183	167	153	143	125	93	66	43					
			> 16 ~ 36	500	325	185	185	183	170	157	143	133	125	93	66	43					
			> 36 ~ 60	490	315	181	181	173	160	147	133	123	117	93	66	43					
			> 60 ~ 100	490	305	181	181	167	150	137	123	117	110	93	66	43					
			> 100 ~ 150	480	285	178	173	160	147	133	120	113	107	93	66	43					
			> 150 ~ 200	470	265	174	163	153	143	130	117	110	103	93	66	43					
Q370R		正火	10 ~ 16	530	370	196	196	196	196	190	180	170									
			> 16 ~ 36	530	360	196	196	196	193	183	173	163									
			> 36 ~ 60	520	340	193	193	193	180	170	160	150									

续 表

钢号	钢板标准	使用状态	厚度 / mm	室温强度指标		在下列温度（℃）下的许用应力，MPa																
				σ_b/ MPa	σ_s/ MPa	≤20	100	150	200	250	300	350	400	425	450	475	500	525	550	575	600
18MnMoNbR	GB/T 713 — 2014	正火加回火	30 ~ 60	570	400	211	211	211	211	211	211	211	207	195	177	117					
			> 60 ~ 100	570	390	211	211	211	211	211	211	211	203	192	177	117					
13MnNiMoR		正火加回火	30 ~ 100	570	390	211	211	211	211	211	211	211	203								
			> 100 ~ 150	570	380	211	211	211	211	211	211	211	200								
12Cr1MoVR		正火加回火	6~60	440	245	163	150	140	133	127	117	111	105	103	100	98	95	82	59	41	
			> 60 ~ 100	430	235	157	147	140	133	127	117	111	105	103	100	98	95	82	59	41	
15CrMoR		正火加回火	6 ~ 60	450	295	167	167	167	160	150	140	133	126	122	119	117	88	58	37		
			> 60 ~ 100	450	275	167	167	157	147	140	131	124	117	114	111	109	88	58	37		
			> 100 ~ 150	440	255	163	157	147	140	133	123	117	110	107	104	102	88	58	37		
14Cr1MoR		正火加回火	6~100	520	310	193	187	180	170	163	153	147	140	135	130	123	80	54	33		
			> 100 ~ 150	510	300	189	180	173	163	157	147	140	133	130	127	121	80	54	33		

续 表

钢号	钢板标准	使用状态	厚度 / mm	室温强度指标		在下列温度（℃）下的许用应力，MPa																
				σ_b/ MPa	σ_s/ MPa	≤ 20	100	150	200	250	300	350	400	425	450	475	500	525	550	575	600
16MnDR	GB/T 3531—2014	正火，正火加回火	6 ~ 16	490	315	181	181	180	167	153	140	130									
			> 16 ~ 36	470	295	174	174	167	157	143	130	120									
			> 36 ~ 60	460	285	170	170	160	150	137	123	117									
			> 60 ~ 100	450	275	167	167	157	147	133	120	113									
			> 100 ~ 120	440	265	163	163	153	143	130	117	110									
15MnNiDR	GB/T 3531—2014	正火，正火加回火	6 ~ 16	490	325	181	181	181	173												
			> 16 ~ 36	480	315	178	178	178	167												
			> 36 ~ 60	470	305	174	174	173	160												
09MnNiDR		正火，正火加回火	6 ~ 16	440	300	163	163	163	160	153	147	137									
			> 16 ~ 36	440	280	163	163	157	150	143	137	127									
			> 36 ~ 60	430	270	159	159	150	143	137	130	120									
			> 60 ~ 120	420	260	156	156	147	140	133	127	117									

注：GB 713—2014 为《锅炉和压力容器用钢板》；GB 3531—2014 为《低温压力容器用低合金钢钢板》。

表12-4　高合金钢钢板许用应力

钢号	钢板标准	厚度/mm	在下列温度（℃）下的许用应力，MPa																					
			≤20	100	150	200	250	300	350	400	450	500	525	550	575	600	625	650	675	700	725	750	775	800
S11306	GB/T 24511—2017	1.5～25	137	126	123	120	119	117	112	109														
S11348		1.5～25	113	104	101	100	99	97	95	90														
S11972		1.5～8	154	154	149	142	136	131	125															
S21953		1.5～80	233	233	223	217	210	203																
S22253		1.5～80	230	230	230	230	223	217																
S22053		1.5～80	230	230	230	230	223	217																
S30408		1.5～80	①137	137	137	130	122	114	111	107	103	100	98	91	79	64	52	42	32	27				
			137	114	103	96	90	85	82	79	76	74	73	71	67	62	52	42	32	27				
S30403		1.5～80	①120	120	118	110	103	98	94	91	88													
			120	98	87	81	76	73	69	67	65													
S30409		1.5～80	①137	137	137	130	122	114	111	107	103	100	98	91	79	64	52	42	32	27				
			137	114	103	96	90	85	82	79	76	74	73	71	67	62	52	42	32	27				
S31008		1.5～80	①137	137	137	137	134	130	125	122	119	115	113	105	84	61	43	31	23	19	15	12	10	8
			137	121	111	105	99	96	93	90	88	85	84	83	81	61	43	31	23	19	15	12	10	8
S31608		1.5～80	①137	137	137	134	125	118	113	111	109	107	106	105	96	81	65	50	38	30				
			137	117	107	99	93	87	84	82	81	79	78	78	76	73	65	50	38	30				

续 表

钢号	钢板标准	厚度 / mm	在下列温度（℃）下的许用应力，MPa																					
			≤20	100	150	200	250	300	350	400	450	500	525	550	575	600	625	650	675	700	725	750	775	800
S31603	GB/T 24511—2017	1.5 ~ 80	①120	120	117	108	100	95	90	86	84													
			120	98	87	80	74	70	67	64	62													
S31668		1.5 ~ 80	①137	137	137	134	125	118	113	111	109	107												
			137	117	107	99	93	87	84	82	81	79												
S31708		1.5 ~ 80	①137	137	137	134	125	118	113	111	109	107	106	105	96	81	65	50	38	30				
			137	117	107	99	93	87	84	82	81	79	78	78	76	73	65	50	38	30				
S31703		1.5 ~ 80	①137	137	137	134	125	118	113	111	109													
			137	117	107	99	93	87	84	82	81													
S32168		1.5 ~ 80	①137	137	137	130	122	114	111	108	105	103	101	83	58	44	33	25	18	13				
			137	114	103	96	90	85	82	80	78	76	75	74	58	44	33	25	18	13				
S39042		1.5 ~ 80	①147	147	147	147	144	131	122															
			147	137	127	117	107	97	90															

注：①该行使用应力仅适用于允许产生微量永久变形的元件，法兰或其他有微量永久变形就引起泄漏或故障的场合不能采用。

GB/T 24511—2017《承压设备用不锈钢钢板和钢带》。

（五）焊接接头系数

压力容器大多采用焊接的方法制成。通常将焊件经过焊接后所形成的结合部分称为焊缝，而两个或两个以上部件，或一个部件两端用焊接组合的接点称作焊接接头。根据焊接接头的位置和应力水平，GB/T 150.1—2011 将容器受压元件之间的焊接接头分为 A、B、C、D 四类，将非受压元件与受压元件之间的连接接头分为 E 类焊接接头，如图 12-2 所示。

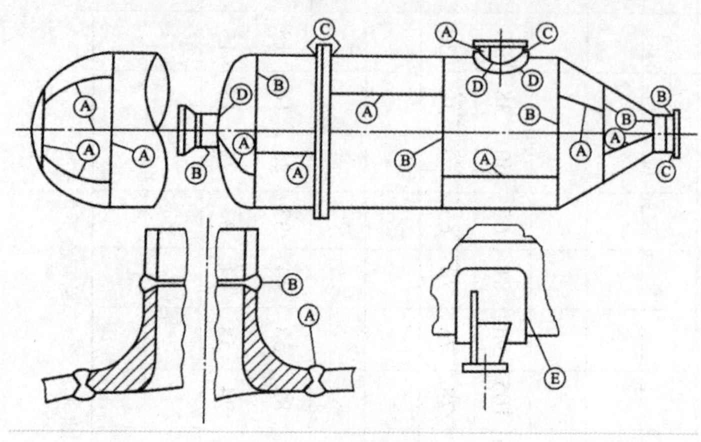

图 12-2　焊接接头分类

由于焊缝处往往存在夹渣、未熔透、气孔、裂纹等焊接缺陷，在焊接热影响区往往形成粗大晶粒而使材料强度和塑性降低，由于结构的刚度约束造成焊后应力过大等因素，焊接接头处往往是容器上强度比较薄弱的地方。为弥补焊接接头对容器整体强度的削弱，在容器强度计算时引入焊接接头系数 φ，表示焊缝金属与母材强度的比值，反映容器强度受削弱的程度。

焊接接头系数 φ 值的确定主要与对接接头的焊缝形式和无损检测的长度比例有关。无损检测的长度比例分为全部（100%）检测和局部检测两种。GB/T 150—2017 规定对于设计压力 ≥ 1.6MPa 的第Ⅲ类容器、采用气压或是气液组合耐压试验的容器、盛装毒性为极度或是高度危险介质的容器等，需进行 100% 无损检测，其余可进行局部无损检测。局部无损检测根据不同的产品标准，又分为 20% 和 50% 等不同的比例。钢制压力容器的焊接接头系数按表 12-5 选取。

表12-5　钢制压力容器的焊接接头系数φ值

焊接接头形式	无损检测比例	φ 值	焊接接头形式	无损检测比例	φ 值
双面焊对接接头和相当于双面焊的全熔透对接接头	100%	1.00	单面焊对接接头（沿焊缝根部全长有紧贴基本金属的垫板）	100%	0.90
	局部	0.85		局部	0.80

采用上述方法进行焊缝检测后，焊缝按各自标准均应合格，方可认为检测合格。当用另一种检测方法复验后，如果发现超标缺陷，则应增加 10%（相应焊缝总长）的复验长度；如果仍发现超标缺陷，则应 100% 进行复验。为了消除焊接内应力并恢复组织，钢制压力容器及其受压元件应按 GB/T 150.4—2011 的有关规定进行焊后热处理。

（六）厚度附加量

容器厚度附加量包括钢板的负偏差 C_1 和介质的腐蚀裕量 C_2，即

$$C = C_1 + C_2$$

1. 钢板厚度的负偏差 C_1

钢板厚度的负偏差按相应的钢板标准选取，见表 12-6 和表 12-7 所列。负偏差应按名义厚度 δ_n 选取。

表12-6　压力容器用碳钢和低合金钢板厚度负偏差　　mm

钢板标准	GB/T 713—2014《锅炉和压力容器用钢板》，GB/T 3531—2014《低温压力容器用钢板》
钢板厚度	全部厚度
负偏差 C_1	0.30

表12-7　承压设备用不锈钢钢板厚度负偏差　　mm

钢板标准	GB/T 24511—2017《承压设备用不锈钢钢板和钢带》
钢板厚度	5~100
负偏差 C_1	0.30

2. 腐蚀裕量 C_2

腐蚀裕量由介质对材料的均匀腐蚀速率与容器的设计寿命决定。

$$C_2 = \lambda n$$

式中，λ——腐蚀速率（mm/a），查材料腐蚀手册或由实验确定；

n——容器的设计寿命，通常为 10~15 年。

当材料的腐蚀速率为 0.05~0.1mm/a 时，单面腐蚀的 C_2 =1mm；双面腐蚀的 C_2 =2~4mm。

当材料的腐蚀速率小于或等于 0.05mm/a 时，单面腐蚀的 C_2 =1mm；双面腐蚀的 C_2 =2mm。

一般来说，对于碳素钢和低合金钢，C_2 不小于 1mm；对于不锈钢，当介质的腐蚀性极微时，C_2 =0。

腐蚀裕量只对防止发生均匀腐蚀破坏有意义，对于应力腐蚀、氢腐蚀和晶间腐蚀等非均匀腐蚀，用增加腐蚀裕量的办法来防止腐蚀破坏效果不大，这时应着重于选择耐腐蚀材料和进行适当的防腐蚀处理。

第三节　容器的耐压试验和泄漏试验

压力容器在制成后，要进行耐压试验。耐压试验包括液压试验、气压试验和气液组合试验。试验目的主要是考察压力容器的整体强度。耐压试验一般采用液压试验，对于不适宜进行液压试验的容器，可采用气压试验或气液组合试验。

一、耐压试验压力

试验压力的大小与设计压力、设计温度与容器材料三要素有关。

内压容器液压试验的耐压试验压力的最低值按式（12–13）确定，气压和气液组合的试验压力按式（12–14）确定。

$$p_T = 1.25p\frac{[\sigma]}{[\sigma]^t} \tag{12–13}$$

$$p_T = 1.10p\frac{[\sigma]}{[\sigma]^t} \tag{12–14}$$

式中，p——压力容器的设计压力或者压力容器铭牌上规定的最大允许工作压力，MPa。

p_T——耐压试验压力，MPa；当设计考虑液柱静压力时，应当加上液柱静压力。

$[\sigma]$——试验温度下材料的许用应力，MPa。

$[\sigma]^t$——设计温度下材料的许用应力，MPa。

压力容器各元件所用材料不同时，应取各元件材料的 $[\sigma]$ / $[\sigma]^t$ 比值中的最小者。

二、耐压试验时容器的强度校核

在耐压试验前，应对试验压力下产生的筒体应力进行校核，即容器壁产生的最大应力不超过所用材料在试验温度下屈服强度的 90%（液压试验）或 80%（气压或气液组合试验）。即液压试验时，

$$\sigma_T = \frac{p_T(D_i + \delta_e)}{2\delta_e} \leqslant 0.9\varphi\sigma_s(\sigma_{0.2}) \tag{12–15}$$

气压试验或气液组合试验时，

$$\sigma_T = \frac{p_T(D_i + \delta_e)}{2\delta_e} \leqslant 0.8\varphi\sigma_s(\sigma_{0.2}) \tag{12–16}$$

式中，σ_T 为容器在试验压力下的应力，MPa。其他符号同前。

三、耐压试验的要求与试验方法

耐压试验时，如果采用压力表测量试验压力，则应使用两个量程相同的、经检定合格的压力表。同时要求：压力表的量程应为 1.5~3 倍的试验压力，以试验压力的 2 倍为宜；压力表的精度不得低于 1.6 级，表盘直径不得小于 100mm；试验用压力表应安装在试验容器的顶部。耐压试验前，各容器连接部位的紧固件必须装配齐全，并紧固妥当。为进行耐压试验而装配的临时受压元件，应采取适当的措施，保证其安全性。耐压试验保压期间不得采用连续加压以维持试验压力不变，试验过程中不得带压拧紧固件或对受压元件施加外力。

（一）液压试验

1. 试验介质

一般采用水进行试验，试验合格后应立即将水排净吹干；无法完全排净吹干时，对奥氏体不锈钢制容器，应控制水的氯离子含量不超过 25mg/L；必要时，也可采用不会导致发生危险的其他液体进行试验，但试验时液体的温度应低于其闪点或沸点，并有可靠的安全措施。

2. 试验温度

Q345R、Q370R 和 07MnMoVR 制容器进行液压试验时，液体温度不得低于 5℃；其他碳钢和低合金钢制容器进行液压试验时，液体温度不得低于 15℃；低温容器液压试验的液体温度应不低于壳体材料和焊接接头的冲击试验温度（取其高者）加 20℃ 的和；如果由于板厚等因素造成材料无塑性转变温度升高，则须相应提高试验温度；当有试验数据支持时，可使用较低温度液体进行试验，但试验时应保证试验温度比容器壁金属无塑性转变温度至少高 30℃。

3. 试验程序和步骤

试验时容器内的气体应当排净并充满液体（在容器最高点设排气口），试验过程中，应保持容器的观察表面干燥；当试验容器器壁金属温度与液体温度接近时，方可缓慢升压至设计压力，确认无泄漏后继续升压至试验压力，保压时间一般不少于 30min；然后降至设计压力，保压足够时间后进行检查，检查期间压力应保持不变。液压试验完毕后，应将液体排尽并用压缩空气将内部吹干。

4. 合格标准

试验过程中，容器无渗漏，无可见的变形和异常声响。

（二）气压试验和气液组合压力试验

1. 试验介质

试验用液体、气体应当分别按液压试验和气压试验的有关要求，气液组合压力试验时试验温度、试验压力的升降要求、安全防护要求以及试验的合格标准按气压试验的有关规定执行。

试验所用气体应为干燥洁净的空气、氮气或其他惰性气体；试验液体及试验温度与液压试验的规定相同。试验过程应有安全措施，试验单位的安全管理部门应当派人进行现场监督。

2. 试验程序和步骤

试验时应先缓慢升压至规定试验压力的 10%，保压 5min，并且对所有焊接接头和连接部位进行初次检查；确认无泄漏后，再继续升压至规定试验压力的 50%；如无异常现象，其后按规定试验压力的 10% 的逐级升压，直到试验压力，保持 10min；然后降至设计压力，保压足够时间后进行检查，检查期间的压力应保持不变。

3. 合格标准

对于气压试验，容器无异常声响，经肥皂液或其他检漏液检查，确定无漏气，无可见的变形；对于气液组合压力试验，应保持容器外壁干燥，经检查无液体泄漏后，再用肥皂液或其他检漏液检查，确定无漏气，无异常声响，无可见的变形。

四、泄漏试验

介质毒性程度为极度、高度危害或者不允许有微量泄漏的容器，应在耐压试验合格后进行泄漏试验。

容器须经耐压试验合格后，方可进行泄漏试验。泄漏试验包括气密性试验、氨检漏试验、卤素检漏试验和氦检漏试验，应按设计文件规定的方法和要求进行。

气密性试验所用的气体与气压试验的规定相同，试验压力为容器的设计压力。试验时压力应缓慢上升，达到规定压力后保持足够长的时间，对所有焊接接头和连接部位进行泄漏检查。小型容器亦可浸入水中检查。试验过程中无泄漏为合格；如果有泄漏，则应在修补后重新进行试验。

【例 12-1】有一圆筒形锅炉汽包，内径 D_i=1200mm，操作压力为 4MPa，此时蒸汽为 250℃，汽包上装有安全阀，材料为 Q245R，筒体采用带垫板的对接焊，全部探伤，试设计该汽包的壁厚。

解 （1）确定参数

p_c =1.1 P_w =1.1 × 4=4.4MPa；D_i =1200mm；$[\sigma]^t$ =111MPa（表 12-3，预计汽包厚度在 16~36mm 之间）；φ=0.9（查表 12-5）。

（2）计算厚度

$$\delta=\frac{P_c D_i}{2[\sigma]^t\varphi-p_c}=\frac{4.4\times1200}{2\times111\times0.9-4.4}=27(\text{mm})$$

（3）确定厚度附加量

根据上面计算厚度 δ=27mm，由表 12-7 可查的 C_1 =0.3mm，取 C_2 =1mm，则

$$C=C_1+C_2=1.3\text{mm}$$

因此，该汽包实际所需的厚度为

$$\delta=27+1.3=28.3(\text{mm})$$

圆整成钢板规格厚度，应取 δ=30mm 的 Q245R 钢板来制造此锅炉汽包。

【例 12-2】某石油化工厂欲设计一台石油分离中的乙烯精馏塔。工艺要求：塔体内径 D_i=600mm，设计压力 p=2.2MPa，工作温度 t=−18~−3℃。所用材料为 Q345R，试确定壁厚并进行水利强度校核。

解　（1）确定参数

$p_c=p$=2.0MPa； D_i =600mm； $[\sigma]^t$ =189MPa；φ=0.85（采用全熔透对接接头，局部无损检测）；C_1=0.3mm；C_2=1mm。

（2）计算厚度

$$\delta=\frac{P_cD_\text{i}}{2[\sigma]^t\varphi-p_c}=\frac{2.2\times600}{2\times189\times0.85-2.2}=4.2(\text{mm})$$

加上厚度附加量 C=1.3mm，圆整后 $\delta_n=6\text{mm}$。

（3）水压试验强度校核

水压试验时塔壁内产生的最大应力为

$$\sigma_T=\frac{p_T(D_i+\delta_e)}{2\delta_e}$$

式中，$p_T=1.25p\dfrac{[\sigma]}{[\sigma]^t}=1.25\times2.2\times\dfrac{189}{189}=2.75\ (\text{MPa})$； $\delta_e=\delta_n-C=6-1.3=4.7(\text{mm})$。

于是

$$\sigma_T=\frac{2.75\times(600+4.7)}{2\times4.7}=176.9\ (\text{MPa})$$

而 Q345R 钢板的屈服强度为 345MPa（表 12-3），则常温下水压试验时的许可应力为

$$0.9\varphi\sigma_s=0.9\times0.85\times345=263.9\ (\text{MPa})$$

因 $\sigma_T<0.9\varphi\sigma_s$，因此水压试验合格。

【例 12-3】某化工厂设计一台储罐，内径为 1200mm，储罐长 4000mm，工作温度为 −10~50℃，设计压力为 2.2MPa，试确定储罐筒体部分的厚度。

解　（1）确定储罐筒体的厚度

选用 Q345R 钢板，由表 12-3 查得 $[\sigma]^t$ =189MPa，焊接采用双面焊，100% 无损检测，则焊接接头系数 =1.0，因此筒体的计算厚度为

$$\delta=\frac{P_cD_i}{2[\sigma]^t\varphi-p_c}=\frac{2.2\times1200}{2\times189\times1-2.2}=7(\text{mm})$$

取腐蚀裕量 C_2=2mm，C_1=0.3mm，则

$$\delta_d=\delta+C_2=7+2=9\ (\text{mm})$$

圆整后，取　$\delta_n=\delta_d+C_1+\Delta=9+0.3+\Delta=10\ (\text{mm})$

（2）水压试验应力校核

试验压力为

$$p_T = 1.25p\frac{[\sigma]}{[\sigma]^t} = 1.25\times 2.2\times\frac{189}{189} = 2.75\ (\text{MPa})$$

试验压力下的筒体应力：

$$\sigma_T = \frac{p_T(D_i+\delta_e)}{2\delta_e} = \frac{2.75\times[1200+(10-2.3)]}{2\times(10-2.3)} = 215.7\ (\text{MPa})$$

查表12–3，可知Q345钢板的屈服强度为345MPa，故 $0.9\varphi\sigma_s = 0.9\times 1.0\times 345 = 310.5\ (\text{MPa})$。

故 $\sigma_T < 0.9\varphi\sigma_s$，所以满足耐压试验要求。

习　题

1. 容器进行耐压试验的目的是什么？根据试验介质的不同，它们又可分为哪些试验？

2. 有 $-DN$2000mm 的内压薄壁圆筒，厚度为 22mm，承受的气体最大压力 p=2MPa，焊接接头系数 φ=0.85，厚度附加量 C=1.3mm，试求筒体的最大工作应力。

3. 某球形内压薄壁容器，内径 D_i=10m，厚度 δ_n =22mm，焊接接头系数 φ=1.0，厚度附加量 C=1.3mm，已知钢材的许用应力 $[\sigma]^t$ =148MPa。试计算该球形容器的最大允许工作压力。

4. 今欲设计一台反应釜，内径 D_i=1600mm，工作温度为 5~105℃，工作压力为 1.6MPa，材料选用 S30408，采用全熔透对接接头，做局部无损检测，凸形封头上装有安全阀，试计算所需的厚度。

5. 有一储槽，内径为 1600mm，设计压力为 2.5MPa，工作温度为 25℃，材料为 Q345R，双面焊全熔透对接接头，做局部无损检测，厚度附加量 C=1.3mm，试校核强度。

6. 有一圆筒形锅炉汽包，设计压力为 3MPa，汽包内径为 1000mm，壁厚为 14mm，汽包材料为 Q245R，壁厚附加量为 1.5mm。若汽包采用双面对接焊，做全部无损检测，问汽包使用是否安全？

7. 有一长期不用的反应釜，材质为 Q345R，实测内径为 1200mm，最小厚度为 10mm，纵向焊缝为双面焊对接接头。今欲利用该釜承受 0.6MPa 的内压，工作温度为 200℃，介质无腐蚀性，但须装设安全阀。试判断该釜能否在此条件下使用。

8. 设计一台化肥厂用的甲烷反应器，直径 D_i=3200mm，计算压力 p_c=2.6MPa，设计温度为 255℃，材质为 Q345R，采用双面焊对接接头，做全部无损检测，腐蚀裕量 C_2=1.5mm，试确定该反应器厚度并进行水压试验强度校核。

第十三章　内压容器封头的设计

1. 本章的能力要素

本章介绍凸形封头、锥形封头、平板封头的结构特点及选用。具体要求包括：

（1）掌握凸形封头中半球形封头、椭圆形封头和碟形封头的结构特点；

（2）了解锥形封头的特点及应用；

（3）了解圆形及非圆形平板封头的计算；

（4）掌握各类封头的结构特性及选用。

2. 本章的知识结构图

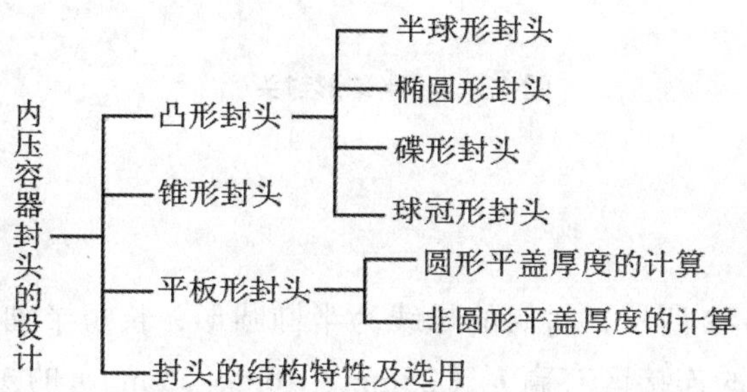

容器封头又称端盖，是容器的重要组成部分，按其形状分为三类：凸形封头、锥形封头和平板形封头。其中，凸形封头包括半球形封头、椭圆形封头、碟形封头（或称带折边的球形封头）、球冠形封头（或称无折边球形封头）四种。容器采用什么样的封头要根据工艺条件的要求、制造的难易和材料的消耗等决定。

第一节　凸 形 封 头

一、半球形封头

半球形封头是由半个球壳构成的，它的计算厚度公式与球壳相同：

$$\delta=\frac{p_cD_i}{4[\sigma]^t\varphi-p_c} \tag{13-1}$$

式中，p_c——计算压力，MPa；

D_i——封头内直径，mm；

$[\sigma]^t$——设计温度下的材料许用应力，MPa；

φ——焊接接头系数。

可见，半球形封头的厚度为相同直径与压力的圆筒厚度减薄一半左右。但在实际设计中，为了焊接方便以及降低边界处的边缘压力，半球形封头的厚度会在计算厚度的基础上适当增大。半球形封头由于深度大，整体冲压成形较困难，对于大直径（D_i>2.5m）的半球形封头，可先在水压机上将数块钢板冲压成形后再在现场拼焊而成，如图 13-1 所示。半球形封头多用于大型高压容器和压力较高的储罐上。

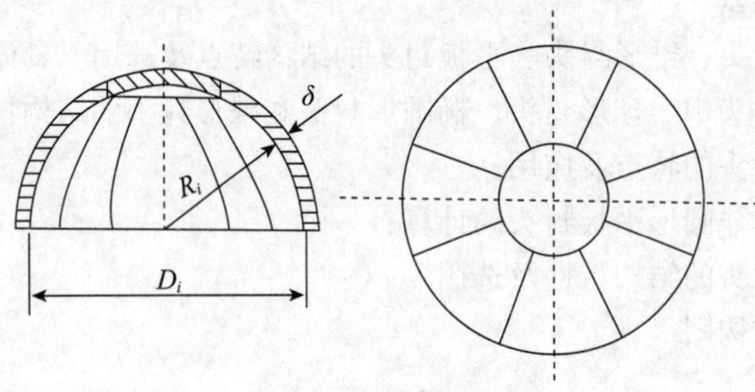

图 13-1　半球形封头

二、椭圆形封头

椭圆形封头如图 13-2 所示，封头的母线为半椭圆形，长短半轴分别为 a 和 b，故而曲率处处连续，与筒体的连接区有高 h_0（25mm、40m、50mm）的短圆筒（通称直边），因而，仅在半椭圆形封头和直边段连接处存在一处不连续点。增加直边的目的是避开在椭球壳边缘与圆筒壳的连接处设置焊缝，使焊缝转移至圆筒区域，以免出现边缘应力与热应力叠加的情况。

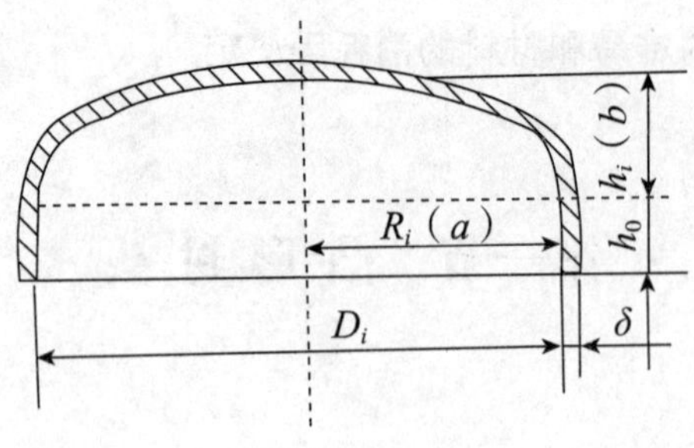

图 13-2　椭圆形封头

采用应力为二倍于相同筒体直径 D_i 时的半球形封头的应力公式，考虑到长短轴比值 $D_i/2h_i$（h_i 为封头曲面深度）不同，应力分布规律就不同，引入椭圆形封头的形状系数 K 对计算厚度进行修正：

$$\delta=\frac{Kp_cD_i}{2[\sigma]^t\varphi-0.5p_c} \quad (13-2)$$

式中，K 为椭圆形封头的形状系数，与 $D_i/2h_i$ 有关。对于一般椭圆封头，

$$K=\frac{1}{6}\left[2+\left(\frac{D_i}{2h_i}\right)^2\right]$$

常见 K 值列于表 13-1 中。

当 $D_i/2h_i$=2 时，定义为标准椭圆封头，K=1.0，则式（13-2）变为

$$\delta=\frac{p_cD_i}{2[\sigma]^t\varphi-0.5p_c} \quad (13-3)$$

表13-1　椭圆封头的形状系数

$D_i/2h_i$	2.6	2.5	2.4	2.3	2.2	2.1	2.0	1.9	1.8
K	1.46	1.37	1.29	1.21	1.41	1.07	1.00	0.93	0.87
$D_i/2h_i$	1.7	1.6	1.5	1.4	1.3	1.2	1.1	1.0	
K	0.81	0.76	0.71	0.66	0.61	0.57	0.53	0.50	

式（13-3）和圆筒体的厚度计算公式几乎一样，说明圆筒体采用标准椭圆形封头，其封头厚度近似等于筒体厚度，这样筒体和封头可采用同样厚度的钢板来制造，故常选用标准椭圆形封头作为圆筒体的封头。

椭圆形封头的最大允许工作压力按下式计算：

$$[p_w]=\frac{2\delta_e[\sigma]^t\varphi}{KD_i+0.5\delta_e} \quad (13-4)$$

标准椭圆形封头已经标准化（GB/T 2198—2010《压力容器封头》），设计时可根据公称直径和厚度选取。

三、碟形封头

碟形封头（图 13-3）又称带折边的球形封头，由三部分组成：以 R_i 为半径的球面，以 r 为半径的过渡圆弧（即折边）和以 h_0 为高度（25mm、40mm、50mm）的直边。

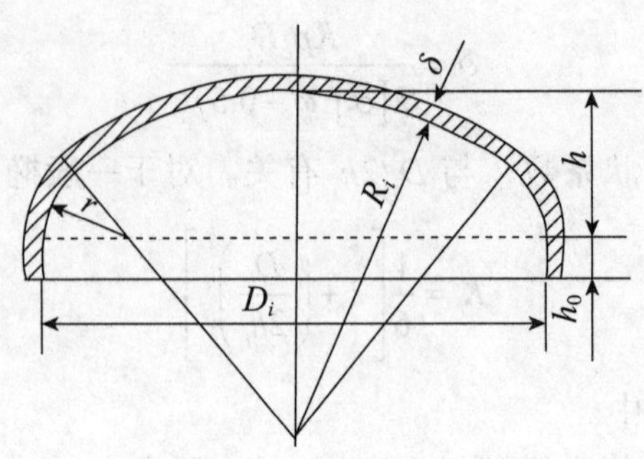

图 13-3　碟形封头

碟形封头的主要优点是便于手工加工成形，只要有球面模具就可以用人工锻打的方法成形，而且可以在安装现场制造。主要缺点是球形部分、过渡区的圆弧部分及直边部分的连接处的曲率半径有突变，有较大的边缘应力产生。球面半径越大，折边半径越小，封头的深度将越浅，有利于人工锻打成形。但是存在球面部分与过渡区连接处的局部高应力，因此规定碟形封头的 $R_i \leqslant D_i$，$r/D_i \geqslant 0.1$，且 $r \geqslant 3\delta_n$。

由于碟形封头过渡圆弧与球面连接处的经线曲率有突变，在内压作用下连接处将产生较大的边缘应力。因此，在相同条件下碟形封头的厚度比椭圆封头的厚度要大些。考虑碟形封头的边缘应力的影响，在设计中引入形状系数 M，其厚度计算公式为

$$\delta = \frac{Mp_c R_i}{2[\sigma]^t \varphi - 0.5p_c} \tag{13-5}$$

式中，R_i——碟形封头球面部分的内半径，mm；

M——碟形封头的形状系数，$M = \frac{1}{4}\left(3 + \sqrt{\frac{R_i}{r}}\right)$，其值见表 13-2 所列；

r——过渡圆弧的内半径，mm。

其他符号意义同前。

表13-2　碟形封头的形状系数M

R_i/r	1.00	1.25	1.50	1.75	2.00	2.25	2.50	2.75
M	1.00	1.03	1.06	1.08	1.10	1.13	1.15	1.17
R_i/r	3.00	3.25	3.50	4.00	4.50	5.00	5.50	6.00
M	1.18	1.20	1.22	1.25	1.28	1.31	1.34	1.36
R_i/r	6.50	7.00	7.50	8.00	8.50	9.00	9.50	10.0
M	1.39	1.41	1.44	1.46	1.48	1.50	1.52	1.54

当 R_i=0.9D_i、r=0.17D_i 时，称为标准碟形封头，此时 M=1.325，于是标准碟形封头的厚度计算公式可写成如下形式：

$$\delta = \frac{1.2p_c D_i}{2[\sigma]^t\varphi - 0.5p_c} \tag{13-6}$$

对于标准碟形封头，其有效厚度 δ_e 不小于封头内直径的 0.15%，其他碟形封头的有效厚度应不小于 0.30%。如果确定封头厚度时考虑了内压下的弹性失稳问题，则不受此限制。

碟形封头的最大允许工作压力为

$$[p_w] = \frac{2[\sigma]^t\varphi\delta_e}{MR_i + 0.5\delta_e} \tag{13-7}$$

各种凸形封头的直边高度可按表 13-3 确定。

表13-3　凸形封头的直边高度h_0　　mm

DN	≤ 2000	>2000
直边高度 h_0	25	40

四、球冠形封头

去掉碟形封头的直边及过渡圆弧部分，将球面部分直接焊在筒体上，就构成了球冠形封头，也称无折边球形封头，它可降低封头的高度。

在多数情况下，球冠形封头用作容器中两间独立受压室的中间封头，也可用作端盖。封头与筒体连接的角焊缝应采用全焊透结构（图 13-4），因此，应适当控制封头的厚度，以保证全焊透结构的焊接质量。封头球面内半径 R_i 控制为圆筒体内直径 D_i 的 0.7~1.0 倍。

当容器承受内压时，球形封头将产生拉应力。由球形封头的计算可知，这个力只是筒体环向应力的一半，而在封头与筒壁的连接处，却存在着较大的边缘应力。由图 13-5 可见，受内压作用的封头之所以未被筒体内的压力顶走，是由于筒壁拉住了它。于是，封头在沿其连接点处的切线方向有一圈拉力 F_T 作用在筒壁上。它的垂直分量 F_N 使筒壁产生轴向拉应力，它的水平分量 F_S（横推力）造成筒壁的弯曲，使筒壁在与封头的连接处附近产生局部的轴向弯曲应力。另外，封头与筒壁在内压作用下，由于它们的径向变形量不同，也导致连接处附近的筒壁产生较大的边缘应力。因此，在确定球冠形封头的厚度时，重点应放在这些局部应力上。

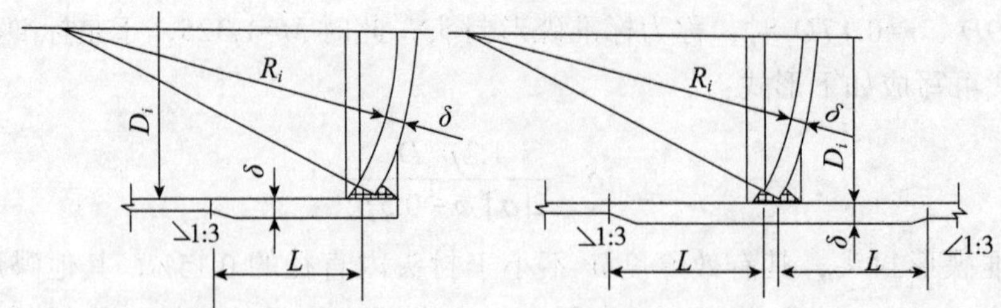

图 13-4　球冠形端封头和中间封头

受内压的球冠形端封头的计算厚度按式（12-6）确定，封头加强段的计算厚度按下式确定：

$$\delta = \frac{Qp_c D_i}{2[\sigma]^t \varphi - p_c} \tag{13-8}$$

式中，D_i——封头和筒体的内直径，$D_i \neq 2R_i$，mm；

Q——系数，对容器端封头由 GB/T 150.3—2011 查取。

在任何情况下，与球冠形封头连接的圆筒厚度应不小于封头厚度。否则，应在封头与圆筒间设置加强段过渡连接。圆筒加强段的厚度应与封头厚度相等；端封头一侧或中间封头两侧的加强段长度 L 均应不小于 $\sqrt{2D_i\delta}$，如图 13-5 所示。对两侧受压的球冠形中间封头厚度的设计，参见 GB/T 150.3—2011。

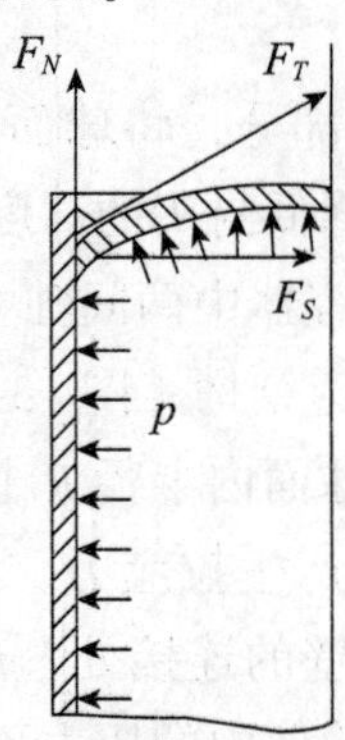

图 13-5　球冠形封头与筒体连接边缘的受力图

第二节　锥形封头

在同样的条件下，锥形封头与半球形、椭圆形和碟形封头比较，其受力情况较差，主要是因为锥形封头与圆筒连接处的转折较大，故曲率半径发生突变而产生边缘力的缘故。在化工生产中，对于黏度大或者悬浮性的液体物料、设备中的固体物料，采用锥形封头有利于排料。另外，圆锥形壳体还可用于两个不同直径的圆筒体的连接，称为变径段。

假设锥形封头大端边界上单位长度的经向力用 F_T 表示，用 q 表示其沿轴向的分力，q_0 表示沿径向的分力，如图 13-6 所示。根据牛顿第三定律可知，在圆筒的边界上，每单位长度也必然产生一个和 F_T 大小相等、方向相反的作用力，这个力也以 F_T 表示，它的径向分力 q_0 是指向轴心的，称为横推力。在横推力的作用下，边缘应力将迫使圆筒向内收缩。当该力足够大时，有可能在与该处的边缘力矩共同作用下使圆筒压瘪，这对圆筒和圆锥连接处的环焊缝是非常不利的。正是由于上述边缘应力的存在，在设计锥形封头时，要考虑上述边缘应力，还需建立一些补充的设计公式。

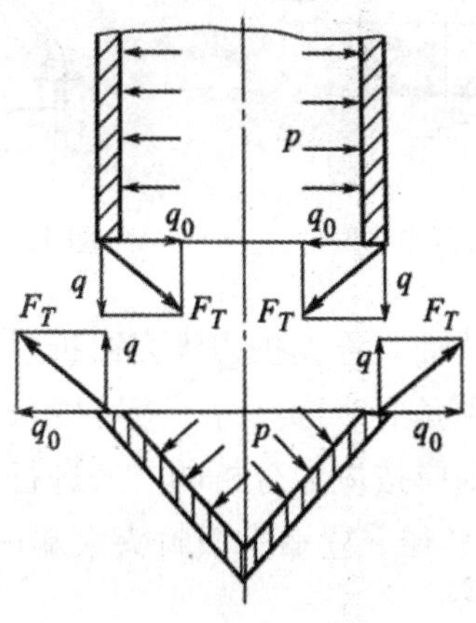

图 13-6　锥形封头的横推力

尽管连接处附近的边缘应力数值很高，但由于具有局部性和自限性，所以发生小量的塑性变形是允许的，从这样的观点出发进行设计，可大大降低所需锥形封头的厚度。

此外，可以采用以下两种方法降低连接处的边缘应力。

第一种方法：采用局部加强的方法，即增大连接处附近的封头及筒体厚度。图 13-7 是无局部加强的锥形封头，图 13-8 是有局部加强的锥形封头（其中，α 是半顶角）。它们都是直接与筒体相连，中间没有过渡圆弧，因而叫无折边锥形封头。由于内压引起的环向拉应力可以抵消部分横推力引起的压应力，所以并不是所有的无折边锥形封头与筒体的连接部分都需要加强，只有当 q_0 达到一定值时才需采取加强措施。

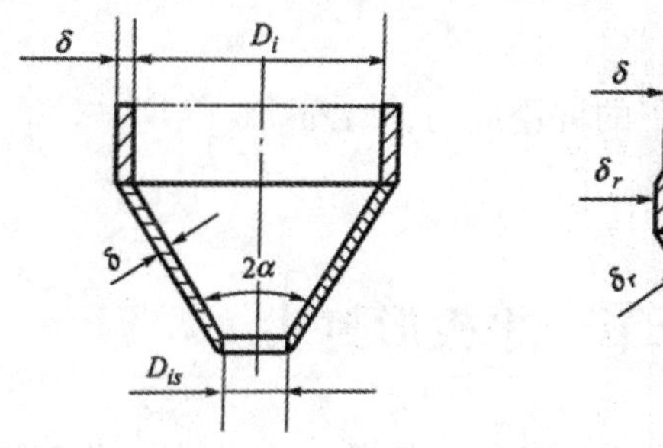

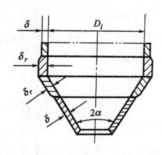

图 13-7　无局部加强的无折边锥形封头　　图 13-8　有局部加强的无折边锥形封头

第二种方法：在封头与筒体间增加一个过渡圆弧，则整个封头由锥体、过渡圆弧及高度为 h_0 的直边三部分所构成，称折边锥形封头。图 13-9 为大端折边锥形封头，图 13-10 为锥体的大、小端均有过渡圆弧的折边锥形封头。

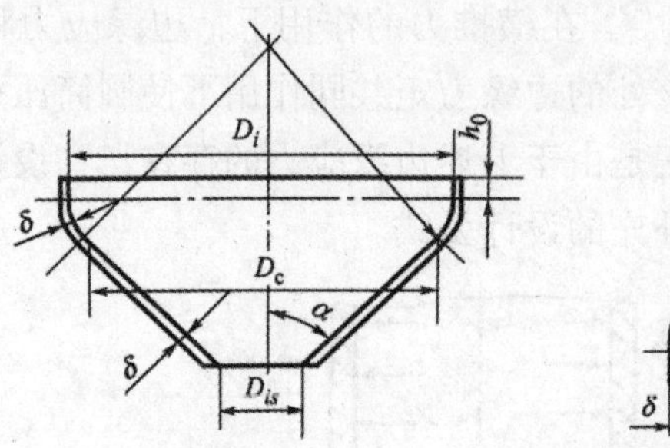

图 13-9　大端折边锥形封头

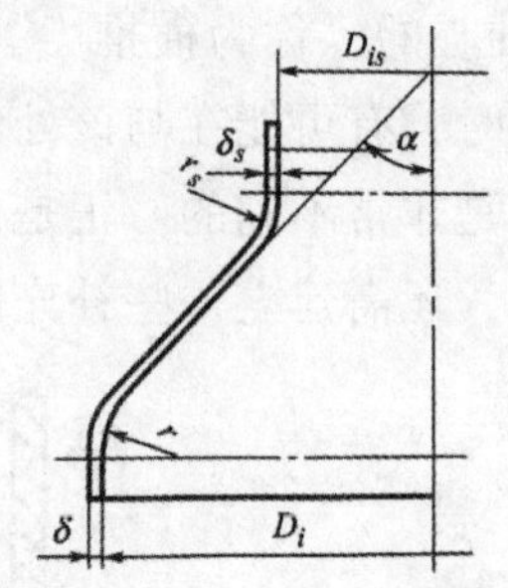

图 13-10　折边锥形封头

对于锥壳半顶角 $\alpha \leqslant 60°$ 的轴对称无折边锥壳或折边锥壳的设计方法如下。

对于锥壳大端，当锥壳半顶角 $\alpha \leqslant 30°$ 时，应可以采用无折边结构；当 $\alpha>30°$ 时，应采用带过渡段的折边结构，否则应按应力分析的方法进行设计。

大端折边锥壳的过渡圆弧半径 r 应不小于封头大端内直径 D_i 的 10%，且不小于该过渡段厚度的 3 倍。

对于锥壳小端，当锥壳半顶角 $\alpha \leqslant 45°$ 时，可以采用无折边结构；当 $\alpha>45°$ 时，应采用带过渡段的折边结构。

小端折边锥壳的过渡圆弧半径 r_s 应不小于封头小端内直径 D_{is} 的 5%，且不小于该过渡段厚度的 3 倍。

当锥壳的半顶角 $\alpha>60°$ 时，其厚度可按平盖计算，也可以用应力分析方法确定。

锥壳与圆筒的连接应采用全焊透结构。

受内压的锥形封头的计算厚度按下式确定：

$$\delta_c = \frac{p_c D_c}{2[\sigma]_c^t \varphi - p_c} \frac{1}{\cos\alpha} \tag{13-9}$$

式中，D_c——锥壳的计算内直径，mm;

α——锥壳的半顶角，(°)；

$[\sigma]_c^t$——锥壳材料在设计温度下的许用应力，MPa。

第三节　平板形封头

平板封头也称平盖，是化工容器或设备常采用的一种封头。几何形状有圆形、椭圆形、长圆形、矩形和方形等，最常用的是圆形。它主要用于常压和低压的设备上，或者高压小直径的设备上。它的特点是结构简单，制造方便，故也常作为可拆的人孔盖、换热器端盖等。但是与凸形封头相比，平盖主要承受弯曲应力的作用。平盖的设计公式是根据承受均布载荷的平板理论推导出来的，板中产生两向弯曲应力——径向弯曲应力和环向弯曲应力，其最大值可能在板的中心，也可能在板的边缘，要视周边的支承方式而定。实际上平盖的连接既不是单纯的简支连接，也不是单纯的固支连接，而是介于它们之间。

平盖按连接方式分为两种，一种是不可拆的平盖（表 13–4 的序号 1~7），采用整体锻造或用平板焊接；整体锻造的平盖与筒体的连接处带有一段半径为 r 的过渡圆弧（序号 1），这种结构减小了平盖边缘与筒体连接处的边缘应力，因此它的最大弯曲应力不是在边缘而是在平盖的中心。对于平盖与圆筒连接没有过渡圆弧的连接结构形式（序号 2~7），其最大弯曲应力可能出现在筒体与平盖的连接部位，也可能出现在平盖的中心。另一种是可拆的平盖（序号 8~10），用螺栓固定，靠压紧垫片密封。

表13–4　平盖系数K的选择表

固定方法	序号	简图	结构特征系数 K	备注
与圆筒一体或对焊	1	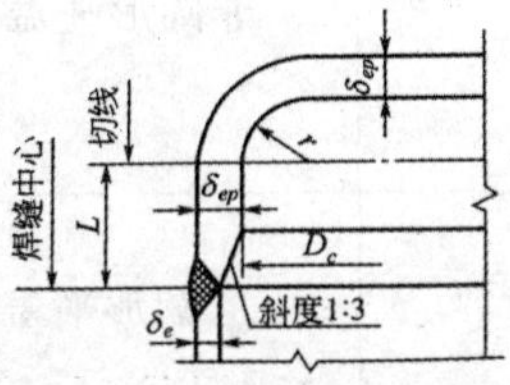 切线 焊缝中心 δ_{ep} r δ_{ep} L D_c δ_e 斜度1:3	0.145	仅适用于圆形平盖 $p_c \leqslant 0.6\text{MPa}$ $L \geqslant 1.1\sqrt{D_c\delta_e}$ $r \geqslant 3\delta_{ep}$
角焊缝或组合焊缝连接	2	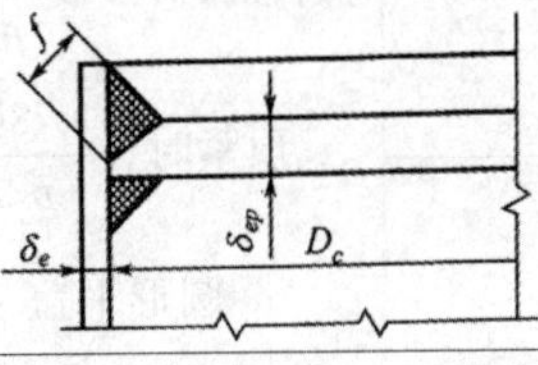 f δ_{ep} δ_e D_c	圆形平盖： $0.44m$（$m=\delta/\delta_e$）， 且不小于 0.3； 非圆形平盖 0.44	$f \geqslant 1.4\delta_e$
	3	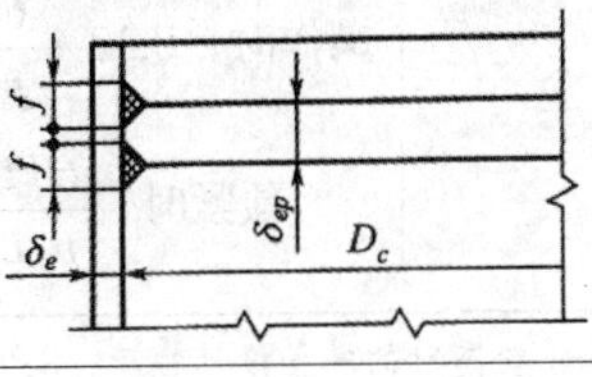 f f δ_{ep} δ_e D_c	圆形平盖： $0.44m$（$m=\delta/\delta_e$）， 且不小于 0.3； 非圆形平盖 0.44	$f \geqslant \delta_e$
	4	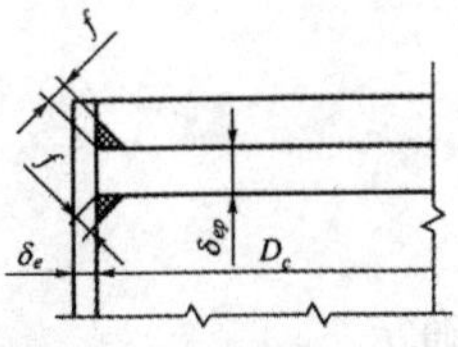 f f δ_{ep} δ_e D_c	圆形平盖： $0.5m$（$m=\delta/\delta_e$）， 且不小于 0.3； 非圆形平盖 0.5	$f \geqslant 0.7\delta_e$
	5	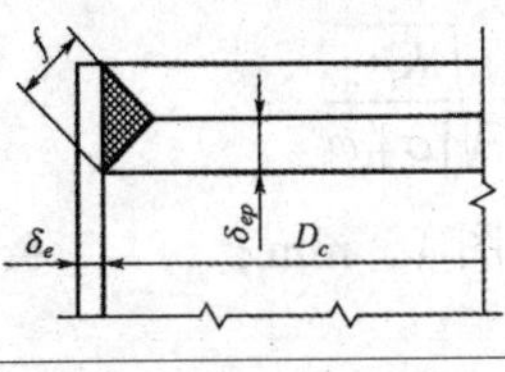 f δ_{ep} δ_e D_c		$f \geqslant 1.4\delta_e$

续表

固定方法	序号	简图	结构特征系数 K	备注
锁底对接焊缝	6		$0.44m$（$m=\delta/\delta_e$），且不小于 0.3	仅适用于圆形平盖，且 $\delta_1 \geqslant (\delta_e+3)$mm
	7		0.5	
螺栓连接	8		圆形平盖或非圆形平盖 0.25	
	9		圆形平盖：操作时，$0.3+\dfrac{1.78WL_G}{p_c D_c^3}$；预紧时，$\dfrac{1.78WL_G}{p_c D_c^3}$	
	10		圆形平盖：操作时，$0.3Z+\dfrac{6WL_G}{p_c L_a^{\ 2}}$；预紧时，$\dfrac{6WL_G}{p_c L_a^{\ 2}}$	

注：图中 δ_{ep} 为平盖的有效厚度，mm；W 为预紧或操作状态时的螺栓设计载荷，N；L_G 为螺栓中心至垫片压紧力作用中心线的径向距离，mm。

一、圆形平盖厚度的计算

表 13-4 中所示的平盖计算厚度 δ_p 按下式确定：

$$\delta_p = D_c\sqrt{\frac{Kp_c}{[\sigma]^t\varphi}} \qquad (13\text{-}10)$$

式中，D_c——平盖计算直径（表 13-4 中的简图），mm；

K——结构特征系数（查表 13–4）；

其他符号意义同前。

表 13–4 中的序号 9、10 的平盖计算厚度，应根据表 13–4 的预紧状态和操作状态下的结构特征系数 K，由式（13–10）分别求解并取较大值。

二、非圆形平盖厚度的计算

表 13–4 中的序号 2、3、4、5、8 的平盖计算厚度按下式计算：

$$\delta_p = a\sqrt{\frac{KZp_c}{[\sigma]^t\varphi}} \tag{13-11}$$

表 13–4 中的序号 9、10 的平盖计算厚度，按下式计算：

$$\delta_p = a\sqrt{\frac{Kp_c}{[\sigma]^t\varphi}} \tag{13-12}$$

式中，Z——非圆形平盖的形状系数，$Z = 3.4 - 2.4\dfrac{a}{b}$，且 $Z \leqslant 2.5$；

a——非圆形平盖的短轴长度，mm；

b——非圆形平盖的长轴长度，mm。

其他符号意义同前。

第四节　封头的结构特性及选择

封头的结构形式是由工艺过程、承载能力、制造技术方面的要求综合决定的，其选用主要根据设计对象的要求。下面就各种封头的优缺点分别说明。

（1）半球形封头。半球形封头是由半个球壳构成的。在凸形封头中，其单位容积的表面积最小，需要的厚度是同样直径圆筒的二分之一；从受力来看，半球形封头是最理想的结构形式。但缺点是深度大，直径小时，整体冲压困难，大直径采用分瓣冲压后拼焊的工作量也较大。

（2）椭圆形封头。椭圆形封头是由半个椭球面和一圆柱直边段组成的。它与碟形封头的容积和表面积基本相同，它的应力情况不如半球形封头均匀，但比碟形封头要好。当标准椭圆形封头与厚度相等的筒体连接时，它可以达到与筒体相同的强度。椭圆形封头吸取了碟形封头深度浅的优点，用冲压法易于成形，制造比球形封头容易。

（3）碟形封头。碟形封头是由球面、过渡段以及圆柱直边段三个不同曲面组成的。虽然由于过渡段的存在降低了封头的深度，方便成形加工，但在三部分连接处的经线曲率发生突变，在过渡区边界上不连续应力比内压薄膜应力大得多，故受力状况不佳，目前渐渐有被椭圆形封头取代之势。它常用冲压、手工敲打、旋压的方式制造而成。

（4）球冠形封头。球冠形封头是由部分球形封头与圆筒直接连接的，结构简单、制造方便。但在球冠形封头与圆筒连接处其曲率半径发生突变，且两壳体因无公切线而存在横向推力，所以产生相当大的不连续应力，这种封头一般只能用于压力不够的场合。

（5）锥形封头。锥形封头有两种形式，即无折边锥形封头和有折边锥形封头。就强度而论，锥形封头的结构并不理想，但从受力来看，锥顶部分的强度很高，故在锥尖开孔一般不需要补强。锥形封头可用滚制成形或压制成形，折边部分可以压制或敲打成形，但锥的顶尖部分很难成形。

（6）平板封头。平板封头是各种封头中结构最简单、制造最容易的一种封头形式。对于同样直径和压力的容器，采用平板封头的厚度最大。

总之，从受力情况来看，半球形封头最好，椭圆形、碟形其次，球冠形、锥形更次之，而平板最差。从制造角度来看，平板最容易，球冠形、锥形其次，碟形、椭圆形更次，而半球形最难。就使用而论，锥形封头用于压力不高的设备上，椭圆形封头用作大多数中低压容器的封头，平板封头用作常压或直径不大的高压容器的封头，球冠形封头用作压力不高的场合或容器中两间独立受压室的中间封头，半球形封头一般用于大型储罐或高压容器的封头。

【例 13-1】欲设计一台乙烯精馏塔，已知该塔内径 D_i=600mm，厚度 δ_n=7mm，材质为Q345R，计算压力 p_c=2.2MPa，工作温度 t=−18~−3℃。试确定该塔的封头形式与尺寸。

解 从工艺操作要求来看，封头形状无特殊要求，现按凸形封头和平板封头分别计算，并进行比较。

（1）若采用半球封头，则其厚度按式（13-1）计算：

$$\delta = \frac{p_c D_i}{4[\sigma]^t \varphi - p_c}$$

式中，p_c =2.2MPa，D_i=600mm，$[\sigma]^t$ =189MPa。

取 C_2=1mm，φ=0.8（封头虽可整体冲压，但考虑与筒体连接处的环焊缝，其轴向拉伸应力与球壳内的应力相等，故应计入这一环向焊接接头系数）。

于是
$$\delta = \frac{2.2\times 600}{4\times 189\times 0.8 - 2.2} = 2.2\ (\text{mm})$$

$$\delta_n = \delta + C_1 + C_2 + \Delta = 2.2 + 0.3 + 1 + \Delta = 4\ (\text{mm})$$

即圆整后采用 δ_n=4mm 厚的钢板。

（2）若采用标准椭圆形封头，则其厚度按式（13-3）计算：

$$\delta = \frac{p_c D_i}{2[\sigma]^t \varphi - 0.5 p_c}$$

式中，φ=1.0（整板冲压），其他参数同前。

于是
$$\delta = \frac{2.2\times 600}{4\times 189\times 1 - 0.5\times 2.2} = 3.5\ (\text{mm})$$

$$\delta_n = \delta + C_1 + C_2 + \Delta = 3.5 + 0.3 + 1 + \Delta = 5\ (\text{mm})$$

即圆整后采用 5mm 厚的钢板。

（3）若采用标准碟形封头，则其厚度按式（13–6）计算：

$$\delta = \frac{1.2 p_c D_i}{2[\sigma]^t \varphi - 0.5 p_c} = \frac{1.2 \times 2.2 \times 600}{2 \times 189 \times 1 - 0.5 \times 2.2} = 4.2\ (\text{mm})$$

$$\delta_n = \delta + C_1 + C_2 + \Delta = 4.2 + 0.3 + 1 + \Delta = 6\ (\text{mm})$$

即圆整后采用 6mm 厚的钢板。

（4）若采用平板封头，则其厚度按式（13–10）计算：

$$\delta_p = D_c \sqrt{\frac{K p_c}{[\sigma]^t \varphi}}$$

式中，D_c=600mm，K 取 0.25，φ=1.0。

于是
$$\delta = 600 \sqrt{\frac{0.25 \times 2.2}{189 \times 1}} = 30.8\ (\text{mm})$$

$$\delta_n = \delta + C_1 + C_2 + \Delta = 30.8 + 0.3 + 1 + \Delta = 34\ (\text{mm})$$

即圆整后采用 34mm 厚的钢板。

采用平板封头时，在连接处附近，筒壁上亦存在较大的边缘应力，而且平板封头受内压时处于受弯曲应力的不利状态，且采用平板封头的厚度太大，故本例题不宜采用平板封头。

根据上述计算，各种封头的计算结果被总结于表 13–5 中。

表13–5　各种封头计算结果的比较

封头形式	厚度 /mm	制造难易程度
半球形	4	较难
椭圆形	5	较易
碟形	6	较易
平盖	34	易

习　题

1. 某化工厂的反应釜内径为 1600mm，工作温度为 5~105℃，工作压力为 1.6MPa，釜体材料选用 Q345R。焊接采用双面对接焊，局部无损探伤，椭圆封头上装有安全阀，试设计筒体和封头的厚度。

2. 设计容器筒体和封头厚度。已知内径 D_i=1200mm，设计压力 p=1.8MPa，设计温度为 40℃，材质为 Q245R，介质无大腐蚀。双面对接焊，100% 探伤。封头按半球形、标准椭圆形和标准碟形三种形式算出所需厚度，最后根据各有关因素进行分析，确定一个最佳方案。

3. 今欲设计一台内径为 1200mm 的圆筒形容器。工作温度为 10℃，最高工作压力为 1.6MPa。筒体采用双面对接焊，局部探伤。端盖为标准椭圆形封头，采用整板冲压成形，容器装有安全阀，材质为 Q245R。容器为单面腐蚀，腐蚀速度为 0.2mm/a。设计使用年限为 10 年，试设计该容器筒体及封头厚度。

4. 有一库存很久的气瓶，材质为 Q345R，圆筒筒体外径 D_o=219mm，其实测最小厚度为 6.5mm，气瓶两端为半球形状，今欲充压 10MPa，常温使用并考虑腐蚀裕量 C_2=1mm，问强度是否足够？如果不够，最大允许工作压力为多少？

5. 有一管壳式换热器，采用圆筒形壳体，两端为标准椭圆封头，内径为 1000mm，壳程介质压力为 1.2MPa，介质温度为 180℃，管程介质压力为 3MPa，介质温度为 340℃，选用 S30408，介质无腐蚀。试确定筒体和封头的壁厚。

第十四章　外压容器的设计基础

1. 本章的能力要素

本章介绍外压容器的失稳及分类、临界压力及临界长度的计算、外压容器的设计准则、外压球壳与封头的设计及加强圈的作用与结构。具体要求包括：

（1）了解外压容器的失稳现象及失稳形式；

（2）理解临界压力及临界长度的计算和影响因素；

（3）掌握外压容器的设计准则及厚度设计的图算法；

（4）掌握外压球壳与凸形封头的设计计算方法；

（5）掌握加强圈的作用与结构。

2. 本章的知识结构图

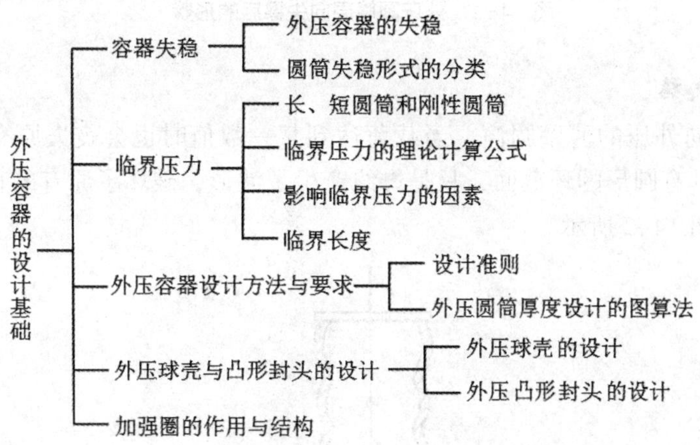

第一节　容器失稳

一、外压容器的失稳

在化工生产中，有许多承受外压的容器，如真空储罐、蒸发器、减压蒸馏塔、蒸馏塔所用的真空冷凝器及真空结晶器等。当夹套中介质的压力高于容器内介质的压力时，带有夹套加热或冷却的反应器也构成一外压容器。

圆筒受到外压作用后，在筒壁内将产生经向和环向压缩应力，其值与内压圆筒一样，分别为 $\sigma_m = pD/4\delta, \sigma_\theta = pD/2\delta$。和内压圆筒一样，当这种压缩应力达到材料的屈服强度时，将引起筒体的强度破坏，然而这种现象极为少见。实践证明，当外压圆筒筒壁内的压缩应力还远远低于材料的屈服强度时，筒壁就已经被压瘪或发生褶皱，在一瞬间失去自身原来的形状。这种在外压作用下发生的筒体突然失去原有形状，即突然失去原有平衡状态的现象称为弹性失稳。因此保证壳体的稳定性是外压容器能正常操作的必要条件。

二、圆筒失稳形式的分类

（一）周向失稳

均匀径向外压引起圆筒的失稳叫周向失稳，也称侧向失稳。周向失稳时壳体断面由原来的圆形被压瘪而呈现波形，其波数可以为 2，3，4…，如图 14–1 所示。

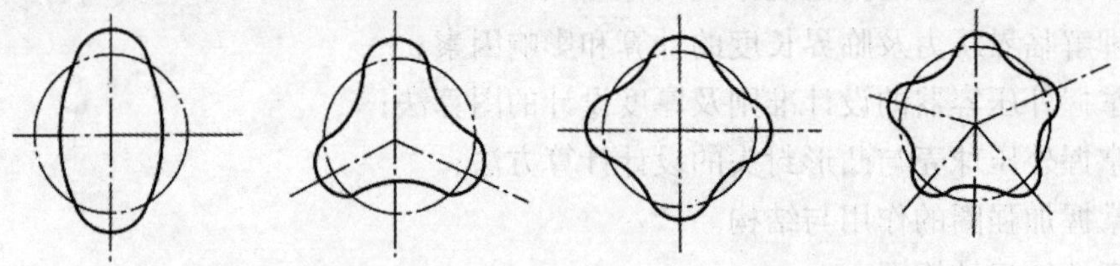

图 14–1　外压圆筒周向失稳后的形状

（二）轴向失稳

对于承受轴向外压的薄壁圆筒，当载荷达到某一数值时也会丧失原有稳定性，但在失稳时，它仍然具有圆形的环截面，只是母线产生了波形，破坏了原有的直线性，即圆筒发生了褶皱，如图 14–2 所示。

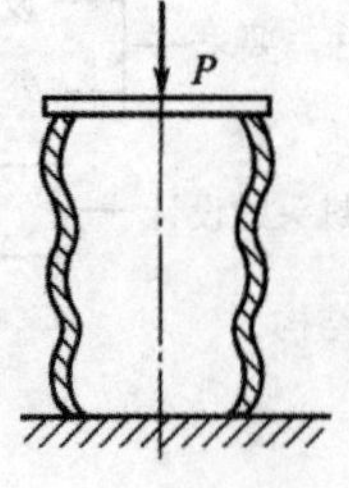

图 14–2　薄壁壳体的轴向失稳

（三）局部失稳

除了周向失稳和轴向失稳之外，圆筒还会发生局部失稳。如容器在支座或其他支承处，还有安装运输中，都会由于过大的局部外压力而引起局部失稳。

本章主要讨论受均匀径向外压圆筒的设计问题，也即周向失稳的问题。

第二节 临界压力

对于承受外压的容器，当外压达到某一临界值之前，壳体也会发生变形，当压力卸除后壳体能恢复原貌。但是一旦外力增大到某一临界值时，筒体的形状就会发生突然改变，即原来的平衡状态遭到破坏，也就是失去原来形状的稳定性。

导致筒体失稳的压力称为该筒体的临界压力，用p_{cr}表示。在临界压力作用下，筒壁内存在的压应力称为临界应力，用σ_{cr}表示。

一、长、短圆筒和刚性圆筒

受外压的圆筒壳体按照破坏情况可分为三种：长圆筒、短圆筒和刚性圆筒。区分它们的长度均指与外直径D_o、有效厚度δ_e等有关的相对长度，而非绝对长度。

（1）长圆筒。这种圆筒的L/D_o值较大，两端的边界影响可以忽略；临界压力p_{cr}仅与δ_e/D_o有关，而与L/D_o无关（L为圆筒的计算长度）。

（2）短圆筒。这种圆筒的两端边界影响显著，不可忽略；临界压力p_{cr}不仅与δ_e/D_o有关，而且与L/D_o也有关。短圆筒失稳时的波数n为大于2的整数。

（3）刚性圆筒。这种圆筒的L/D_o较小，而δ_e/D_o较大，刚性较好。其破坏原因是器壁内的应力超过了材料的屈服强度，所以不会发生失稳，在计算时，只要满足强度要求即可。

对于在外压下的长圆筒或短圆筒，其失效主要是由于稳定性不够而引起的失稳破坏，所以除需要进行强度计算外，更需要进行稳定性校验。

二、临界压力的理论计算公式

（一）长圆筒

长圆筒的临界压力p_{cr}可通过圆环的临界压力公式推导得出，即

$$p_{cr}=\frac{2E^t}{1-\mu^2}\left(\frac{\delta_e}{D_o}\right)^3$$

式中，E^t——设计温度下材料的弹性模量，MPa；

μ——材料的泊松比。

对于钢制圆筒，μ=0.3，上式可写为

$$p_{cr}=2.2E^t\left(\frac{\delta_e}{D_o}\right)^3 \qquad (14-1)$$

由公式（14-1）可以看出，长圆筒的临界压力仅与圆筒的材料以及圆筒的有效厚度

与外径之比 δ_e/D_o 有关，而与圆筒的长径比 L/D_o 无关。

由这一临界压力所引起的临界应力为

$$\sigma_{cr}=\frac{p_{cr}D_o}{2\delta_e}=1.1E^t\left(\frac{\delta_e}{D_o}\right)^2 \tag{14-2}$$

（二）短圆筒

短圆筒的临界压力可通过下式计：

$$p'_{cr}=2.59E^t\frac{\left(\dfrac{\delta_e}{D_o}\right)^{2.5}}{L/D_o} \tag{14-3}$$

从公式（14-3）可以看出，短圆筒的临界压力除与圆筒的材料以及圆筒的有效厚度与外径之比 δ_e/D_o 有关外，还与圆筒的长径比 L/D_o 有关。

由这一临界压力引起的临界应力为

$$\sigma'_{cr}=\frac{p_{cr}D_o}{2\delta_e}=1.3E^t\frac{\left(\dfrac{\delta_e}{D_o}\right)^{1.3}}{L/D_o} \tag{14-4}$$

（三）刚性圆筒

由于刚性圆筒的厚径比 δ_e/D_o 较大，而长径比 L/D_o 较小，所以一般不存在因失稳而破坏的问题，只需要校验其强度就可以了。其强度校验公式与计算内压圆筒的公式一样，即

$$\sigma=\frac{p_c(D_i+\delta_e)}{2\delta_e}<[\sigma]^t_{压} \tag{14-5}$$

也可写为

$$[p]=\frac{2\delta_e\varphi[\sigma]^t_{压}}{D_i+\delta_e} \tag{14-6}$$

式中，$[p]$——许用外压，MPa；

$[\sigma]^t_{压}$——材料在设计温度下的许用压应力，MPa；

D_i——圆筒的内径，mm；

p_c——计算外压力，MPa。

三、影响临界压力的因素

（一）筒体几何尺寸的影响

四个赛璐珞制的圆筒试件，筒内均抽真空，将它们失稳时的真空度列于表 14-1 中。

表14-1　外压圆筒稳定性实验

实验序号	筒径 D /mm	筒长 L /mm	筒体中间有无加强圈	厚度 δ /mm	失稳时的真空度 /Pa	失稳时波形数
①	90	175	无	0.51	5000	4
②	90	175	无	0.30	3000	4
③	90	350	无	0.30	1200~1500	3
④	90	350	有一个	0.30	3000	4

比较①和②可知：当 L/D 相同时，δ/D 大的临界压力高。

比较②和③可知：当 δ/D 相同时，L/D 小的临界压力高。

比较③和④可知：当 δ/D 相同时，有加强圈的临界压力高。

对上述结果可做如下分析：

①圆筒失稳时，筒壁由圆形变成了波形，筒壁各点的曲率发生了变化，说明筒壁金属的环向“纤维”发生了弯曲。若圆筒的 δ/D 越大，则筒壁抵抗弯曲的能力越强。所以，δ/D 大者，圆筒的临界压力高。

②封头的刚性比筒体高，当圆筒承受外压时，封头对筒壁能起到一定的支撑作用。但这种支撑效果随圆筒几何长度的增加而减弱。所以，当圆筒的 δ/D 相同时，筒体短的临界压力高。

③当圆筒长度超过某一限度后，封头对筒壁中部的支撑作用全部消失，这种得不到封头支撑作用的圆筒，临界压力就低。为了在不改变圆筒总长度的情况下提高其临界压力，可在筒体外壁（或内壁）焊上数个加强圈，只要加强圈的刚性足够大，它同样可以对筒壁起到支撑作用，从而使得不到封头支撑的筒壁得到加强圈的支撑。所以，当筒体的 δ/D 和 L/D 值均相同时，有加强圈的圆筒临界压力高。

当筒体焊上加强圈以后，在计算临界压力时原来筒体的总长度就没有直接意义了。这时需要所谓的计算长度，即两相邻加强圈的间距，对与封头相连的那段筒体，则应把凸形封头的 1/3 凸面高度算入，如图 14-3 所示。

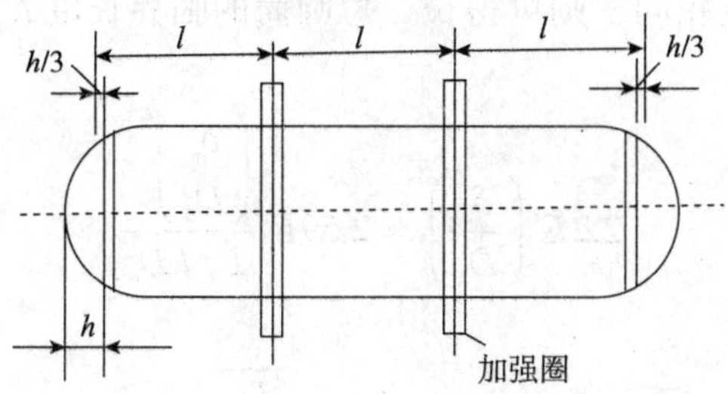

图 14-3　外压圆筒的计算长度

（二）筒体材料性能的影响

在绝大多数情况下，圆筒失稳时筒壁内的应力并没有达到材料的屈服强度。这说明筒体几何形状的突变并不是材料的强度不够而引起的。筒体的临界压力与其屈服强度没有直接关系。然而，当材料的弹性模量 E 和泊松比 μ 值越大，其抵抗变形的能力也就越强，因而其临界压力也就越高。但是由于各种钢材的 E 和 μ 值相差不大，所以通过高强度钢代替常规碳钢制造外压容器很难提高筒体弹性失稳的临界压力，但运用高强度钢对非弹性失稳是有益的。

（三）筒体椭圆度和材料不均匀的影响

首先应该指出，筒体存在椭圆度或材料不均匀不会引起稳定性的破坏。假设壳体形状非常精确，材料非常均匀，当外压达到某一值时，就会失稳，不过壳体的椭圆度与材料的不均匀性能使临界压力降低。

椭圆度 $e=(D_{\max}-D_{\min})/D_i$，$D_{\max}$ 和 $D_{\min}$ 分别为壳体的最大和最小内直径，如图 14–4 所示，D_i 为圆筒的断面内径。

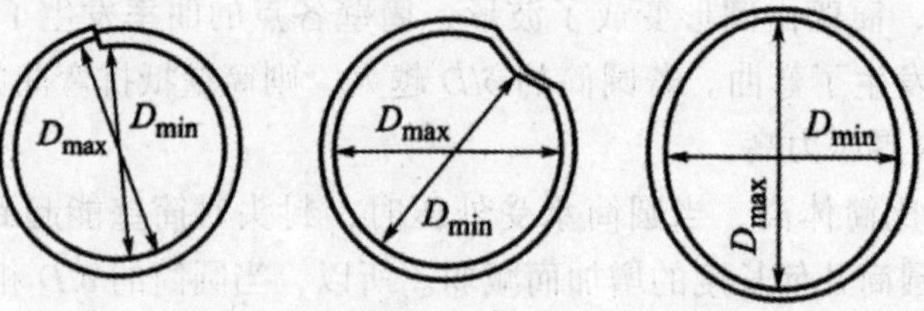

图 14–4　圆筒截面形状的椭圆度

除以上因素外，还有载荷的不对称性，边界条件等因素也对临界压力有一些影响。

四、临界长度

外压圆筒的临界长度 L_{cr} 为长圆筒、短圆筒和刚性圆筒的分界线。常由此判断圆筒类型，由此运用不同外压圆筒厚度计算公式进行计算。

当圆筒处于临界长度 L_{cr} 时，由长圆筒公式计算得到的临界压力 p_{cr} 值和由短圆筒公式计算所得临界压力 p_{cr} 值应相同，则可得长、短圆筒的临界长度 L_{cr} 值，即

$$2.2E^t\left(\frac{\delta_e}{D_o}\right)^3=2.59E^t\frac{\left(\dfrac{\delta_e}{D_o}\right)^{2.5}}{L_{cr}/D_o}$$

得

$$L_{cr}=1.17D_o\sqrt{\frac{D_o}{\delta_e}} \tag{14–7}$$

同理，可得短圆筒与刚性圆筒的临界长度 L'_{cr} 值，即

$$2.59E^t\left(\frac{\delta_e}{D_o}\right)\left(\frac{D_o}{L'_{cr}}\right)=\frac{2\delta_e\varphi[\sigma]^t_{压}}{D_i+\delta_i}\approx\frac{2\delta_e[\sigma]^t_{压}}{D_i}$$

得

$$L'_{cr}=\frac{1.3E^t\delta_e}{[\sigma]^t_{压}\sqrt{\dfrac{D_o}{\delta_e}}} \tag{14-8}$$

当圆筒的计算长度 $L>L_{cr}$ 时，圆筒为长圆筒；当 $L'_{cr}<L<L_{cr}$ 时，圆筒为短圆筒；而 $L<L'_{cr}$ 时，圆筒为刚性圆筒。

另外，圆筒的计算方法也与其相对厚度相关。在 δ_e/D_o >0.04 时，当器壁应力达到屈服极限前很难发生失稳现象，故在这种情况下，所有长径比可按刚性圆筒计算。

第三节　外压容器设计方法及要求

一、设计准则

前述计算临界压力式（14–1）和式（14–3）是在假定圆筒无椭圆度和材料无缺陷、完全均匀条件下得到的，但实际的圆筒总会有椭圆度且材料会有缺陷也不均匀。实践表明，大多长圆筒或管子在压力为临界值的 1/3~1/2 时，就会把它们压瘪。另外，在操作中壳体实际所承担的外压一般比计算外压大一点。所以，为了确保不发生失稳破坏，在操作时绝不能够让外压等于或接近临界值，一定要保证许用外压为临界外压的 $1/m$，即

$$[p]=\frac{p_{cr}}{m} \tag{14-9}$$

式中，$[p]$——许用外压，MPa；

m——稳定安全因数。

式（14–9）中的稳定安全因数 m 的大小由圆筒椭圆度、材料均匀性、载荷对称性、设备位置及制造方法等因素决定。根据 GB/T 150.3 的规定，圆筒取 m=3，球壳和成型封头取 m=15。另外，对于外压或真空设备的筒体的任一断面，其椭圆度不大于 1%。

二、外压圆筒厚度设计的图算法

由于外压圆筒厚度的理论计算方法太复杂，GB/T 150.3—2011 采用图算法来确定外压圆筒的厚度。

（一）算图的依据

受外压的圆筒临界压力的计算公式为

长圆筒 $$p_{cr}=2.2E^t\left(\frac{\delta_e}{D_o}\right)^3$$

短圆筒 $$p'_{cr}=2.59E^t\frac{\left(\frac{\delta_e}{D_o}\right)^{2.5}}{L/D_o}$$

在临界压力作用下，筒壁产生的临界应力 σ_{cr} 及相应的应变 ε_{cr} 为

$$\sigma_{cr}=\frac{p_{cr}D_o}{2\delta_e}$$

$$\varepsilon_{cr}=\frac{\sigma_{cr}}{E^t}=\frac{p_{cr}(D_o/\delta_e)}{2E^t}$$

将式（14–2）和式（14–4）分别代入上式，可得

长圆筒 $$\varepsilon_{cr}=1.1\left(\frac{\delta_e}{D_o}\right)^2 \tag{14–10}$$

短圆筒 $$\varepsilon_{cr}=1.3\frac{\left(\frac{\delta_e}{D_o}\right)^{1.5}}{L/D_o} \tag{14–11}$$

式（14–10）和式（14–11）表明，外压圆筒失稳时，其应变值与筒体尺寸（δ_e,D_o,L）有关，即

$$\varepsilon_{cr}=f\left(\frac{D_o}{\delta_e},\frac{L}{D_o}\right)$$

对于一个厚度和直径确定的筒体（D_o/δ_e值一定）而言，筒体失稳时的应变值仅是 L/D_o 的函数，圆筒体的 L/D_o 值不同，失稳时将产生不同的应变值。

以 A 代替 ε_{cr}，表示以外压应变系数作为横坐标，L/D_o 为纵坐标，将式（14–10）和式（14–11）的关系用曲线表示，可以得到一系列具有不同 D_o/δ_e 值的 A– L/D_o 关系曲线，如图 14–5 所示。图中的每一条曲线由两部分组成，据式（14–10）得到的垂直线段和式（14–11）的倾斜直线大致符合。每条曲线的转折点表示的长度即为圆筒的临界长度。

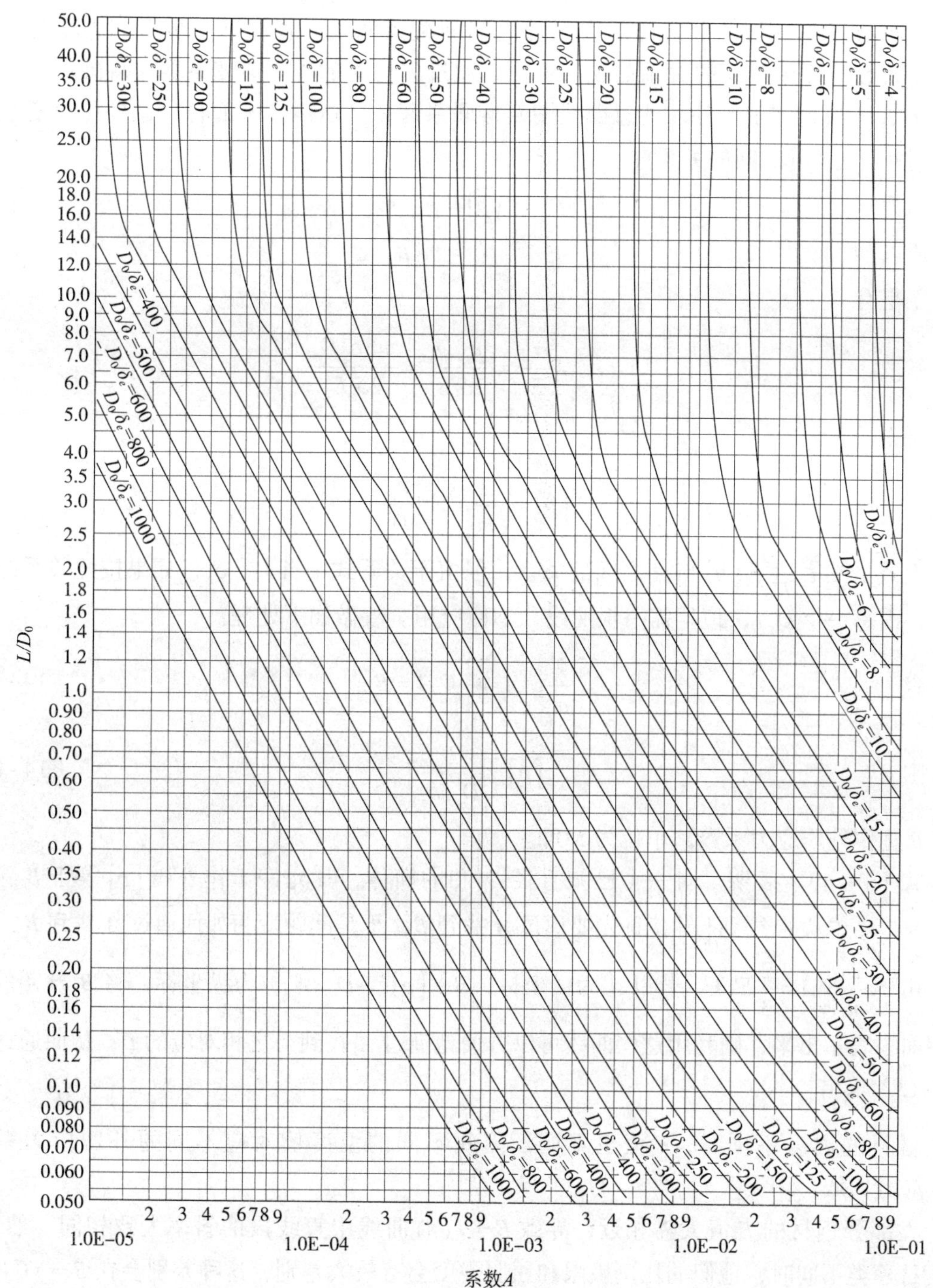

图 14-5　外压应变系数 A 曲线

利用这组曲线，可以迅速地找出外压圆筒失稳时其筒壁上的应变值。接下来希望解决的问题是：对一个已知尺寸的受外压圆筒，失稳时其临界压力是多少？为保证安全操作，允许的工作外压又是多少？

已经有了筒体尺寸和外压应变系数之间的关系曲线，若能进一步得到失稳时的外压应变系数与许用外压的关系曲线，就可以通过失稳时的外压应变系数，将圆筒的尺寸（δ_e, D_o, L）与允许工作外压通过曲线图直接联系起来。所以，下面将讨论外压应变系数与许用外压力$[p]$之间的关系。

因为 $$[p]=p_{cr}/m$$

所以 $$p_{cr}=m[p]$$

于是有

$$A=\varepsilon_{cr}=\frac{\sigma_{cr}}{E^t}=\frac{p_{cr}D_o}{2\delta_e E^t}=\frac{m[p]D_o}{2\delta_e E^t}$$

可得

$$[p]=\left(\frac{2}{m}E^t A\right)\frac{\delta_e}{D_o}$$

上式虽然表达了$[p]$与A之间的关系，但由于关系式中有D_o/δ_e，如果按此关系绘制曲线，则每一个D_o/δ_e值均需一根曲线，不便应用。故做如下处理：

令 $$\frac{2}{m}E^t A=\frac{2}{3}E^t A=B \tag{14-12}$$

则 $$[p]=\frac{B}{D_o/\delta_e} \tag{14-13}$$

B称作外压应力系数，单位为 MPa。

式（14–13）表明，对一个已知直径D_o和的筒体，其允许工作外压$[p]$等于B除以D_o/δ_e，要想从 A 得到$[p]$，首先要通过A找到B。于是问题变为如何通过A找到B。

由于$\frac{2}{m}E^t A=\frac{2}{3}E^t A$，若以$A$为横坐标，$B=[p]$（$D_o/\delta_e$）为纵坐标，将$B$与$A$的关系用曲线表示出来，则利用这些曲线可以方便地通过A找到与之相对应的B，从而通过式（14–13）求出$[p]$。

材料的温度不同时，E值也不同，因此不同的温度值对应不同的外压应力系数$B=f(A)$曲线。

大部分钢材的E值大体相近，导致$B=f(A)$曲线中直线段的斜率大致相同。然而，当钢材种类不同时，他们的比例极限和屈服强度会有较大差别，这种差别会在$B=f(A)$曲线的转折点位置以及转折点之后曲线的走向反映出来。

图 14–6~ 图 14–8 给出了常用材料的外压应力系数曲线。

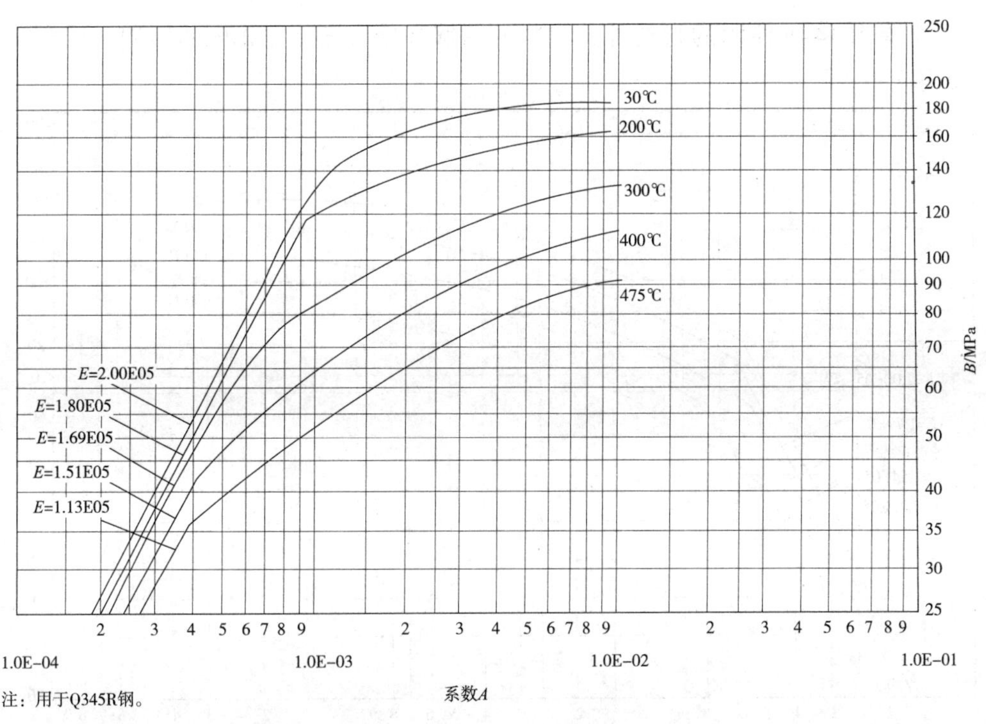

注：用于Q345R钢。

图 14-6　外压应力系数 B 曲线（一）

（二）外压圆筒和管子厚度的图算法

外压圆筒和外压管子所需的有效厚度可通过图 14-7~ 图 14-8 进行计算。

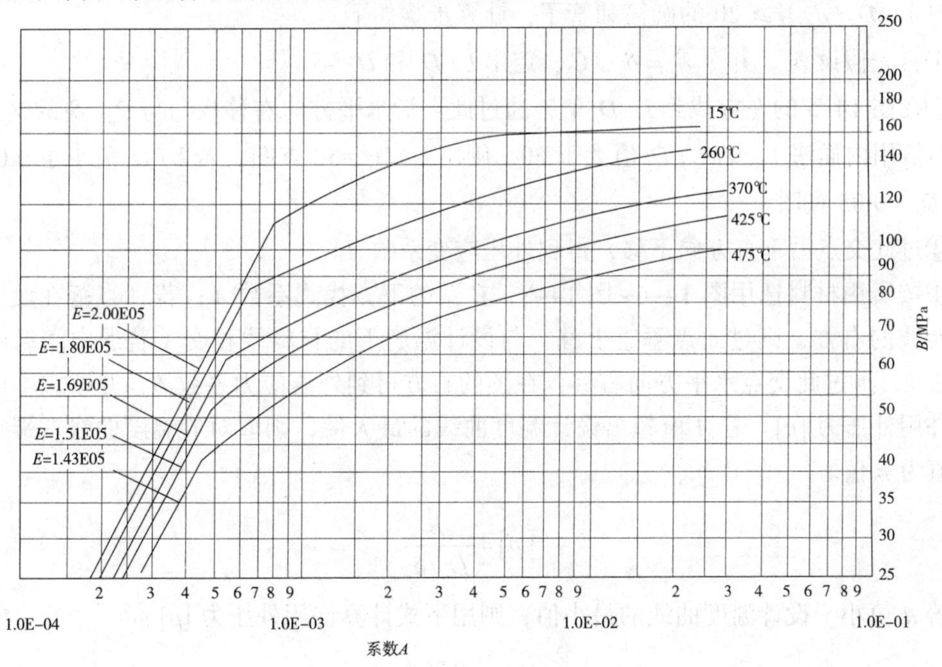

图 14-7　外压应力系数 B 曲线（二）

（用于除图 14–6 注明的材料外，材料的屈服强度大于 207MPa 的碳钢、低合金钢和 S11306 等）

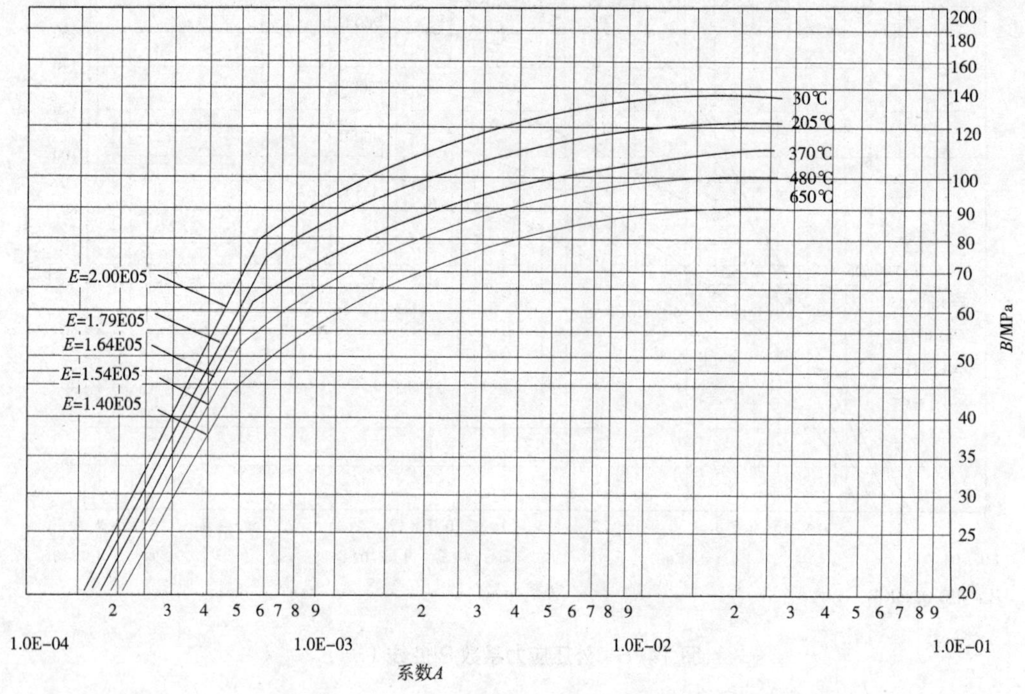

图 14–8　外压应力系数 B 曲线（用于 S30408 等）

（1）（D_o/δ_e）≥ 20 的圆筒和管子，计算步骤如下。

①首先假设 δ_n，并令 $\delta_e=\delta_n-C$，定出 L/D_o 和 D_o/δ_e。

②在图 14–5 的左方找到 L/D_o 值，通过此点沿水平方向右移找到与 D_o/δ_e 的交点（若遇中间值用内插法）。若 L/D_o 值大于 50，则用 L/D_o =50 查图；若 L/D_o 值小于 0.05，则用 L/D_o =0.05 查图。

③过此交点沿垂直方向下移，得到外压应变系数 A。

④按所用材料选用图 14–6~ 图 14–8，在图的下方找到系数 A；若 A 点落在设计温度下材料线的右方，则过此点垂直上移，与设计温度下的材料线相交（若遇中间温度值用内插法），再过此交点水平方向右移，在图的右方得到外压应力系数 B，并按式（14–13）计算许用外压力 $[p]$。若 A 值超出设计温度曲线的最大值，则取对应温度曲线右端点的纵坐标值为 B 值。

$$[p]=\frac{B}{D_o/\delta_e}$$

若 A 值小于设计温度曲线的最小值，则用下式计算许用外压力 $[p]$：

$$[p]=\frac{2E^t A}{3D_o/\delta_e} \qquad (14\text{–}14)$$

⑤ $[p]$ 应大于或等于 p_c，否则须重新假设名义厚度 δ_n，重复上述计算，直到 $[p]$ 大于且接近于 p_c 为止（p_c 为计算外压力）。

（2）（D_o/δ_e）<20 的圆筒和管子，步计算骤如下。

①用与（1）相同的步骤得到系数 B 值，但对于（D_o/δ_e）<4.0 的圆筒和管子，应按下式计算 A 值：

$$A=\frac{1.1}{(D_o/\delta_e)^2} \tag{14-15}$$

当系数 A>0.1 时，取 A=0.1。

②按下式计算许用外压力 $[p]$：

$$[p]=\min\left\{\left[\frac{2.25}{D_o/\delta_e}-0.0625\right]B,\frac{2\sigma_0}{D_o/\delta_e}\left[1-\frac{1}{D_o/\delta_e}\right]\right\} \tag{14-16}$$

式中，σ_0 取以下两值中的较小值：

$$\sigma_0=\min\left\{2\left[\sigma\right]^t,0.9\sigma_s^t(\sigma_{0.2}^t)\right\} \tag{14-17}$$

③ $[p]$ 应大于或等于 p_c，否则再次假设名义厚度 δ_n 并重复上述计算，直到 $[p]$ 大于且接近 p_c 为止。

【例 14-1】今需制造一台分馏塔（图 14-9），塔的内径 D_i=2000mm，塔身长（指筒体长 + 两端椭圆形封头直边高度）L'=6000mm，封头深 h=500mm，塔在 370℃ 及真空条件下操作，现库存有 10mm、12mm、14mm 厚的 Q245R 钢板，问能否用这三种钢板来制造这台设备。

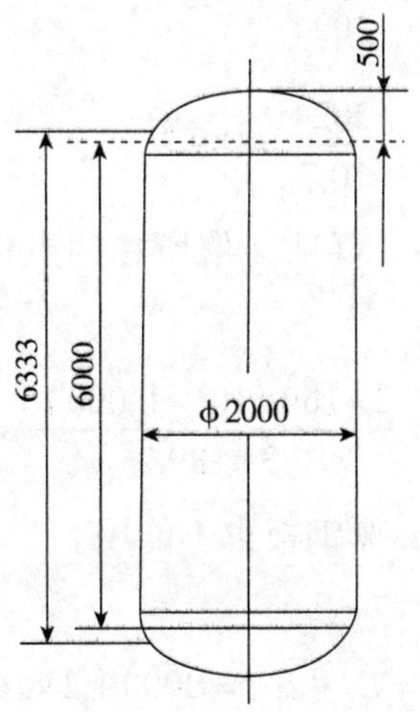

图 14-9 例 14-1 图

解 塔的计算长度 L 为

$$L=L'+2\times\frac{L}{3}=6000+2\times\frac{500}{3}=6333\ (\text{mm})$$

对于厚度为 10mm、12mm、14mm 的钢板，它们的厚度负偏差 C_1=0.3mm；取钢板的腐蚀裕量 C_2=1mm，则塔壁的有效厚度分别为 8.7mm、10.7mm、12.7mm。

（1）当 δ_n =10mm 时

$$D_o = D_i + 2\delta_n = 2000 + 2\times 10 = 2020\ (\text{mm})$$

$$\frac{L}{D_o} = \frac{6333}{2020} = 3.14$$

$$\frac{D_o}{\delta_e} = \frac{2020}{8.7} = 232.2$$

查图 14–5，可知外压应变系数 A=0.000 11，Q245R 的 σ_s =245MPa；查图 14–7，可知 A 值所在的点位于曲线左边，故直接用式（14–14）计算 $[p]$：

$$[p] = \frac{2E^t A}{3D_o/\delta_e}$$

式中，E 为 Q245R 钢板在 370℃时的值，E=169GPa，故

$$[p] = \frac{2\times 169\times 10^3\times 0.000\,11}{3\times 232.2} = 0.053\ (\text{MPa})$$

由于 $[p]$<0.1MPa，所以 10mm 厚钢板不能用。

（2）当 δ_n =12mm 时

$$D_o = D_i + 2\delta_n = 2000 + 2\times 12 = 2024\ (\text{mm})$$

$$\frac{L}{D_o} = \frac{6333}{2024} = 3.13$$

$$\frac{D_o}{\delta_e} = \frac{2024}{10.7} = 189.2$$

查图 14–5，可知 A=0.000 16，可见 A 值所在的点仍在图 14–7 中的曲线左边，继续用式（14–14）计算 $[p]$：

$$[p] = \frac{2E^t A}{3D_o/\delta_e} = \frac{2\times 169\times 10^3\times 0.000\,16}{3\times 189.2} = 0.095\ (\text{MPa})$$

由于 $[p]$<0.1MPa，所以 12mm 厚钢板也不能用。

（3）当 δ_n =14mm 时

$$D_o = D_i + 2\delta_n = 2000 + 2\times 14 = 2028\ (\text{mm})$$

$$\frac{L}{D_o} = \frac{6333}{2028} = 3.12$$

$$\frac{D_o}{\delta_e} = \frac{2028}{12.7} = 159.7$$

查图 14–5，可知 A=0.0002，此时 A 值所在的点仍在图 14–7 中的曲线左边，用式（14–14）计算 $[p]$：

$$[p]=\frac{2E^t A}{3D_o/\delta_e}=\frac{2\times 169\times 10^3\times 0.0002}{3\times 159.7}=0.14\ (\text{MPa})$$

由于 $[p]$>0.1MPa，所以 14mm 钢板可用。

第四节　外压球壳与凸形封头的设计

一、外压球壳的设计

外压球壳所需的有效厚度按以下步骤确定。

（1）首先假设 δ_n，并令 $\delta_e=\delta_n-C$，确定出 R_0/δ_e。

（2）用下式计算外压应变系数 A：

$$A=\frac{0.125}{R_o/\delta_e} \tag{14–18}$$

根据所用材料选用图 14–6~ 图 14–8，在图的下方找到系数 A，根据 A 值查取外压应力系数 B 值（遇中间值用内插法）。若 A 值超出设计温度曲线的最大值，则取对应温度曲线右端点的纵坐标作为 B 值；若 A 值小于设计温度曲线的最小值，则取

$$B=\frac{2E^t A}{3}$$

并按式（14–19）计算许用外压力：

$$[p]=\frac{B}{R_o/\delta_e} \tag{14–19}$$

这里，R_o 为球壳外半径，mm。

（3）比较 p_c 与 $[p]$，若 $p_c \geqslant [p]$，则需重新假设 δ_n，并重复上述计算，直到满足设计要求。

二、外压凸形封头的设计

（一）受外压椭圆形封头

受外压椭圆形封头的厚度计算可采用外压球壳的设计计算方法，其中，R_o 为椭圆形封头的当量球壳外半径，$R_o=K_1D_o$。

K_1 是由椭圆形的长短轴之比决定的系数，见表 14–2 所列。

表14-2 系数K_1值

$D_o/2h_o$	2.6	2.4	2.2	2.0	1.8	1.6	1.4	1.2	1.0
K_1	1.18	1.08	0.99	0.90	0.81	0.73	0.65	0.57	0.50

注：1. 中间值用内插法计算；2.K_1=0.9 为标准椭圆形封头；3. $h_o = h_i + \delta_{nh}$，δ_{nh}为凸形封头的有效厚度，mm。

（二）碟形封头

受外压的碟形封头的厚度计算也和外压球壳的计算一样，其中，R_o 为碟形封头球面部分的外半径。

【例 14-2】如图 14-10 所示为一夹套反应釜，封头为标准椭圆封头。釜体内径 D_i=1200mm，设计压力 p=5MPa；夹套内径 D_i=1300mm，设计压力为夹套内饱和水蒸气压力 p=4MPa；夹套和釜体材料均为 Q345R，单面腐蚀裕量 C_2=1mm，焊接接头系数 φ=1.0，设计温度为蒸汽温度 250℃。现已按内压工况设计确定出釜体圆筒及封头厚度 δ_n=25mm，其中，C_1=0.3mm，夹套筒体及封头的 δ_n=20mm，其中，C_1=0.3mm。试校核其稳定性并确定最终厚度。

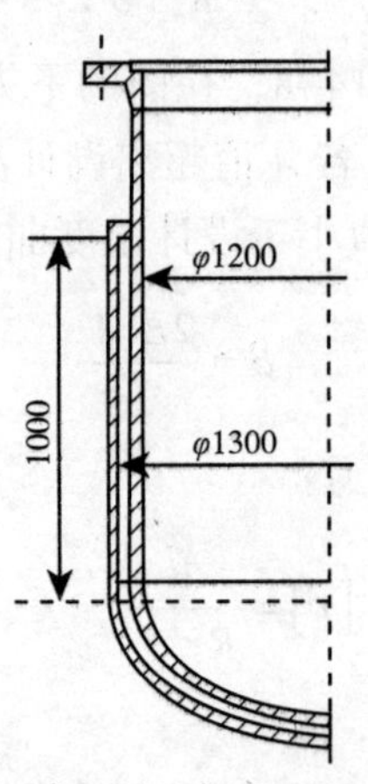

图 14-10 例 14-2 图

解 该反应釜夹套属于内压容器，不存在稳定性校核问题，故其厚度 δ_n=20mm 是满足要求的。但反应釜在停车及操作过程中，会出现夹套及釜体不同时卸压而使内筒成为外压容器，且最大外压差 p=4MPa，故必须进行稳定性校核。

1. 釜体圆筒稳定性校核和设计

（1）稳定性校核。设计外压 p=4MPa，名义厚度 δ_n=25mm，因釜体为双面腐蚀，所以附加厚度 $C=C_1+2C_2$=2.3mm。

有效厚度 $\delta_e = \delta_n - C$ =25−2.3=22.7(mm)。

圆筒外径 $D_o = D_i + 2\delta_n$ =1200+2×25=1250(mm)。

由图 14–10 可知，筒体计算长度 $L = 1000 + \frac{1}{3} \times 300 = 1100$ (mm) 。

根据 $\frac{L}{D_o} = 0.88, \frac{D_o}{\delta_e} = 55.06$ ，查图 14–5，可知 A=0.006。

根据 t=250℃ 及 Q345R 材料厚度计算图，根据 A 可知，B=130MPa。

所以釜体许用外压力 $[p] = \frac{B}{D_o/\delta_e} = \frac{130}{55.06} = 2.36$ (MPa) 。

因为 $[p]$=2.36MPa<p_c=4MPa，所以釜体圆筒不满足稳定性要求。

（2）按稳定性确定厚度。设有效厚度 $\delta_e = \delta_n - C$ =40–2.3=37.7(mm)。

圆筒外径 $D_o = D_i + 2\delta_n$ =1200+2×40=1280(mm)。

根据 $\frac{L}{D_o} = 0.86, \frac{D_o}{\delta_e} = 33.95$ ，查图 14–5，可知 A=0.0079。

由 A 查图 14–6(Q345R，250℃)，可知 B=143MPa。

许用外压力 $[p] = \frac{B}{D_o/\delta_e} = \frac{143}{33.95} = 4.21$ (MPa) 。

因为 $[p]$=4.21MPa>p_c=4MPa，所以 δ_n=40mm 满足要求。

2. 釜体椭圆封头稳定性校核与设计

（1）稳定性校核。已知设计外压 p=4MPa，名义厚度 δ_n=25mm，考虑双面腐蚀 $C=C_1+2C_2$=2.3(mm)。

有效厚度 $\delta_e = \delta_n - C$ =25–2.3=22.7(mm)。

标准椭圆封头当量球壳外半径 $R_o = K_1 D_o$ =0.9×(1200+2×25)=1125(mm)。

所以 $\frac{R_o}{\delta_e} = \frac{1125}{22.7} = 49.56$ 。

按半球封头设计，$A = \frac{0.125}{R_o/\delta_e} = \frac{0.125}{49.56} = 0.0025$

由 A 查 14–6 计算图（Q345R，250℃），可知 B=124MPa。

许用外压力：

$$[p] = \frac{B}{R_o/\delta_e} = \frac{124}{49.56} = 2.50 \text{ (MPa)}$$

因为 $[p]$=2.50MPa<p_c=4MPa，所以封头不满足要求。

（2）按稳定性确定封头厚度。设名义厚度 δ_n=40mm，C_1=0.3mm；有效厚度 $\delta_e = \delta_n - C$ =40–2.3=37.7(mm)。

所以 $R_o = K_1 D_o$ =0.9×(1200+2×40)=1152(mm)。

$$\frac{R_o}{\delta_e}=\frac{1152}{37.7}=30.56,\quad A=\frac{0.125}{R_o/\delta_e}=0.004$$

由 A 查图 14-6，可知 B=130MPa。

许用外压力 $[p]=\dfrac{B}{R_o/\delta_e}=\dfrac{124}{30.56}=4.25\ \text{(MPa)}$。

因为 $[p]$=4.25MPa>p_c=4MPa，所以封头 δ_n=40mm 满足稳定性要求。

3. 讨论

（1）尽管该反应釜釜体内及夹套内均属正压操作，但考虑到釜体与夹套不同时卸压时会导致釜体成为受外压的容器，因而需进行稳定性设计。设计中尤其应注意这类表面看似仅受内压，而实际上还存在稳定性问题的情况。

（2）按内压设计釜体的名义厚度 δ_n=25mm，考虑稳定性问题后，釜体圆筒和封头厚度均取 δ_n=40mm。

（3）由于釜体内筒厚度增加到 δ_n=40mm，使夹套内壁与釜体外壁的间隙仅有 10mm，此时必须考虑到加热蒸汽在这 10mm 间隙内的流动与传热能否满足工艺要求。

第五节　加强圈的作用与结构

在外压圆筒设计的试算过程中，如果许用外压力 $[p]$ 小于计算外压力 p_c，则必须增加圆筒的厚度或减少计算长度。从式 14-3 可知，当圆筒的直径和厚度固定时，减少其计算长度可提高临界压力，进而提高许用操作外压力。外压圆筒的计算长度是指两个刚性构件（如法兰、端盖、管板及加强圈等）之间的距离，如图 14-3 所示。从经济角度来看，通过增加厚度来提高圆筒的许用操作外压力是不合算的，适宜的办法是在外压圆筒的外部或内部装几个加强圈，以减少圆筒的计算长度，同时增加圆筒的刚性。当外压圆筒是用不锈钢或其他贵重的有色金属制造时，可以通过在圆筒外部设置一些碳钢制的加强圈来减少贵重金属的消耗，具有较大的经济意义。所以加强圈结构在外压圆筒设计上得到广泛的应用。

加强圈应有足够的刚性，由于型钢截面惯性矩较大，刚性较好，通常采用扁钢、角钢、工字钢或其他型钢作为加强圈的材料常用的加强圈结构如图 14-11 所示。

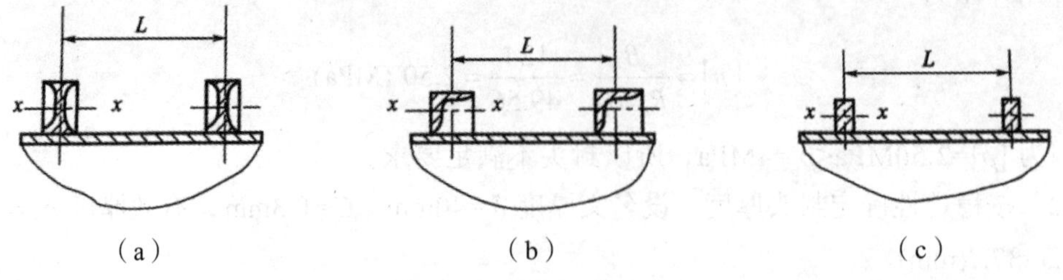

图 14-11　加强圈结构

加强圈的具体设计计算可参加 GB/T 150.3—2011。

习　题

1. 一台聚乙烯聚合釜，其外径为 1580mm，高为 7060mm（切线间长度），有效厚度为 11mm，材料为 S30408，试确定釜体的最大允许外压力（设计温度为 200℃）。

2. 化工生产中的真空精馏塔，塔径 D_o=1000mm，塔高为 9000mm（切线间长度），最高工作温度为 200℃，材质为 Q345R，可取计算外压力为 0.1MPa，试设计塔体厚度。

3. 一分馏塔由内径 D_i=1800mm，长 L=6000mm 的筒节和标准椭圆封头（直边段长 25mm）焊接而成，材料为 Q245R，塔内最高温度为 370℃，负压操作，腐蚀裕量 C_2=2mm，试设计筒体厚度。

4. 容器筒体内径 D_i=1000mm，筒长（不包括封头直边）L=2000mm，名义厚度 δ_n=10mm，两端为标准椭圆封头，封头厚为 10mm，直边高度为 40mm，设计压力为 1MPa，设计温度为 120℃，材料为 Q245R，焊接接头系数取 0.85，腐蚀裕量 C_2=2.5mm，试确定该容器的许用内压和许用外压。

5. 一圆筒容器，材料为 Q245R，内径 D_i=2800mm，长 L=6000mm（含封头直边段），两端为标准椭圆封头，封头及壳体名义厚度均为 12mm，其中，厚度附加量 C=1.3mm，容器负压操作，最高操作温度为 50℃，试确定容器最大许用外压为多少？

第十五章　容器零部件

1. 本章的能力要素

本章介绍法兰连接、容器支座、容器的开孔补强及容器附件。具体要求包括：

（1）掌握法兰连接的结构、密封原理及影响密封的因素；

（2）理解法兰的标准及选用规则；

（3）了解容器的开孔补强设计原则及补强结构；

（4）了解接管、凸缘、手孔、人孔等容器附件的结构及应用。

2. 本章的知识结构图

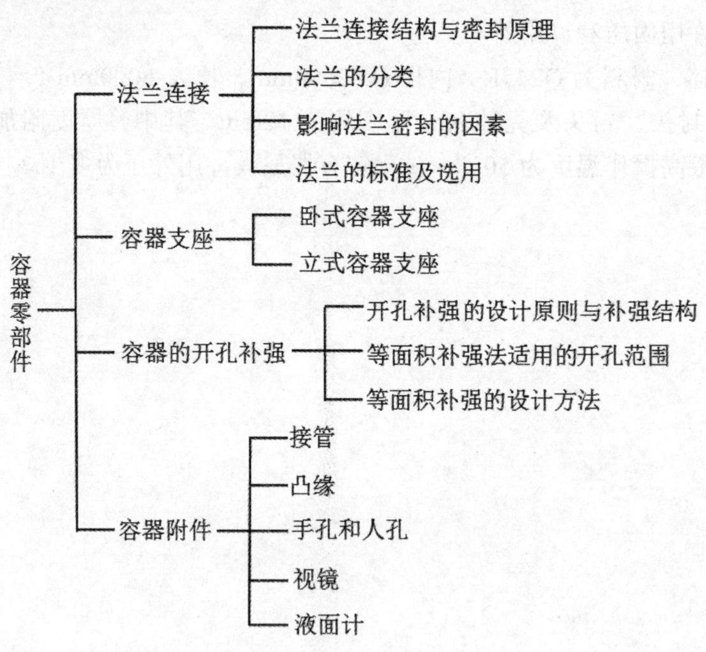

第一节　法 兰 连 接

化工设备通常是由几个可拆的部分连接在一起而构成的，以便于制造、运输、安装、检修及操作等。例如，许多换热器、反应器和塔器的筒体与封头之间常做成可拆连接，然后再组装成一个整体。另外，设备上的人孔盖、手孔盖以及设备与管道、管道与管道的连接几乎也都是做成可拆卸的。

为了安全，可拆连接必须满足以下基本要求：

（1）有足够的刚度，同时连接件之间具有一定的密封压紧力，以保证在操作过程中不会发生介质泄漏；

（2）有足够的强度，不仅本身能承受所有的外力，而且不会因为可拆连接的存在而削弱了整个结构的强度

（3）能耐腐蚀，在一定的温度范围内能正常工作，并能多次地拆开和装配；

（4）成本低廉，适合大批量制造。

法兰连接作为一种可拆连接，能较好地满足上述要求。据统计，仅一座年产 250 万吨的炼油厂，法兰连接总数就可达 20 万个以上。

法兰连接结构是由一对法兰，数个螺栓、螺母和一个垫片组成的组合件。

从使用角度看，法兰可分为两大类，即压力容器法兰和管法兰。压力容器法兰指筒体与封头、筒体与筒体或封头与管板之间连接的法兰。管法兰指管道与管道之间连接的法兰。

虽然这两类法兰作用相同，外形也相似，但不能互换。也就是说压力容器法兰不能代替公称直径、公称压力与其完全相同的管法兰，反之亦然。因为压力容器法兰的公称直径通常与其相连接的筒体内径相同，而管法兰的公称直径却是与其连接的管子的公称直径，既不是管子的外径也不是管子的内径，因而公称直径相同的压力容器法兰与管法兰的连接尺寸并不相等，不能相互替换。

一、法兰连接结构与密封原理

法兰连接结构是一个组合件，如图 15-1 所示。一般由法兰 1(被连接件)，垫片 2(密封元件)，螺栓、螺母 3（连接件）组成。

法兰连接的失效主要表现为泄漏。对于法兰连接，不仅要确保螺栓、法兰各部件有一定的强度，使之在工作条件下使用时不被破坏，而且最基本的要求是在工作条件下，法兰系统有足够的刚度，以确保容器内物料向外或向内（真空或外压条件下）的泄漏量控制在工艺和环境允许的范围内。

法兰通过紧固螺栓压紧垫片实现密封。一般来说，流体在垫片处的泄漏以两种形式出现，即“渗透泄漏”和“界面泄漏”，如图 15-2 所示。渗透泄漏是流体通过垫片材料本体毛细管的泄漏，故除了与介质压力、温度、黏度、分子结构等流体状态性质有关外，主要与垫片的结构和材质有关；而界面泄漏是发生在垫片与法兰接触面之间的泄漏，泄漏量大小主要与界面间隙大小有关。由于加工时的机械变形与振动，加工后的法兰压紧面总会存在凹凸不平的间隙，如果压紧力不够，界面泄漏将是法兰连接的主要泄漏来源。

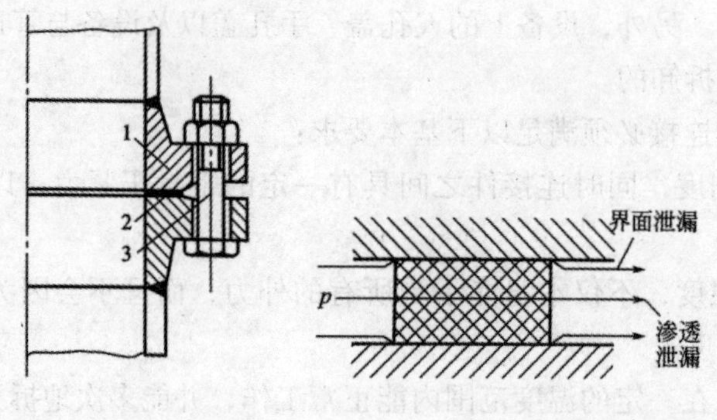

图 15-1　法兰密封结构　　　　图 15-2　界面泄漏与渗透泄漏

法兰的整个工作过程可分为预紧工况和操作工况。

预紧工况：螺栓预紧时，螺栓力通过法兰压紧面作用到垫片上，使垫片发生弹性或塑性变形，以填满法兰压紧面上的不平间隙，如图 15-3（a）所示。此时垫片单位面积上受到的压紧力称为预紧密封比压。

操作工况：如图 15-3（b）所示，当存在介质压力时，螺栓被拉长，法兰压紧面向彼此分离的方向移动，垫片的压缩量减小并产生部分回弹，导致预紧密封比压下降。若垫片具有足够的回弹能力，使压缩变形的回复能补偿螺栓和压紧面的变形，从而使预紧密封比压值至少降到不小于某一值（这个比压值称为工作密封比压），则密封良好。反之若垫片的回弹能力不足，预紧密封比压下降到工作密封比压之下，则密封失效。可见，在操作工况下，为了保证“紧密不漏”，垫片上必须留有一定的残余压紧力，螺栓和法兰都必须具有足够的强度和刚度，使螺栓在容器内压形成的轴向力作用下不致发生过大的变形。

二、法兰的分类

（一）按接触面形式分类

1. 窄面法兰

法兰与垫片的整个接触面都位于螺栓孔包围的圆周范围内，如图 15-4（a）所示。

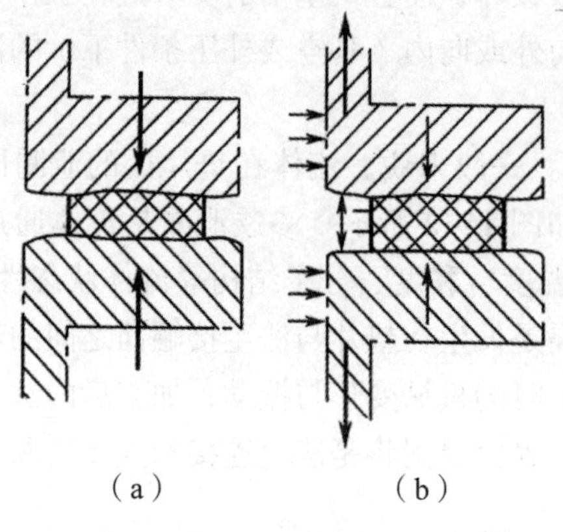

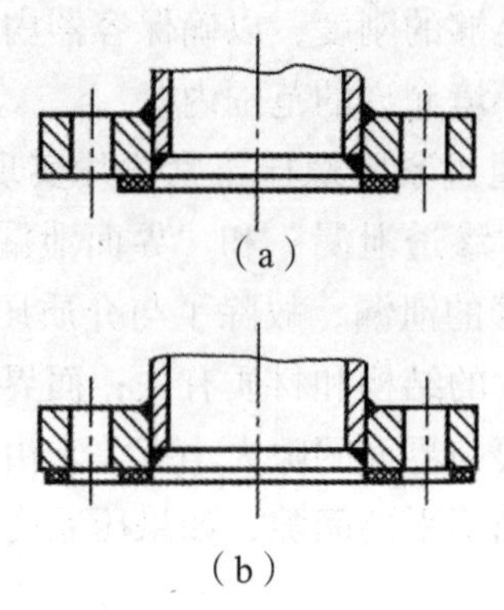

图 15-3　法兰密封的垫片变形　　　　图 15-4　窄面法兰与宽面法兰

2. 宽面法兰

法兰与垫片的接触面位于法兰螺栓中心圆的内外两侧，如图 15-4（b）所示。

（二）按其整体性程度分类

1. 松式法兰

法兰不直接固定在壳体上或者虽然固定但不能保证法兰与壳体作为一个整体承受螺栓载荷的结构均属于松式法兰，如活套法兰、螺纹法兰、搭接法兰等。这些法兰又可分为带颈和不带颈的，如图 15-5（a）～（c）所示。典型的松式法兰是活套法兰，它对设备或管道不产生附加弯曲应力，所以适用于有色金属和不锈钢制的设备管道。同时法兰可用碳钢制作，可以节约贵重金属。但因法兰刚度小，厚度较厚，一般仅适用于压力较低的场合。螺纹法兰广泛用于高压管道上，法兰对管壁产生的附加应力较小。

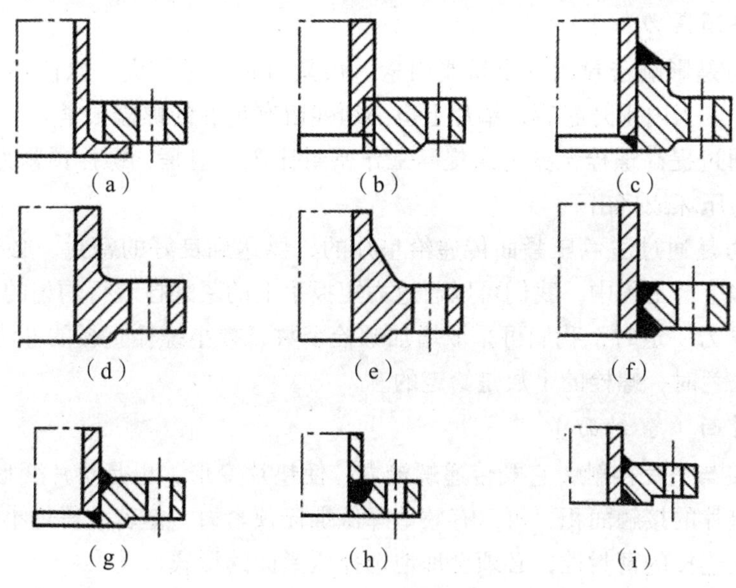

图 15-5　法兰结构类型

2. 整体法兰

将法兰与壳体锻或铸成一体或经全焊透的平焊法兰，如图 15-5（d）～（f）所示。这种结构能保证壳体与法兰同时受力，可以适当减薄法兰厚度，但会在壳体上产生较大的附加应力。带颈法兰可以提高法兰与壳体的连接刚度，适用于压力和温度较高的场合。

3. 任意式法兰

这种法兰与壳体连成一体，刚度介于整体法兰和松式法兰之间，如图 15-5（g）～（i）所示。

（二）法兰的形状

绝大多数法兰的形状为圆盘形或带颈的圆盘形，也有少量方形或椭圆形法兰盘，如图 15-6 所示。其中，方形法兰有利于管子排列紧凑，椭圆形法兰盘通常用于阀门和小直径的高压管上。

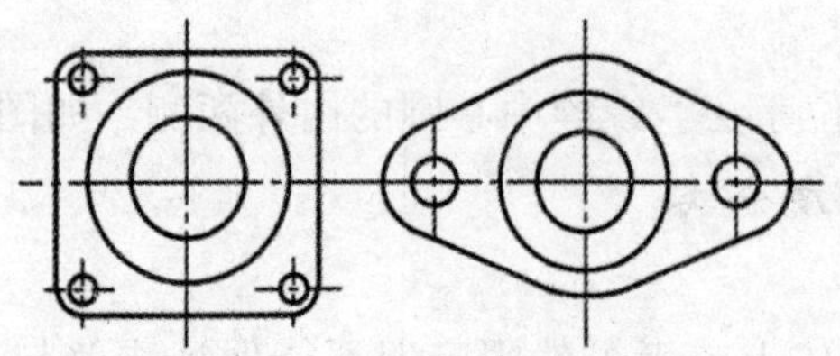

图 15-6　方形与椭圆形法兰

三、影响法兰密封的因素

影响法兰密封的因素很多，现就以下几个主要因素进行讨论。

（一）螺栓预紧力

螺栓预紧力是影响密封的一个重要因素。预紧力必须足够大，以使垫片被压紧并实现初始密封条件。当内压升起后，垫片上也必须残留有足够的螺栓预紧力，以保证不发生泄漏。我们可通过提高螺栓预紧力来提高工作密封比压。但是，螺栓预紧力也不能太大，否则将会将垫片压坏或挤出。

螺栓预紧力是通过法兰压紧面传递给垫片的，要达到良好的密封，必须使预紧力均匀地作用在垫片上。工程中，我们可以通过力矩扳手上的紧螺栓获得均匀的预紧力。当所需要的螺栓预紧力一定时，我们可采取增加螺栓个数、减小螺栓直径的办法来提高密封。但当采用标准法兰时，螺栓的个数是给定的。

（二）压紧面（密封面）

压紧面直接与垫片接触，它既传递螺栓力，使垫片变形，也是垫片变形的表面约束。减小压紧面与垫片的接触面积，可以有效地降低螺栓预紧力，但若减得过小，则易压坏垫片。要保证法兰连接的密封性，必须合理地选择压紧面的形式。

法兰压紧面的形式主要根据工艺条件（压力温度、介质），密封口径以及打算采用的垫片等进行选择。压力容器和管道中常用的法兰压紧面形式有全平面 [图 15-7（a）]、突面 [图 15-7（b）]、凹凸面 [图 15-7（c）]、榫槽面 [图 15-7（d）]、环连接面（梯形槽）[图 15-7（e）]。

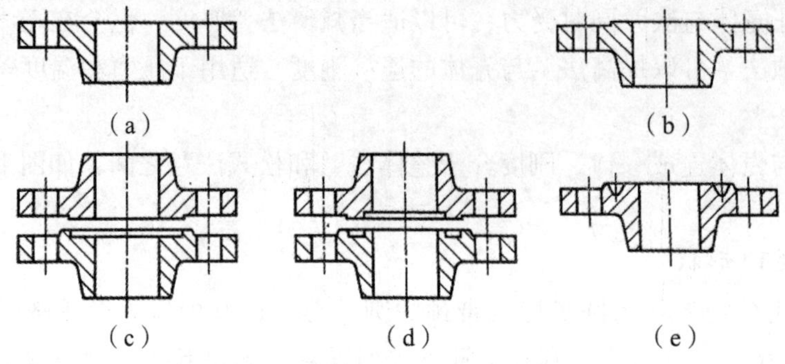

图 15-7　法兰压紧面的形式

1. 平面压紧面

压紧面的表面是一个光滑的平面，其结构简单、加工方便、造价低且便于进行防腐衬里。但这种压紧面垫片接触面积较大，密封性能差，不适用于介质为毒性或易燃易爆的情况。

2. 突面压紧面

压紧面表面有一个凸台，其结构简单、加工方便，装卸容易且便于进行防腐衬里。压紧面可以做成平滑的，也可以在压紧面上开 2~4 条同心的三角形沟槽。这种带沟槽的突面能有效地防止非金属垫片被挤出压紧面。

3. 凹凸压紧面

这种压紧面由一个凸面和一个凹面配合而成，在凹面上放置垫片，其优点是便于对中，并能有效地防止垫片被挤出压紧面。

4. 榫槽压紧面

这种压紧面是由一个榫和一个槽组成的，垫片置于槽中，不与介质相接触，也不会被挤出。可以使用较窄垫片，因此所需螺栓力也相应较小。但其结构复杂，更换垫片较难，适用于压力较高、易燃易爆或高度和极度毒性危害介质等重要场合。

5. 梯形槽压紧面

梯形槽压紧面与椭圆环垫和八角环垫配用，其槽的锥面与环垫形成线接触密封，可用于高压力的场合。

压紧面中以突面、凹凸面和榫槽面最为常用。选用原则是在保证密封可靠的基础上，力求做到加工容易、装配便利和成本低。

（三）垫片

垫片是法兰连接的核心，密封效果的好坏主要取决于垫片的密封性能。制作垫片的材料要求耐腐蚀，不与操作介质发生化学反应，不污染产品的环境，具有良好的弹性且有一定的强度和适当的柔软性，在工作温度和压力下不易变质（变质是指垫片材料硬化、老化、软化）等特点。

垫片按材料特性可分为三种。

（1）非金属垫片。一般常用的材料有橡胶、石棉橡胶、聚四氟乙烯和柔性石墨等，如图 15-8（a）所示。

普通橡胶垫片仅用于压力低于 1.6MPa 和温度低于 100℃ 的水、石油产品等无腐蚀介质。合成橡胶（如氟橡胶等）的使用温度可以达到 200℃。石棉橡胶垫片适用的压力低于 2.5MPa，使用温度范围为 -40~300℃。在处理腐蚀介质时，常用聚四氟乙烯和柔性石墨垫片，其中，柔性石墨垫片具有耐高温、耐腐蚀以及压缩回弹性能较好等优点，使用温度范围可达 -240~650℃，使用压力可达 6.4MPa。

（2）半金属垫片。非金属垫片具有很好的柔软性和压缩性，但由于强度差和回弹性差，不适合高温、高压的场合。因此，结合金属材料强度高、回弹好等优点，将两种材料结合，形成了半金属垫片。半金属垫片的回弹性、耐蚀性、耐热性等均优于非金属垫片。常用的半金属垫片有金属包垫片和金属缠绕垫片等。

金属包垫片是以石棉、石墨等为芯材，外包覆金属薄板制成，如图 15-8（b）所示。金属缠绕垫片是由金属薄带和填充带（石棉、柔性石墨、聚四氟乙烯等）相间缠绕而成，有带定位环和不带定位环两类，如图 15-8（c）和（d）所示。

（3）金属垫片。在高温高压及载荷循环频繁等恶劣操作条件下，应选用金属垫片。金属垫片的材料一般并不要求强度高，而是要求其柔韧。常用材料有铝、碳钢、铬钢和不锈钢等。除了金属平垫片外，还有各种具有线接触特征的环垫结构，如八角垫、透镜垫等，如图 15-8（g）和（f）所示。

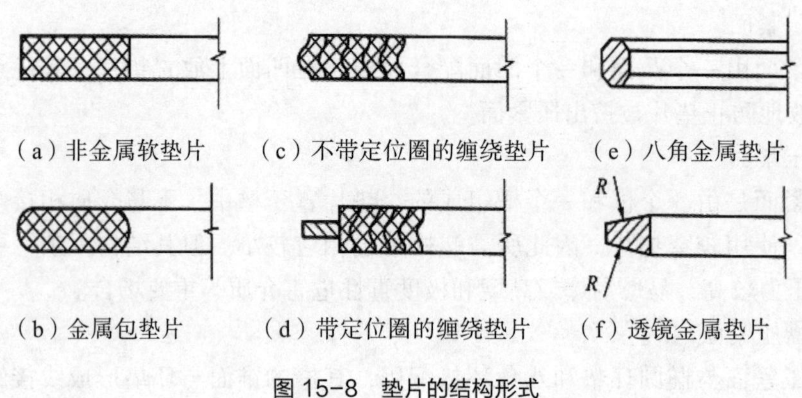

图 15-8 垫片的结构形式

垫片的选择主要取决于介质的性质和操作条件，同时要考虑垫片材料和结构的力学性能、压紧面的形式、压缩性和回弹性、螺栓力的大小等因素。在高温高压的条件下，我们一般多采用金属垫片；在中温中压的条件下，可采用半金属或非金属垫片；在中、低压的条件下，多采用非金属垫片；在高真空或深冷的条件下，宜采用金属垫片。表 15-1 为垫片的选用原则。

表15-1 垫片选用表

介质	法兰公称压力/MPa	工作温度/℃	压紧面形式	垫片	
				形 式	材 料
油品，油气，溶剂（丙烷、丙酮、苯、酚、糠醛、异丙醇），石油化工原料及产品	≤ 1.6	≤ 200	突（凹凸）	耐油垫、四氟垫	耐油橡胶石棉板、聚四氟乙烯板
		201 ~ 250	突（凹凸）	缠绕垫、柔性石墨复合垫、金属包垫	0Cr13 钢带 - 石棉板、石墨 -0Cr13 等骨架

续　表

介质	法兰公称压力/MPa	工作温度/℃	压紧面形式	垫片	
				形　式	材　料
油品，油气，溶剂（丙烷、丙酮、苯、酚、糠醛、异丙醇），石油化工原料及产品	2.5	≤ 200	突（凹凸）	耐油垫、缠绕垫、柔性石墨复合垫、金属包垫	耐油橡胶石棉板、0Cr13 钢带 – 石棉板
		201 ~ 450	突（凹凸）	缠绕垫、柔性石墨复合垫、金属包垫	0Cr13 钢带 – 石棉板、石墨 –0Cr13 等骨架
	4.0	≤ 40	凹凸	缠绕垫、柔性石墨复合垫	0Cr13 钢带 – 石棉板、石墨 –0Cr13 等骨架
		41 ~ 450	凹凸	缠绕垫、柔性石墨复合垫、金属包垫	0Cr13 钢带 – 石棉板、石墨 –0Cr13 等骨架
	6.4 10.0	≤ 450	凹凸	金属齿形垫	10、0Cr13、0Cr18Ni9
		451 ~ 530	环连接面	金属环垫	0Cr13、0Cr18Ni9、06Cr17Ni12Mo2
低温油气	4.0	–20 ~ 0	突	耐油垫、柔性石墨复合垫	耐油橡胶石棉板、石墨 –0Cr13 等骨架
压缩空气	1.6	≤ 150	突	橡胶垫	中压橡胶石棉板
惰性气体	1.6	≤ 200	突	橡胶垫	中压橡胶石棉板
	4.0	≤ 60	凹凸	缠绕垫、柔性石墨复合垫	0Cr13 钢带 – 石棉板、石墨 –0Cr13 等骨架
液化石油气					

续 表

介质		法兰公称压力/MPa	工作温度/℃	压紧面形式	垫片	
					形 式	材 料
蒸汽	0.3MPa	1.0	≤ 200	突	橡胶垫	中压橡胶石棉板
	1.0 MPa	1.6	≤ 280	突	缠绕垫、柔性石墨复合垫	0Cr13 钢带 – 石棉板、石墨 –0Cr13 等骨架
	2.5 MPa	4.0	300	突	缠绕垫、柔性石墨复合垫	0Cr13 钢带 – 石棉板、石墨 –0Cr13 等骨架
	3.5MPa	6.4	400	凹凸	紫铜垫	紫铜板
		10.0	450	环连接面	金属环垫	0Cr13、0Cr18Ni9
氢气、氢气与油气混合物 6.4 10.0		≤ 250	凹凸	缠绕垫、柔性石墨复合垫	0Cr13 钢带 – 石棉板、石墨 –0Cr13 等骨架	
	4.0 251 ~ 450 451 ~ 530	凹凸	缠绕垫、柔性石墨复合垫	0Cr18Ni9 钢带 – 石墨带 石墨 –0Cr18Ni9 等骨架		
		凹凸	缠绕垫、金属齿形垫	0Cr18Ni9 钢带 – 石墨带、0Cr18Ni9、0Cr17Ni12Mo2		
	≤ 250	环连接面	金属环垫	0Cr18Ni9、0Cr13、10		
	251 ~ 400	环连接面	金属环垫	0Cr18Ni9、0Cr13		
	401 ~ 530	环连接面	金属环垫	0Cr18Ni9、0Cr17Ni12Mo2		
弱酸、弱碱、酸渣、碱渣 ≥ 2.5	≤ 1.6	≤300	突	橡胶垫	中压橡胶石棉板	
	≤ 450	凹凸	缠绕垫、柔性石墨复合垫	0Cr13 钢带 – 石棉板、石墨 –0Cr13 等骨架		

续　表

介质		法兰公称压力/MPa	工作温度/℃	压紧面形式	垫　片	
					形　式	材　料
氨	2.5	≤ 150	凹凸	橡胶垫	中压橡胶石棉板	

（四）法兰刚度

在实际生产中，导致法兰密封失效的原因往往是由于法兰的刚度不足而产生的法兰的翘曲变形（图 15-9）。刚度大的法兰变形小，可以使螺栓力均匀地传递给垫片，因而能够提高密封性能。

可以通过以下几种途径提高法兰的刚度：增加法兰的厚度；减小螺栓力作用的力臂（即缩小螺栓中心圆直径）。对于带长颈的整体法兰和活套法兰，增大长颈部分的尺寸能显著提高法兰的抗弯能力。但过分提高法兰的刚度又会使法兰笨重，增加整个法兰的造价。

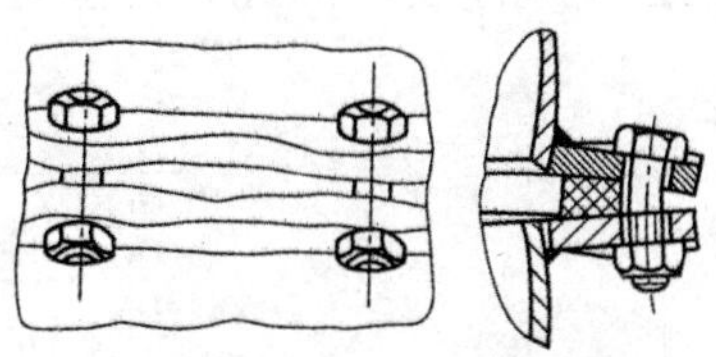

图 15-9　法兰的翘曲变形

（五）操作条件

操作条件主要指压力、温度和介质的物理化学性质。单纯的压力或介质因素对法兰密封的影响不是主要的，只有和温度联合作用时，对密封的影响才变得十分明显。

温度对密封性能的影响有以下几个方面：在高温下，介质黏度小，渗透性强，容易发生泄漏；高温还会导致法兰、螺栓发生蠕变和应力松弛，使密封比压下降；在温度和压力的共同作用下，会加速介质对垫片材料的腐蚀或非金属垫片的老化和变质，造成密封失效；在高温作用下，由于密封组合件各部分的温度不同而发生热膨胀不均匀，增加了泄漏的可能。

各种外界条件的联合作用对法兰密封的影响不容忽视。由于操作条件是生产工艺决定的，无法回避，因此为了弥补这种影响，只能从密封组合件的结构和材料的选择上加以解决。

四、法兰标准及选用

法兰已经标准化，可增加法兰的互换性、降低成本。法兰标准分为压力容器法兰标准和管法兰标准。压力容器法兰只用于容器壳体间的连接，如筒节与筒节、筒节与封头的连接，管法兰只用于管道间的连接，二者不能互换。对于非标准法兰如大直径、特殊工作参数和结构形式才须自行设计，当选用标准法兰时，不须进行应力校核。

石油化工行业的法兰标准有两个，一个是压力容器法兰标准 NB/T 47020~47027—2012《压力容器法兰、垫片、紧固件》，另一个是管法兰标准。

（一）压力容器法兰标准

压力容器法兰标准为 NB/T 47020~47027—2012《压力容器法兰、垫片、紧固件》。该标准规定了压力容器法兰的分类、规格，法兰、螺柱、螺母的材料及与垫片的匹配，各级温度下允许的最大工作压力，技术要求以及标记，适用于公称压力 0.25~6.40MPa，工作温度 −70~450℃ 的碳钢、低合金钢制压力容器法兰。

1. 压力容器法兰的类型

压力容器法兰分为平焊法兰和长颈对焊法兰。

平焊法兰又分为甲型平焊法兰（图 15–10）和乙型平焊法兰（图 15–11）。一方面，甲型平焊法兰和乙型平焊法兰的区别在于乙型平焊法兰本身带一个圆筒形的短节，短节的厚度一般不小于 16mm，这个厚度较筒体的厚度大，因而增加了法兰的刚度。另一方面，甲型的焊缝开 V 形坡口，乙型开 U 形坡口，设备与短节采用对接焊。比较而言，乙型对焊法兰比甲型对焊法兰有较高的强度和刚度。因此，乙型对焊法兰可用于较大公称直径和公称压力的范围。

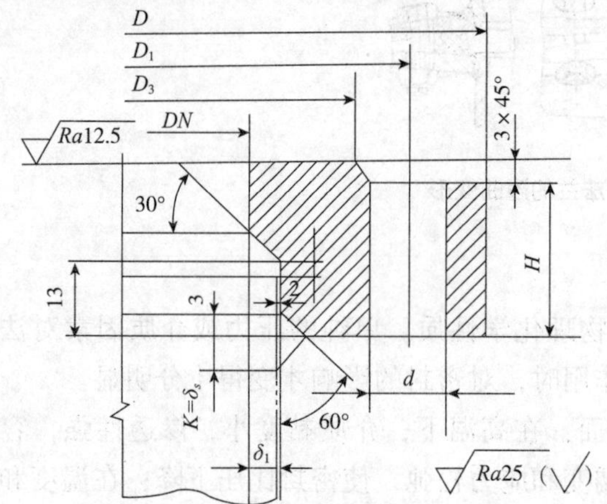

图 15–10　平密封面的甲型平焊法兰

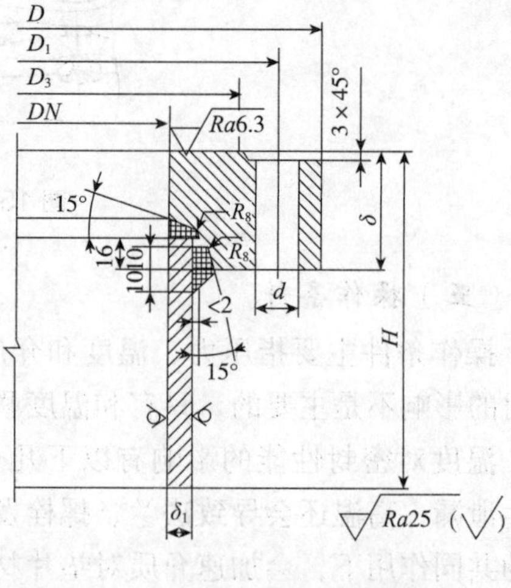

图 15–11　平密封面的乙型平焊法兰

甲型平焊法兰有四个压力等级：*PN*0.25MPa、*PN*0.6MPa、*PN*1.0MPa 和 *PN*1.6MPa，公称直径范围为 *DN*300~2000mm，温度范围为 −20~300℃。甲型平焊法兰只限于使用非金属垫片，并配有光滑密封面和凹凸密封面。

乙型平焊法兰用于 *PN*0.25MPa、*PN*0.6MPa、*PN*1.0MPa、*PN*1.6MPa 四个压力等级中较大的公称直径范围，并与甲型平焊法兰相衔接，且还可用于 *PN*2.5MPa、*PN*4.0MPa 两个压力等级中较小的直径范围，适用的全部直径范围为 *DN*300~3000mm，工作温度范围为 −20~350℃。乙型平焊法兰可采用非金属垫片、半金属垫片，密封面有光滑密封面、凹凸密封面和榫槽密封面。

长颈对焊法兰是由较大厚度的锥颈与法兰盘构成一体的（图 15–12），增加了法兰盘的刚度，同时法兰与设备连接采用对接焊，因此可用于更高的压力等级，从 *PN*0.6MPa 至 *PN*6.4MPa 共六个压力等级，适用的全部直径范围为 *DN*300~2600mm，工作温度范围为 –70~450℃。

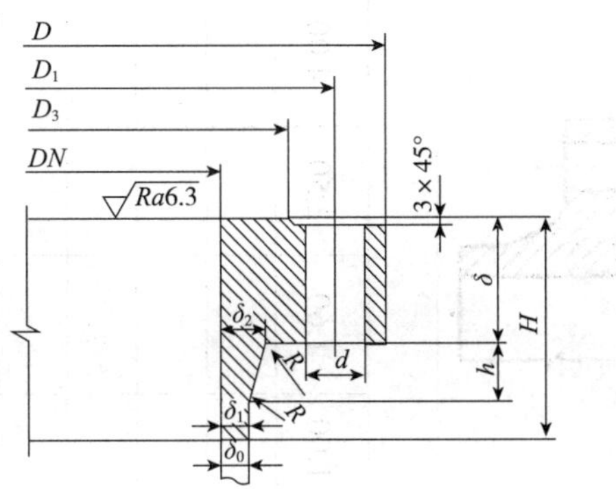

图 15–12　平密封面的长颈对焊法兰

由表 15–2 可以看出，乙型平焊法兰中 *DN*2600 以下的规格均已包括在长颈对焊法兰的规定范围之内。这两种法兰的连接尺寸和法兰厚度完全一样。所以 *DN*2600 以下的乙型平焊法兰可以用轧制的长颈对焊法兰代替，以降低生产成本。长颈对焊法兰的垫片、密封面形式和乙型平焊法兰相同。平焊与对焊法兰都有带衬环的和不带衬环的两种。当设备是由不锈钢制作时，采用碳钢法兰加不锈钢衬环可以节省不锈钢。

2. 压力容器法兰的基本参数

选择压力容器法兰的主要参数是公称直径 *DN* 和公称压力 *PN*，同时要考虑工作温度及法兰材料。压力容器法兰的公称直径与压力容器的公称直径应取同一系列数值。例如，*DN*1200 的压力容器应选配 *DN*1200 的压力容器法兰。

法兰公称压力的选取与容器的最大工作压力、工作温度及法兰材料均有关。因为在制定法兰标准的尺寸系列时，特别是计算法兰盘厚度时，选择的基准是以 Q345R 在 200℃ 时的力学性能确定的。即按这个基准计算出来的法兰尺寸，若是用 Q345R 制造，在 200℃ 温度下操作，它允许的最大工作压力就是该尺寸的公称压力。例如，公称压力为 0.6MPa 的法兰是指具有这种尺寸规格的法兰，这个法兰如果是用 Q345R 制造，且用于 200℃ 的场合，那么它的最大工作压力可以达到 0.6MPa。如果将该法兰用于高于 200℃ 的场合，那么它的最大工作压力就要低于 0.6MPa。反之，该尺寸规格的法兰，仍用 Q345R 制造，用在低于 200℃ 的场合，允许的最大工作压力可以高于公称压力。也就是说，当几何尺寸规格不变及材料不变时，温度和压力之间的变化工程上称为“升温降压”。

另外，当法兰制造采用的材料不同时，其同一尺寸规格的法兰，允许承受的最大工作压力也不同。如用强度低于 Q345R 的 Q235 来制造，这个法兰仍在 200℃ 下工作，该法兰允许的最大工作压力将低于公称压力，反之若采用强度高于 Q345R 的材料制造的同一规格的法兰，在相同条件下允许的压力将高于公称压力。表 15–2 表示了压力容器法兰的分类参数。

表15-2　法兰分类及参数表

类型	平焊法兰										对焊法兰					
	甲型				乙型						长颈					
标准号	NB/T 47021—2012				NB/T 47022—2012						NB/T 47023—2012					
简图	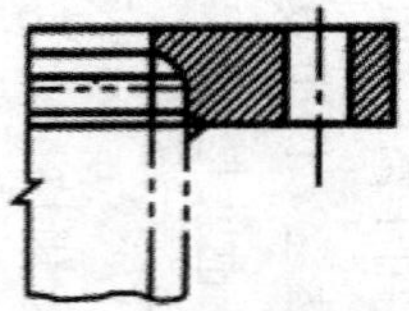				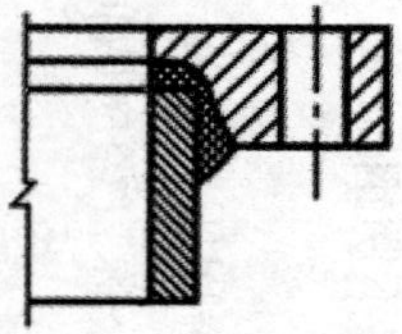						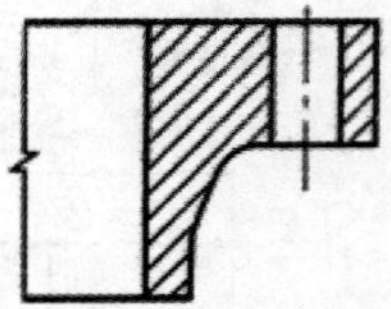					
公称直径 DN/mm	公称压力 PN/MPa															
	0.25	0.60	1.00	1.60	0.25	0.60	1.00	1.60	2.50	4.00	0.60	1.00	1.60	2.50	4.00	6.40
300	按 PN=1.00															
350																
400																
450	按 PN =1.00															
500																
550																
600																
650																
700																

续　表

公称直径 DN/mm	公称压力 PN/MPa															
	0.25	0.60	1.00	1.60	0.25	0.60	1.00	1.60	2.50	4.00	0.60	1.00	1.60	2.50	4.00	6.40
800																
900																
1000																
1100																
1200																
1300																
1400																
1500																
1600																
1700																
1800																
1900																
2000																
2200					按 PN =0.6											
2400																
2600																
2800																
3000																

表 15-3 反映了材料、工作温度、法兰规格尺寸和公称压力的关系。

表15-3　甲型、乙型平焊法兰的最大允许工作压力

公称压力 *PN*/MPa	法兰材料 >-20~200		工作温度 /℃				备注
			250	300	350		
0.25	钢板	Q235B	0.16	0.15	0.14	0.13	工作温度下限 20℃ 工作温度下限 0℃
		Q235C	0.18	0.17	0.15	0.14	
		Q245R	0.19	0.17	0.15	0.14	
		Q345R	0.25	0.24	0.21	0.20	
	锻件	20	0.19	0.17	0.15	0.14	
		16Mn	0.26	0.24	0.22	0.21	
		20MnMo	0.27	0.27	0.26	0.25	
0.60	钢板	Q235B	0.40	0.36	0.33	0.30	工作温度下限 20℃ 工作温度下限 0℃
		Q235C	0.44	0.40	0.37	0.33	
		Q245R	0.45	0.40	0.36	0.34	
		Q345R	0.60	0.57	0.51	0.49	
	锻件	20	0.45	0.40	0.36	0.34	
		16Mn	0.61	0.59	0.53	0.50	
		20MnMo	0.65	0.64	0.63	0.60	
1.00	钢板	Q235B	0.66	0.61	0.55	0.50	工作温度下限 20℃ 工作温度下限 0℃
		Q235C	0.73	0.67	0.61	0.55	
		Q245R	0.74	0.67	0.60	0.56	
		Q345R	1.00	0.95	0.86	0.82	
	锻件	20	0.74	0.67	0.60	0.56	
		16Mn	1.02	0.98	0.88	0.83	
		20MnMo	1.09	1.07	1.05	1.00	
1.60	钢板	Q235B	1.06	0.97	0.89	0.80	工作温度下限 20℃ 工作温度下限 0℃
		Q235C	1.17	1.08	0.98	0.89	
		Q245R	1.19	1.08	0.96	0.90	
		Q345R	1.60	1.53	1.37	1.31	
	锻件	20	1.19	1.08	0.96	0.90	
		16Mn	1.64	1.56	1.41	1.33	
		20MnMo	1.74	1.72	1.68	1.60	

续　表

公称压力 *PN*/MPa	法兰材料 >-20~200		工作温度 /℃				备注
			250	300	350		
2.50	钢板	Q235C	1.83	1.68	1.53	1.38	工作温度下限 0℃ $DN<1400$ $DN \geqslant 1400$
		Q245R	1.86	1.69	1.50	1.40	
		Q345R	2.50	2.39	2.14	2.05	
	锻件	20	1.86	1.69	1.50	1.40	
		16Mn	2.56	2.44	2.20	2.08	
		20MnMo	2.92	2.86	2.82	2.73	
		20MnMo	2.67	2.63	2.59	2.50	
4.00	钢板	Q245R	2.97	2.70	2.39	2.24	$DN<1500$ $DN \geqslant 1500$
		Q345R	4.00	3.82	3.42	3.27	
	锻件	20	2.97	2.70	2.39	2.24	
		16Mn	4.09	3.91	3.52	3.33	
		20MnMo	4.64	4.56	4.51	4.36	
		20MnMo	4.27	4.20	4.14	4.00	

2. 压力容器法兰的标记方法

压力容器法兰的标记方法为

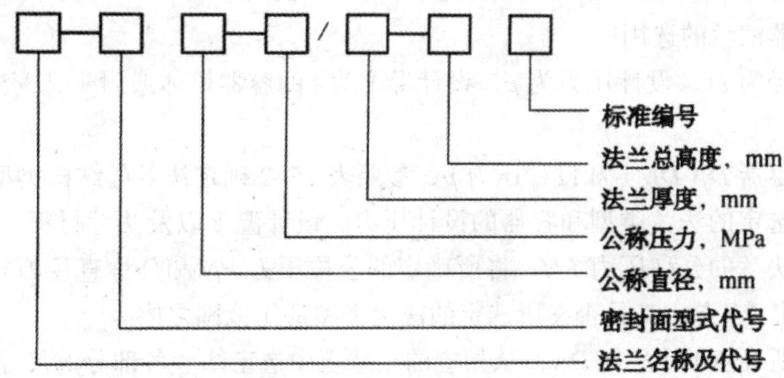

法兰名称及代号中，无衬环的法兰直接标注为“法兰”，带衬环的法兰标注为“法兰 C”。

法兰密封面形式代号见表 15-4 所列。

表15-4 法兰密封面形式代号

密封面形式		代号
平面密封面	平密封面	RF
凹凸密封面	凹密封面	FM
	凸密封面	M
榫槽密封面	榫密封面	T
	槽密封面	G

如果法兰厚度及法兰总高度均采用标准值时，这两部分标记可以省略。为扩充应用标准法兰，允许修改法兰厚度 δ 和法兰总高度 H，但必须满足 GB 150—2011 中的法兰强度计算要求。如果有修改，则两尺寸均应在法兰标记中标明。

标记示例

（1）公称压力为 1.6MPa，公称直径为 800mm 的衬环榫槽密封面乙型平焊法兰的榫面法兰，且考虑腐蚀裕量为 3mm（短节厚度应增加 2mm，δ 值改为 18mm）。

标记：法兰 C–S 800–1.6/48–200 NB/T 47022—2012，并在图样明细表备注栏中注明 δ_1=18mm。

（2）公称压力为 2.5MPa，公称直径为 1000mm 的平面密封面长颈对焊法兰，其中，法兰厚度改为 78mm，法兰总高度仍为 155mm。

标记：法兰 –RF 1000–2.5/78–155 NB/T 47023—2012。

4. 压力容器法兰的选用

为一台内径为 D_i，设计压力为 p，设计温度为 t 的容器筒体或封头选配法兰，可以按下列步骤进行：

（1）根据容器 D_i（DN）和设计压力 p，参照表 15–2 确定法兰的结构类型。

（2）根据选定的法兰类型和容器的设计压力、设计温度以及法兰材料，用表 15–3 的推荐数据确定法兰的公称压力 PN。将所确定的公称压力 PN 和公称直径 DN 通过表 15–2 进行复核，判定 PN 与 DN 是否在所选定的法兰类型适用范围之内。

（3）根据所确定的 PN 与 DN，从相应的尺寸表中选定法兰各部分的尺寸。

（4）根据法兰类型、法兰材料和设计温度，参照相关标准选取对应的垫片、螺栓和螺母的材料及尺寸。

（二）管法兰标准

当前国内的管法兰标准较多，使用较多的是国家标准 GB/T 9112~9124—2010《钢制管法兰》以及化工行业标准 HG/T 20592~20635—2009《钢制管法兰、垫片、紧固件》，这一标准包括国际通用的欧洲和美洲两大体系，使用时可直接查阅标准。

第二节　容器支座

容器和设备的支座是用来支撑其重量，并使其固定在一定的位置上。在某些场合下，支座还要承受操作时产生的振动，承受风载荷和地震载荷。

容器和设备支座的结构形式很多，根据容器自身的形式，支座可以分为两大类，即卧式容器支座和立式容器支座。

一、卧式容器支座

卧式容器的支座有三种形式：鞍座、圈座和支腿，如图 15-13 所示。

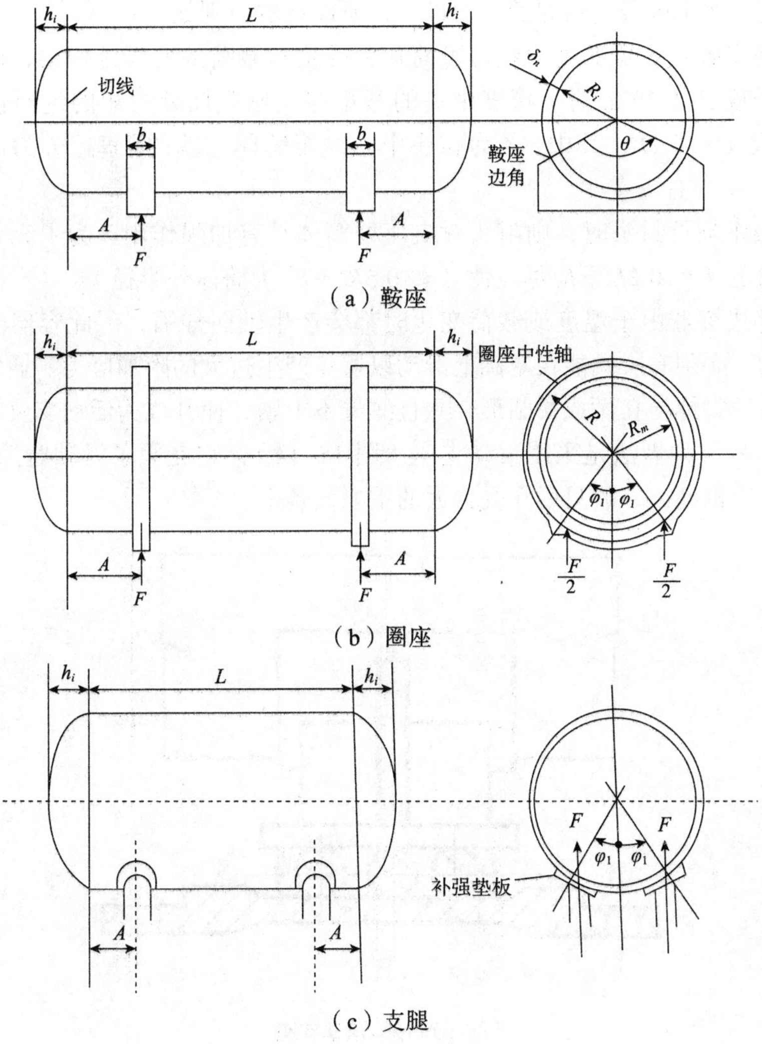

图 15-13　卧式容器支座

鞍座是应用最为广泛的一种卧式容器支座，常见的卧式容器和大型卧式储罐、换热器等多采用它；但对于薄壁大直径容器和真空设备，为增加筒体支座处的局部刚度常采用圈座；小型设备采用结构简单的支腿。

（一）双鞍式支座及支座标准

置于支座上的卧式容器，其受力情况和横梁相似。由材料力学分析可知，横梁弯曲产生的应力与支座的数目和位置有关。当尺寸和载荷一定时，支点越多在横梁内产生的应力越小，因此支座数量应该多些好。但对于大型卧式容器，如果采用多支座，则大型卧式容器为超静定结构。如果各支座的水平高度有差异或地基沉陷不均匀，或壳体不直不圆等微小差异以及容器不同部位受力挠曲的相对变形不同，使支座反力难以为各支座平均分摊而导致壳体应力增大，则体现不出多支座的优点，故一般情况下采用双支座。

采用双支座时，支座位置的选取一方面要考虑到利用封头的加强效应，另一方面又要考虑到不使壳体中因载荷引起的应力过大，所以选取原则如下：

（1）双鞍座卧式容器的受力状态可简化为受均布载荷的两端外伸梁，由材料力学可知，当外伸长度 $A=0.207L$ 时，跨度中央的弯矩与支座截面处弯矩的绝对值相等，所以工程中一般取 $A \leqslant 0.2L$，其中，A 为鞍座中心线至筒体一端的距离，L 为筒体长度（图 15–13）。

（2）当鞍座临近封头时，则封头对支座处筒体具有加强作用。为了充分利用这一加强效应，在满足 $A \leqslant 0.2L$ 下应尽量使 $A \leqslant 0.5R_o$（R_o 为筒体外半径）。

此外，卧式容器由于温度或载荷变化时都会产生轴向伸缩，因此容器两端的支座不能都是固定的，必须有一端能在基础上滑动以避免产生过大的附加应力。通常的做法是将一个支座上的地脚螺栓孔做成长圆形，并且螺母不上紧，使其成为活动支座。而另一端仍为固定支座。另一种做法是采用滚动支座（图 15–14），它克服了滑动摩擦力大的缺点，但结构复杂，造价高，一般只用在受力大的重要设备上。

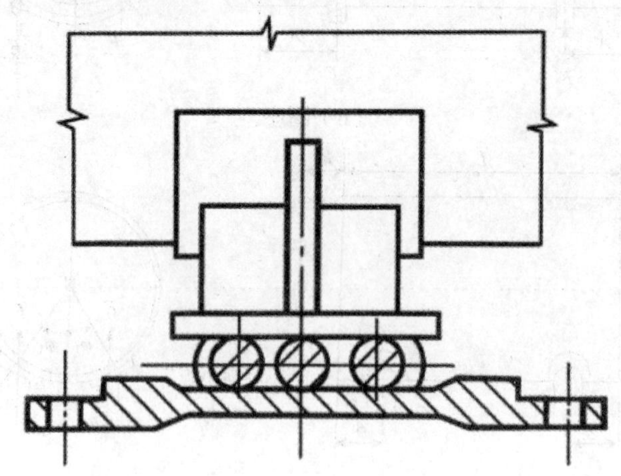

图 15–14　滚动支座

对于鞍式支座的结构和尺寸，除特殊情况需要另外设计外，一般可根据设备的公称直径选用标准形式。由于对卧式容器除了要考虑操作压力引起的应力外，还要考虑容器重量在壳体上引起的弯曲应力，所以即使选用标准鞍座，也要对容器进行强度和稳定性的校核，具体可参见相关标准。

鞍座的结构如图 15–15 所示，它由横向直立筋板，轴向直立筋板和底板焊接而成，在与设备筒体相连处，有带加强垫板和不带加强垫板的两种结构，图 15–15 为带垫板的结构。加强垫板的材料应与设备壳体材料相同。鞍座的材料（加强垫板除外）为 Q235A。

鞍座的底板尺寸应保证基础的水泥面不被压坏。根据底板上的螺栓孔形状不同，又分为 F 型（固定支座）和 S 型（活动支座），除螺栓孔外，F 型与 S 型各部分的尺寸相同，在一台卧式容器上，F 型和 S 型总是配对使用。活动支座的螺栓孔采用长圆形，地脚螺栓配用两个螺母，第一个螺母拧紧后倒退一圈，然后用第二个螺母锁紧，以便能使鞍座在基础面上自由滑动。

鞍座标准分为轻型（A）和重型（B）两大类，重型又分为 BI~BV 五种型号，见表 15–5 所列。

图 15–15 和表 15–6 给出了 *DN*1000~2000mm 轻型（A）带垫板，包角为 120° 的鞍座结构和尺寸参数。其他型号鞍座结构与尺寸参数以及许可载荷、材料与制造、检验、验收和安装技术要求详见 JB/T 4712.1—2007。

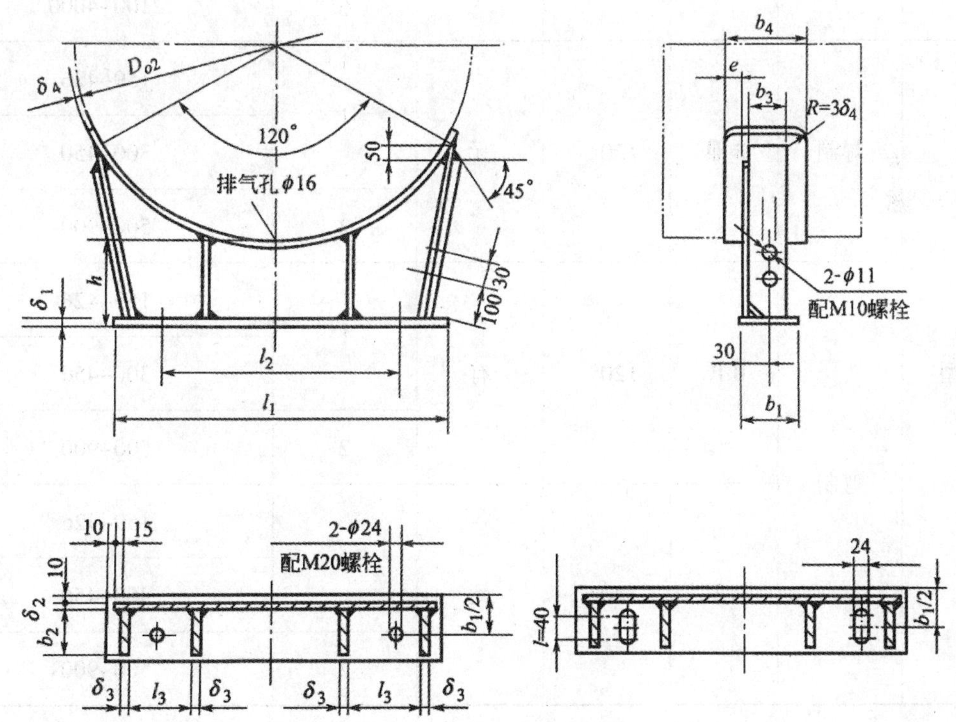

图 15–15 *DN*1000~2000mm 轻型带垫板包角 120° 的鞍式支座

表15-5　各种型号的鞍座结构特征

形式			包角	垫板	筋板数	适用公称直径 DN/mm
轻型	焊制	A	120°	有	4	1000~2000
					6	2100~4000
重型	焊制	BⅠ	120°	有	1	159~426
						300~450
					2	500~900
					4	1000~2000
					6	2100~4000
	焊制	BⅡ	150°	有	4	1000~2000
					6	2100~4000
重型	焊制	BⅢ	120°	无	1	159~426
						300~450
					2	500~900
	弯制	BⅣ	120°	有	1	159~426
						300~450
					2	500~900
		BⅤ	120°	无	1	159~426
						300~450
					2	500~900

表15-6 DN1000~2000mm轻型带垫板包角120°的鞍座尺寸

mm

公称直径 /DN	允许载荷 Q/kN	鞍座高度 h	底板			腹板	筋板				垫板				螺栓间距l_2	鞍座质量 /kg	增加100mm高度增加的质量 /kg
			l_1	b_1	δ_1	δ_2	l_3	b_2	b_3	δ_3	弧长	b_4	δ_4	e			
1000	140		760				170				1180				600	47	7
1100	145		820			6	185				1290	320	6	35	660	51	7
1200	145	200	880	170	10		200	140	200	6	1410				720	56	7
1300	155		940				215				1520	350			780	74	9
1400	160		1000				230				1640				840	80	9
1500	270		1060			8	240				1760		8	70	900	109	12
1600	275		1120	200			255	170	240		1870	390			960	116	12
1700	275		1200				275				1990				1040	122	12
1800	295	250	1280		12		295			8	2100				1120	162	16
1900	295		1360	220		10	315	190	260		2220	430	10	80	1200	171	16
2000	300		1420				330				2330				1260	160	17

鞍座标准的选用，首先根据鞍座实际承载的大小，确定选用轻型（A 型）或重型（B 型）鞍座，找出对应的公称直径；其次根据容器圆筒强度确定选用 120° 或 150° 包角的鞍座，标准高度下鞍座的允许载荷和各部分结构尺寸可从表 15–6 和 JB/T 4712.1—2007 中得到。

（二）圈式支座

圈式支座适用的范围是：因自身重量而可能在支座处造成壳体较大变形的薄壁容器，某些外压或真空容器，多于两个支座的长容器。圈式支座的结构如图 15–13（b）所示。

（三）支腿

这种支座由于在与容器相连接处会造成严重的局部应力，因此一般只用于小型容器，支腿的结构如图 15–13（c）所示。

二、立式容器支座

立式容器的支座有四种：耳式支座、支撑式支座、腿式支座和裙式支座。中小型直立容器常采用前三种支座，高大的塔设备则广泛采用裙式支座。

（一）耳式支座

耳式支座又称悬挂式支座，广泛用于反应釜及立式换热器等直立设备上，由筋板、底板和垫板组成。图 15–16 为耳式支座的示意图。除了以上的结构元素外，一些耳式支座还要求有盖板。

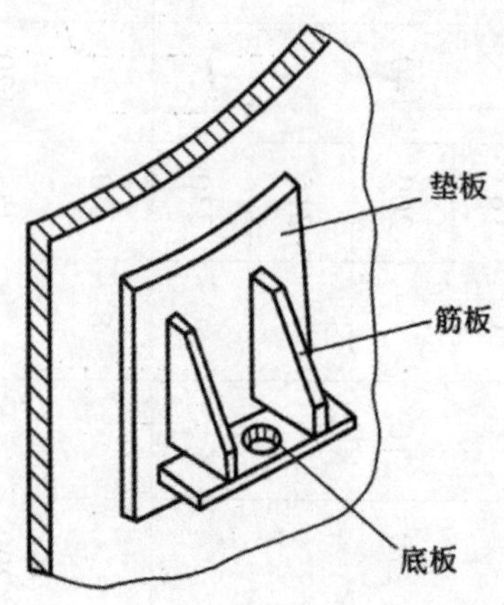

图 15–16　耳式支座

耳式支座分为 A 型（短臂）、B 型（长臂）和 C 型（加长臂）三类，其形式特征见表 15–7 所列。

耳式支座的垫板材料一般与筒体材料相同，支座筋板和底板的材料分为四种，材料代号见表 15–8 所列。

表15-7　耳式支座结构形式特征

形式		支座号	垫板	盖板	适用公称直径 *DN*/mm
短臂	A	1~5	有	无	300~2600
		6~8		有	1500~4000
长臂	B	1~5	有	无	300~2600
		6~8		有	1500~4000
加长臂	C	1~3	有	有	300~1400
		4~8			1000~4000

表15-8　支座筋板和底板的材料代号

材料代号	Ⅰ	Ⅱ	Ⅲ	Ⅳ
支座筋板和底板材料	Q235A	16MnR	0Cr18Ni9	15CrMoR

图 15-17 和表 15-9 给出了 A 型耳式支座的结构和系列参数、尺寸（B 型和 C 型耳式支座的参数和尺寸参见 JB/T 4712.3—2007）。表中支座取决于支座允许载荷 [*Q*] 和容器公称直径 *DN*。

耳式支座的选用方法是：根据公称直径 *DN* 及设备的总质量先预选一标准支座，按照 JB/T 4712.3—2007 附录 A 的方法计算支座承受的实际载荷 *Q*，并使 $Q \leqslant [Q]$。其中 [*Q*] 为支座允许载荷，单位为 kg，其值可由 JB/T 4712.3—2007 查得。一般情况下还应校核支座处所受弯矩 M_L，并使 $M \leqslant [M]$，具体校核参见 JB/T 4712.3—2007。

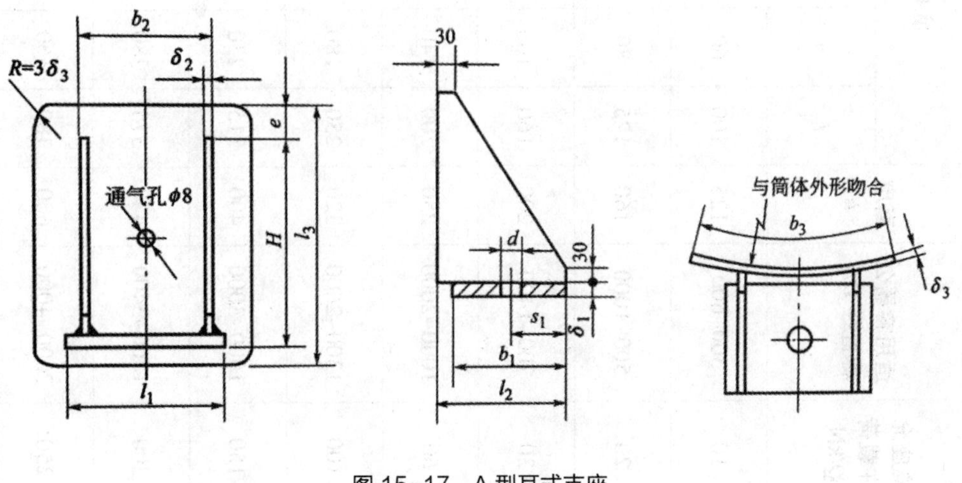

图 15-17　A 型耳式支座

表15-9 A型支座系列参数尺寸

mm

支座号	支座允许载荷 Q/kN	适用容器公称直径 DN	高度 h	底板				筋板			垫板				地脚螺栓		支座质量	
				l_1	b_1	δ_1	s_1	l_2	b_2	δ_2	l_3	b_3	δ_3	e	d	规格		
1	10	300~600	125	100	60	6	30	80	80	4	160	125	6	20	24	M20	1.7	0.7
2	20	500~1000	160	125	80	8	40	100	100	5	200	160	6	24	24	M20	3.0	1.5
3	30	700~1400	200	160	105	10	50	125	125	6	250	200	8	30	30	M24	6.0	2.8
4	60	1000~2000	250	200	140	14	70	160	160	8	315	250	8	40	30	M24	11.1	–
5	100	1300~2600	320	250	180	16	90	200	200	10	400	320	10	48	30	M24	21.6	–
6	150	1500~3000	400	315	230	20	115	250	250	12	500	400	12	60	36	M30	40.8	–
7	200	1700~3400	480	375	280	22	130	300	300	14	600	480	14	70	36	M30	67.3	–
8	250	2000~4000	600	480	360	26	145	380	380	16	720	600	16	72	36	M30	120.4	–

（二）支承式支座

对于高度较低且有凸形封头的中小型立式容器可采用支承式支座。支承式支座与容器底部封头焊在一起，直接支承在地基基础上。支承式支座分为 A 型和 B 型两种，A 型支座由钢板焊接而成，B 型支座由钢管制作。其形式特征见表 15-10 所列，图 15-18 表示 1~4 号 A 型支承式支座。

表15-10　支承式支座的形式特征

形式		支座号	垫板	适用公称直径 *DN*/mm
钢板焊接	A	1~4	有	800~2200
		5~6		2400~3000
钢管制作	B	1~8	有	800~4000

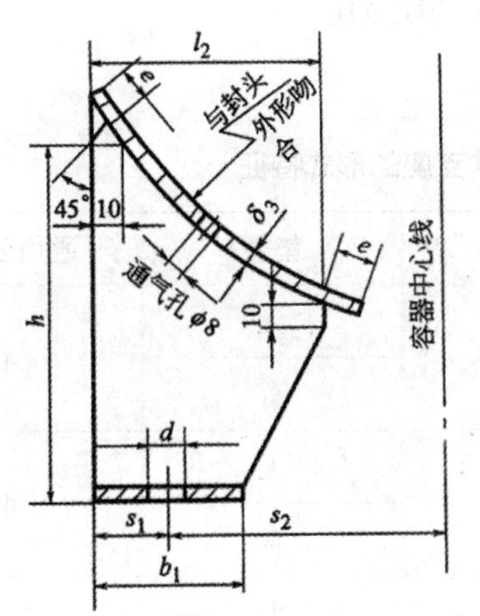

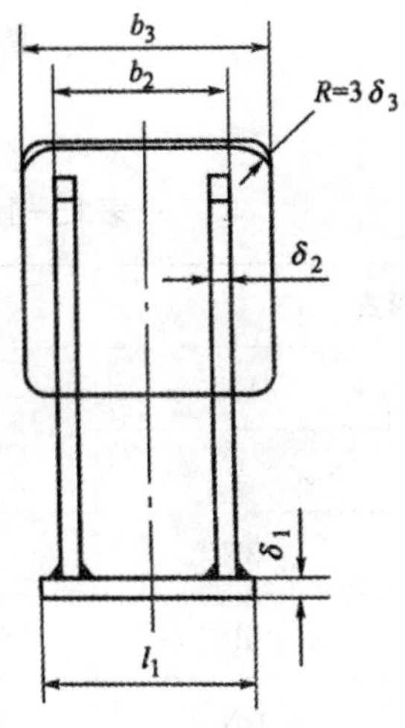

图 15-18　1~4 号 A 型支承式支座

支承式支座垫板的材料一般与容器封头材料相同，支座底板的材料为 Q235A，B 型支座钢管材料一般为 10 号钢。

支承式支座的具体形式、尺寸、选用等可查阅 JB/T 4712.4—2007。

（三）腿式支座

腿式支座一般用于高度较低的中小型立式容器，它与支承式支座的最大区别：腿式支座是支承在容器的筒体部分，而支承式支座是支承在容器的底封头上。

腿式支座的形式特征见表 15-11 所列。支座形式如图 15-19 所示。

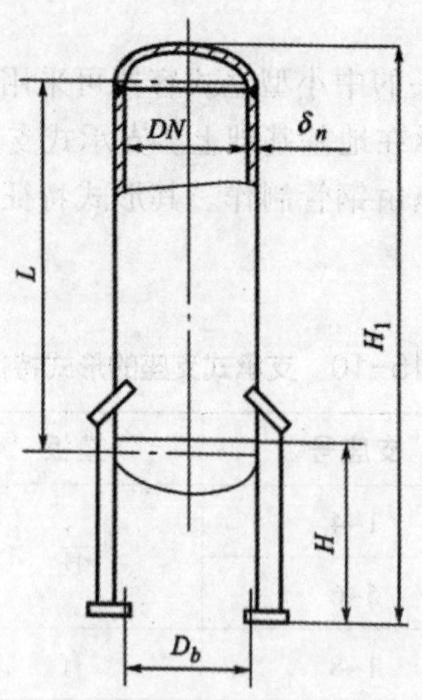

图 15-19　腿式支座

表15-11　腿式支座的形式特征

形式		支座号	垫板	通用公称直径 /mm
角钢支柱	AN	1~7	无	400~1600
	A		有	
钢管支柱	BN	1~5	无	400~1600
	B		有	
H 型钢支柱	CN	1~10	无	400~1600
	C		有	

腿式支座的具体形式、尺寸、选用等可查阅 JB/T 4712.2—2007。

（四）裙式支座

高大的塔设备广泛采用裙式支座。裙式支座与前三种支座不同，它的各部分尺寸均需通过计算或实践经验确定。有关裙式支座的结构及其设计计算可参见 NB/T 47041—2014《塔式容器》。

第三节　容器的开孔补强

化工容器通常接有管子或凸缘，不可避免地要开孔，容器开孔接管后在应力分布与强度方面将带来如下影响：开孔破坏了原有的应力分布并引起应力集中，产生较大的局部应力；再加上作用于接管上各种载荷产生的应力、温差造成的温差应力以及容器材质和焊接缺陷等因素的综合作用，接管处往往成为容器的破坏源，特别是在有交变应力及腐蚀的情况下变得更为严重。因此容器开孔接管后必须考虑其补强问题。

一、开孔补强的设计原则与补强结构

（一）补强设计原则

开孔补强设计是指通过适当增加壳体或接管厚度的方法来减小孔边的应力集中，主要的开孔补强原则有基于弹性失效的等面积补强原则和基于塑性失效的极限载荷补强原则。

1. 等面积补强法设计原则

这种补强方法规定局部补强的金属截面积必须等于或大于由于开孔被削弱的壳体承载面积。其含义在于用与开孔等面积的外加金属来补偿削弱的壳体强度。一般情况下，等面积补强可以满足开孔补强设计的需要，方法简便且在工程上有长期的实践经验。压力容器的常规设计主要采用这一方法。

2. 极限载荷补强法设计原则

这是一种基于塑性极限设计的方法，其要求带补强接管壳体的极限压力与无接管壳体的极限压力基本相同。

（2）补强结构

补强结构是指用于补强的金属采用何种结构形式与被补强的壳体或接管连成一体，以减小该处的应力集中。

常用的补强结构有下列几种。

（1）补强圈补强结构。如图 15-20（a）所示，它是以补强圈作为补强金属部分，焊接在壳体与接管的连接处。这种结构广泛用于中低压容器，它制造方便，造价低，使用经验成熟。补强圈的材料与壳体材料相同，其厚度一般也与壳体厚度相同。补强圈与壳体之间应很好地贴合，使其与壳体同时受力，否则起不到补强的作用。为了检验焊缝的紧密性，补强圈上开一个 M10 的小螺纹孔，并从这里通入压缩空气，在补强圈与器壁的连接焊缝处涂抹肥皂水，如果焊缝有缺陷，就会在该处出现肥皂泡。

这种补强圈结构也存在一些缺点：如补强区域过于分散，补强效率不高；补强圈与壳体或接管之间存在一层静气隙，传热效果差，致使两者温差与热膨胀差较大，因而在

补强的局部区域往往产生较大的热应力；补强圈与壳体焊接处刚度变大，容易在焊缝处造成裂纹、开裂；由于补强圈与壳体或接管没有形成一个整体，因而抗疲劳能力低。由于上述缺点，这种结构只用于常压、常温及中、低压容器。采用此结构时应遵循下列规定：钢材的标准抗拉强度小于 540MPa，补强圈厚度小于或等于 $1.5\delta_n$，壳体名义厚度 $\delta_n \leqslant 38$mm。

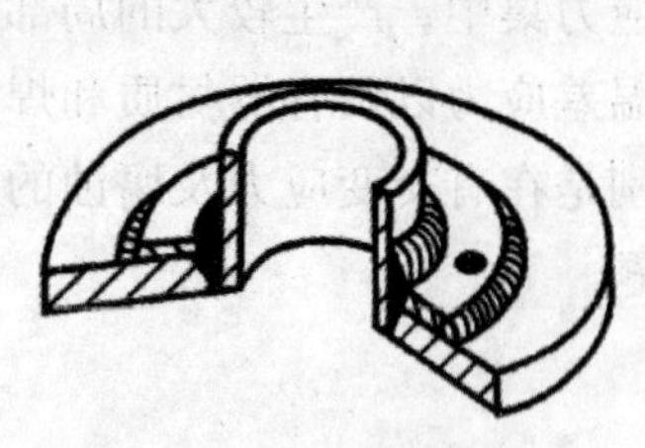

（a）补强圈补强

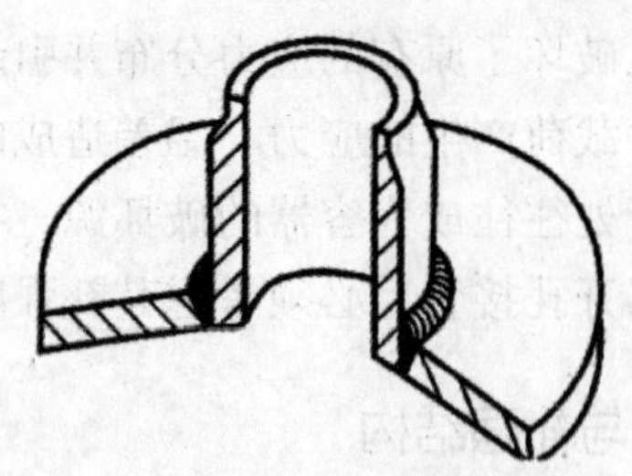

（b）厚壁接管补强

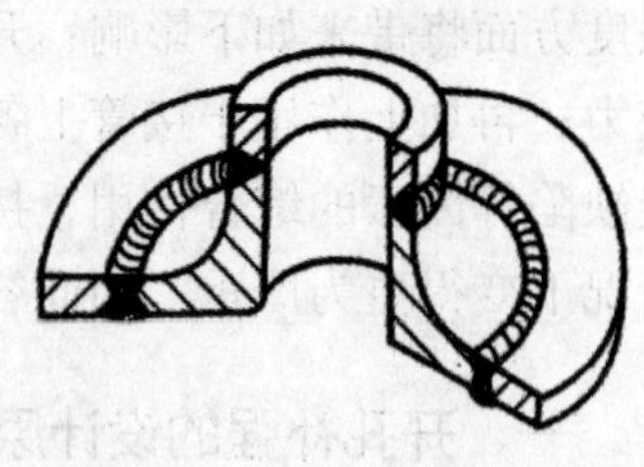

（c）整锻件补强

图 15-20 补强结构

（2）厚壁接管补强。结构如图 15-20（b）所示，它是在壳体与接管之间焊上一段厚壁加强管。加强管处于最大应力区域内，因而能有效地降低开孔周围的应力集中因数。但内伸长度要适当，如过长，效果反会降低。厚壁接管补强结构简单，只需一段厚壁管即可，制造与检验都方便，但必须保证全焊透。厚壁接管补强常用于低合金钢容器或某些高压容器。

（3）整锻件补强结构。如图 15-20（c）所示，它是将接管和部分壳体连同补强部分做成整体锻件和接管焊接，补强区更集中在应力集中区，能最有效地降低应力集中因数，采用的对接焊缝易检测和保证质量。这种结构抗疲劳性能最好，缺点是锻件供应困难，制造成本较高，一般只用于重要的压力容器。

二、等面积补强法适用的开孔范围

当采用等面积补强时，筒体及封头上开孔的直径不得超过以下数值。

（1）当筒体内径 $D_i \leqslant 1500$mm 时，开孔最大直径 $d \leqslant D_i/2$，且 $d \leqslant 520$mm；当筒体内径 $D_i \geqslant 1500$mm 时，开孔最大直径 $d \leqslant D_i/3$，且 $d \leqslant 1000$mm；d 为开孔直径，圆形孔取接管内径加两倍厚度附加量，椭圆形或长圆形孔取所考虑平面上的尺寸（弦长，包括厚度附加量）。

（2）凸形封头或球壳的开孔最大直径 $d \leqslant D_i/2$。

（3）锥壳（或锥形封头）的最大开孔直径 $d \leqslant D_i/3$，这里，D_i 为开孔中心处的锥壳内径，如图 15-21 所示。

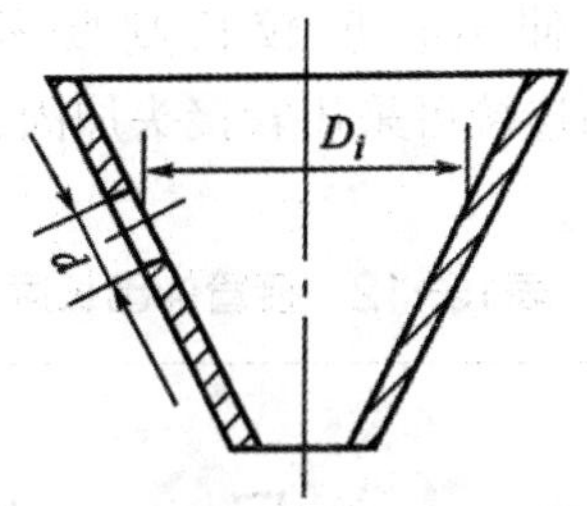

图 15-21　开孔的锥形封头

若开孔直径超出上述规定，则开孔的补强结构与计算须作特殊考虑，必要时应做验证性水压试验以校核设计的可靠性。

三、等面积补强的设计方法

所谓等面积补强，就是使补强的金属量等于或大于开孔所削弱的金属量。补强金属在通过开孔中心线的纵截面的正投影面积必须等于或大于壳体由于开孔而在这个纵截面上所削弱的正投影面积。具体计算可参见 GB/T 150.3—2011。

第四节　容 器 附 件

容器上开孔，是为了安装操作与检修用的各种附件，如接管、视镜、人孔和手孔。

一、接管

化工设备上的接管一般分为两类，一类是容器上的工艺接管，与供物料进出的工艺管道相连接，这类接管一般直径较大，多是带法兰的短接管，如图 15-22 所示。其接管伸出长度 l 应考虑所设置的保温层厚度以便于安装螺栓，可按表 15-12 选用。接管上焊缝与焊缝之间的距离应不小于 50mm，对于铸造设备的接管可与壳体一起铸出，如图 15-23 所示。对于轴线不垂直于壳壁的接管，其伸出长度应使法兰外缘与保温层之间的垂直距离不小于 25mm，如图 15-24 所示。

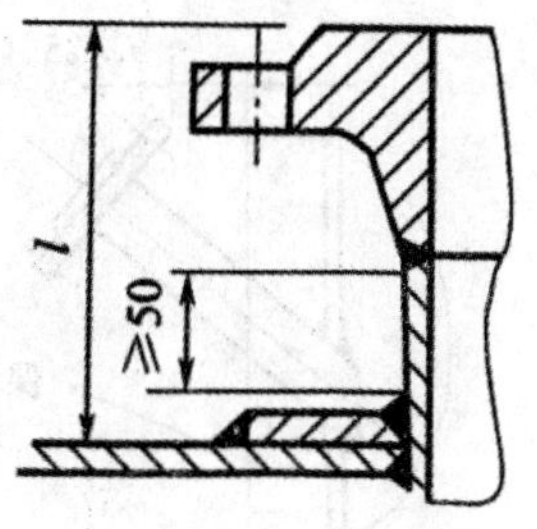

图 15-22　带有法兰的短接管

对于小直径的接管，如果伸出长度较长则要考虑加固。例如，低压容器上 $DN \leqslant 40\text{mm}$ 的接管与容器壳体的连接可采用管接头加固，其结构形式如图 15-25 所示。

表15-12　接管伸出长度　mm

平面　槽面　榫面　凹面　凸面

保温层厚度	接管公称直径 *DN*	伸出长度	保温层厚度	接管公称直径 *DN*	伸出长度
50~75	10~100	150	126~150	10~50	200
	125~300	200		70~300	250
	350~600	250		350~600	300
76~100	10~50	150	151~175	10~150	250
	70~300	200		200~600	300
	350~600	250	176~200	10~50	250
101~125	10~150	200		70~300	300
	200~600	250		350~600	350

注：保温层厚度小于 50mm，l 可适当减小。

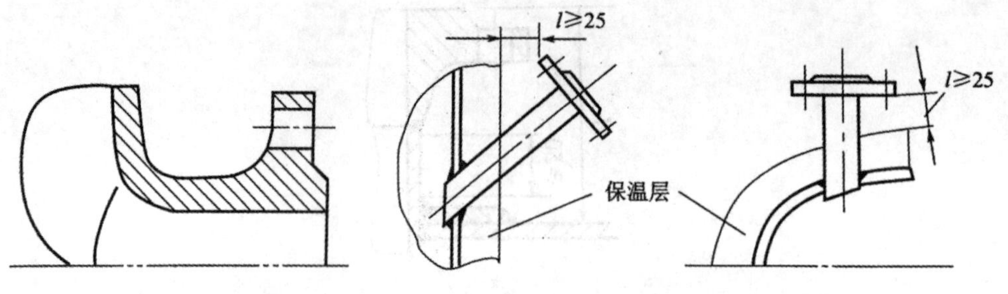

图 15-23　铸造接管　　图 15-24　轴线不垂直于容器器壁的接管

对于 $DN \leqslant 25$mm，伸出长度 $l \geqslant 150$mm 以及 DN=32~50mm。伸出长度 $l \geqslant 200$mm 的任意方向接管（包括图 15-24 所示的结构），均应设置筋板，予以支撑。位置按图 15-26 的要求，其筋板断面尺寸可根据筋板长度按表 15-13 选取。

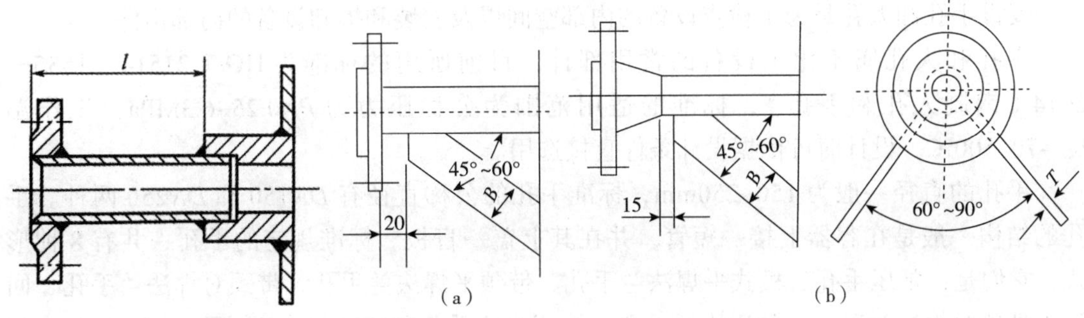

图 15-25　管接头加固　　　　图 15-26　筋板加固

表15-13　筋板断面尺寸

筋板长度 /mm	200~300	301~400
$B \times T$/mm × mm	30 × 3	40 × 5

另一类是仪表类接管。为了控制操作过程，在容器上需装置一些接管以便和测量仪表相连接。此类接管直径较小，除用带法兰的短接管外，也可以简单地用内螺纹或外螺纹焊在设备上，如图 15-27 所示。

二、凸缘

当接管长度必须很短时，可用凸缘（又称突出接口）来代替，如图 15-28 所示。凸缘本身具有开孔加强的作用，不需再另外补强。缺点是当螺栓折断在螺栓孔中时，取出较困难。

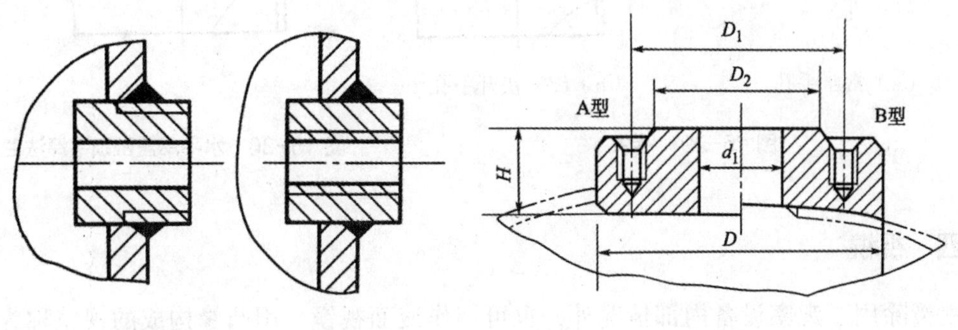

图 15-27　螺纹接管　　　　图 15-28　具有平面密封的凸缘

由于凸缘与管道法兰配用，因此它的连接尺寸应根据所选用的管法兰来确定。

三、手孔和人孔

安设手孔和人孔是为了检查设备的内部空间以及安装和拆卸设备的内部构件。

手孔和人孔属于化工设备的常用部件，目前所用的标准为 HG/T 21514~21535—2014《钢制人孔和手孔》，标准的适用范围为公称压力为 *PN*0.25~6.3MPa，工作温度 –70~500℃，设计时可依据设计条件直接选用。

手孔的直径一般为 150~250mm，标准手孔的公称直径有 *DN*150 和 *DN*250 两种。手孔的结构一般是在容器上接一短管，并在其上盖一盲板。标准规定的手孔一共有 8 种形式，它们是：常压手孔、板式平焊法兰手孔、带颈平焊法兰手孔、带颈对焊法兰手孔、回转盖带颈对焊法兰手孔、常压快开手孔、旋柄快开手孔和回转盖快开手孔。图 15–29（a）所示为常压手孔，图（b）为旋柄快开手孔。

当设备的直径超过 900mm 时，应开设人孔。人孔的形状有圆形和椭圆形两种。椭圆形人孔的短轴应与容器的筒体轴线平行。圆形人孔的直径一般为 400mm，容器压力不高或有特殊需要时，直径可以大一些。圆形标准人孔的公称直径有 *DN*400、*DN*450、*DN*500 和 *DN*600 四种。椭圆形人孔的尺寸为 450mm×350mm。

标准规定的人孔一共有 13 种形式，它们是：常压人孔、回转盖板式平焊法兰人孔、回转盖带颈平焊法兰人孔、回转盖带颈对焊法兰人孔、垂直吊盖板式平焊法兰人孔、垂直吊盖带颈平焊法兰人孔、垂直吊盖带颈对焊法兰人孔、水平吊盖板式平焊法兰人孔、水平吊盖带颈平焊法兰人孔、水平吊盖带颈对焊法兰人孔、常压旋柄快开人孔、椭圆形回转盖快开人孔、回转拱盖快开人孔。图 15–30 所示为水平吊盖带颈平焊法兰人孔。

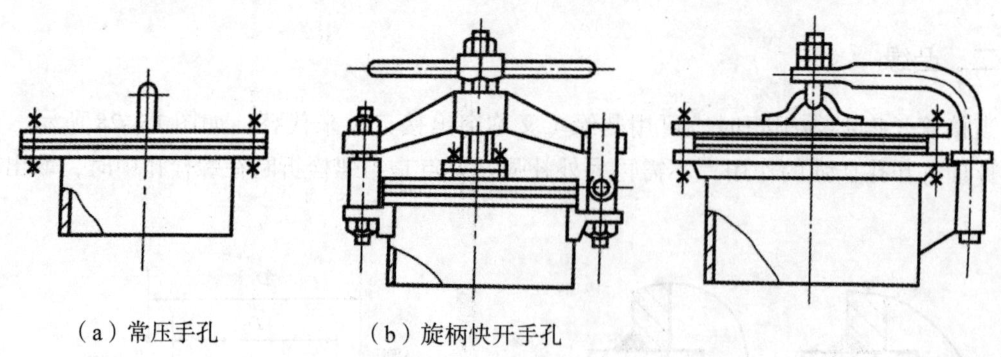

（a）常压手孔　（b）旋柄快开手孔

图 15–29　手孔

图 15–30　水平吊盖带颈平焊法兰人孔

四、视镜

视镜除用了观察设备内部情况外，也可用作液面视镜。用凸缘构成的视镜称为不带颈视镜（图 15–31），其结构简单，不易粘料，有比较宽阔的视察范围。标准中视孔的公称直径有 50~200mm 六种，公称压力达 2.5MPa，设计时可选用。

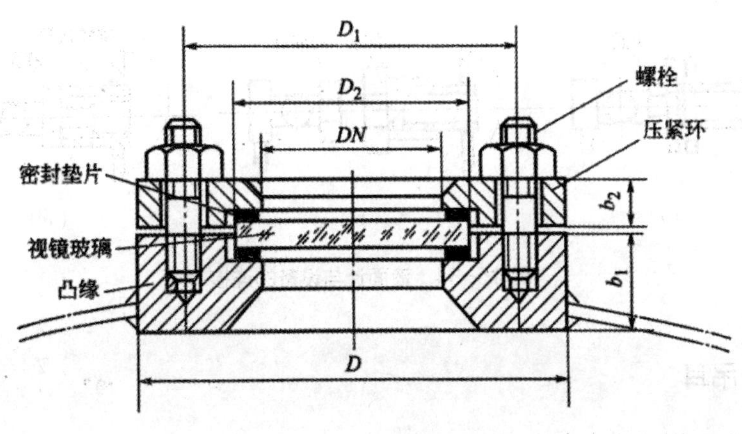

图 15-31　不带颈视镜

当视镜需要斜装或设备直径较小时，需采用带颈视镜（图 15-32），视镜玻璃为硅硼玻璃，容易因冲击、振动或温度剧变破裂，此时可选用双层玻璃安全视镜或带罩视镜。

视镜因介质结晶、水蒸气冷凝影响观察时，可采用冲洗装置，如图 15-33 所示。

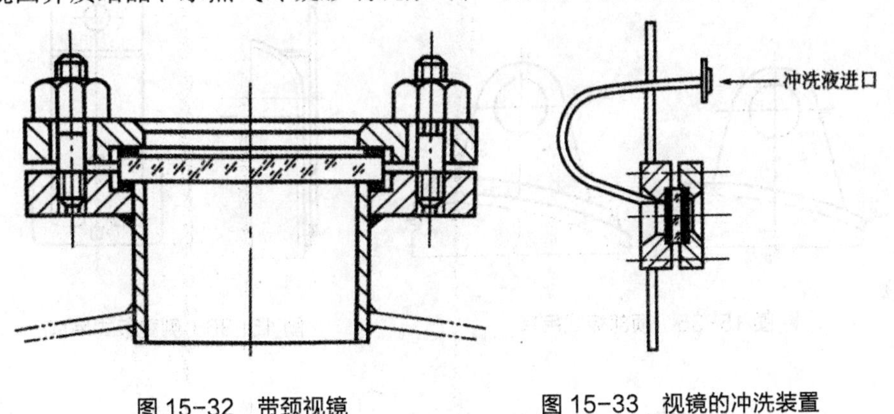

图 15-32　带颈视镜　　　　图 15-33　视镜的冲洗装置

视镜的标准为 NB/T 47017—2011《压力容器视镜》。

五、液面计

液面计是用来观察设备内部液面位置的装置。液面计的种类很多，公称压力不超过 0.07MPa 的设备，可以直接在设备上开长条孔，利用矩形凸缘或法兰将玻璃固定在设备上。对于承压设备，一般是将液面计通过法兰活接头 [图 15-34（b）] 或螺纹接头 [图 15-34（c）] 与设备连接在一起。液位计分为玻璃板式液位计、玻璃管式液位计、磁性液位计和用于低温设备的液位计。

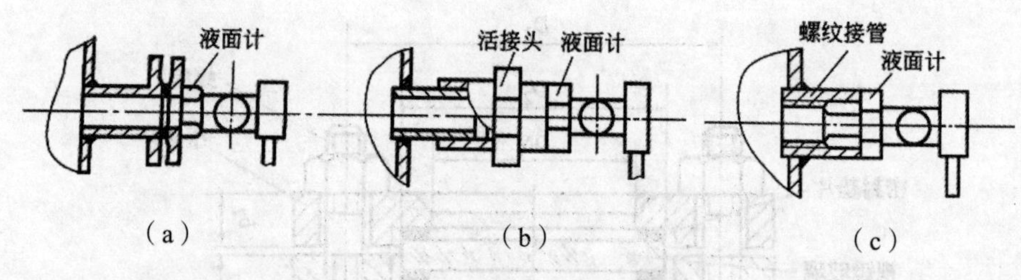

图 15-34　液面计与设备的连接

六、设备吊耳

设备吊耳主要用于设备的起吊和安装，标准为 HG/T 21574—2008《化工设备吊耳及工程技术要求》。标准共列入五类吊耳，分别是顶部板式吊耳（图 15-35）、侧壁板式吊耳（图 15-36）、卧式容器板式吊耳（图 15-37）、尾部吊耳（图 15-38）和轴式吊耳（图 15-39）。吊耳的选用可根据设备的形式和质量从标准中直接选取。

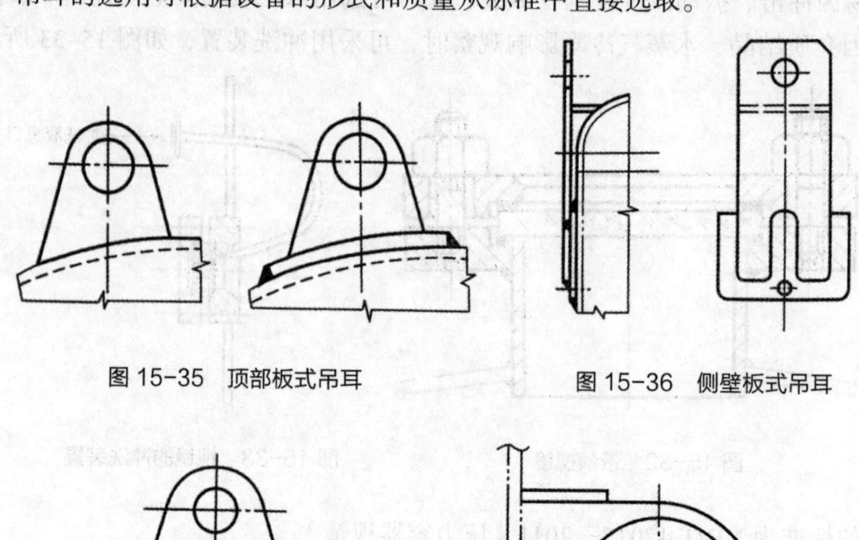

图 15-35　顶部板式吊耳　　图 15-36　侧壁板式吊耳

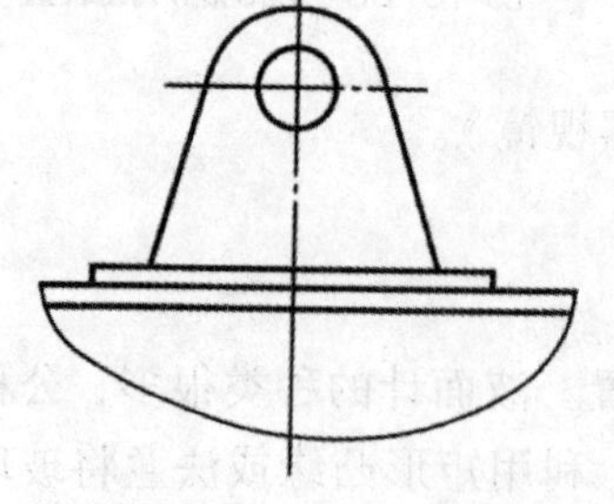

图 15-37　卧式容器板式吊耳

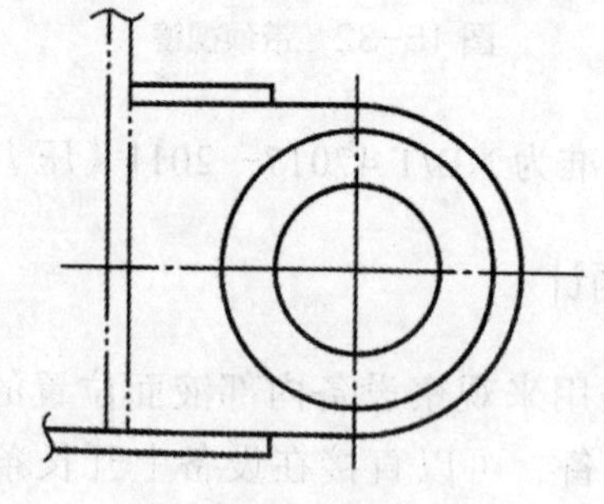

图 15-38　尾部吊耳

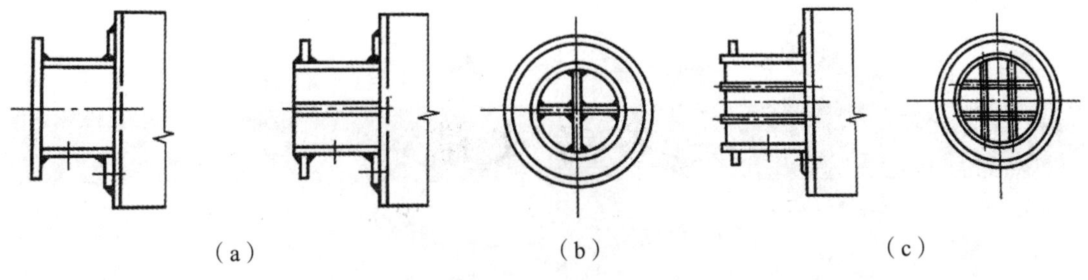

图 15-39　轴式吊耳

习　题

1. 试为一精馏塔的塔节与封头选配连接法兰，已知塔体内径 D_i=800mm，操作温度 t=300℃, 操作压力 p=0.5MPa，材料为 Q245R，给出法兰的结构图。

2. 试为一压力容器筒体与封头选配连接法兰。已知容器内径为 1600mm，厚度为 12mm，材料为 Q345R，最大操作压力为 1.5MPa，绘出法兰结构图。

3. 指出下列法兰连接应选用甲型、乙型和长颈对焊法兰中的哪一种？

公称压力 *PN*/MPa	公称直径 *DN*/mm	设计温度 *t* /℃	形式	公称压力 *PN*/MPa	公称直径 *DN*/mm	设计温度 *t* /℃	形式
2.50	3000	350		1.60	600	350	
0.60	600	300		6.40	800	450	
4.00	1000	400		1.00	1800	320	
1.60	500	350		0.25	2000	200	

4. 试为一分段制造的压力容器选配中间连接法兰形式并确定尺寸。塔体材料为 Q245R，设计压力为 1.5MPa，操作温度为 330℃，塔体内径为 1200mm。

参考文献

[1] 何晴，刘静静．工程力学．北京：机械工业出版社，2014.

[2] 秦飞．材料力学．北京：科学出版社，2012.

[3] 江树勇．工程材料．北京：高等教育出版社，2010.

[4] 陈国恒．化工设备设计基础．北京：化学工业出版社，2006.

[5] 郭开元，陈天富，冯贤贵．材料力学．3版．重庆：重庆大学出版社，2013.

[6] 王巍，薛富津，潘小洁．石油化工设备防腐蚀技术．北京：化学工业出版社，2011.

[7] 刘仁桓，徐书根，蒋文春．化工设备设计基础．北京：中国石化出版社，2015.

[8] 李晓刚，郭兴蓬．材料腐蚀与防护．长沙：中南大学出版社，2009.

[9] 董大勤，袁风隐．压力容器设计手册．2版．北京：化学工业出版社，2014.

[10] 周志安，尹华杰，魏新利．化工设备设计基础．北京：化学工业出版社，2004.

[11] 潘永亮．化工设备机械基础．3版．北京：科学出版社，2014.

[12] 董大勤，高炳军，董俊华．化工设备机械基础．4版．北京：化学工业出版社，2012.

[13] 喻键良，王立业，刁玉玮．化工设备机械基础．7版．大连：大连理工大学出版社，2013.

[14] 赵军，张有忱，段成红．化工设备机械基础．3版．北京：化学工业出版社，2016.

[15] 詹世平，陈淑花．化工设备机械基础．北京：化学工业出版社，2012.

[16] 郭建章，马迪．化工设备机械基础．北京：化学工业出版社，2013.

[17] 国家质量监督检验检疫总局．TSG R0004—2009，固定式压力容器安全技术监察规程，2009.

[18] 国家质量监督检验检疫总局．GB/T 152—2011，压力容器，2011.